高职高专"十一五"规划教材

基 础 化 学

孙艳华　主编

曹延华　金　莹　张晓霞　副主编

曹凤云　主审

化学工业出版社

·北京·

基础化学课程是对原来无机化学、分析化学和有机化学课程的基本理论、基本技能进行优化组合、有机组合而形成的一门课程。本书是在原有的无机化学、有机化学和分析化学的基础上，根据基础化学课程教学的要求编写而成的。主要介绍了物质结构的基本理论、化学反应的基本原理及应用技能、元素及化合物、有机化合物的结构和性质等有关知识，并介绍了与职业教育有关的一些前沿知识。

　　本书是高职高专的化学教材，可作为制药、食品、农林环保、畜牧兽医、生物技术、化工等专业化学教学的教科书。

图书在版编目（CIP）数据

　　基础化学/孙艳华主编. —北京：化学工业出版社，2008.7（2024.8重印）
　　高职高专"十一五"规划教材
　　ISBN 978-7-122-03286-7

　　Ⅰ. 基…　Ⅱ. 孙…　Ⅲ. 化学-高等学校：技术学校-教材　Ⅳ. O6

　　中国版本图书馆 CIP 数据核字（2008）第 097401 号

责任编辑：窦　臻　陶艳玲　　　　　　　　文字编辑：王　琪
责任校对：凌亚男　　　　　　　　　　　　装帧设计：橘头设计

出版发行：化学工业出版社（北京市东城区青年湖南街 13 号　邮政编码 100011）
印　　装：北京七彩京通数码快印有限公司
787mm×1092mm　1/16　印张 18¼　字数 445 千字　2024 年 8 月北京第 1 版第 11 次印刷

购书咨询：010-64518888　　　　　　　　售后服务：010-64518899
网　　址：http://www.cip.com.cn
凡购买本书，如有缺损质量问题，本社销售中心负责调换。

定　　价：48.00 元

前　言

　　按照《教育部关于全面提高高等职业教育教学质量的若干意见》精神，加强高等职业学院课程改革和教材建设。根据高等职业技术教育培养大专层次应用型、技术型人才总目标的要求，本着为制药、食品、农林环保、畜牧兽医、生物技术、化工等专业课程教学服务的宗旨，依据高职高专化学教学的必需和够用的原则，编写了《基础化学》教材。

　　高等职业技术教育区别于普通专科教育的最大特点在于它具有"职业性"，本书编写的原则为：以应用为目的，以必需和够用为尺度，力求突出"简明适中，继承传统，反映前沿"的特点。

　　基础化学课程是在原来无机化学、分析化学和有机化学课程的基本理论、基本技能进行优化组合、有机组合而形成的一门课程。这门课程要求学生学习和掌握物质结构的基本理论、化学反应的基本原理及应用技能、元素及化合物、有机化合物的结构和性质等有关知识，并通过学习基础化学的理论，培养解决一般无机化学、分析化学和有机化学问题的能力。教材编写时，注重的是基础知识、基本理论和基本技能的学习和训练上，尽量淡化较深的理论和较抽象的内容，以降低教材的难度，增加了教材的实用性。本教材的编者一直在几所高职高专学院从事无机化学、分析化学和有机化学的教学工作，积累了丰富的教学经验，也清楚在高职高专院校的化学教学课时的有限性，在广泛征集和听取全国有关高职学院及学校的意见、建议的基础上，制定了《基础化学》的教学大纲和编写提纲，编写了这本教材。

　　本书由孙艳华（黑龙江农垦职业学院）主编，并编写了第 1 章、第 2 章、第 3 章、第 4 章、第 10 章、第 11 章；曹延华（牡丹江大学）副主编，并编写了第 9 章、第 13 章、第 14 章、第 17 章；金莹（黑龙江生物科技职业学院）副主编，并编写了第 16 章、第 17 章、第 18 章、第 19 章；张晓霞（黑龙江农垦职业学院）副主编，并编写了第 5 章、第 6 章、第 7 章、第 8 章；李煜（黑龙江生物科技职业学院）编写了第 12 章、第 20 章。本书由黑龙江农业工程职业学院曹凤云主审。

　　本教材按 128 学时编写，这里包括理论 84 学时和实验 44 学时（实验见由化学工业出版社出版，潘亚芬主编的《基础化学实训》），各学校根据具体的教学要求，可以进行上、下外延，补充所需要的内容，适当调整课时数。为方便教学，本书配有电子课件，使用本教材的学校可以与化学工业出版社联系（ciphge@163.com），免费索取。

　　编写高职教材，面临着多层次的读者群体，面临着职业岗位的特殊的要求，因此，在编写中存在着一些不足，书中欠缺之处在所难免，恳请广大师生和读者批评和指正。

编　者

2008 年 5 月

目　　录

绪 论

一、化学研究的对象

自然界是由物质组成的。物质有两种基本形态，即实物和场。实物具有静止质量，如分子、原子和电子等。场没有静止质量，如电场、磁场等。化学的研究对象主要是实物，习惯上将实物也称为物质。

化学属于自然科学的基础课程。化学是在原子和分子的水平上研究物质的组成、结构、性质及其变化规律的科学。我们周围的物质世界是化学物质和化学材料的世界，物质是人类赖以生存的基础，人类进步的物质基础是天然的和人造的化学物质。因此，化学是人类用以认识和改造物质世界的主要方法和手段。可以说，化学是一门中心的、实用性的和创造性的学科。

化学是一门历史悠久而又充满活力的学科。在化学学科本身飞速发展的过程中，同时也推动着其他学科的发展及相互渗透。由于化学研究的范围非常广泛，依照所研究的对象、手段、目的和任务的不同，可以分成若干门分支学科。研究无机物的组成、结构、性质和无机化学反应与过程的化学，称为无机化学；研究物质化学组成的分析方法及有关理论的化学，称为分析化学；研究碳氢化合物及其衍生物的化学，称为有机化学。此外还有研究化学反应机制、反应中的能量变化和反应速率理论及物质结构的物理化学，研究有机体生命过程的生物化学等。

二、化学发展史

化学史是人类在长期的社会实践过程中，对获得化学知识的系统的历史回顾。化学历史的发展，大致可以分为三个时期。

（一）古代及中古时期

这一时期的发展是以实用为目的，化学知识来源于具体工艺过程的经验。主要包括炼丹术、炼金术以及医药化学的萌芽。原始人类由野蛮进入文明是从用火开始的。燃烧实际上是一种化学现象。人类由于掌握了火的使用，生活上开始熟食，同时也为实现一系列化学变化提供了条件，例如，制作陶瓷、冶炼青铜、染色、酿造等。

古人也曾企图追溯物质变化的本源及其变化规律。大约公元前 4 世纪，中国就有了阴阳五行之说，认为物质都是由金、木、水、火、土五种基本物质组合而成的。而五行则是由阴阳二气相互作用而成的，这实际上是元素概念的萌芽，也是朴素的唯物主义自然观。在古希腊也有类似于五行的四元素说，即认为万物是由火、土、水、气四种所组成。

后来在中国出现了炼丹术，秦汉之际炼丹术极其盛行，炼丹家企图在炼丹炉中炼出长生不老之药或贵重金属如金、银等。炼丹家有目的地将谷类物质进行搭配烧炼，在其过程中使用了燃烧、煅烧、蒸馏、升华、熔融、结晶等，同时也了解了很多物质的性质。这实际上也是进行科学实验的雏形。

大约在公元 7~9 世纪，中国的炼丹术和造纸术、医药学、天文学一起传入阿拉伯。东

1

方文化和西方文化相结合，形成了阿拉伯炼金术。到了 16 世纪，欧洲工业生产逐渐发展，极有力地推动了化学的发展。

这一时期明显的特点是：实用性、经验性和零散性。但化学作为一门科学尚未诞生。

（二）近代化学时期

17 世纪中叶以后，随着资本主义的迅速发展，积累了物质变化的新知识。这一时期可分为先后两个时期。前期自 17 世纪中叶到 18 世纪末。从 1661 年玻意耳（B. Boyle），到 1803 年道尔顿（J. Dalton）提出原子论之前，是近代化学的孕育时期。后期从原子学说的建立，到原子可分性的发现，属于近代化学的发展时期。

在近代化学的发展时期，另一重大发现是 1777 年拉瓦锡（A. L. Lavoisier）提出了燃烧的氧化学说，彻底推翻了统治达百年的燃素说。恩格斯对此也有很高的评价，称赞"燃烧的氧化学说把过去建筑在燃素说基础上倒立着的全部化学正立过来了"。拉瓦锡做了大量的燃烧实验，从而也证明了化学过程中的物质不灭定律。

在近代化学的发展时期（19 世纪初），化学在理论上突飞猛进。例如，1827 年道尔顿建立了原子论，它与古代的原子观不同，突出强调不同元素的原子，其质量不同。不同元素的原子以简单的比例结合成为化合物。1811 年阿伏伽德罗（A. Avogadro）提出了分子假说，进一步充实了分子原子学说，为物质结构价键理论的研究奠定了基础。在原子分子学说建立之后，另一个重大发现就是 1869 年门捷列夫元素周期律。周期律不仅使无机化学形成了比较完整的体系，而且与原子分子学说相结合，形成了化学理论体系。在研究物质的结构和性质时，常常离不开周期律。门捷列夫周期律之后，借助于化学分析又发现了许多新元素，经典分析方法也得到了发展。与此同时，苯的六元环结构以及碳的四面体结构的建立，使有机化学得以迅速发展。19 世纪下半叶，将物理学的热力学理论引入化学后，从宏观角度解决了许多有关化学平衡的问题。

总之，这一时期是一个大发展的阶段，化学结构的原子价键理论以及借助于物理学的成就而建立起来的物理化学理论等，都推动了无机化学、有机化学、分析化学和物理化学四大基础学科的相继建立。社会的需要，生产技术的发展也推动了化学工业的发展。大规模制酸、制碱、合成氨工业、染料工业以及一些有机合成工业接踵出现。为解决生产过程中所出现的一些问题也促进了无机化学和有机化学的发展。原子量的测定和物质成分分析促进了分析化学的发展，逐步建立了容量分析法、重量分析法以及一些系统的分析、分离方法。在物理化学领域里，化学热力学、化学动力学、电化学、胶体化学、溶液理论以及催化剂的研究都有了很大的进步和发展。化学实现了从经验到理论的重大飞跃，化学真正被确立为一门独立的科学，并且出现了许多分支。

（三）现代化学时期

这一时期一般从 20 世纪开始算起，实际上向前推算几年更为合适。

X 射线、放射线和电子是 19 世纪末的三大发现，打开了原子和原子核的大门，使化学家能够从微观的角度和更深的层次上来研究物质的性质和化学变化的根本原因。

现代化学发展到现在已有近百年的历史，这是一个丰收期，无论在化学的理论、研究方法、实验技术以及应用等方面都发生了深刻的变化。原有的基础学科已容纳不下新发展的事物，从而又衍生出许多分支。例如，高分子化学就是一门迅速发展起来的化学分支，三大人工合成工业（橡胶、塑料和纤维）成为人类物质生活不可缺少的部分，它们为宇航、能源、交通、国防提供新材料。因此，系统地研究高分子的结构、功能、合成、生产等，就形成了高分子化学，或者更确切地说"高分子科学"这一分支。

人工合成的高分子材料，还有无机合成材料、复合材料以及适应特殊需要的具有光敏、导电、光导、耐压、耐热或苛刻条件下的稳定性等特殊性能的材料，于是就很自然地形成了材料化学、合成化学等分支。

自从发现了原子核的裂变和链式反应之后，开辟了人类利用原子能的时代，原子序数从93到112的超铀元素陆续被人工合成。于是核化学形成了，它包括同位素化学、辐射化学、超铀元素化学等。

自20世纪40年代以来，利用光、电、磁等方面的新成就，发明和创造了许多新仪器，使分析的灵敏性从常量到微量，甚至超微量，精确、直接、简便、高速和遥测，反映出分析技术的现代化水平，从而使仪器分析作为一个分支出现，其地位日益重要。

从科学的分支来看，其重要特征是边缘学科较多，例如，生物化学、环境化学、材料化学、元素有机化学、药物化学等。从研究内容来看，人们希望从物质的结构、性质、组成三者的相互关系，从微观的角度利用已有的理论和现代测试仪器从更深的层次研究化学运动的规律。

合成各种物质是化学研究的主要目的之一，人造水晶、金刚石及超导材料的合成，为各种所需的超导物质、新型材料和特殊化合物的合成提供了较大的发展空间；胰岛素、活性蛋白质、血红素和核酸的合成，为有机物、高分子化合物、生命物质的合成和探索生命科学提供了发展方向。

新中国成立后，优越的社会主义制度解放了社会劳动力，为中国科学技术事业的发展创造了良好条件。原油生产由贫油的国家跃升为世界第五大产油国，原油加工能力为世界第四位；水泥、化肥、平板玻璃、合成氨、电石、染料、烧碱、农药、化纤等产品的产量居世界前列。我国率先合成了具有生物活性的蛋白质——结晶牛胰岛素和酵母丙氨酸转移核糖核酸，并完成了猪胰岛素晶体结构的测定，在人类揭开生命奥秘的历程中向前迈进了一大步。2000年，中国科学家加入了国际人类基因组计划，为在21世纪完全能将10万条基因分离，搞清其结构与功能，为人类彻底认识生命本质、开展基因治疗、攻克癌症等做出应有的贡献。

综观现代物质文明，人类面临着一系列重大的课题：环境的保护、新能源的开发和利用、功能材料的研制、生命过程一系列奥秘的探索，无一不与化学密切联系。

三、学习要求和方法

化学学习涉及的主要内容包括化学基本概念、基本理论及其应用，各类元素及其化合物的结构、性质和应用，有关化学计算和化学实验基本操作等。通过学习学会用辩证唯物主义的观点来认识和理解与化学有关的各种自然现象和物质运动的变化规律，正确运用化学语言进行表述有关的化学问题；掌握化学实验的基本操作技能，增强科学探究意识，提高实践能力；在掌握化学基础知识、基本概念、基本理论和常见元素及其化合物的性质的基础上，解释和解决一些化学问题。

1. 领会知识，理解记忆

学习化学的基础知识、基本概念和基本原理，必须从知识的领会开始。知识领会是从感性认识开始，而感性主要在于了解化学概念和化学反应的现象，从而为进一步理解化学反应的本质和规律，理解基础知识和基本理论奠定基础。感知仅仅是对事物的表面特征与外部联系的认识。通过感知所获得的感性认识，只是一种初步的、不全面的和不深刻的认识。仅靠这种认识是不够的，只有通过理解，独立思考，认识化学概念和化学反应的本质和规律，才能真正掌握化学的基础知识、基本概念和基本理论，并上升为理性认识。理解是掌握知识的中心环节，理解了的知识才有利于记忆，有利于对知识的运用，从而做到触类旁通。

2. 分析归纳，加深记忆

在学习化学的过程中，要善于分析各类化学反应的原理、条件和影响因素，寻找一般规律，及时归纳总结，加深记忆。总结的过程实际上就是将知识系统化的过程。知识系统化就是通过分析、综合、抽象概括、比较、归纳等思维活动，将知识归类，形成知识系统，构建整体知识结构。认知学习理论认为，个体的学习是新知识与头脑中已有的知识结构相互作用的过程。要使新知识信息的编码存储，并使原认知结构改组和升级。杂乱无章的知识是无法在头脑中建立起有序联系的。因此，只有及时进行知识的归纳总结，才能在学习化学的过程中理出头绪来，才能真正学好化学。

3. 学以致用，提高能力

化学是一门实验科学，其研究方法是从观察和记述实验现象开始的，从所观测的结果中总结归纳，建立模型；当若干个假说综合在一起可用来解释一个较广的领域时，则上升为理论；当理论能够成功地对某一领域内的所有事实都能给予合理解释时，就形成了定律。因此，在学习化学的过程中，要立足于对各类化学反应的一般规律的学习，注重对基础知识、基本概念和基本理论的应用。知识的应用比学习知识更为重要。知识的应用是指将获得的新知识用来解决练习性的课题或实际问题。应用知识是知识掌握过程的重要环节之一。通过知识的应用不仅可以促进对知识的理解和巩固，而且使知识的理解和巩固得到检验。在学习化学的过程中，知识的应用有两个途径：一是通过知识完成各类测试试题来实现对所学知识的应用。这就要求学生善于独立思考，勤于动手，在教师指导下，完成各类测试试题。二是通过实验教学，既要重视化学实验操作技能的训练，又要钻研各类化学反应的基本原理。实验前做好实验预习，实验中注意观察各类化学反应现象，并掌握化学实验的基本操作，实验后做好分析和总结，完成实验报告。

第1章　原子结构和分子结构

世界是由物质组成的，物质又由相同或不同的元素组成，迄今经 IUPAC 正式公布的已有 109 种元素（另据报道，已经合成出 110 号、111 号元素），正是这些元素的原子经过各种化学反应，组成了千万种不同性质的物质。19 世纪末以来，科学实验证实了原子很小（直径约 10^{-10} m），却有着复杂的结构。原子是由带正电荷的原子核和绕核运动的带负电荷的电子组成的。原子核又包含了带正电荷的质子与不带电荷的中子。元素的原子序数等于核电荷数（即质子数），也等于核外电子数。由于化学反应不涉及原子核的变化，而只是改变了核外电子的数目或运动状态。因此，本章在讨论原子核外电子排布和运动规律的基础上介绍元素周期表，并进一步阐明原子和元素性质的周期规律。

1.1　原　子　结　构

1.1.1　核外电子的运动状态

1.1.1.1　电子云的概念

电子是带负电荷的质量（9.1095×10^{-3} kg）很小的微粒，它在原子的空间（直径约 10^{-10} m）内运动，速度很快（约为 10^6 m/s），接近光速（3×10^8 m/s）。电子的运动和宏观物体的运动不同。没有确定的轨道，而是在原子核周围空间的各区域里运动着，但在不同的区域出现的可能性大小不同，不能用经典力学来描述。但可以用统计的方法，即对一个电子多次在核外某区域出现机会的多少，这个机会数学上称为概率。在一定时间内，有些区域出现的概率较大，而在另一些区域出现的概率较小，其形象犹如笼罩在核外周围的一层带负电的云雾，形象地称为电子云。电子出现概率越大的区域，就是电子密度最大的地方。通常用小黑点（.）来表示核外电子运动概率的大小，小黑点密说明电子云密度大，也就是电子在该处出现的概率大；小黑点疏，说明电子云密度小，也就是电子在该处出现的概率小。如果把电子云出现的概率相等的地方用线连接起来，称为等密度线，亦称为电子云的界面，这个界面所包含的空间范围称为原子轨道。

1.1.1.2　核外电子运动状态

电子在原子中不仅围绕原子运动，而且还有自旋运动。电子的运动状态，需要从四个方面来描述，即电子层（主量子数 n）、电子亚层（角量子数 l）、电子云的伸展方向（磁量子数 m）和电子自旋（自旋量子数 m_s），这样才能比较全面地反映电子在核外空间的运动状态。

（1）主量子数 n　主量子数在确定电子运动的能量时起着头等重要的作用。在氢原子中电子的能量则完全由 n 决定。

当主量子数增加时，电子的能量随着增加，其电子出现离核的平均距离也相应增大。在一个原子内，具有相同主量子数的电子，近乎在同样的空间范围运动，故称主量子数。n 相同的电子为一个电子层。常用电子层的符号如下：

当　　　　　　　　　　　　　　$n=1，2，3，4，5，6，7$

电子层符号　　　　　　　　　　K，L，M，N，O，P，Q

电子层能量的高低顺序：

$$K<L<M<N<O<P$$

（2）角量子数 l　角量子数 l 确定原子轨道的形状并在多电子原子中和主量子数一起决定电子的能级。

对于给定的 n 值，量子力学证明 l 只能取小于 n 的正整数：

$$l=0，1，2，3，4，\cdots，(n-1)$$

相应能级符号　　　　　　　　　s，p，d，f，g

例如，一个电子处在 $n=2$，$l=0$ 的运动状态就为 2s 电子；处在 $n=2$，$l=1$ 的状态为 2p 电子。n、l 的关系见表 1-1。

表 1-1　n、l 的关系

n	1	2	3	4
l	0	0,1	0,1,2	0,1,2,3

每个 l 值代表一个亚层。第一电子层只有一个亚层，第二电子层有两个亚层，以此类推。亚层用光谱符号 s、p、d、f 等表示。角量子数、亚层符号及原子轨道形状的对应关系见表 1-2。

表 1-2　角量子数、亚层符号及原子轨道形状的对应关系

l	0	1	2	3
亚层符号	s	p	d	f
原子轨道或电子云形状	球形	哑铃形	花瓣形	花瓣形

同一电子层中，随着 l 数值的增大，原子轨道能量也依次升高，即 $E_{ns}<E_{np}<E_{nd}<E_{nf}$。

从能量的角度讲，每一个亚层有不同的能量，常称为相应的能级。与主量子数决定的电子层间的能量差别相比，角量子数决定的亚层间的能量差要小得多。

（3）磁量子数 m　根据光谱线在磁场中会发生分裂的现象得出：原子轨道不仅有一定的形状，而且还具有不同的空间伸展方向。磁量子数 m 决定原子轨道在空间的取向。某种形状的原子轨道，可以在空间取不同的伸展方向，而得到几个空间取向不同的原子轨道。

磁量子数可以取值：$m=0，\pm1，\pm2，\cdots，\pm l$。共有 $2l+1$ 个值。每个取值表示亚层中的一个有一定空间伸展方向的轨道。因此，一个亚层中 m 有几个数值，该亚层中就有几个伸展方向不同的轨道。n、l 和 m 的关系见表 1-3。

由表可见，当 $n=1$，$l=0$，$m=0$。表示亚层在空间只有一种伸展方向。当 $n=3$，$l=1$ 时，$m=0$，$+1$，-1，表示 2p 亚层中有 3 个空间伸展方向不同的轨道，即 p_x、p_y、p_z。这 3 个轨道的 n、l 值相同，轨道的能量相同，所以称为等价轨道或简并轨道。当 $n=3$，$l=2$ 时，$m=0$，±1，±2，表示 3d 亚层中有 5 个空间伸展方向不同的 d 轨道。这 5 个轨道的 n、l 值也相同，轨道能量也应相同，所以也是等价轨道或简并轨道。

表 1-3　n、l 和 m 的关系

主量子数(n)	1	2		3			4			
电子层符号	K	L		M			N			
角量子数(l)	0	0	1	0	1	2	0	1	2	3
电子亚层符号	1s	2s	2p	3s	3p	3d	4s	4p	4d	4f
磁量子数(m)	0	0	0	0	0	0	0	0	0	0
			±1		±1	±1		±1	±1	±1
						±2			±2	±2
										±3
亚层轨道数($2l+1$)	1	1	3	1	3	5	1	3	5	7
电子层轨道数 n^2	1	4		9			16			

综上所述，用 n、l、m 三个量子数即可决定一个原子轨道的大小、形状和伸展方向。

(4) 自旋量子数 m_s　电子除绕核运动外，本身还作两种相反方向的自旋运动，描述电子自旋运动的量子数称为自旋量子数 m_s。取值为 $+1/2$ 和 $-1/2$，符号用 ↑ 和 ↓ 表示。由于自旋量子数只有两个取值，因此每个原子轨道最多能容纳 2 个电子。

以上讨论了四个量子数的意义和它们之间相互联系又相互制约的关系。有了这四个量子数就能比较全面地描述一个核外电子的运动状态。如原子轨道的分布范围、轨道形状和伸展方向以及电子的自旋状态等。此外，由 n 值可以确定 l 的最大限量（几个亚层或能级）；由 l 值又可以确定 m 的最大限量（几个伸展方向或几个等价轨道），这样就可以推算出各电子层和各电子亚层上的轨道总数，见表 1-3。再结合 m，也很容易得出各电子层和各亚层的电子最大容量。

【例 1-1】　某一多电子原子，试讨论在其第三电子层中：

(1) 亚层数是多少？

(2) 各亚层上的轨道数是多少？该电子层上的轨道总数是多少？

(3) 哪些是等价轨道？

解　第三电子层，即主量子数 $n=3$。

(1) 亚层数是由角量子数 l 的取值数确定的。$n=3$，l 的取值可有 0，1，2。所以第三电子层中有 3 个亚层，它们分别是 3s、3p、3d。

(2) 各亚层的轨道数是由磁量子数 m 决定的。各亚层中可能有的轨道数如下。

当 $n=3$，$l=0$ 时，$m=0$，即有 1 个 3s 轨道。

当 $n=3$，$l=1$ 时，$m=0$，-1，$+1$，即有 3 个 3p 轨道：$3p_x$、$3p_y$、$3p_z$。

当 $n=3$，$l=2$ 时，$m=0$，±1，±2，即可有 5 个 3d 轨道：$3d_{z^2}$、$3d_{xz}$、$3d_{yz}$、$3d_{x^2-y^2}$、$3d_{xy}$。

由上可知，第三电子层中总共有 9 个轨道。

(3) 等价轨道（或简并轨道）是能量相同的轨道，轨道能量主要决定于 n，其次是 l，所以 n、l 相同的轨道具有相同的能量。故等价轨道分别为 3 个 3p 轨道和 5 个 3d 轨道。

综上所述，电子在原子核外的运动状态是相当复杂的，必须由它所处的电子层、电子亚层、电子云的空间伸展方向和电子的自旋状态四个方面（四个量子数）来决定。四个量子数是相互联系、相互制约的。因此，当要说明一个电子的运动状态时，也必须同时从这四个方面一一指明。

1.1.2 多电子原子轨道的能级

原子中各原子轨道能级的高低主要根据光谱实验确定，用图示法近似表示，这就是所谓近似能级图。常用的是鲍林（Pauling）的近似能级图（图 1-1）。

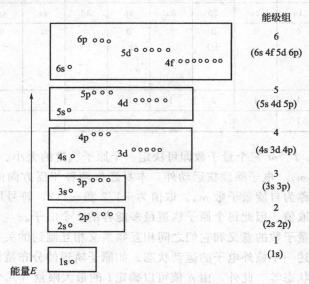

图 1-1　原子轨道近似能级图

近似能级图按照能量由高到低的顺序排列，并将能量相近的能级划归一组，称为能级组。相邻能级组之间能量相差比较大。每个能级组（除第一能级组）都是从 s 能级开始，于 p 能级终止。能级组数等于核外电子层数。从图 1-1 可以看出以下三点。

① 同一原子中的同一电子层内，各亚层之间的能量次序为：

$$ns < np < nd < nf$$

② 同一原子中的不同电子层内，相同类型亚层之间的能量次序为：

$$1s < 2s < 3s < \cdots$$

③ 同一原子中的第三层以上的电子层中，不同类型的亚层之间，在能级组中常出现能级交错现象。例如：

$$4s < 3d < 4p,\ 5s < 4d < 5p,\ 6s < 4f < 5d < 6p$$

必须指出，鲍林近似能级图反映了多电子原子中原子轨道能量的近似高低，不能认为所有元素原子中的能级高低都是一成不变的，更不能用它来比较不同元素原子轨道能级的相对高低。

1.1.3 原子中电子的排布

处于稳定状态（基态）的原子的核外电子是遵循下列各原则排布的。

1.1.3.1 泡利不相容原理

奥地利科学家泡利 1925 年提出一条经验规律："1 个原子内不可能存在 4 个量子数完全相同的电子。"上述规律也可以通俗地说："1 个原子内，每个轨道最多只能容纳自旋方向相反的 2 个电子。"这就是泡利不相容原理。

前面已经讲过，主量子数为 n 的电子层的轨道数为 n^2 个，根据泡利不相容原理。1 个电子层最多可以容纳 $2n^2$ 个电子（表 1-4）。

表 1-4　各电子层的轨道数和最多电子数

主量子数	1	2	3	4…	n
电子层	K	L	M	N	
电子亚层种类和轨道数	s 1	s,p 1,3	s,p,d 1,3,5	s,p,d,f 1,3,5,7	
轨道总数	1	4	9	16	n^2
最多电子数	2	6	18	32	$2n^2$

1.1.3.2　能量最低原理

在基态时，原子中的电子在不违背泡利不相容原理的前提下，总是尽可能占据能量最低轨道，这称为能量最低原理。

能量最低状态是物体的最稳定状态，这是自然界的普遍规律。例如，水要从高处（势能高）流向低处（势能低）等，都体现了这条规律。

前面已经讨论了原子内各轨道的能级高低顺序，根据能量最低原理，电子应按从低到高的顺序填入轨道中。为了应用方便，图 1-2 列出一个原子中各亚层轨道示意。这个图是根据轨道近似能级图制出的箭头所示的方向表示能量增高方向，也表示电子填充顺序，并从下面逐步移向上面。

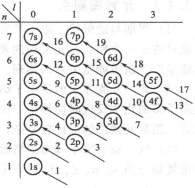

图 1-2　电子填充各亚层的先后顺序

1.1.3.3　洪特规则

碳原子有 6 个电子，填满 1s、2s 亚层后，2p 亚层中还有 2 个电子，但 2p 亚层有 3 个轨道。那么，这 2 个电子是同在 1 个 2p 轨道上，还是分占 2 个 2p 轨道，还是这两种情况都可以存在呢？

德国科学家洪特利用从光谱实验中总结的洪特规则解决了这个问题。洪特指出："在同一亚层内，电子将尽可能以相同的方向自旋，分占不同的轨道。"例如，${}_6C$ 的电子排布为 $1s^2 2s^2 2p^2$，其轨道上的电子排布如图 1-3 所示。

图 1-3　轨道上的电子排布

作为洪特规则的特例，同一亚层的轨道填满电子（全填满）、半填满电子（半填满）或轨道全空的状态是比较稳定的。即：

$$相对稳定状态\begin{cases}全充满:p^6,d^{10},f^{14}\\半充满:p^3,d^5,f^7\\全空:p^0,d^0,f^0\end{cases}$$

例如，铬和铜原子核外电子的排布式，${}_{24}Cr$ 是 $1s^2 2s^2 2p^6 3s^2 3p^6 3d^5 4s^1$ 而不是 $1s^2 2s^2 2p^6 3s^2 3p^6 3d^4 4s^2$。$3d^5$ 为半充满；${}_{29}Cu$ 是 $1s^2 2s^2 2p^6 3s^2 3p^6 3d^{10} 4s^1$ 而不是 $1s^2 2s^2 2p^6 3s^2 3p^6 3d^9 4s^2$。$3d^{10}$ 为全充满。

为了书写方便，以上两例的电子排布式也可以简写成 ${}_{24}Cr$：$[Ar]3d^5 4s^1$；${}_{29}Cu$：$[Ar]$

$3d^{10}4d^1$。方括号中所列稀有气体表示原子内层的电子结构与稀有气体原子的电子结构一样，[Ar]、[K]、[Xe] 等称为原子芯（在离子的电子排布式中使用时称为离子芯）。

1.1.4 原子的电子层结构与元素周期系

元素周期律是门捷列夫 1869 年首先提出的，他指出元素的性质随着原子量的增加而呈周期性的变化，并根据这个规律将当时已发现的 63 种元素排列成了元素周期表。各种元素形成周期性的体系，称为元素周期系，元素周期表则是元素周期系的具体表现形式。

原子结构的研究证明，决定元素性质变化的主要因素不是原子量，而是原子序数，因此，元素周期律是指随着元素原子序数的递增，元素的性质呈周期性变化的规律。原子的外电子层构型是决定元素性质的主要因素，而各元素原子的外电子层构型则是随着原子序数的递增而呈周期性的重复排列。因此，原子核外电子排布的周期性变化是元素周期律的本质原因，元素周期表则是各元素原子核外电子排布呈周期性变化的反映。

1.1.4.1 元素周期系

（1）周期与能级组 原子具有的电子层数与该元素所在的周期序数相对应。每一个能级组就对应于一个周期，元素周期表中的七个周期与七个能级组的划分是一致的。周期划分的本质是原子轨道能量关系的体现。由于有能级交错，也就有长短周期的划分。

（2）族 元素原子的价电子结构决定该元素在周期表中所处的族的序数。原子的价电子是原子参加化学反应时能够用于成键的电子。主族元素的价电子数等于最外层 s 和 p 电子的总数。副族元素的情况比较复杂，它们的价电子有时与次外层或倒数第三层的电子有关。

（3）区 根据电子排布的情况及元素原子的外层电子构型，可以把周期表中的元素所在的位置划分为 s、p、d、ds 和 f 五个区，如图 1-4 所示。

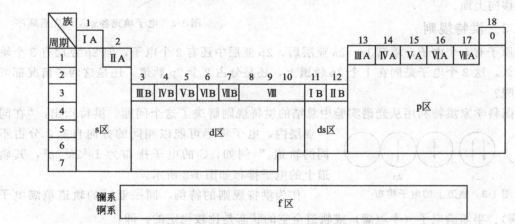

图 1-4 周期表中元素的分区

① s 区元素 最外电子层结构是 s^1 和 s^2，包括 I A 族碱金属和 II A 族碱土金属。这些元素的原子容易失去 1 个或 2 个电子，形成 +1 或 +2 价离子，它们是活泼金属。

② p 区元素 包括电子层结构从 $s^2p^1 \rightarrow s^2p^6$ 的元素，即 III A-0 主族元素。

零族元素，除 He 原子外层只有 2 个电子（$1s^2$）外，其余稀有气体最外电子层的 s 和 p 轨道都已布满，共有 8 个电子。这样的电子层结构是比较稳定的。正是由于这个原因，人们曾经认为它们不能形成化合物，化合价为零，故为零族。其实 8 电子稳定结构是相对的。1962 年以后，实验证明，某些稀有气体在一定条件下可以形成具有真正化学键的化合物，例如，XeF_2、XeO_3 等。故有的周期表将"零族"改名为"ⅧA 族"，即第八主族。

③ d 区元素　本区元素的原子电子层结构是最外层 ns 的电子数为 1～2 个，次外层 $(n-1)$ d 轨道上电子数在 1～9 之间，包括ⅢB 族到Ⅷ族元素。d 区元素又称为过渡元素。

d 区元素的化学性质和原子核外 d 电子层结构有较大的关系。由于最外层电子数皆为 1～2 个，这些元素的电子层结构差别大都在次外层的 d 轨道上，因此，它们都是金属元素，性质比较相似，从左到右，性质变化比较缓慢。

④ ds 区元素　电子层结构是 $d^{10}s^1$ 和 $d^{10}s^2$，包括ⅠB 族和ⅡB 族元素。

⑤ f 区元素　本区元素的差别在倒数第三层 $(n-2)$f 轨道上电子数不同。由于最外两层电子数基本相同，故它们的化学性质非常相似。包括镧系元素和锕系元素。

综上所述，原子的电子层结构与元素周期表的关系十分密切。这正是在无机化学中用得较多的基础理论之一。

1.1.4.2　元素基本性质的周期性变化规律

(1) 原子半径　原子核周围是电子云，它们没有确切的边界。通常所说的原子半径是物质的聚集状态，人为规定的一种物理量。当同种元素的两个原子以共价键连接时，它们核间距离的一半，称为该原子的共价半径。周期表中各元素的原子半径如图 1-5 所示。在金属单质的晶体中，相邻两个金属原子核间距离的一半，称为该金属的金属半径。在分子晶体中，分子之间是以范德华力结合的，这时相邻分子间两个非键结合的同种原子，其核间距的一半，称为范德华半径。

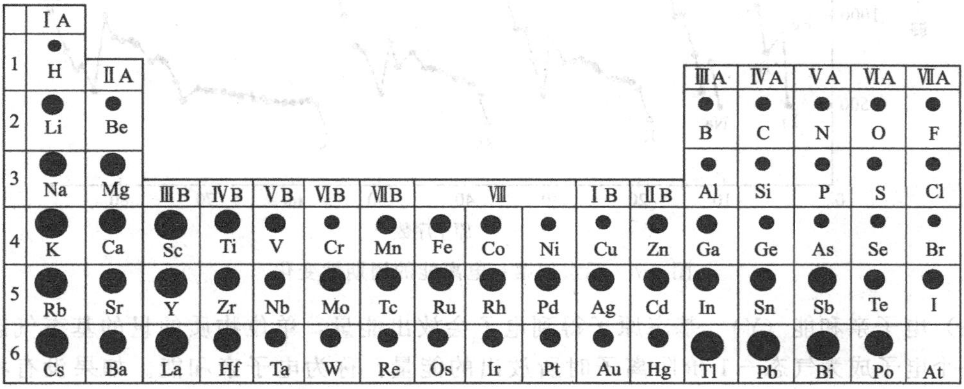

图 1-5　各元素的原子半径 r（单位：pm）

一般来说，在元素周期表中，同一周期元素从左到右，原子半径越来越小。

同一主族，从上到下电子层构型相同，电子层增加的因素占主导地位，所以，原子半径显著增加。

(2) 电离能（I）　从基态原子移去电子，需要消耗能量以克服核电荷的吸引力。元素的第一电离能是从一个气态原子夺走一个最外层电子而形成一个 +1 价离子时所需的能量。

电离能的大小反映原子失电子的难易。电离能越大，原子失电子越困难；反之电离能越小，原子失电子越容易。通常用第一电离能来衡量原子失去电子的能力。一般来说，周期表中同周期元素从左到右电离能逐渐增加；而同一主族，由上到下电离能逐渐减小（图1-6、图1-7）。

IA	IIA											IIIA	IVA	VA	VIA	VIIA	0
H 1312																	He 2372
Li 520	Be 899											B 801	C 1086	N 1402	O 1314	F 1631	Ne 2081
Na 496	Mg 738											Al 578	Si 786	P 1012	S 1000	Cl 1251	Ar 1521
K 419	Ca 590	Sc 631	Ti 658	V 650	Cr 623	Mn 717	Fe 759	Co 458	Ni 737	Cu 745	Zn 906	Ga 579	Ge 762	As 947	Se 941	Br 1140	Kr 1351
Rb 403	Sr 550	Y 616	Zr 660	Nb 664	Mo 685	Tc 702	Ru 711	Rh 720	Pd 805	Ag 804	Cd 868	In 558	Sn 709	Sb 834	Te 869	I 1008	Xe 1170
Cs 376	Ba 503	Lu 523	Hf 675	Ta 761	W 770	Re 760	Os 839	Ir 878	Pt 868	Au 890	Hg 1607	Tl 589	Pb 716	Bi 703	Po 812	At	Rn 1041
Fr	Ra 509	Lr															

图 1-6　元素的第一电离能（单位：kJ/mol）

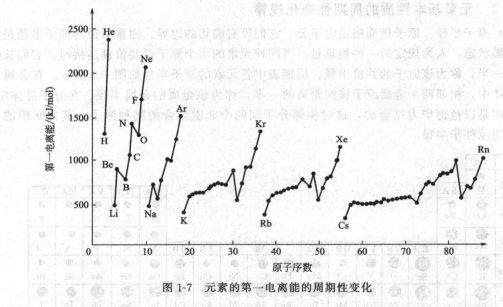

图 1-7　元素的第一电离能的周期性变化

（3）电子亲和能（Y）　基态原子得到电子会放出能量，单位物质的量的基态气态原子得到一个电子成为气态－1价阴离子时所放出的能量，称为电子亲和能。如果没有特别说明，通常说的电子亲和能，就是指第一电子亲和能。各元素原子的第一电子亲和能一般为负值，这是由于原子获得第一电子时系统能量降低，要放出能量。以带负电的阴离子要再结合一个电子，则需要克服阴离子电荷的排斥作用，必须吸收能量。应该注意手册上的电子亲和能的数据符号相反，即放热为正，吸热为负。因此，在谈到电子亲和能的正、负时，要弄清所使用的表示方法。本书采用热力学表示。

　　电子亲和能的大小反映原子获得电子的难易，电子亲和能越负，原子获得电子的能力越强。电子亲和能的大小与有效核电荷、原子半径和电子层结构有关，故也呈周期性变化。以主族元素为例，同一周期从左到右，各元素的原子结合电子时放出的能量总的趋势是增加的或更负的（稀有气体除外），表明原子越来越容易结合电子形成阴离子。但是也表现出了与电离能相似的波浪形变化（表1-5）。

表 1-5　部分元素的电子亲和能 （一）

原　子	Na	Mg	Al	Si	P	S	Cl
$Y_1/(kJ/mol)$	−52.7	−230	−44	−133.6	−71.7	−200.4 590(Y_2)	−348.8

同族元素从上到下结合电子时放出能量的趋势是逐渐减小的，表明结合电子的能力逐渐减弱，但是，可能由于 F 原子半径太小，其电子亲和能反而比 Cl 原子的小，氯是周期表中电子亲和能最大的元素（表 1-6）。

表 1-6　部分元素的电子亲和能 （二）

原子	F	Cl	Br	I
$Y_1/(kJ/mol)$	−327.9	−348.8	−324.6	−295.3

（4）电负性（χ）　电离能和电子亲和能都是从一个侧面反映元素原子失去或得到电子能力的大小，为了综合表征原子得失电子的能力，1932 年鲍林提出了电负性概念。元素电负性是指在分子中原子吸引成键电子的能力。他指定最活泼的非金属元素氟的电负性为4.0，然后通过计算得出其他元素电负性的相对值。元素电负性越大，表示该元素原子在分子中吸引电子的能力越强，反之，则越弱。表 1-7 列出了鲍林的元素电负性数值，由表可见，同一周期主族元素的电负性从左到右依次递增。也是由于原子的有效核电荷逐渐增大，半径依次减小的缘故，使原子在分子中吸引成键电子的能力逐渐增加，在同一主族中，从上到下电负性趋于减小，说明原子在分子中吸引电子的能力趋于减弱。过渡元素电负性的变化没有明显的规律。

表 1-7　元素电负性

H																
2.2																
Li	Be											B	C	N	O	F
1.0	1.6											2.0	2.6	3.0	3.4	4.0
Na	Mg											Al	Si	P	S	Cl
0.9	1.3											1.6	1.9	2.2	2.6	3.2
K	Ca	Sc	Ti	V	Cr	Mn	Te	Co	Ni	Cu	Zn	Ga	Ge	As	Se	Br
0.8	1.0	1.4	1.5	1.6	1.7	1.6	1.8	1.9	1.9	1.9	1.7	1.8	2.0	2.2	2.6	3.0
Rb	Sr	Y	Zr	Nb	Mo	Tc	Ru	Rh	Pd	Ag	Cd	In	Sn	Sb	Te	I
0.8	1.0	1.2	1.3	1.6	2.2	1.9	2.2	2.3	2.2	1.9	1.7	1.8	2.0	2.1	2.1	2.7
Cs	Ba	Lu	Hf	Ta	W	Re	Os	Ir	Pt	Au	Hg	Ti	Pb	Bi	Po	At
0.8	0.9	1.3	1.3	1.5	2.4	1.9	2.2	2.2	2.3	2.5	2.0	2.0	2.0	2.0	2.0	2.2
Fr	Ra															
0.7	0.9															

（5）元素的金属性与非金属性　元素的金属性是指原子失去电子成为阳离子的能力，通常可用电离能来衡量。元素的非金属性是指原子得到电子成为阴离子的能力，通常可用电子亲和能来衡量。元素的电负性综合反映了原子得失电子的能力，故可作为元素金属性与非金属性统一衡量的依据。一般来说，金属的电负性小于 2，非金属的电负性则大于 2。

同一周期主族元素从左到右，元素的金属性逐渐减弱，非金属性逐渐增强。同一主族从上到下，元素的非金属性逐渐减弱，金属性逐渐增强。

1.2 分子结构

在自然界中，除了稀有气体为单原子分子以外，其他元素的原子都是相互结合成分子或晶体。分子或晶体之所以能稳定存在，是因为分子或晶体中相邻原子之间存在强烈的相互作用。将这种强烈相互作用称为化学键。

在三种类型的化学键中，共价键地位特殊，因为在已知的全部化合物中，以共价键结合的占90%以上。

1.2.1 共价键理论

1.2.1.1 共价键的饱和性和方向性

两个原子相接近时，自旋方向相反的未成对的价电子可以配对形成共价键。一个原子含有几个未成对的电子，就可以和几个自旋方向相反的电子配对成键，或者说，原子能形成共价键的数目受电子数的限制，这就是共价键的饱和性。

成键电子的原子轨道如果重叠越多，核间电子云密度越大，所形成的共价键就越稳定，这就是最大重叠原理。按最大重叠原理，成键原子的电子云必须在各自密度最大的方向重叠，这决定了共价键具有方向性。

1.2.1.2 共价键的类型

根据成键时原子轨道重叠方式的不同，共价键可分成 σ 键和 π 键。

（1）σ 键 如果两个原子轨道都沿着轨道对称轴的方向重叠，键轴（原子核间的连线）与轨道对称轴重合，或者说以"头碰头"的方式发生原子轨道重叠，称为 σ 键，如图1-8所示。

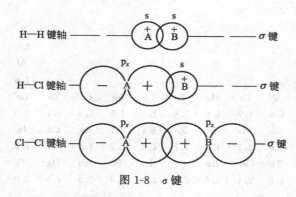

图1-8 σ 键

（2）π 键 如果两个 p 轨道的对称轴相平行，同时它们的节面又互相重合，那么这两个 p 轨道就可以从侧面重叠，重叠部分对称于节面，这样形成的共价键称为 π 键。形象地说，π 键是两个 p 轨道以"肩并肩"的方式重叠而形成的共价键，如图1-9所示。

（3）σ 键和 π 键的不同

① σ 键是原子轨道以"头碰头"的方式重叠，因而重叠程度比较大，键就比较稳定；而 π 键是两个 p 轨道以"肩并肩"的方式重叠，重叠程度比较小，键比较活泼。

图1-9 π 键

②σ键电子云流动性小，π键电子云流动性大，易极化。

③以σ键相连的两个原子可以绕键轴自由旋转，而以π键相连的两个原子不能旋转。

④两个原子间只能有一个σ键，而π键可以有一个或两个，且π键不能单独存在。因此单键必然是σ键，双键中有一个σ键，一个π键，三键中有一个σ键，两个π键。

在讨论共价键形成的分子时，常用到键长、键能、键角、键的极性等表征共价键性质的物理量，这称为共价键的键参数。这里就不作介绍了。

1.2.2　杂化与杂化轨道

原子形成分子时，同一原子中能量相近的不同原子轨道重新组合成一组新的轨道的过程称为杂化，所形成的新轨道称为杂化轨道。杂化的关键是在能量相近的一些原子轨道之间才能发生杂化，杂化前后轨道数目不变，杂化以后能量趋于平均化，杂化轨道的对称性更高。

杂化的类型很多，现以 C 原子为例说明轨道杂化。

（1）sp³ 杂化　在甲烷分子中，碳原子与四个氢原子形成的四个 C—H 键是等同的，键长都是 0.109nm，键能为 435kJ/mol，两个 C—H 键的夹角是 109.5°。从这些实验数据可以知道，碳原子是不可能用一个 2s 轨道和三个 2p 轨道去与四个氢原子形成 4 个等同的 C—H 键。

杂化理论认为，碳原子的一个 2s 轨道与三个 2p 轨道进行能量的重新分配，形成四个完全相同的 sp³ 杂化轨道。如图 1-10 所示为 sp³ 杂化。

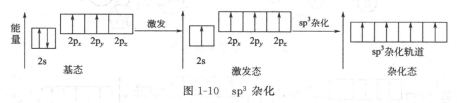

图 1-10　sp³ 杂化

sp³ 轨道的能量稍高于 2s 轨道，稍低于 2p 轨道，在每个杂化轨道上都有 1 个可用于成键的电子（未配对电子），它们之间具有斥力，为使轨道尽可能隔开，4 个轨道分布在夹角为 109.5°的正四面体最为有利。sp³ 杂化轨道的形状类似于保龄球瓶，一头大一头小，小的一端不用于成键，大的一端用于成键，因此，杂化轨道成键时可实现最大程度的重叠。如图 1-11 为甲烷形成示意。

（2）sp² 杂化　当碳原子与其他原子形成双键时，碳原子是以 sp² 杂化轨道成键的。如图 1-12 所示为 sp² 杂化。

在 sp² 杂化轨道中，碳原子的 2s 轨道和两个 2p 轨道杂化，形成三个完全等同的 sp² 杂化轨道，每个杂化轨道上都有一个可成键的电子，未参与杂化的 2p 轨道也有 1 个可成键的电子。为使三个杂化轨道处于尽可能分开的位置，sp² 杂化轨道分布在一个正三角形的平面上，夹角 120°，未参与杂化的 2p 轨道垂直于三个 sp² 杂化轨道所形成的平面。轨道的关系如图 1-13 所示。

在乙烯分子中，两个碳原子之间各用一个 sp² 杂化轨道形成一个 C—C σ 键（双键中的一个），碳原子上余下的两个 sp² 杂化轨道分别与两个氢原子形成 C—H σ键，每个碳原子上未参与杂化的 2p 轨道垂直于 σ 键所组成的平面。它们从侧面重叠形成 π 键（双键中的第二个）。

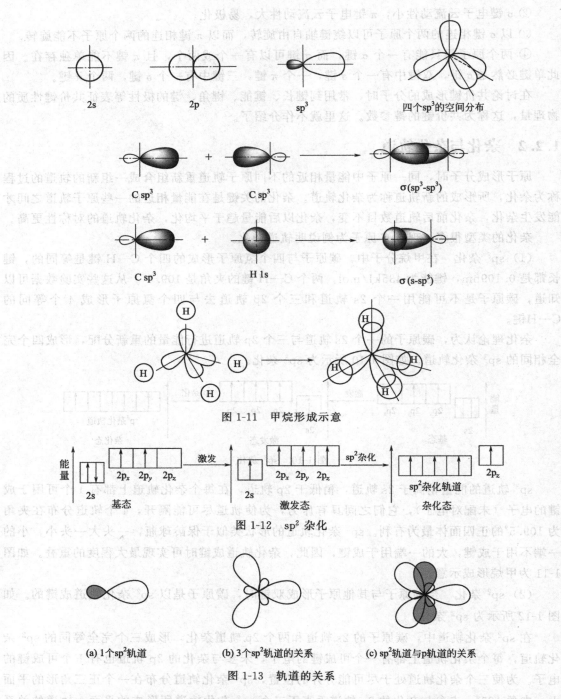

图 1-11　甲烷形成示意

图 1-12　sp^2 杂化

(a) 1个sp^2轨道　　(b) 3个sp^2轨道的关系　　(c) sp^2轨道与p轨道的关系

图 1-13　轨道的关系

（3）sp 杂化　当碳原子与其他原子形成三键时，碳原子采用 sp 杂化方式。如图 1-14 所示 sp 杂化。

sp 杂化轨道的形状与 sp^3 杂化轨道相似，但在空间的分布不同。两个 sp 杂化轨道的对称轴在一条直线上，其夹角为180°，故 sp 杂化称为直线型杂化。未参与杂化的两个 2p 轨道都垂直于两个 sp 杂化轨道所构成的直线。两个 sp 的空间分布如图 1-15 所示。三键碳原子的轨道分布如图 1-16 所示。

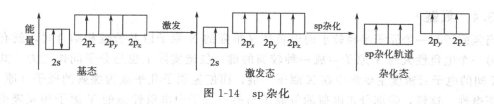

图 1-14　sp 杂化

图 1-15　两个 sp 的空间分布　　　　图 1-16　三键碳原子的轨道分布

1.2.3　分子间的作用力

有机分子通常是非极性或弱极性的，除了高度分散的气体之外，分子之间也存在一定的作用力，这种分子间的作用力较弱，要比键能小 1～2 个数量级，但却是影响有机物的三态变化（固态、液态、气态）及溶解性的重要因素，这种分子间的作用力也称为范德华力。

分子间的作用从本质上说都是静电作用力，通常来自分子偶极间的相互作用，它可分成 3 种类型。

1.2.3.1　取向力

当两个极性分子相互接近时，极性分子的固有偶极间发生同极相斥、异极相吸，使杂乱的分子相对偏转而取向排列，固有偶极处于异极相邻状态。这种极性分子固有偶极间的取向而产生的分子间作用力称为取向力。

分子的偶极矩越大，取向力也就越大。

1.2.3.2　诱导力

当极性分子与非极性分子靠近时，极性分子的固有偶极使非极性分子变形的偶极称为诱导偶极，诱导偶极与极性分子的固有偶极相吸产生的作用力称为诱导力。

1.2.3.3　色散力

非极性分子内由于电子的运动，在某一瞬间的分子内的电荷分布可能不均匀，产生一个很小的暂时偶极，而且还可以影响周围分子也产生暂时偶极。暂时偶极会很快消失，但也会不断出现，结果非极性分子间靠暂时偶极而相互吸引。两个暂时偶极相互产生作用而产生的作用力称为色散力。

色散力、诱导力和取向力总称范德华力。在有机化合物中，除极少数强电解质分子外，大多数分子间作用力都以色散力为主。范德华力的大小与分子的偶极矩、分子的极化率成正比。所谓极化率是指一个中性分子由于邻近的具有永久或暂时偶极的分子的作用而产生偶极的能力。分子的极性、分子量、分子体积和分子的表面积越大，分子间的力越大。

范德华力只在分子间靠得很近的部分才起作用，而且很弱，但对有机物的性质却有重要的影响。

1.2.3.4 氢键

当氢原子与一个原子半径较小而电负性又很强的 X 原子以共价键相结合时，就有可能再与另一个电负性大的 Y 原子生成一种较弱的键。氢键实际上也是分子间作用力。共价键 H—X 间的电子云密度主要集中在 X 原子一端，而使氢原子几乎成为裸露的质子（原子核）而显正电性。这样，带部分正电荷的氢原子与另一分子中电负性强的 Y 原子相互吸引，与 Y 原子的未共用电子对通过静电引力形成氢键。氢键实际上也是具有永久偶极的分子间产生的取向力。它是分子间作用力最强的，但最高不超过约 25kJ/mol。通常用虚线表示氢键（X—H…Y）。液态水、液态氨分子间的氢键及氨溶于水时的氢键如图 1-17 所示。

(a) 水分子间的氢键　　　(b) 氨分子间的氢键　　　(c) 氨溶于水时的氢键

图 1-17　液态水、液态氨分子间的氢键及氨溶于水时的氢键

在特定条件下，分子内的原子间也能形成氢键。

要形成有效氢键，两个电负性原子必须来自下列元素：F、O、N。因为只有这 3 种元素原子足够小，负电荷集中，成键的氢才具有足够的正电性，这时才具有足够的吸引作用。

氢键不仅对化合物的熔点、沸点、溶解度和物质的聚集状态有重要的影响，而且对蛋白质和核酸的形状也起着关键的作用。

习　题

1. 为什么各个电子层所能容纳的最多电子数为 $2n^2$？

2. 某元素原子的电子排布式为 $1s^2 2s^2 2p^6 3s^2 3p^6 3d^{10} 4s^1$，说明这个元素的原子核外有多少电子层？每个电子层有多少轨道？有多少个电子？

3. 试用 s、p、d、f 符号来表示下列各元素原子的电子结构：

(1) $_{18}Ar$；(2) $_{26}Fe$；(3) $_{53}I$

并指出它们属于第几周期、第几族？

4. 原子核外电子的排布遵循哪些原则？举例说明。

5. 周期表中哪些元素的电子层结构体现了半满、全满时能量较低的洪特规则？又有哪些例外？

6. 什么是电离能？什么是电子亲和能？什么是电负性？后者数值的大小与元素的金属性、非金属性有何联系？

7. 何谓价电子构型？写出周期表中各族元素原子的价电子构型通式。各区的价电子构型有什么规律性变化？

8. 为什么周期表中各周期所包含的元素不一定等于相应电子层中电子的最大容量 $2n^2$？为什么任何原子的最外层均不超过 8 个电子？次外层均不超过 18 个电子？

9. 某元素的原子序数为 35，试回答：

(1) 其原子中的电子数是多少？有几个未成对电子？

(2) 其原子中填有电子的电子层、能级组、能级、轨道各有多少？价电子数有几个？

(3) 该元素属于第几周期、第几族？是金属还是非金属？最高氧化值是多少？

10. 第 4 周期的某两元素，其原子失去 3 个电子后，在角量子数为 2 的轨道上的电子：(1) 恰好填满；(2) 恰好半满。试推断对应两元素的原子序数和元素符号。

11. 某元素原子的最外层上仅有 1 个电子，此电子的量子数是 $n=4$，$l=0$，$m=0$，$m_s=+1/2$（或 $-1/2$）。问：

(1) 符合上述条件的元素可能有几种？原子序数各为多少？

(2) 写出相应元素的元素符号和电子排布式，并指出其价电子结构及在周期表中的区和族。

12. 有 A、B、C、D 四种元素，其价电子数依次为 1、2、6、7，其电子层数依次减少一层，已知 D^- 的电子层结构与 Ar 原子相同，A 和 B 的次外层只有 8 个电子，C 的次外层有 18 个电子。试推断这四种元素：

(1) 原子半径由小到大的顺序；

(2) 电负性由小到大的顺序；

(3) 金属性由弱到强的顺序。

13. 下列说法是否正确，为什么？

(1) 主量子数为 1 时，有两个方向相反的轨道；

(2) 主量子数为 2 时，有 2s、$2p^2$ 两个轨道；

(3) 主量子数为 2 时，有 4 个轨道，即 2s、2p、2d、2f；

(4) 因为 H 原子中只有一个电子，故它只有一个轨道；

(5) 当主量子数为 2 时，其角量子数只能取 1 个数，即 $l=1$；

(6) 任何原子中，电子的能量只与主量子数有关。

14. 说明下列各物质分子之间存在着什么形式的分子间力（取向力、诱导力、色散力、氢键）。

(1) 苯和四氯化碳；(2) 碘和酒精；(3) 乙醇和水。

第2章 溶 液

溶液在日常生活、生产和科学实验中是物质最主要的存在形式。动物的血液、淋巴均为溶液,食物的消化吸收是以溶液形式完成的,许多临床使用的药剂必须配成溶液方能使用;施用农药时应配成一定浓度才能被农作物有效吸收。人体内的体液、组织液、淋巴液以及各种腺体的分泌液等也都属于溶液的范畴。可见,溶液在人类的生产活动、科学实验和生命过程中具有十分重要的作用。

2.1 溶液的浓度

溶液的性质常与溶液中的溶质和溶剂的相对组成有关。在实际工作中,配制一种溶液,一定要标明溶液的浓度。

2.1.1 溶液的浓度的表示方法

溶液的浓度是指一定量的溶液(或溶剂)中所含溶质的量。表示溶液浓度的方法很多,现就常用的一些表示方法作一介绍。

2.1.1.1 质量分数

质量分数是指溶质组分 B 质量与溶液质量之比。质量分数用符号 w_B 表示:

$$w_B = \frac{m_B}{m_B}$$

质量分数可以用小数表示,也可以用百分数表示。例如,市售浓硫酸的质量分数 $w_B = 0.98$,表示浓硫酸中 H_2SO_4 的质量与硫酸溶液的质量之比,即 100g 浓硫酸中含有 98g H_2SO_4。又如中国食品卫生标准 GBN 51—77 规定,致癌物质黄曲霉 B 在各种食品中的含量限定为:玉米、花生及其油类制品 $w_B \leqslant 20\mu g/kg$,相当于 $w_B = 0.00002$;大米及其食用油 $w_B \leqslant 10\mu g/kg$,相当于 $w_B = 0.00001$;其他粮食、豆类、发酵食品 $w_B \leqslant 5\mu g/kg$,相当于 $w_B = 0.000005$。

例如,100g 盐酸溶液中含有 37g HCl,其浓度可表示为 $w(HCl) = 37\%$ 或 $w(HCl) = 0.37$。

2.1.1.2 体积分数

溶质 B 的体积 (V_B) 与同温同压下的溶液的体积 (V) 之比,称为物质 B 的体积分数,用 ϕ_B 表示:

$$\phi_B = \frac{V_B}{V}$$

要注意,V_B 和 V 的体积单位必须相同,故体积分数是一个无量纲的量,其值可以用小数或百分数来表示。

2.1.1.3　物质的量浓度

溶质 B 的物质的量（n_B）除以溶液的体积（V），称为溶质 B 的物质的量浓度，用符号 c_B 表示（单位为 mol/L 或 mol/m³）：

$$c_B = \frac{n_B}{V}$$

【例 2-1】　100mL 正常人的血清中含 10.0mg Ca^{2+} 离子，计算正常人血清中 Ca^{2+} 离子的物质的量浓度。

解　已知 100mL 血液中 Ca^{2+} 离子的质量和摩尔质量分别是：

$$m(Ca^{2+}) = 10.0mg = 0.010(g)$$
$$M(Ca^{2+}) = 40.0(g/mol)$$
$$n(Ca^{2+}) = \frac{m(Ca^{2+})}{M(Ca^{2+})} = \frac{0.0010g}{40.0g/mol} = 0.00025(mol)$$
$$c(Ca^{2+}) = \frac{n(Ca^{2+})}{V} = \frac{0.0025mol}{(100/1000)L} = 2.50 \times 10^{-3}(mol/L)$$

所以正常人血清中 Ca^{2+} 离子的物质的量浓度为 2.50×10^{-3} mol/L。

2.1.1.4　质量浓度

溶质 B 的质量（m_B）除以溶液的体积（V），称为溶质 B 的质量浓度，用符号 ρ_B 表示：

$$\rho_B = \frac{m_B}{V}$$

质量浓度的 SI 单位是 kg/m³，常用的单位是克每升（g/L）、毫克每升（mg/L）和微克每升（μg/L）。

因为密度的表示符号为 ρ，所以在这里要特别注意质量浓度 ρ_B 与密度的区别。

2.1.1.5　摩尔分数

溶质 B 的物质的量（n_B）除以混合物的物质的量之和，称为溶质 B 的摩尔分数，用符号 x_B 表示：

$$x_B = \frac{n_B}{\sum_i n_i}$$

若溶液由溶质 B 和溶剂 A 组成，则溶质 B 的摩尔分数 x_B 为：

$$x_B = \frac{n_B}{n_A + n_B}$$

同理溶剂 A 的摩尔分数 x_A 为：

$$x_A = \frac{n_A}{n_A + n_B}$$

显然 $x_A + x_B = 1$。

摩尔分数是一无量纲的量。由于摩尔分数与溶液温度无关，因此在物理化学中广为使用。

2.1.1.6　质量摩尔浓度

溶质 B 的物质的量（n_B）除以溶剂的质量（m_A），符号为 b_B，单位是 mol/kg，溶剂的质量以 kg 为单位，质量摩尔浓度与溶液的温度无关，在物理化学中广为应用：

$$b_B = \frac{n_B}{m_A}$$

【例 2-2】 将 7.00g 结晶草酸（$H_2C_2O_4 \cdot 2H_2O$）溶于 93.0g 水中，求草酸的质量摩尔浓度和摩尔分数。

解 结晶草酸的摩尔质量 $M(H_2C_2O_4 \cdot 2H_2O) = 126g/mol$，草酸的摩尔质量 $M(H_2C_2O_4) = 90.0g/mol$，故 7.00g 结晶草酸中草酸质量为：

$$m(H_2C_2O_4) = \frac{7.00g \times 90.0g/mol}{126g/mol} = 5.00(g)$$

溶液中的水的质量 $n(H_2O) = 93.0 + (7.00 - 5.00)g = 95.0g$，根据：

$$x_B = \frac{n_B}{n_A + n_B}$$

$$x(H_2C_2O_4) = \frac{n(H_2C_2O_4)}{n(H_2C_2O_4) + n(H_2O)}$$

$$= \frac{5.00g/90.0g/mol}{(5.00g/90.0g/mol) + (95.0g/18.0g/mol)} = 0.0104$$

根据

$$b_B = \frac{n_B}{m_A}$$

$$b(H_2C_2O_4) = \frac{n(H_2C_2O_4)}{m(H_2O)} = \frac{5.00g/90.0g/mol}{95.0g/1000} = 0.585(mol/kg)$$

由计算得草酸的摩尔分数为 0.0104，草酸的质量摩尔浓度为 0.585mol/kg。

2.1.2 溶液浓度之间的换算

在实际工作中，常常要将溶液的一种浓度换算成另一种形式的浓度表示，即进行相应的浓度换算。例如，实验室用的盐酸标识为 37%，密度为 1.19g/mL，但在配制稀溶液时用物质的量浓度比较方便。体积浓度与质量浓度换算的桥梁是密度，以质量不变列等式：

溶质的质量＝溶质的物质的量浓度×溶液的体积×摩尔质量

＝溶液的体积×溶液密度×质量分数

即

$$cVM = 1000V\rho w$$

溶液稀释前后溶质的质量不变，只是溶剂的量改变了，因此根据溶质的质量不变原则列等式为：

$$c_1V_1 = c_2V_2$$

【例 2-3】 下列溶液为实验室和工业常用的试剂，试计算它们的物质的量浓度。

(1) 盐酸：密度为 1.19g/mL，质量分数为 0.38。

(2) 硫酸：密度为 1.84g/mL，质量分数为 0.98。

(3) 硝酸：密度为 1.42g/mL，质量分数为 0.71。

(4) 氨水：密度为 0.89g/mL，质量分数为 0.30。

解

$$c(HCl) = \frac{1000\rho w}{M} = \frac{1000 \times 1.19 \times 0.38}{36.5} = 12.4(mol/L)$$

$$c(H_2SO_4) = \frac{1000\rho w}{M} = \frac{1000 \times 1.84 \times 0.98}{98} = 18.4(mol/L)$$

$$c(HNO_3) = \frac{1000\rho w}{M} = \frac{1000 \times 1.42 \times 0.71}{63} = 16.0 (mol/L)$$

$$c(NH_3) = \frac{1000\rho w}{M} = \frac{1000 \times 0.89 \times 0.30}{17} = 15.7 (mol/L)$$

【例 2-4】 配制 0.1mol/L 的氯化钠溶液 400mL，需称取固体氯化钠多少克？已知 $M(NaCl) = 58.5g/mol$。

解

$$m = c_B V M = 0.1 \times \frac{400}{1000} \times 58.5 = 2.34 (g)$$

【例 2-5】 欲配制 0.1mol/L 的盐酸溶液 400mL，需浓度为 37%、密度为 1.19g/mL 的浓盐酸多少毫升？

解

$$c(HCl) = \frac{1000\rho w}{M} = \frac{1000 \times 1.19 \times 0.37}{36.5} = 12 (mol/L)$$

$$c_1 V_1 = c_2 V_2$$

$$V_1 = \frac{0.1 \times 400}{12} = 3.33 (mL)$$

【例 2-6】 将 54g 葡萄糖溶于 1000g 水中，该葡萄糖溶液的质量摩尔浓度是多少？已知 $M(葡萄糖) = 180g/mol$。

解

$$m_B = \frac{n_B}{m} = \frac{54/180}{1} = 0.3 (mol/kg)$$

2.2 溶液的依数性

当溶质溶于溶剂后，其性质发生了变化，所形成的稀溶液既不同于纯溶质，也不同于纯溶剂。这种变化可分为两类：一类是由溶质本性引起的，如溶液的颜色、密度、体积等的变化；另一类是与溶质的本性无关，只有与溶质质点浓度有关的性质变化，称为稀溶液的依数性，如蒸气压下降，沸点升高，凝固点降低和渗透压的依数性有明显的规律。

2.2.1 溶液的蒸气压下降

在液体中分子运动的速度及分子具有的能量各不相同，速度有快有慢，大多处在中间状态。液体表面某些运动较大的分子所具有的能量足以克服分子间的吸引力而逸出液面，成为气态分子，这一过程称为蒸发。在一定温度下，蒸发将以恒定速度进行。液体如处于一敞口容器中，液态分子不断吸收周围的热量，使蒸发过程不断进行，液体将逐渐减少。若将液体置于密闭容器中，情况就有所不同，一方面液体分子进行蒸发变成气态分子；另一方面，一些气态分子撞击液体表面会重新返回液体，这个与液体蒸发现象相反的过程称为凝聚。初始时，由于没有气态分子，凝聚速度为零，随着气态分子逐渐增多，凝聚速度逐渐增大，直到凝聚速度等于蒸发速度，即在单位时间内，脱离液面变成气体的分子数等于返回液面变成液体分子数，达到蒸发与凝聚的动态平衡：

$$液体 \underset{凝聚}{\overset{蒸发}{\rightleftharpoons}} 蒸气$$

此时，在液体上部的蒸气量不再改变，蒸气便具有恒定的压力。在恒定温度下，与液体平衡的蒸气的压力称为饱和蒸气压，简称为蒸气压。

蒸气压是物质的一种特性，常用来表征液态分子在一定温度下蒸发成气体分子的倾向大小。在某温度下，蒸气压大的物质为易挥发物质，蒸气压小的为难挥发物质。如 20℃ 时水的蒸气压为 2.33kPa，酒精的蒸气压为 5.85kPa，因为蒸发需要吸热，所以温度升高时，将使液体和它的蒸气之间的平衡向生成蒸气的方向移动，使单位时间内变成蒸气的分子数增多，因而液体的蒸气压随温度的升高而增大。不同温度时水的蒸气压见表 2-1。

表 2-1　不同温度时水的蒸气压

温度/℃	0	20	40	60	80	100	120
蒸气压/kPa	0.61	2.33	7.37	19.92	47.24	101.33	202.65

实验证明，液体中溶解有不挥发性的溶质时，液体的蒸气压便下降，即在一定温度下，溶液的蒸气压总是低于纯溶剂的蒸气压（此时溶液的蒸气压实际是溶液中溶剂的蒸气压）。纯溶剂蒸气压与溶液蒸气压之间的差称为溶液的蒸气压下降。

蒸气压下降的原因是由于溶剂中溶入溶质，溶液的一部分表面被溶质分子占据，而使单位面积上的溶剂分子数减少，同时溶质分子和溶剂分子的相互作用，也能阻碍溶剂的蒸发。因此，在单位时间内从溶液中蒸发出来溶剂分子比纯溶剂少。结果在蒸发和凝聚达到平衡时，溶液的蒸气压就必然比纯溶剂的蒸气压小。显然溶液浓度越大，溶液的蒸气压下降就越多。

2.2.2　溶液的沸点升高

在敞口容器内加热液体，最初会看到不少细小气泡从液体中逸出，这种现象是由于溶解在液体中的气体因温度升高，溶解度减小所引起的。当达到一定温度时，整个液体内部都冒出大量气泡，气泡上升至表面，随即破裂而逸出，这种现象称为沸腾。当溶液的蒸气压随着温度升高而增大到和外界大气压相等时，溶液就开始沸腾。液体的蒸气压等于外界大气压（通常是 101.325kPa）时的温度称为该液体的沸点。例如，水的正常沸点为 100℃，乙醇为 78.4℃。在高原地区由于空气稀薄，气压较低，所以水的沸点低于 100℃。在一定压强下，液体的沸点是固定的。

当溶液中加入难挥发的非电解质时，由于蒸气压的下降，要使溶液的蒸气压和外界压强相等，显然要升高温度。溶液的蒸气压和外界压强相等时的温度要比纯溶剂的蒸气压和外界压强相等时的温度高，即溶液的沸点要比纯溶剂的沸点高。海水的沸点比纯水的沸点高，就是这个道理。

溶液的沸点升高的根本原因是溶液的蒸气压下降，而蒸气压下降的程度仅与溶液的浓度有关，因此沸点升高的程度也只取决于溶液的浓度，而与溶质的本性无关。

在生产和实验中，对那些在较高温度时易分解的有机溶剂，常采用减压（或抽真空）操作进行蒸发，一方面可以降低沸点，另一方面可以避免一些产品因高温分解而影响质量和产量。

2.2.3　溶液的凝固点降低

能蒸发的固体也有蒸气压，而且在一定的温度下，固体的蒸气压也是固定的。固体的蒸发也要吸热，所以固体的蒸气压随温度的升高而增大。冰在不同温度时的蒸气压列于表2-2中。

表 2-2　冰在不同温度时的蒸气压

温度/℃	−20	−15	−10	−5	0
蒸气压/kPa	0.11	0.16	0.25	0.40	0.61

溶剂的凝固点是指液态溶剂和固态溶剂平衡存在时的温度。0℃时，水和冰的蒸气压相等，都是 0.61kPa。这时水和冰共存。

如果在 0℃的水中溶有不挥发的溶质，溶液的蒸气压就会降低，这时冰的蒸气压高于溶液的蒸气压，于是冰就融化，只有在比 0℃低的温度时，冰的蒸气压和溶液的蒸气压才会相等，此时冰和溶液能共存。所以溶液的凝固点总是低于纯溶剂的凝固点。

溶液凝固点降低的性质，有广泛的应用。例如，在寒冷的冬天，往汽车水箱中加入甘油或防冻液，可防止水的冻结。又如为使混凝土在低温下不致冻结，以顺利地进行冬季施工，可在水泥中掺入某些物质。盐和冰或雪的混合物可以作为制冷剂，因为盐溶解在冰表面的水中成为溶液，使溶液蒸气压下降而低于冰的蒸气压，冰就融化，冰在融化时要吸收大量的热，使温度降低。3 份冰和 1 份食盐的混合物可得到 −22℃的低温。

利用溶液蒸气压下降和凝固点降低的原理，可以说明植物的耐寒性和抗旱性。生物化学研究表明，当温度偏离常温时（不论是降低还是升高），在有机体内都会强烈地生成可溶性物质（主要是糖类），从而增大了细胞液的浓度，细胞液的浓度越大，它的凝固点越低，因此细胞液在 0℃左右不至于冰冻，植物仍能保持生命活动而表现出一定的耐寒性。另一方面，细胞液的浓度越大，它的蒸气压越小，蒸发越慢，因此在温度较高时，植物仍能保持水分而表现出一定的抗旱性。

2.2.4　溶液的渗透压

两种浓度不同的溶液混合在一起，最终可形成浓度均匀的溶液。溶液的渗透压必须通过一种具有选择性的膜来进行，这种膜上的细孔只能允许溶剂的分子通过而不允许溶质分子通过。因此称为半透膜，像动物的膀胱膜、肠衣、植物的细胞膜、人造羊皮纸、火胶棉等都具有半透膜性质。用半透膜把水和蔗糖溶液隔开，如图 2-1（a）所示。由于单位体积内蔗糖溶液中含有的水分子数比纯水少，因而在单位时间内从纯水向蔗糖溶液方向扩散的水分子比从蔗糖溶液向纯水方向扩散的水分子数目多得多。结果表现为水不断从半透膜渗入蔗糖溶液，使蔗糖溶液的浓度逐渐减小而体积逐渐增大。用半透膜把两种浓度不同的溶液隔开时也能发生渗透现象。这时水从稀溶液渗入浓溶液中去。

这种溶剂分子通过半透膜由纯溶剂扩散到溶液中（或由稀溶液渗入浓溶液中）的现象称

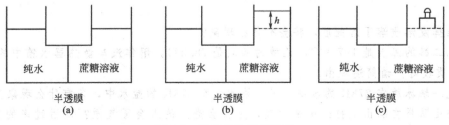

图 2-1　渗透的渗透压示意

为渗透。随着渗透作用的进行，图 2-1(b) 中溶液的液面逐渐升高，两侧液面产生液位差，容器内液柱的压力使溶液中的水分子向外扩散的速度逐渐加快，也使纯水中的水分子向外进入溶液的速度逐渐减慢。但容器中的液面上升到一定程度时，水分子向两个方面的扩散速度相等，即单位时间内水分子从纯水进入溶液的数目与从溶液进入纯水的数目相等，体系建立起一个动态平衡，称为渗透平衡。这时溶液内液面不再上升，这种为维持被半透膜隔开的溶液与纯溶剂之间的渗透平衡所需加于溶液的额外压力称为渗透压 [图 2-1(c)]。渗透压的大小可用容器内液面高度之差 (h) 来衡量，这段液柱高度所产生的压力即为该溶液的渗透压。

凡是溶液都有渗透压。不同浓度的溶液具有不同的渗透压。但存在半透膜时，溶液的浓度越高，水向溶液中的渗透力就越强，要阻止渗透作用进行所需加的外力就越大。相反，溶液的浓度越低，渗透压则越小。如果半透膜两边是浓度不同的两种溶液，其中浓度较高的溶液称为高渗溶液；浓度较低的溶液称为低渗溶液。如果半透膜两边的溶液浓度相同，则它们的渗透压也相等，这种渗透压相等的溶液称为等渗溶液。

动植物体内的细胞膜多半具有半透膜的性能，因此渗透作用对于动植物的生活有着重大的意义。当水渗入植物细胞中后，就产生相当大的压力，而使植物组织保持撑紧状态并具有弹性。植物的生长发育和土壤溶液的渗透压有关。只有土壤溶液的渗透压低于细胞液的渗透压时，植物才能不断从土壤中吸收水分和养分进行正常的生长发育，如果土壤溶液的渗透压高于植物细胞液的渗透压，植物细胞内的水分就会向外渗透导致植物枯萎。盐碱地不利于作物生长就是这个道理。在动物生理上渗透作用也具有重要的意义。静脉输液时，注射液应与血液是等渗溶液。如为高渗溶液，则血液细胞中的水分子将向外渗透，引起血细胞发生胞浆分裂。如为低渗溶液，则水分将向血细胞中渗透，引起血细胞的胀破，产生溶血现象。因此临床常用 0.9%（质量分数）生理盐水和 5%（质量分数）葡萄糖溶液的等渗溶液。眼药水必须和眼球组织中的液体具有相同的渗透压，否则会引起疼痛。淡水鱼不能生活在海水中，海水鱼不能生活在河水中，也是由于河水和海水的渗透压不同，会引起鱼体细胞的膨胀和皱缩的缘故。

习　题

1. 37℃血液的渗透压为 775kPa，那么供静脉注射的葡萄糖（$C_6H_{12}O_6$）溶液的浓度应是多少？（医药界常用 g/L 表示浓度）。

2. 硫酸瓶上的标识是：H_2SO_4 80.0%（质量分数），密度 1.727g/mL。相对分子质量 98.0。该硫酸的物质的量浓度是多少？

3. 实验室需要配制 0.2mol/L 盐酸溶液 2000mL，如用 37% 的浓盐酸（密度为 1.19g/mL）来配制，需要此浓盐酸溶液多少毫升？

4. 同温同体积的两杯蔗糖溶液，浓度分别是 1mol/L 和 1mol/kg，则溶液中的蔗糖含量是多少？

5. 难挥发溶质溶于溶剂后，将会有什么现象？

6. 乙二醇的沸点是 197.9℃，乙醇的沸点是 78.3℃，用作汽车散热器水箱中的防冻液，哪一种物质较好？请简述理由。

7. 把一块冰放在 273K 的水中，另一块冰放在 273K 的盐水中，各有什么现象？

8. 登山队员在高山上打开军用水壶，为什么壶里的水会冒气泡？施用过多的化肥会产生什么现象？为什么？

第 3 章　化学反应速率和化学平衡

对于化学反应，人们除了关心前面讨论过的质量关系和能量关系外，还有化学反应进行的快慢和完全程度，即化学反应速率和化学平衡问题。这两方面的内容在生产上直接影响产品的质量、产量和原料的转化率等；在科学研究和人类生活各个领域也都具有重要意义。

本章主要讨论根据热力学预言能够发生的反应，为什么有的进行得很快，而有的进行得极慢？哪些因素能影响反应速率。如何改变条件能够控制反应速率。这是本章要讨论的问题。

3.1　化学反应速率

3.1.1　化学反应速率的概念

化学反应速率通常用单位时间内反应物浓度的减少或生成物浓度的增加来表示，浓度单位用 mol/L，时间单位根据不同情况可用小时（h）、分（min）、秒（s）等，速率单位有 mol/(L·h)、mol/(L·min)、mol/(L·s)。

例如，设一反应 $A+B \longrightarrow Y+Z$ 在反应过程中，反应物 A 和 B 的浓度不断减少，生成物 Y 和 Z 的浓度不断增加，以反应物 A 表示，则反应速率 $v = -\Delta c(A)/\Delta t$，式中，$\Delta t$ 表示时间间隔；$\Delta c(A)$ 表示 Δt 时间间隔内 A 物质的变化，由于 $\Delta c(A)$ 为负值，为了保持化学反应速率为正值，需要在前面加一个负号，如果以生成物 Y 表示，则反应速率 $v = \Delta c(Y)/\Delta t$。对于化学反应速率的表示方法也可以这样，即化学反应速率通常以单位时间反应物和生成物浓度变化的正值来表示。

反应速率可选反应体系中任一物质浓度的变化来表示，因为反应时各物质变化量之间的关系与化学方程式中计量比是一致的。

例如，300K 时 N_2O_5 的热分解反应，其反应速率为 $\overline{v}$：

$$\overline{v}(N_2O_5) = \frac{-\Delta c(N_2O_5)}{\Delta t}$$

$$\overline{v}(NO_2) = \frac{\Delta c(NO_2)}{\Delta t}$$

$$\overline{v}(O_2) = \frac{\Delta c(O_2)}{\Delta t}$$

实际上，有部分化学反应都不是等速进行的，反应过程中，体系中各组分的浓度和反应速率随时间而变化，前面所表示的反应速率，实际上是 Δt 时间内的平均速率 $\overline{v}$。

对于气相反应来说，化学反应速率尚可用分压的变化来表示。

为了准确地表达某时间 t 的反应速率，需要用某一瞬间进行的瞬时速率 v 来表示，时间间隔越短，反应的平均速率就越接近瞬时速率，只有瞬时速率，才代表化学反应在某一时刻的真正速率。如果将时间间隔取无限小，则平均速率的极限值即为某一时间反应的瞬时速率。

对于化学反应速率，应明确以下几点。

① 用不同物质的浓度变化表示同一反应速率，其数值不同，但意义相同，它们同样表示这个反应在此条件的平均反应速率，这是因为，一个化学反应只有一个速率，不过有几种不同的表示方法而已，当然，在计量过程中，要注明反应速率究竟以哪种物质为基准。

② 只要知道了一种物质的反应速率，就可以按此关系求出另外物质的反应速率。

③ 如果要求精确地描述某一时刻的反应速率，那么就要求瞬时速率了。

3.1.2 活化能

不同的反应以及同一反应在不同条件下的反应速率是不同的，对于前者，是由于不同反应物的本性不同所致；对于后者，主要是由于受外界条件影响的结果。为了说明这些情况，人们提出种种理论。

3.1.2.1 有效碰撞和活化分子

碰撞理论是瑞典化学家阿仑尼乌斯经过多次实验，以气体分子论为基础而建立的反应速率理论。其要点如下。

① 发生化学反应的必要条件是反应物分子间相互接触、相互碰撞。

② 并非每次碰撞都能发生化学反应，而只有少数特殊的碰撞才能发生化学反应，这种能发生化学反应的碰撞称为有效碰撞，其他的碰撞称为无效碰撞。

③ 有效碰撞之所以重要，是因为发生有效碰撞的分子具有较高的能量，能够撞断旧键，生成新键，完成化学反应。

以气体间的反应来说，气体分子是以极大的速率向各个方向作不规则运动，气体分子在单位时间内的碰撞次数是一个惊人的数字，若每一次碰撞都发生反应，那么一切反应都能瞬间完成。例如，$[HI]=10^{-3}\,mol/L$，在 500℃ 时，1L 容器内碰撞次数可高达 $3.5×10^{28}$ 次/s，但实验证明，此反应速率仅为 $1.2×10^{-8}\,mol/(L·s)$。这说明在反应物分子发生亿万次碰撞中，只有极少数发生反应，把发生有效碰撞的分子称为活化分子。单位体积内活化分子的百分比称为活化分子百分数。

有效碰撞包含两种含义：一是分子碰撞的取向对头与否，碰撞的方向不对头为非有效碰撞，如图 3-1(a) 没发生反应，而图 3-1(b) 则发生了有效碰撞；二是视分子碰撞时的能量关系，碰撞时双方的动量不足不能发生有效碰撞。

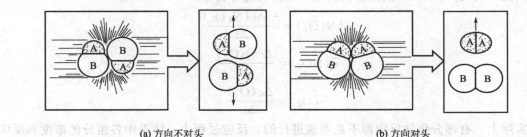

(a) 方向不对头   (b) 方向对头

图 3-1　碰撞取向与化学反应产生的关系

3.1.2.2 活化能与反应热

物质内部蕴藏着化学能，在一定的温度下，具有一定的平均能量 $E_{平均}$，但也有少数分子具有比这平均能量更高的或更低的能量。设活化分子具有的最低能量 E_1 与分子的平均能

量 $E_{平均}$ 之差称为活化能。也可以看成把平均能量的分子变成活化分子所需要的最低能量称为活化能。

反应热与正逆反应的活化能有关，设正反应的活化能为 E_{a1}、逆反应的活化能为 E_{a2}。如图 3-2 所示，$E_{a2}-E_{a1}>0$ 为放热反应，如图 3-3 所示，$E_{a2}-E_{a1}<0$ 为吸热反应。

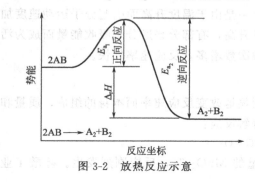
图 3-2　放热反应示意

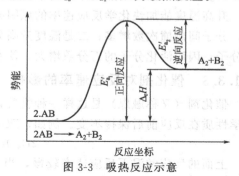
图 3-3　吸热反应示意

3.1.3　影响化学反应速率的因素

反应速率的快慢不仅决定于反应物的本质，而且还受外界条件的影响。影响反应速率的条件是比较多的，主要有浓度、温度和催化剂。下面分别进行讨论。

3.1.3.1　浓度对反应速率的影响

在一定温度下的过硫酸钾 $K_2S_2O_6$ 溶液中，加入碘化钾 KI，可发生如下反应：

$$K_2S_2O_6+2KI \longrightarrow 2K_2SO_3+I_2$$

事先在溶液中加入淀粉，碘遇淀粉变蓝，因此可用蓝色出现的快慢来表示这个反应速率的快慢。实验证明，KI 的浓度越大，蓝色出现越快。即反应物 KI 浓度增加，反应速率加快。又如物质在纯氧中燃烧比在空气中燃烧要剧烈得多，显然这是因为纯氧和空气中含氧的浓度不同所致，纯氧中含氧浓度大，燃烧速率快。

从上述的两个例子中，可总结出浓度对反应速率影响的规律：在其他条件不变的情况下，增加反应物浓度，可以加快反应速率。从反应速率理论的角度可作如下解释：浓度增大，单位体积的分子数增多，单位体积的活化分子也增多，因而有效碰撞次数增多，反应速率加快。

实验证明，绝大多数化学反应并不是简单地一步完成的，往往是分步进行的。一步就能完成的反应称为元反应，例如反应：

$$2NO_2(g) \longrightarrow 2NO(g)+O_2(g)$$

$$NO_2(g)+2CO(g) \longrightarrow N_2(g)+2CO_2(g)$$

分几步完成的反应称为非元反应，例如反应。

$$2NO(g)+2H_2 \xrightarrow{800℃} N_2(g)+2H_2O(g)$$

实际上是分两步进行的，每一步为一个元反应，总反应即为两步反应之和：

$$2NO+H_2 \longrightarrow N_2+H_2O_2$$

$$H_2O_2+H_2 \longrightarrow 2H_2O$$

3.1.3.2　温度对反应速率的影响

温度对化学反应速率的影响是显著的，对于常温下不能发生或进行得很慢的反应，往往通过加热使之发生反应或反应速率加快。温度升高会加快反应速率；温度降低又会减慢反应的进行。例如，在夏天食物的腐败要比冬天快得多。高压锅煮饭要比常压下快，是由于在高压锅内沸腾的温度比常压下高出 10℃ 左右。实验事实表明，对多数反应来说，温度升高 10℃，反应速率大约增加到原来的 2～4 倍。

升高温度能加快化学反应速率的原因有两个：一是由于温度升高而引起分子运动速度加快，分子间碰撞次数增多；二是温度升高分子能量升高，有部分普通分子吸收能量而成为活化分子，因而活化分子的百分数增大，使有效碰撞次数增多，反应速率加快。

3.1.3.3 催化剂对反应速率的影响

催化剂（又称触媒）是这样一种物质，它能明显地改变反应速率而本身的组成、质量和化学性质在反应前后保持不变。例如，双氧水的分解反应：

$$2H_2O_2 \longrightarrow 2H_2O + O_2$$

上面的反应常温下反应速率较慢，当加入少量的 MnO_2 时，反应剧烈发生。硫酸工业中的氧化反应：

$$2SO_2 + O_2 \Longleftrightarrow 2SO_3$$

上面的反应也需加入催化剂 V_2O_5 才能较快进行。催化剂能改变反应速率的作用称为催化作用。能加快正反应速率的催化剂称为正催化剂；反之，能减慢反应速率的催化剂称为负催化剂，一般情况下，人们讨论的大多是正催化剂，用以加快反应速率。为了阻止橡胶的老化而加入的"防老剂"，为了延缓食品的腐败而加入的"防腐剂"属于负催化剂。

催化剂和反应物都处在气相或同一液相时，所引起的催化作用称为均相催化；催化剂和反应物处在不同相时，所引起的催化作用称为多相催化。酸溶液对蔗糖水解是均相催化；铁粉在合成氨中起多相催化作用。

催化剂中往往加入某些添加物质，这些物质本身没有催化作用或只有很小的催化作用，但加入这些物质后，催化剂的催化作用大大提高了。这些本身没有催化作用或只有很小的催化作用却能大大提高催化剂催化效能的物质称为助催化剂。例如，Al_2O_3、K_2O 是合成氨铁催化剂的助催化剂。

催化剂在使用过程中由于反应物中的杂质或某些反应产物与催化剂相互作用而使活性下降甚至消失的现象，称为催化剂中毒。使催化剂中毒的物质称为催化剂的毒物。因此，在使用催化剂的反应中，必须保持原料的纯净。

催化剂具有选择性。一种催化剂往往只对某些特定的反应有催化作用。此外，相同的反应物如采用不同的催化剂，会得到不同的产物。例如，以乙醇为原料，在不同条件下采用不同催化剂可以得到下列不同的产物：

$$2CH_3CH_2OH \xrightarrow[550℃]{Ag} 2CH_3CHO + 2H_2$$

$$CH_3CH_2OH \xrightarrow[350℃]{Al_2O_3} CH_2{=}CH_2 + H_2O$$

$$2CH_3CH_2OH \xrightarrow[450℃]{ZnO、Cr_2O_3} CH_2{=}CHCH{=}CH_2 + 2H_2O + 2H_2$$

$$2CH_3CH_2OH \xrightarrow[140℃]{H_2SO_4} CH_3CH_2OCH_2CH_3 + H_2O$$

根据催化剂的这种特性，可用一种原料制取多种产品。

值得一提的是在生命过程中，生物体内的催化剂——酶，起着重要的作用。据研究，人体内的部分能量是由蔗糖氧化产生的。蔗糖在纯的水溶液中几乎不与氧发生反应。但在特殊酶的催化下只需几小时就能完成反应。人体内有许多种酶，它们的选择性高，而且可在常温、常压和近于中性的条件下加速某些反应的进行。

3.1.3.4　影响反应速率的其他因素

在非均匀系统中进行的反应，如固体和液体、固体和气体或液体和气体的反应等，除了上述几种影响因素外，还与反应物接触面的大小和接触的机会有关，对固液反应来说，如将大块固体破碎成小块或磨成粉末，反应速率必然增大。对于气液反应，可将液体物质采用喷淋的方式以扩大与气态物质的接触面。当然，对反应物进行搅拌，同样可以增加反应物的接触机会。此外让生成物及时离开反应界面，也能增大反应速率。超声波、紫外线、激光和高能射线等会对某些反应的速率产生影响。

3.2　化 学 平 衡

3.2.1　化学反应的可逆性

在同一条件下，既能向正反应方向又能向逆反应方向进行的反应称为可逆反应。

化学反应是原子的化合和化合着的原子的分解过程，化学反应中矛盾的双方不能独立存在，从这个角度讲，所有的化学反应都有一定的可逆性，但有的逆反应的倾向比较弱，从整体上看反应是朝着一个方向进行的，例如，氯化银的沉淀反应。还有的反应在进行时，逆反应发生的条件尚未具备，反应物即已耗尽。例如，二氧化锰作为催化剂的氯酸钾受热分解放出氧气的反应。这些反应，习惯上称为不可逆反应。

同一反应，在不同的条件下所表现的可逆性也不同，例如，反应 $2H_2O \rightleftharpoons 2H_2 + O_2$，在 1000K 左右逆反应占绝对优势；到 3000K 左右才体现出显著的可逆性。一般情况下，人们所讲的可逆反应都是指反应可逆性显著的化学反应。

3.2.2　化学平衡

化学反应中，逆反应比较显著时，整个反应不能正向进行到底，例如，373K 时，将 0.100mol 无色 N_2O_4 气体放入 1L 抽空的密闭容器中，立刻出现红棕色。颜色是由于部分 N_2O_4 分解为 NO_2 而产生的。

$$N_2O_4 \longrightarrow 2NO_2$$

$$\text{无色} \qquad \text{红棕色}$$

N_2O_4 是否能够完全转化为 NO_2 呢？隔一定时间对体系进行分析，可得表 3-1 的数据。由表中的数据看出，最多只可能有 0.060mol N_2O_4 分解成 NO_2。为什么这个反应不能进行到底呢？这就是因为该反应的逆反应不能忽略，这样的反应是典型的可逆反应。

表 3-1　373K 时，$N_2O_4 \longrightarrow 2NO_2$ 平衡体系的建立

浓　度	2s	20s	40s	60s	80s	100s
N_2O_4 浓度/(mol/L)	0.100	0.070	0.050	0.040	0.040	0.040
NO_2 浓度/(mol/L)	0.000	0.060	0.100	0.120	0.120	0.120

反应开始时，容器中仅有 N_2O_4 的分解反应。NO_2 一旦生成，逆反应便立即发生：

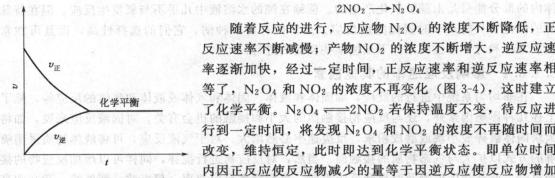

图 3-4　化学平衡状态示意

$$2NO_2 \longrightarrow N_2O_4$$

随着反应的进行，反应物 N_2O_4 的浓度不断降低，正反应速率不断减慢；产物 NO_2 的浓度不断增大，逆反应速率逐渐加快，经过一定时间，正反应速率和逆反应速率相等了，N_2O_4 和 NO_2 的浓度不再变化（图 3-4），这时建立了化学平衡。$N_2O_4 \rightleftharpoons 2NO_2$ 若保持温度不变，待反应进行到一定时间，将发现 N_2O_4 和 NO_2 的浓度不再随时间而改变，维持恒定，此时即达到化学平衡状态。即单位时间内因正反应使反应物减少的量等于因逆反应使反应物增加的量。此时宏观上，各种物质的浓度或分压不再改变，达到平衡状态；微观上，反应尚未停止，正、逆反应仍在进行，只是两者速率相等而已，故化学平衡是一种动态平衡。

正、逆反应速率相等时，体系所处的状态称为化学平衡。

化学平衡状态有以下几个重要特点。

① 只有在恒温条件下，封闭体系中进行的可逆反应，才能建立化学平衡，是建立平衡的前提。

② 正、逆反应速率相等是平衡建立的条件。

③ 平衡状态是封闭体系中可逆反应进行的最大限度，各物质浓度都不再随时间改变。这是建立平衡的标志。

④ 化学平衡是有条件的平衡，当外界条件改变时，正、逆反应速率发生变化，原有平衡将受到破坏，直到建立新的动态平衡。

3.2.3　化学平衡常数

在实际工作中，往往要求定量地研究化学平衡，平衡常数就是衡量平衡状态的数量标志。

3.2.3.1　化学平衡定律

人们在研究可逆反应达到平衡时发现，在一定温度下，反应达到平衡时，产物浓度与反应物浓度之间存在着一定的数量关系，这个规律称为化学平衡规律。它的内容是，在一定温度下的可逆反应，无论从正反应开始还是从逆反应开始，当反应达到平衡时，产物浓度系数次方的乘积与反应物浓度系数次方的乘积之比是一个常数。

一般的可逆反应：

$$a\mathrm{A}+b\mathrm{B} \rightleftharpoons c\mathrm{C}+d\mathrm{D}$$

达到平衡时：

$$K_c = \frac{[\mathrm{C}]^c[\mathrm{D}]^d}{[\mathrm{A}]^a[\mathrm{B}]^b} \tag{1}$$

若是气相反应，其浓度可用分压（p）来表示，这时的平衡常数 K_p 为：

$$K_p = \frac{p_{\mathrm{C}}^c p_{\mathrm{D}}^d}{p_{\mathrm{A}}^a p_{\mathrm{B}}^b} \tag{2}$$

平衡常数与物质的初始浓度无关，并与反应是从正向进行还是从逆向进行无关。在一定的温度下，不论起始浓度如何，也不管反应从哪个方向开始进行，最后所达到的平衡状态都存在式(1) 的关系。

已知平衡浓度，就能求出平衡常数，并能计算出反应物的初始浓度。

【例 3-1】 合成氨的反应 $N_2 + 3H_2 \rightleftharpoons 2NH_3$ 在某一温度下达到平衡时各物质的浓度是：$[N_2]=3mol/L$，$[H_2]=9mol/L$，$[NH_3]=4mol/L$。求该温度时的平衡常数和 N_2、H_2 的初始浓度。

解　①求平衡常数 K_c。已知平衡浓度，代入平衡常数表达式即可：

$$K_c = \frac{[NH_3]^2}{[N_2][H_2]^3} = \frac{4^2}{3 \times 9^3} = 7.32 \times 10^{-3}$$

②求 N_2、H_2 初始浓度解决这类问题，首先要注意反应物的消耗量和产物的生成量之间有一定的比，其次要弄清初始浓度和平衡浓度的关系。

根据反应方程式的系数可求出消耗氮、氢的物质的量和生成氨的物质的量之比为 1 : 3 : 2。

设生成 4mol/L 的氨消耗氮的浓度为 x，生成 4mol/L 的氨消耗氢的浓度为 y。

	N_2	$+3H_2 \rightleftharpoons$	$2NH_3$
物质的量	1	3	2
平衡浓度	3	9	4
	x	y	

根据物质的量的比求出 $x=2mol/L$，$y=6mol/L$。

反应物的起始浓度应等于反应中消耗的浓度和平衡时浓度之和，所以：

$$氮的初始浓度 = 3+2 = 5(mol/L)$$
$$氢的初始浓度 = 9+6 = 15(mol/L)$$

因此，该温度下的平衡常数为 7.32×10^{-3}。氢气和氮气的初始浓度分别为 15mol/L 和 5mol/L。

3.2.3.2　书写平衡常数关系式的规则

化学平衡定律不仅适用于气体反应，也适用于有纯液体、固体参加的反应及在水溶液中进行的反应。在书写一般反应的平衡常数关系式时，必须注意以下几点。

(1) 如果反应中有固体和纯液体参加，它们的浓度不应写在平衡关系式中，因为它们的浓度是固定不变的，化学平衡关系式中只包括气态物质和溶液中各溶质的浓度。例如：

$$CaCO_3(s) \rightleftharpoons CaO(s) + CO_2(g)$$
$$K_c = [CO_2], K_p = p_{CO_2}$$
$$CO_2(g) + H_2(g) \rightleftharpoons CO(g) + H_2O(l)$$
$$K_c = \frac{[CO]}{[CO_2][H_2]}, K_p = \frac{p_{CO}}{p_{CO_2} p_{H_2}}$$

(2) 稀溶液中进行的反应，如有水参加，水的浓度也不必写在平衡关系式中，例如：

$$Cr_2O_7^{2-} + H_2O \rightleftharpoons 2CrO_4^{2-} + 2H^+$$
$$K_c = \frac{[CrO_4^{2-}][H^+]}{[Cr_2O_7^{2-}]}$$

但是，非水溶液中的反应，如有水生成或有水参加反应，此时水的浓度不可视为常数。必须写在平衡关系式中。如酒精和醋酸的液相反应：

$$C_2H_5OH + CH_3COOH \rightleftharpoons CH_3COOC_2H_5 + H_2O$$

$$K_c = \frac{[CH_3COOC_2H_5][H_2O]}{[CH_3COOH][C_2H_5OH]}$$

（3）同一个化学反应可以用不同的化学反应方程式来表示，每个化学方程式都有自己的平衡常数关系式及相应的平衡常数。例如：

$$2NH_3 \rightleftharpoons N_2 + 3H_2$$

$$K_1 = \frac{[N_2][H_2]^3}{[NH_3]^2}$$

$$NH_3 \rightleftharpoons \frac{1}{2}N_2 + \frac{3}{2}H_2$$

$$K_2 = \frac{[N_2]^{1/2}[H_2]^{3/2}}{[NH_3]}$$

$$N_2 + 3H_2 \rightleftharpoons 2NH_3$$

$$K_3 = \frac{[NH_3]^2}{[N_2][H_2]^3}$$

上述三个平衡常数之间存在着如下关系：

$$K_1 = K_2^2 = \frac{1}{K_3}$$

（4）由于化学反应的平衡常数随温度而改变，使用时须注意相应的温度。

3.2.4　平衡常数的意义

（1）平衡常数为一个可逆反应的特征常数，是一定条件下可逆反应进行的程度。对同一个反应而言，K 值越大，反应朝正反应方向进行的程度越大，反应进行得越完全。

（2）由平衡常数可以判断反应是否处于平衡状态和处于非平衡状态时反应进行的方向。若在容器中置于任意量的 A、B、Y、Z 四种物质，在一定温度下进行下列可逆反应：

$$aA + bB \rightleftharpoons yY + zZ$$

此时系统中是否处于平衡状态？如处于非平衡状态，则反应进行的方向如何？为了回答这一问题，引入反应商 Q 的概念，在一定温度下对于任一可逆反应（包括平衡状态或非平衡状态），将其各物质的浓度或分压按平衡常数的表达式列成分式，即得到反应商 Q。对溶液中的反应：

$$Q = \frac{[Y]^y[Z]^z}{[A]^a[B]^b}$$

对气体反应：

$$Q = \frac{p_Y^y p_Z^z}{p_A^a p_B^b}$$

当 $Q < K$ 时，说明生成物的浓度（或分压）小于平衡浓度（或分压），反应处于不平衡状态，反应将正向进行。反之当 $Q > K$ 时，系统也处于不平衡状态，但这时生成物将转化为反应物，即反应逆向进行。只有当 $Q = K$ 时，系统才处于平衡状态，这就是化学反应进行方向的反应商判断。

【例 3-2】　目前中国合成氨工业多采用中温（500℃）、中压（2.30×10^4 kPa）下操作。

$$N_2(g) + 3H_2(g) \rightleftharpoons 2NH_3(g)$$

已知此条件下反应的 $K = 1.57 \times 10^{-5}$。若反应进行到某一阶段时取样分析，其组分为

14.4％ NH$_3$，21.4％ N$_2$，64.2％ H$_2$（体积分数），试判断此时合成氨反应是否已完全（是否处于平衡状态）。

解 要预测反应方向，需将反应商 Q 与 K 进行比较。据题意由分压定律可求出该状态下系统中各组分的分压：

$$\frac{p_i}{p} = \frac{V_i}{V}$$

$$p(\text{NH}_3) = 2.03 \times 10^4 \text{kPa} \times 14.4\% = 2.92 \times 10^3 (\text{kPa})$$

$$p(\text{N}_2) = 2.03 \times 10^4 \text{kPa} \times 21.4\% = 4.34 \times 10^3 (\text{kPa})$$

$$p(\text{H}_2) = 2.03 \times 10^4 \text{kPa} \times 64.2\% = 1.30 \times 10^4 (\text{kPa})$$

$$Q = \frac{p_{\text{NH}_3}^2}{p_{\text{N}_2} p_{\text{H}_2}^3}$$

将数据代入得：$Q = 8.94 \times 10^{-6}$，$Q < K$，说明系统尚未达到平衡状态，反应还需进行一段时间才能完成。

3.2.5 多重平衡的平衡常数

在一个化学过程中若有多个平衡同时存在，并且一种物质同时参与几种平衡，这种现象叫做多重平衡。例如，气态 SO$_2$、SO$_3$、NO 和 NO$_2$ 共存于同一反应器中，此时至少有三种平衡存在：

$$\text{SO}_2(\text{g}) + \frac{1}{2}\text{O}_2(\text{g}) \rightleftharpoons \text{SO}_3(\text{g}) \qquad K_1 = \frac{p_{\text{SO}_3}}{p_{\text{SO}_2} p_{\text{O}_2}^{1/2}} \qquad (1)$$

$$\text{NO}_2(\text{g}) \rightleftharpoons \text{NO}(\text{g}) + \frac{1}{2}\text{O}_2(\text{g}) \qquad K_2 = \frac{p_{\text{NO}} p_{\text{O}_2}^{1/2}}{p_{\text{NO}_2}} \qquad (2)$$

$$\text{SO}_2(\text{g}) + \text{NO}_2(\text{g}) \rightleftharpoons \text{SO}_3(\text{g}) + \text{NO}(\text{g}) \qquad K_3 = \frac{p_{\text{SO}_3} p_{\text{NO}}}{p_{\text{NO}_2} p_{\text{SO}_2}} \qquad (3)$$

可见式（3）＝式（1）＋式（2），若将式（1）、式（2）的平衡常数相乘：

$$K_1 K_2 = \frac{p_{\text{SO}_3}}{p_{\text{SO}_2} p_{\text{O}_2}^{1/2}} \times \frac{p_{\text{O}_2}^{1/2} p_{\text{NO}}}{p_{\text{NO}_2}}$$

因为在同一系统中，同一物质的分压是相同的，上式中相同的项可消去，即得：

$$K_1 K_2 = \frac{p_{\text{SO}_3}}{p_{\text{SO}_2}} \times \frac{p_{\text{NO}}}{p_{\text{NO}_2}} = K_3$$

由此得出多重平衡的规则：在相同条件下，如有两个反应方程式相加（或相减）得到第三个反应方程式，则第三个方程式的平衡常数为前两个方程式的平衡常数之积（或商）。多重平衡规则在各种平衡系统的计算中颇为有用。

3.2.6 化学平衡的移动

可逆反应在一定条件下达到平衡时，其特征是 $v_\text{正} = v_\text{逆}$，反应系统中各组分的浓度（或分压）不再随时间而变化。化学平衡状态是在一定条件下的一种暂时稳定状态，一旦外界条件（如温度、压力、浓度）发生改变，这种平衡状态就会遭到破坏，其结果必然是在新的条件下建立新的平衡状态。因为条件改变，旧的平衡被破坏，引起化合物各物质的浓度也随之发生变化，从而达到新的平衡状态的过程称为化学平衡移动。下面分别讨论影响平衡移动的几种因素。

3.2.6.1 浓度对化学平衡的影响

前面已经讨论过。一个可逆反应在一定温度下进行的方向和限度仅由 Q 和 K 的相对大小来决定。$Q>K$，平衡向逆反应方向移动；$Q<K$，平衡向正反应方向移动；$Q=K$，平衡不移动。下面以此为依据来讨论浓度对平衡移动的影响。

一定温度下的可逆反应：

$$aA+bB \Longleftrightarrow cC+dD$$

$$K_c=\frac{[C]^c[D]^d}{[A]^a[B]^b}$$

这时，若增大反应物 A 或 B 的浓度，则将导致 $Q<K$。

若增大产物 C 和 D 的浓度，则 $Q>K$，逆反应速率突然增大，正反应速率未变，$v_{正}'<v_{逆}'$。反应再进行一段时间后，正反应速率逐渐增大，逆反应速率逐渐减小，直至平衡 $v_{正}'=v_{逆}'$，而达到新的平衡，向逆反应方向移动。

在其他条件不变的前提下，增大反应物的浓度或减小生成物的浓度，平衡向正反应方向移动；增大生成物的浓度或减小反应物的浓度，平衡向逆反应方向移动，这就是浓度对化学平衡的影响。

【例 3-3】 合成氨转化工程中的反应：

$$CO+H_2O \Longleftrightarrow H_2+CO_2$$

在温度为 830K 时，$K_c=1.0$，起始浓度 $c(CO_2)=2mol/L$，$c(H_2O)=3mol/L$，求平衡时 CO 转化为 CO_2 的转化率。若 H_2O 的起始浓度为 6mol/L，则转化率又是多少？

解 设平衡时 $[CO]=x$，那么

	CO	+	H_2O	$\Longleftrightarrow$	H_2	+	CO_2
起始浓度	2		3		0		0
平衡浓度	$2-x$		$3-x$		x		x

$$K=\frac{[H_2][CO_2]}{[CO][H_2O]}=\frac{xx}{(2-x)(3-x)}$$

$$1.0=\frac{x^2}{(2-x)(3-x)}$$

解方程得，$x=1.2mol/L$。

在平衡时，$[CO]=2-1.2=0.8mol/L$。

所以 CO 转化为 CO_2 的转化率为：

$$\frac{1.2}{2}\times100\%=60\%$$

当 H_2O 的起始浓度为 6mol/L 时：

	CO	+	H_2O	$\Longleftrightarrow$	H_2	+	CO_2
起始浓度	2		6		0		0
平衡浓度	$2-x'$		$6-x'$		x'		x'

$$K=\frac{x'^2}{(2-x')(6-x')}=1.0$$

解方程得，$x'=1.5mol/L$。

所以，CO 转化为 CO_2 的转化率为：

$$\frac{1.5}{2} \times 100\% = 75\%$$

因此，H_2O 的浓度为 3mol/L 时，CO 转化为 CO_2 的转化率为 60%；H_2O 的浓度为 6mol/L 时，CO 转化为 CO_2 的转化率为 75%。

3.2.6.2 压力对化学平衡的影响

压力的变化对液态或固态反应的影响甚微，但对气体参加的反应影响较大。

若可逆反应：

$$a\,A(g) + b\,B(g) \Longrightarrow y\,Y(g) + z\,Z(g)$$

在一个密封容器中达到平衡，维持温度恒定，如果将系统的体积缩小到原来的 $1/x (x>1)$，则系统的总压力为原来的 x 倍。这时各组分的分压也分别增至原来的 x 倍，反应商为：

$$Q = \frac{p_Y^y p_Z^z}{p_A^a p_B^b} = \frac{p_Y^y p_Z^z}{p_A^a p_B^b} x^{(y+z)-(a+b)}$$

$$\Delta V = (y+z) - (a+b)$$

(1) 当 $\Delta V > 0$，即生成物的分子数大于反应物的分子数时，$Q > K$，平衡向左移动。例如反应：

$$N_2O_4(g) \Longrightarrow 2NO_2(g)$$

无色　　　　红棕色

增大压力，平衡向左移动，系统的红棕色变浅。

(2) 当 $\Delta V < 0$，即生成物的分子数小于反应物的分子数时，$Q < K$，平衡向右移动。例如合成氨反应：

$$N_2(g) + 3H_2(g) \Longrightarrow 2NH_3(g)$$

增大压力有利于 NH_3 的合成。

(3) 当 $\Delta V = 0$，即反应前后分子总数相等，$Q = K$，平衡不移动。例如反应：

$$H_2(g) + I_2(g) \Longrightarrow 2HI(g)$$

上述讨论可以得出以下结论：①压力变化只对反应前后气体分子数有变化的反应平衡系统有影响；②在恒温下增大压力，平衡向气体分子数减少的方向移动；减小压力，平衡向气体分子数增加的方向移动。

需要指出，在恒温条件下向一个平衡体系加入不参与反应的其他气态物质（如稀有气体）则：①若体积不变，但系统的总压增加，这种情况无论 $\Delta V > 0$，$\Delta V = 0$，或 $\Delta V < 0$，平衡都不移动。这是因为平衡系统的总压虽然增加，但各物质的分压并无改变，Q 和 K 仍相等，平衡状态不变。②若总压维持不变，则系统的体积增大（相当于系统原来的压力减小），此时若 $\Delta V \neq 0$，$Q \neq K$，平衡将移动。平衡移动的情况与前述压力减小引起的平衡变化一样。

【例 3-4】 在 1000℃ 及总压力为 3000kPa 下，反应：

$$CO_2(g) + C(s) \Longrightarrow 2CO(g)$$

达到平衡时，CO_2 的摩尔分数为 0.17。求当总压减至 2000kPa 时，CO_2 的摩尔分数为多少？由此可得出什么结论？

解 设达到新的平衡时，CO_2 的摩尔分数为 x，CO 的摩尔分数为 $1-x$，则：

$$p_{CO_2} = p_{总}\, x(CO_2) = 2000x \,(\text{kPa})$$

$$p_{CO} = p_{总}\, x(CO) = 2000(1-x) \,(\text{kPa})$$

将以上两个值代入平衡常数表达式：

$$K_p = \frac{p_{CO}^2}{p_{CO_2}} = \frac{[2000(1-x)/100]^2}{2000x/100}$$

若已知 K，即可求出 x。因系统温度不变，降低压力时 K 值不变，故 K 由原来的平衡系统求得。

原来平衡系统中：

$$p_{CO} = 3000 \times (1-0.17)kPa = 2490(kPa)$$

$$p_{CO_2} = 3000 \times 0.17kPa = 510(kPa)$$

$$K_p = \frac{p_{CO}^2}{p_{CO_2}} = \frac{(2494/100)^2}{510/100} = 122$$

将 K 值代入上式：

$$\frac{[2000(1-x)/100]^2}{2000x/100} = 122$$

$$x = 0.126 \approx 0.13$$

CO_2 摩尔分数比原来减小，说明反应向右移动。此例又一次证实当气体总压降低时，平衡向气体分子数增多的方向移动。

3.2.6.3 温度对化学平衡的影响

温度对化学平衡的影响与浓度、压力有本质的区别。在一定温度下，浓度或压力改变时因系统组成改变而使平衡发生移动，平衡常数并未改变。而温度变化时，主要改变了平衡常数，从而导致平衡的移动（表 3-2 和表 3-3）。

表 3-2 温度对放热反应的平衡常数的影响

$$2SO_2(g) + O_2(g) \rightleftharpoons 2SO_3(g)$$

$t/℃$	400	425	450	474	500	525	550	575	600
K	434	238	136	80.8	49.6	31.4	20.4	13.7	9.29

表 3-3 温度对吸热反应的平衡常数的影响

$$CaCO_3(s) \rightleftharpoons CO_2(g) + CaO(s)$$

$t/℃$	500	600	700	800	900	1000
K	9.7×10^{-5}	2.4×10^{-3}	2.9×10^{-2}	2.2×10^{-1}	1.05	3.70

无论从实验测定或热力学计算，都能得到下述结论：对于放热反应（$\Delta H < 0$），升高温度，会使平衡常数变小。此时，反应商大于平衡常数，平衡向左移动。反之，对于吸热反应（$\Delta H > 0$），升高温度，平衡常数增大。此时，反应商小于平衡常数，平衡向右移动。简言之，升高温度，平衡向吸热反应方向移动；降低温度，平衡向放热反应方向移动。

3.2.6.4 催化剂与化学平衡

在讲到催化剂对反应速率的影响时，已经指出：优良的催化剂对可逆反应的正反应速率和逆反应速率具有同样的催化作用。因为催化剂能降低正反应的活化能，又能同时降低逆反应的活化能。如对于一个反应：

$$a A + b B \rightleftharpoons y Y + z Z$$

$$v_正 = K_正 [A]^a [B]^b, \quad v_逆 = K_逆 [Y]^y [Z]^z$$

因为催化剂的运用能使 $K_正$、$K_逆$ 得到相同倍数的增加，这表明，催化剂的加入不会使平衡发生移动，只不过是加快了平衡的时间，也不会改变平衡的转化率。

3.2.6.5　平衡移动原理——吕·查德里原理

综上所述，如在平衡系统中增大反应物的浓度，平衡就会向着减小反应物浓度的方向移动；在有气体参加反应的平衡系统中，增大系统的压力，平衡就会向着减少气体分子数，即向着减小系统压力的方向移动；升高温度，平衡向着吸热反应方向，即向着降低系统温度的方向移动。这些结论于 1884 年由法国科学家吕·查德里（Le Chetelier）归纳为一普遍规律：如以某种形式改变一个平衡系统的条件（如浓度、压力、温度），平衡就会向着减弱这个改变的方向移动。这个规律称为吕·查德里原理。

上述适用于所有的动态平衡系统。但须指出，它只适用于已达到平衡的系统。对于未平衡的系统则不适用。

习　　题

1. 可逆反应达到平衡时，有哪些特征？

2. 在下表空白处说明反应条件的改变（其他条件不变时）对化学反应速率和化学平衡的影响。

条件的改变	对反应速率的影响	对化学平衡的影响
增大反应物的浓度		
升高温度		
使用适当催化剂		
增大容器中气体的压力		

3. 浓度、压力、温度和催化剂为什么会影响化学反应的速率？试结合活化分子的概念加以解释。

4. 什么是化学平衡？它的特点是什么？简述平衡常数的物理意义。

5. 下述反应达到平衡：

$$2NO+O_2 \rightleftharpoons 2NO_2 + 热$$

如果：（1）增大压力；（2）增大 O_2 的浓度；（3）减小 NO_2 的浓度；（4）升高温度；（5）加入催化剂，平衡是否被破坏？向何方向移动？简述理由。

6. 选择题

（1）某元反应 $A(g) \longrightarrow B(g)+C(g)$ 的反应级数为（　　　）

A. 1　　　　　　　B. 2　　　　　　　C. 3　　　　　　　D. 0

（2）质量作用定律适用的反应：（　　　）

A. 化合　　　　　B. 分解　　　　　C. 元反应　　　　D. 非元反应

（3）由 K_c 计算 K_p 需要知道 Δn，反应如下，Δn 为（　　　）

$$A(g) \rightleftharpoons B(g)+C(g)$$

A. 1　　　　　　　B. 2　　　　　　　C. −1　　　　　　D. −2

（4）在一定条件下，某反应的转化率是 69.2%，加入催化剂，该反应的转化率

将会（　　）

    A. 大于 69.2%　　B. 小于 69.2%　　C. 不能确定　　D. 等于 69.2%

（5）反应 2A ⇌ B+2C 达到平衡时，根据以下条件选择正确的选项。

① 升高温度，C 的量增加，此反应（　　）

    A. 是放热反应　　　　　　　　　　B. 是吸热反应

    C. 没有显著的热量的变化　　　　　D. 原化学平衡没有移动

② 如果 A、B、C 都是气体，达到平衡时减小压力，那么（　　）

    A. 平衡不移动　　　　　　　　　　B. 平衡向正反应方向移动

    C. 平衡向逆反应方向移动　　　　　D. C 的浓度不会增大

7. 填空题

（1）某元反应 $2A(g) \longrightarrow B(g) + C(g)$ 在 2s 内 A 减小了 0.4mol/L，在这 2s 内该反应的平均速率为 _____ mol/(L·s)。某一时刻反应的速率为 v_1，将 A 的浓度增大到原来的 2 倍，此时反应的速率是 _____。

（2）在上述反应中若减小 A 的浓度，反应速率将 _____；增大压力反应速率将 _____；升高温度可使反应速率 _____。

（3）加入催化剂可使反应速率 _____；加入催化剂化学平衡 _____ 移动，但可 _____ 达到平衡的时间。

（4）化学平衡常数只与 _____ 有关，而与 _____ 和 _____ 无关。

（5）根据吕·查德里原理，讨论下列反应：

$$2Cl_2(g) + 2H_2O(g) \rightleftharpoons 4HCl(g) + O_2(g); \quad \Delta_r H_m > 0$$

将 Cl_2、$H_2O(g)$、HCl 和 O_2 四种气体置于一容器中，反应达到平衡后，如按下列各题改变条件，即各题的前半部分所指的改变（其他条件不变），各题后半部分所指项目有何改变？

① 增大容器体积　　$n(H_2O, g)$ _____

② 加入 O_2　　$n(H_2O, g)$ _____，$n(HCl)$ _____

③ 减小容器体积　　$n(Cl_2)$ _____，K _____，$p(Cl_2)$ _____

④ 升高温度　　K _____

⑤ 加入 N_2（总压不变）　　$n(HCl)$ _____

⑥ 加入催化剂　　$n(HCl)$ _____

8. 在催化剂的作用下，将 2.00mol SO_2 和 1.00mol O_2 的混合物在 2L 的容器中加热至 1000K，当体系处于平衡时，SO_2 的转化率为 46%，求该温度下的 K_c 和 K_p。

9. 在某一温度下，在体积为 1L 的密闭容器中，将 5mol SO_2 和 2.5mol O_2 混合，则得到 3mol SO_3 反应式为：

$$2SO_2 + O_2 \rightleftharpoons 2SO_3$$

计算反应的平衡常数。

10. 对于反应：

$$CO(g) + H_2O(g) \rightleftharpoons CO_2(g) + H_2(g)$$

在 800K 时 $K_c = 1.0$，求：（1）CO 和 H_2O 的起始浓度都为 1.0mol/L 时的转化率；（2）前一步平衡后，将 CO 和 H_2O 的浓度分别增大到 1.0mol/L，平衡如何移动？CO 的转化率为多少？

第4章　电解质溶液和离子平衡

溶液是由溶质和溶剂组成的，其中溶质分为电解质和非电解质。无机化学反应大都是在水溶液中进行的，参加反应的物质大都是电解质。溶于水后形成不带电的分子的物质称为非电解质，而溶于水后能形成带电的离子的物质称为电解质。电解质在溶液中全部以离子形式存在，电解质之间的反应实质上是离子之间的反应。

4.1　电解质溶液

4.1.1　强电解质溶液

电解质分为强电解质和弱电解质。为了定量地表示电解质在溶液中离解程度的大小，引入离解度的概念。离解度是离解平衡时已离解的分子数占原有分子数的百分数。

根据近代物质结构理论，强电解质是离子型化合物或具有强极性的共价化合物，它们在溶液中是全部离解的。强电解质在水溶液中，理论上应是 100% 离解成离子，但对其溶液导电性的测定结果表明，它们的离解度都小于 100%。这种由实验测得的离解度为表观离解度。表 4-1 列出了几种强电解质溶液的表观离解度。

表 4-1　强电解质溶液的表观离解度（25℃，0.1mol/L）

电　解　质	离　解　式	表观离解度/%
氯化钾	$KCl \longrightarrow K^+ + Cl^-$	86
硫酸锌	$ZnSO_4 \longrightarrow Zn^{2+} + SO_4^{2-}$	40
盐酸	$HCl \longrightarrow H^+ + Cl^-$	92
硝酸	$HNO_3 \longrightarrow H^+ + NO_3^-$	92
硫酸	$H_2SO_4 \longrightarrow 2H^+ + SO_4^{2-}$	61
氢氧化钠	$NaOH \longrightarrow Na^+ + OH^-$	91
氢氧化钡	$Ba(OH)_2 \longrightarrow Ba^{2+} + 2OH^-$	81

为了解释上述矛盾现象，1923 年德拜（P. L. W. Debye）和休克尔（E. Hückel）提出了强电解质溶液离子互吸理论。该理论认为强电解质在水中是完全离解的，但由于在溶液中的离子浓度较大，阴、阳离子之间的静电作用比较显著，在阳离子周围吸引着较多的阴离子；在阴离子周围吸引着较多的阳离子。这种情况好似阳离子周围有阴离子氛，在阴离子周围有阳离子氛。

离子在溶液中的运动受到周围离子氛的牵制，并非完全自由。因此在导电性实验中，阴、阳离子向两极移动的速度比较慢，好似电解质没有完全离解。显然，这时所测得的"离解度"并不代表溶液的实际离解情况，故称为表观离解度。

由于离子间的相互牵制，致使离子的有效浓度表现得比实际浓度要小，如 0.1mol/L 的

KCl 溶液，K^+ 和 Cl^- 的浓度应该是 0.1mol/L。但根据表观离解度计算得到的离子有效浓度只有 0.086mol/L。通常把有效浓度称为活度 (α)，活度与实际浓度 (c) 的关系为：

$$\alpha = fc$$

式中，f 为活度系数。一般情况下，$\alpha < c$，故 f 常常小于 1。显然，溶液中离子浓度越大，离子间相互牵制程度越大，f 越小。此外，离子所带的电荷数越大，离子间的相互作用越大，同样会使 f 减小。以上两种情况都会引起离子活度减小。而在弱电解质溶液中，由于离子浓度很小，离子间的距离较大，相互作用较弱。此时，活度系数 $f \to 1$，离子活度与浓度几乎相等，故在近似计算中用离子浓度代替活度，不会引起大的误差。本书采用离子浓度进行计算。

4.1.2 弱电解质溶液

4.1.2.1 一元弱酸（碱）溶液的离解平衡

（1）离解度 弱电解质的离解是可逆过程。可以用离解度 (α) 表示其离解的程度：在温度、浓度相同的条件下，离解度越大，表示该弱电解质相对较强。

例如，在 18℃时 0.1mol/L 醋酸溶液中，每 10000 个醋酸分子中有 134 个离解成 H^+ 和 Ac^-，醋酸的离解度为：

$$\alpha = \frac{134}{10000} \times 100\% = 1.34\%$$

离解度的大小可以相对地表示电解质的强弱。

（2）离解平衡常数 弱酸、弱碱在溶液中部分离解，在已离解的离子和未离解的分子之间存在离解平衡。以 HA 表示一元弱酸，离解平衡式为：

$$HA \Longrightarrow H^+ + A^-$$

根据化学平衡原理，在一定温度下，当 HA 在水溶液中达到离解平衡时，溶液中 H^+、A^- 的浓度与未离解的 HA 分子浓度间的关系表示为：

$$K_a = \frac{[H^+][A^-]}{[HA]}$$

K_a 称为酸的离解平衡常数，简称离解常数。式中，$[H^+]$ 和 $[A^-]$ 分别表示 H^+ 和 A^- 的平衡浓度；$[HA]$ 表示未离解的 HA 分子的平衡浓度。

一元弱碱的离解以 BOH 为例，它的离解平衡式为：

$$BOH \Longrightarrow B^+ + OH^-$$

$$K_b = \frac{[B^+][OH^-]}{[BOH]}$$

应当指出，K_a 与 K_b 不受浓度的影响，只与电解质的本性和温度有关。在相同温度时，同类弱电解质的 K_a 或 K_b 可以表示弱酸和弱碱的相对强度。一些弱电解质的离解常数见附录三。

（3）离解常数与离解度的关系 离解常数和离解度都能反映弱电解质的离解程度，它们之间既有区别又有联系。离解常数是化学平衡常数的一种形式，它不随电解质的浓度而变化；离解度则是转化率的一种形式，它表示弱电解质在一定条件下的离解百分率，在离解度允许的范围内可随浓度而变化。离解常数比离解度能更好地反映出弱电解质的特征，故应用范围比离解度更为广泛。

离解度、离解常数和浓度之间有一定的关系。以一元弱酸 HA 为例，设浓度为 c，离解度为 α，推导如下：

$$HA \rightleftharpoons H^+ + A^-$$
$$c \qquad 0 \qquad 0$$
$$c(1-\alpha) \quad c\alpha \quad c\alpha$$

代入平衡表达式中：

$$K_a = \frac{[H^+][A^-]}{[HA]} = \frac{c\alpha^2}{1-\alpha}$$

当 $c/K_a > 500$，$\alpha < 5\%$，此时 $1-\alpha \approx 1$，于是可以用近似计算，得：

$$K_a = c\alpha^2$$

或

$$\alpha = \sqrt{\frac{K_a}{c}}$$

以上表达式所表示的是奥斯特瓦尔德（Ostwald）稀释定律，其意义是：同一弱电解质的离解度与其浓度的平方根成反比，即浓度越稀，离解度越大；同一浓度的不同弱电解质的离解度与其离解常数的平方根成正比。

把上述近似计算推广到一般情况，当 $c/K_a > 500$ 时，可得浓度为 $c_{酸}$ 的一元弱酸溶液中 $[H^+]$ 的近似计算公式为：

$$[H^+] = \sqrt{K_a c_{酸}}$$

用同样的方法，可以求出一元弱碱中 $[OH^-]$ 的近似计算公式，即：

$$[OH^-] = \sqrt{K_a c_{碱}}$$

【例 4-1】　298K 时，HAc 的离解常数为 1.76×10^{-5}。计算 0.10mol/L HAc 溶液的 pH 值和离解度。

解　设离解平衡时，溶液中 $[H^+]$ 为 x mol/L，则 $[HAc] = (0.10 - x)$ mol/L，$[Ac^-] = x$ mol/L。

$$HAc \rightleftharpoons H^+ + Ac^-$$
$$0.10-x \qquad x \qquad x$$

将有关数值代入平衡关系式得：

$$K_a = \frac{[H^+][Ac^-]}{[HAc]} = \frac{x^2}{0.10-x} = 1.76 \times 10^{-5}$$

因为

$$\frac{c}{K_a} > 500$$

可以用近似公式计算，所以：

$$0.10 - x \approx 0.10$$
$$[H^+] = x = \sqrt{1.76 \times 10^{-5} \times 0.10} = 1.33 \times 10^{-3} \ (mol/L)$$
$$pH = -\lg[H^+] = -\lg 1.33 \times 10^{-3} = 2.88$$
$$\alpha = \frac{x}{c} \times 100\% = \frac{1.33 \times 10^{-3}}{0.10} \times 100\% = 1.33\%$$

4.1.2.2　多元弱酸的离解平衡

分子中含两个或两个以上可被置换的 H^+ 的弱酸称为弱酸，常见的多元弱酸有 H_2CO_3、H_2S、H_3PO_4 等。多元弱酸的离解是分步进行的，每一步有一个离解平衡常数。

二元酸：碳酸 　$H_2CO_3 \rightleftharpoons H^+ + HCO_3^-$ 　　　$K_{a1} = 4.3 \times 10^{-7}$

　　　　　　　$HCO_3^- \rightleftharpoons H^+ + CO_3^{2-}$ 　　　$K_{a2} = 5.6 \times 10^{-11}$

　　氢硫酸 　$H_2S \rightleftharpoons H^+ + HS^-$ 　　　　$K_{a1} = 9.1 \times 10^{-8}$

　　　　　　　$HS^- \rightleftharpoons H^+ + S^{2-}$ 　　　　$K_{a2} = 1.1 \times 10^{-12}$

三元酸：磷酸 　$H_3PO_4 \rightleftharpoons H^+ + H_2PO_4^-$ 　　$K_{a1} = 7.52 \times 10^{-3}$

　　　　　　　$H_2PO_4^- \rightleftharpoons H^+ + HPO_4^{2-}$ 　　$K_{a2} = 6.23 \times 10^{-8}$

　　　　　　　$HPO_4^{2-} \rightleftharpoons H^+ + PO_4^{3-}$ 　　　$K_{a3} = 2.2 \times 10^{-13}$

一般而言，对于二元酸：$K_{a1} \gg K_{a2}$；对于三元酸：$K_{a1} \gg K_{a2} \gg K_{a3}$。

【例 4-2】 室温时，H_2CO_3 饱和溶液的物质的量浓度为 0.04mol/L，求此溶液中 H^+、HCO_3^-、CO_3^{2-} 的浓度（已知 $K_{a1} = 4.3 \times 10^{-7}$，$K_{a2} = 5.6 \times 10^{-11}$）。

解 由于 H_2CO_3 的 $K_{a1} \gg K_{a2}$，可忽略二级离解，当作一元弱酸处理。

设溶液中 $[H^+] = x$ mol/L，则：

$$[HCO_3^-] \approx [H^+] = x \text{ mol/L}$$

$$H_2CO_3 \rightleftharpoons H^+ + HCO_3^-$$

起始浓度　　　　　　 0.04　　　0　　0

平衡浓度　　　　　　 0.04-x　　x　　x

$$K_{a1} = \frac{[H^+][HCO_3^-]}{[H_2CO_3]} = \frac{x^2}{0.04-x} = 4.3 \times 10^{-7}$$

因为 $c/K_a > 500$ 可用近似计算公式计算，所以：

$$0.04 - x \approx 0.04$$

$$x = [H^+] = \sqrt{4.3 \times 10^{-7} \times 0.04} = 1.3 \times 10^{-4} (\text{mol/L})$$

HCO_3^- 的二级离解为：

$$HCO_3^- \rightleftharpoons H^+ + CO_3^{2-}$$

$$K_{a2} = \frac{[H^+][CO_3^{2-}]}{[HCO_3^-]} = 5.6 \times 10^{-11}$$

因为 H_2CO_3 的 $K_{a1} \gg K_{a2}$，且：

$$[HCO_3^-] \approx [H^+]$$

所以　　　　　　$[CO_3^{2-}] \approx K_{a2} = 5.6 \times 10^{-11} (\text{mol/L})$

根据例 4-2 的计算可得出以下两方面的结论。

(1) 多元弱酸的 $K_{a1} \gg K_{a2} \gg K_{a3}$，求 $[H^+]$ 时，可把多元弱酸当作一元弱酸来处理；当 $c/K_a > 500$，可以根据近似公式作近似计算。

(2) 二元弱酸溶液中，酸根的浓度近似等于 K_{a2}，与酸的原始浓度无关。

4.2　同离子效应和缓冲溶液

根据化学平衡移动原理，本节讨论离子浓度对离解平衡的影响，说明同离子效应以及缓冲溶液的组成和缓冲作用原理。

4.2.1　同离子效应

一定温度下弱酸如 HAc 在溶液中存在下列平衡：

$$HAc \Longleftrightarrow H^+ + Ac^-$$

若在此平衡系统中加入 NaAc，由于它是易溶强电解质，在溶液中溶解度大且能全部离解，因此溶液中的 Ac^- 浓度大为增加，使 HAc 的离解平衡向左移动。结果，H^+ 浓度减小，HAc 的离解度降低；如果在 HAc 溶液中加入强酸 HCl，则 H^+ 浓度增加，平衡也向左移动。此时，Ac^- 浓度减小，HAc 的离解度也降低。同样，在弱碱溶液中加入含有相同离子的易溶强电解质（盐类或强碱）时，也会使弱碱的离解平衡向左移动，降低弱碱离解度。这种在弱电解质的溶液中，加入含有相同离子的易溶强电解质，使弱电解质离解度降低的现象称为同离子效应。

【例 4-3】　在 0.10mol/L 的 HAc 溶液中，加入固体 NaAc（设溶液的体积不变），使其浓度为 0.20mol/L。求此溶液中 $[H^+]$ 和 HAc 的离解度。

解　由 HAc 离解出的 $[H^+]$ 为 x mol/L：

$$HAc \Longleftrightarrow H^+ + Ac^-$$
$$0.1-x \quad x \quad x$$
$$NaAc \longrightarrow Na^+ + Ac^- \quad \cdots\cdots\longrightarrow 总的\ [Ac^-]=0.20+x$$
$$0.20 \quad 0.20$$

$$K_a = \frac{[H^+][Ac^-]}{[HAc]} = \frac{x(0.20+x)}{0.10-x} = 1.76\times10^{-5}$$

因为　　$c/K_a > 500$，$0.20+x\approx0.20$，$0.10-x\approx0.10$

$$\frac{0.20x}{0.10}=1.76\times10^{-5}$$

所以　　$$[H^+]=x=0.88\times10^{-5}\approx9.0\times10^{-6}(mol/L)$$

$$\alpha = \frac{9.0\times10^{-6}}{0.10}\times100\% = 0.009\%$$

4.2.2　缓冲溶液

许多化学反应和生产过程必须在一定的 pH 值范围内才能进行或进行得比较完全。那么，怎样的溶液才具有维持自身 pH 值范围基本不变的作用呢？实验发现弱酸及其盐、弱碱及其盐等的混合溶液具有这种能力。

4.2.2.1　缓冲溶液的概念和组成

首先参看下列几组数据（表 4-2）。

表 4-2　几组数据

0	—	加入 1.0ml 1.0mol/L 的 HCl 溶液	加入 1.0ml 1.0mol/L 的 NaOH
1	1.0L 纯水	pH 从 7.0 变为 3.0,改变 4 个单位	pH 从 7.0 变为 11,改变 4 个单位
2	1.0L 溶液中含有 0.10mol HAc 0.10mol NaAc	pH 从 4.67 变为 4.75,改变 0.01 个单位	pH 从 4.76 变为 4.77,改变 0.01 个单位
3	1.0L 溶液中含有 0.10mol NH_3 0.10mol NH_4Cl	pH 从 9.26 变为 9.25,改变 0.01 个单位	pH 从 9.26 变为 9.27,改变 0.01 个单位

以上数据说明，纯水中加入少量的酸和碱，其 pH 发生显著的变化；而由 HAc 和 NaAc 或者 NH_3 和 NH_4Cl 组成的混合溶液，当加入纯水或加入少量的酸或碱时，其 pH 改变很小。这种能保持 pH 相对稳定的溶液称为缓冲溶液，这种作用称为缓冲作用。缓冲溶液具有

缓冲作用，是因为缓冲溶液中同时含有足量的能够对抗外来酸的成分和能够对抗外来少量碱的成分。通常把这两种成分称为缓冲对或缓冲系。其中，能够对抗外来少量酸的成分称为抗酸成分；能够对抗外来少量碱的成分称为抗碱成分。根据缓冲溶液的组成不同分为三种类型。

（1）弱酸及其对应的盐

弱酸（抗碱成分）	对应盐（抗酸成分）
HAc	NaAc
H_2CO_3	$NaHCO_3$
H_3PO_4	NaH_2PO_4

（图：苯环-COOH COOH） （图：苯环-COOH COOK）

（2）弱碱及其对应的盐

弱碱（抗酸成分）	对应盐（抗碱成分）
$NH_3 \cdot H_2O$	NH_4Cl

（3）多元弱酸的酸式盐及其对应的次级盐

多元弱酸的酸式盐（抗碱成分）	对应盐（抗酸成分）
$NaHCO_3$	Na_2CO_3
NaH_2PO_4	Na_2HPO_4

4.2.2.2　缓冲作用原理

在 HAc-NaAc 的缓冲系中，HAc 为若弱电解质，在水中部分离解成 H^+ 和 Ac^-；NaAc 为强电解质，在水中全部离解成 Na^+ 和 Ac^-：

$$HAc \Longleftrightarrow H^+ + Ac^-$$
$$NaAc \longrightarrow Na^+ + Ac^-$$

由于 NaAc 完全离解，所以溶液中存在着大量的 Ac^-。弱酸 HAc 只有较少部分离解，加上由 NaAc 离解出的大量 Ac^- 产生的同离子效应，使 HAc 的离解度变得更小，因此溶液中除大量的 Ac^- 外，还存在大量 HAc 分子。这种在溶液中同时存在大量弱酸分子及该弱酸酸根离子（或大量弱碱分子及弱碱的阳离子），就是缓冲溶液组成上的特征。

当向此混合溶液中加入少量强酸，溶液中大量的 Ac^- 将与加入的 H^+ 结合而生成难离解的 HAc 分子，以致溶液的 H^+ 浓度几乎不变。换句话说，Ac^- 起了抗酸的作用。当加入少量强碱时，由于溶液中的 H^+ 将与 OH^- 结合并生成 H_2O，使 HAc 的离解平衡向右移动，继续离解出 H^+ 仍与 OH^- 结合，致使溶液中的 OH^- 浓度几乎不变，因而 HAc 分子在这里起了抗碱的作用。由此可见，缓冲溶液同时具有抵抗少量酸或碱的作用，其抗酸碱作用是由缓冲对的不同部分来担负的。

当加水稀释时，溶液中 HAc 和 Ac^- 的浓度同步减小，致使溶液中的 H^+ 浓度几乎不变。

4.2.2.3　缓冲溶液的 pH 计算

缓冲溶液具有保持溶液的 pH 相对稳定的能力。因此，知道缓冲溶液本身的 pH 就十分重要。缓冲溶液的计算公式推导如下。

以 HAc-NaAc 缓冲对为例，体系存在的反应为：

$$HAc \Longleftrightarrow H^+ + Ac^-$$
$$NaAc \longrightarrow Na^+ + Ac^-$$

$$[H^+]=K_a\frac{[HAc]}{[Ac^-]}$$

根据近似处理知，$[HAc]=c_{弱酸}$，$[Ac^-]=c_{弱酸盐}$，得：

$$[H^+]=K_a\frac{c_{弱酸}}{c_{弱酸盐}}$$

$$pH=pK_a+lg\frac{c_{弱酸盐}}{c_{弱酸}}=pK_a+\frac{n_{弱酸盐}}{n_{弱酸}}$$

同理，弱碱及弱碱盐组成的缓冲对，其：

$$pOH=pK_b+lg\frac{c_{弱碱盐}}{c_{弱碱}}$$

【例 4-4】 将 400mg 的固体 NaOH 分别加到下列两种溶液中，它们的体积均为 1L。试分别计算这两种溶液的 pH 的变化。已知 $M(NaOH)=40g/mol$。

(1) 0.1mol/L 的 HAc 溶液；

(2) 0.1mol/L 的 HAc 和 0.1mol/L 的 NaAc 的混合溶液。

解
$$c(NaOH)=\frac{m/M}{V}=\frac{0.4/40}{1}=0.01(mol/L)$$

因加入的是固体 NaOH，故体积变化忽略不计。

(1) 0.1mol/L 的 HAc 的 pH 为：

$$[H^+]=\sqrt{K_a c_{酸}}=\sqrt{1.76\times10^{-5}\times0.10}=1.33\times10^{-3}(mol/L)$$

$$pH=-lg[H^+]=-lg1.33\times10^{-3}=2.88$$

$$NaOH+HAc\longrightarrow NaAc+H_2O$$

$c_{起始}$	0.01	0.1	0
$c_{变化}$	-0.01	-0.01	0.01
$c_{平衡}$	0	0.09	0.01

反应后生成的 NaAc 与 HAc 组成缓冲体系，pH 为：

$$pH=pK_a+lg\frac{c_{弱酸盐}}{c_{弱酸}}=-lg+1.76\times10^{-5}+lg(0.01/0.09)=4.74-lg9=3.78$$

$$\Delta pH=3.78-2.09=1.69$$

所以，HAc 溶液的 pH 的变化为 1.69。

(2) 0.1mol/L 的 HAc-NaAc 组成的缓冲溶液的 pH 为：

$$[H^+]=K_a\frac{c_{弱酸}}{c_{弱酸盐}}=1.76\times10^{-5}\times\frac{0.1}{0.1}=1.76\times10^{-5}$$

$$pH=4.74$$

当加入 400mg NaOH 后：

$$NaOH+HAc\longrightarrow NaAc+H_2O$$

$c_{起始}$	0.01	0.1	0.1
$c_{变化}$	-0.01	-0.01	0.01
$c_{平衡}$	0	0.09	0.11

$$pH=pK_a+lg\frac{c_{弱酸盐}}{c_{弱酸}}=4.74+lg\frac{0.11}{0.09}=4.83$$

$$\Delta pH=4.83-4.74=0.09$$

所以，HAc-NaAc 缓冲溶液的 pH 的变化为 0.09。

4.2.2.4 缓冲溶液的缓冲能力

缓冲溶液的缓冲作用有一定的限度，超过这个限度，缓冲溶液就会失去缓冲能力。缓冲溶液的缓冲能力大小用缓冲容量表示。所谓的缓冲容量，是使 1L（或 1mol）缓冲溶液的 pH 改变 1 个单位所需加入强酸（H^+）或强碱（OH^-）的物质的量。缓冲容量常用符号 β 表示。缓冲容量越大，说明缓冲溶液的缓冲能力越强。

一般而言，c（盐）：c（酸）＝1 时，此时缓冲溶液的缓冲能力最大。c（盐）：c（酸）＝（1～10）：10 时，有较好的缓冲作用。对于任何一个缓冲体系都有一个有效的缓冲范围，这个范围是：弱酸及其盐体系，pH＝pK_a±1；弱碱及其盐体系，pOH＝pK_b±1。

4.3 酸碱理论简介

酸碱离解理论在高中已经学习过了，这里主要介绍酸碱的质子理论和电子理论。

4.3.1 酸碱质子理论

4.3.1.1 酸碱的定义

酸碱质子理论认为：凡能给出质子（H^+）的物质都是酸；凡能接受质子（H^+）的物质都是碱。酸是质子的给予体，碱是质子的接受体。酸和碱的关系可用下式表示为：

$$
\begin{array}{ccc}
\text{酸} & \text{碱} & +\quad\text{质子} \\
HB \rightleftharpoons & B^- & +\quad H^+ \\
HCl \rightleftharpoons & Cl^- & +\quad H^+ \\
H_3PO_4 \rightleftharpoons & H_2PO_4^- & +\quad H^+ \\
H_2PO_4^- \rightleftharpoons & HPO_4^{2-} & +\quad H^+ \\
H_2CO_3 \rightleftharpoons & HCO_3^- & +\quad H^+ \\
HCO_3^- \rightleftharpoons & CO_3^{2-} & +\quad H^+ \\
H_3O^+ \rightleftharpoons & H_2O & +\quad H^+ \\
H_2O \rightleftharpoons & OH^- & +\quad H^+ \\
NH_4^+ \rightleftharpoons & NH_3 & +\quad H^+
\end{array}
$$

（1）从以上关系式可看出酸（HB）给出质子后变成碱（B^-），而碱（B^-）接受质子后变成酸（HB），酸与碱的这种相互依存的关系称为共轭关系。仅相差 1 个质子的一对酸、碱（HB-B^-）称为共轭酸碱对。HB 是 B^- 的共轭酸，B^- 是 HB 的共轭碱。例如，HCl 是 Cl^- 的共轭酸，Cl^- 是 HCl 的共轭碱。

（2）酸和碱可以是中性分子，也可以是阴离子或阳离子，如 HCl、HAc 是分子酸，而 NH_4^+ 则是离子酸。Cl^-、PO_4^{3-} 是离子碱。有些物质如 H_2O、HCO_3^-、$H_2PO_4^-$、HS^- 等既可以给出质子又可以接受质子，这类分子或离子称为两性物质。

（3）酸碱质子理论没有盐的概念。酸碱离解理论中的盐，在质子理论中是离子酸、离子碱或离子酸与离子碱的加合物。例如，Na_2CO_3 在阿仑尼乌斯离解理论中称为正盐，但在酸碱质子理论中则认为 CO_3^{2-} 是离子碱，Na^+ 既不给出质子也不接受质子，在质子理论中是非酸非碱物质，NH_4Cl 中的 NH_4^+ 是离子酸，Cl^- 是离子碱。

（4）在一对共轭酸碱对中，共轭酸的酸性愈强，其碱性愈弱；共轭酸的酸性愈弱，其共轭碱的碱性愈强。

4.3.1.2　酸碱反应的实质

按照酸碱质子理论，共轭酸碱对是酸碱半反应，不能单独进行，酸碱反应必须是两个酸碱半反应相互作用才能实现。其实质是两个共轭酸碱对间的质子传递，可用一个普通的公式表示酸碱反应：

酸碱半反应 1　　　　　　　　　　$酸_1 \rightleftharpoons 碱_1 + H^+$

酸碱半反应 2　　　　　　　　　　$碱_2 + H^+ \rightleftharpoons 酸_2$

总反应　　　　　　　　　　　　　$酸_1 + 碱_2 \rightleftharpoons 碱_1 + 酸_2$
$$\overset{H^+}{\underset{}{\longrightarrow}}$$

两个酸碱半反应相互作用的结果是酸$_1$把质子传递给了碱$_2$，自身变为碱$_1$，碱$_2$从酸$_1$接受质子后变为酸$_2$。酸$_1$是碱$_1$的共轭酸，碱$_2$是酸$_2$的共轭碱。这种质子传递反应，既不要求反应必须在溶剂中进行，也不要求先生成独立的质子再加到碱上，而只是质子从一种物质传递到另一种物质中去。因此，反应可在水溶液中进行，也可在非水溶液中或气相中进行。例如：

$$\overset{H^+}{HCl + NH_3 \rightleftharpoons NH_4^+ + Cl^-}$$

NH_3 和 HCl 的反应，无论在水溶液中、液氨溶液中、苯溶液中或气相中，其实质都是一样的，即 HCl 是酸，放出质子给 NH_3，然后转变为它的共轭碱 Cl^-，NH_3 则是碱，接受质子后，转变为它的共轭酸 NH_4^+。强碱夺取了强酸放出的质子，转变为较弱的共轭酸和共轭碱，常见的共轭酸碱对和 pK_a 见表 4-3。

表 4-3　常见的共轭酸碱对和 pK_a

共轭酸（HB）	pK_a（在水中）	共　轭　碱
H_3O^+		H_2O
$H_2C_2O_4$	1.27	$HC_2O_4^-$
H_2SO_3	1.81	HSO_3^-
H_3PO_4	2.12	$H_2PO_4^-$
$HCOOH$	3.75	$HCOO^-$
HAc	4.75	Ac^-
H_2CO_3	6.37	HCO_3^-
H_2S	7.05	HS^-
$H_2PO_4^-$	7.21	HPO_4^{2-}
NH_4^+	9.25	NH_3
HCN	9.31	CN^-
HCO_3^-	10.25	CO_3^{2-}
H_2O_2	11.26	HO_2^-
HS^-	11.96	S^{2-}
H_2O		OH^-

（左栏：酸性增强↑　右栏：碱性增强↓）

酸碱反应总是由较强的酸和较强的碱作用，向着生成较弱的酸和碱的方向进行。

根据表 4-3，不但可以写出一系列的酸碱反应，还能够确定物质的酸碱性和酸碱的相对强度。

酸碱质子理论扩大了酸和碱的范围，把离解（电离）理论中的离解（电离）作用、中和作用、水解作用等，全部包括在酸碱反应的范围之内，都可以看成是质子传递的酸碱反应。

（1）离解（电离）作用　根据质子理论，离解作用就是水与分子酸碱的质子传递反应。例如：

$$HCl+H_2O \xrightarrow{\quad H^+ \quad} H_3O^+ + Cl^-$$

强酸$_1$　强碱$_2$　弱酸$_2$　弱碱$_1$

HCl 离解时给出质子给水，生成 H_3O^+ 并产生共轭碱。HCl 是强酸，给出质子的能力很强。其共轭碱极弱，几乎不能结合质子，因此反应几乎完全进行。

$$HAc+H_2O \xrightarrow{\quad H^+ \quad} H_3O^+ + Ac^-$$

弱酸$_1$　弱碱$_2$　强酸$_2$　强碱$_1$

上式中，HAc 是弱碱，给出质子的能力较弱，其共轭碱则是强碱。因此，反应不能进行完全，为可逆反应。

（2）水解反应　质子理论中没有盐的概念，因此也没有盐的水解反应。离解（电离）理论中的水解反应相当于质子理论中水与离子酸、离子碱的质子传递反应。例如：

$$NH_4^+ + H_2O \xrightleftharpoons{\quad H^+ \quad} NH_3 + H_3O^+$$

弱酸$_1$　弱碱$_2$　强碱$_1$　强酸$_2$

$$H_2O + Ac^- \xrightleftharpoons{\quad H^+ \quad} HAc + OH^-$$

弱酸$_1$　弱碱$_2$　强酸$_2$　强碱$_1$

从上面的分析看出，酸碱的质子理论摆脱了酸碱必须在水中发生反应的局限性，并把水溶液中进行的各种离子反应系统地归纳为质子传递的酸碱反应，从质子理论的角度进行了说明，这样，进一步加深了人们对于酸、碱和酸碱反应本质的认识。

日常生活中，人们所熟悉的很多药物和食品都有酸碱性，它们在生产、制剂、分析、储存、在体内吸收、分布、代谢等都与它们的酸碱性有密切的关系，这些关系通常可依据酸碱质子理论来加以解释和说明。但是，酸碱质子理论也具有局限性，它只限于质子的给予和接受，对于无质子参与的酸碱就无能为力了。

4.3.2　酸碱电子理论

在质子理论提出的同时，路易斯从电子对的给予和接受提出了新的酸碱概念，后来发展为路易斯酸碱理论。这个理论认为，凡是能给出电子对的任何分子、离子或原子团都称为碱；凡是能接受电子对的任何分子、离子或原子团都称为酸。酸碱反应的实质是电子对由碱向酸转移，形成配位键并生成酸碱加合物。因此路易斯理论又称为酸碱电子理论。可用公式表示：

$$A + :B \longrightarrow A:B$$

酸　　碱　　酸碱加合物

$$H^+ + :OH^- \longrightarrow H_2O$$

$$HCl + :NH_3 \longrightarrow NH_4Cl$$

$$2SO_3 + 2:CaO \longrightarrow O_3SOCa(CaSO_4)$$

$$Cu^{2+} + 4:NH_3 \longrightarrow [Cu(NH_3)_4]^{2+}$$

在反应中，NH_3、CaO 和 OH^- 都是电子对给予体，它们是路易斯碱。电子理论摆脱了体系必须具有某种离子、元素和溶液的限制，而是立足于物质的普遍组分，以电子的授受关系说明酸碱反应。电子理论定义的酸碱极为广泛，大大超过了其他酸碱理论所涉及的范围。为了区分不同理论定义的酸碱。一般书中把电子理论定义的酸碱称为路易斯酸和路易斯碱，也称广义酸和广义碱。但是由于电子理论对酸碱的认识过于笼统，因而不易掌握酸碱的特征，所以大多数场合还是习惯用酸碱离解理论或酸碱质子理论。路易斯酸碱电子理论在有机化学和配位化学反应中应用较为广泛。

4.4 盐类水解

盐是酸和碱中和反应的产物，除酸式盐和碱式盐外，大多数盐在水中既不能离解出 H^+，也不能离解出 OH^-，因为它们的水溶液似乎应该是中性的，但为什么 NaAc、Na_2CO_3、NH_4Cl 等盐类物质溶于水时，显一定的酸碱性而不显中性呢？这是由于盐类物质溶于水时，盐的离子与 H_2O 发生水解反应，产生 H^+ 或 OH^- 的缘故，并且还生成弱酸或弱碱，结果引起 H_2O 的离解平衡移动，改变了溶液中 H^+ 和 OH^- 的相对浓度，所以溶液就不显中性了。

4.4.1 盐类水解的实质

盐类水解的实质是盐的离子与溶液中 H_2O 离解出的 H^+ 和 OH^- 作用，产生弱电解质的反应称为盐类的水解。如 NaAc 溶于水后发生的反应为：

$$
\begin{array}{rl}
NaAc \longrightarrow Na^+ + & Ac^- \\
& + \\
H_2O \rightleftharpoons OH^- + & H^+ \\
& \Updownarrow \\
& HAc
\end{array}
$$

由于 Ac^- 与 H_2O 离解出的 H^+ 结合成 HAc 分子，使 $[H^+]$ 减小，导致水的离解平衡向右移动。当 $[H^+]$ 得到补充时，$[OH^-]$ 也随之增大，因此溶液中 $[OH^-]>[H^+]$，这就是 NaAc 水溶液显碱性的原因。

当 NH_4Cl 溶于水后，有下列反应发生：

$$
\begin{array}{rl}
NH_4Cl \longrightarrow & NH_4^+ + Cl^- \\
& + \\
H_2O \rightleftharpoons & OH^- + H^+ \\
& \Updownarrow \\
& NH_3 \cdot H_2O
\end{array}
$$

由于 NH_4^+ 与 H_2O 离解出的 OH^- 结合成 $NH_3 \cdot H_2O$ 分子，使 $[OH^-]$ 减小，导致水的离解平衡向右移动，因此溶液中 $[H^+]>[OH^-]$，这就是 NH_4Cl 水溶液显酸性的原因。

按照酸碱质子理论，盐的水解就是盐的离子与 H_2O 分子间的质子的传递反应。NaAc 和 NH_4Cl 的水解反应亦可表示为：

$$NH_4^+ + H_2O \rightleftharpoons NH_3 + H_3O^+$$

$$Ac^- + H_2O \rightleftharpoons HAc + OH^-$$

4.4.2　各类盐的水解平衡

4.4.2.1　强碱弱酸盐

这类盐的阴离子具有水解作用，水解后溶液显碱性。以 NaAc 为例，水解反应为：

$$Ac^- + H_2O \rightleftharpoons HAc + OH^-$$

平衡时：

$$K_h = \frac{[HAc][OH^-]}{[Ac^-]} = \frac{[HAc][OH^-][H^+]}{[Ac^-][H^+]} = \frac{[HAc]K_w}{[Ac^-][H^+]} = \frac{K_w}{K_a}$$

K_h 表示水解时的平衡常数，称为水解常数。K_h 值的大小，表示盐水解程度的大小。K_h 与 K_a 成反比，即酸越弱，它与强碱形成的盐水解程度越大（K_h 越大），溶液的碱性越强。K_h 值一般不能直接查到，而是通过 $K_h = K_w/K_a$ 间接求出。

盐水解的水解度用 h 表示。

$$h = \frac{已水解的盐的浓度}{盐的初始浓度} \times 100\%$$

NaAc 溶液中 $[OH^-]$ 和 pH 可作如下计算：设溶液中 $[OH^-]$ 为 x mol/L，盐溶液的初始浓度为 $c_盐$ mol/L，则：

$$Ac^- + H_2O \rightleftharpoons HAc + OH^-$$

平衡浓度　　　　　$c_盐 - x$　　　　x　　　x

$$K_h = \frac{[HAc][OH^-]}{[Ac^-]} = \frac{x^2}{c_盐 - x}$$

由于一般情况下，K_h 值很小，溶液中未发生水解的 Ac^- 的浓度近似等于 NaAc 的初始浓度，即 $c_盐 - x \approx c_盐$。代入上式得：

$$x = \sqrt{K_h c_盐}$$

即

$$[OH^-] = \sqrt{K_h c_盐} = \sqrt{\frac{K_w}{K_a}}$$

4.4.2.2　强酸弱碱盐

这类盐的阳离子具有水解作用，水解后溶液显酸性。以 NH_4Cl 为例，水解反应为：

$$NH_4^+ + H_2O \rightleftharpoons NH_3 + H_2O^+$$

溶液中 NH_4^+ 进行水解，用同样的方法可以推出：

$$K_h = \frac{K_w}{K_b} = \sqrt{K_h c_盐} = \sqrt{\frac{K_w}{K_b} c_盐}$$

4.4.2.3　弱酸弱碱盐

这类盐的阴、阳离子都有水解作用，水解后溶液的酸、碱性取决于生成的弱酸、弱碱的相对强弱。如果弱酸的离解常数 K_a 与 K_b 近于相等，则溶液近于中性；如果 $K_a > K_b$，溶液呈酸性；如果 $K_b > K_a$，溶液呈碱性。

还需指出，尽管弱酸弱碱盐水解的程度往往比较大，但无论所生成的弱酸和弱碱的相对强弱如何，溶液的酸、碱性总是比较弱的。例如，根据计算，0.1mol/L NH_4CN 约有 51% 发生水解，溶液的 pH 仅为 9.2。与之相比，0.1mol/L NaCN 仅有 1.3% 发生水解，而 pH 高达 11.1。不能认为水解的程度越大，溶液的酸性或碱性必然越高。

4.4.2.4　强酸强碱盐

强酸强碱盐中的阴、阳离子不能与水离解出的 H^+ 或 OH^- 结合成弱电解质，水的离解平衡未被破坏，故溶液呈中性，即强酸强碱盐在溶液中不发生水解。

【例 4-5】 计算 0.1mol/L 的 NH_4Cl 溶液中 pH 和水解度。

解　因为 NH_4Cl 是强酸弱碱盐，水解显酸性，即：

$$NH_4^+ + H_2O \rightleftharpoons NH_3 + H_3O^+$$

所以　　$[H^+] = \sqrt{K_h c_{盐}} = \sqrt{\dfrac{K_w}{K_b} c_{盐}} = \sqrt{\dfrac{1.0 \times 10^{-14}}{1.76 \times 10^{-5}} \times 0.1} = 7.5 \times 10^{-6}$

$$pH = -\lg[H^+] = -\lg 7.5 \times 10^{-6} = 5.1$$

$$h = \frac{已水解的盐的浓度}{盐的初始浓度} \times 100\% = \frac{7.5 \times 10^{-6}}{0.1} \times 100\% = 7.5 \times 10^{-3}$$

4.4.3　影响盐类水解的因素

影响水解平衡的因素有以下几个方面。

（1）盐的本性　盐类水解时所生成的弱酸或弱碱的离解常数越小，水解程度越大。若水解产物为沉淀，则其溶解度越小，水解程度也越大。

（2）浓度　盐的浓度越小，水解的趋势就越大。稀释可促进水解。例如：

$$CO_3^{2-} + H_2O \rightleftharpoons HCO_3^- + OH^-$$

$$K_h = \frac{[HCO_3^-][OH^-]}{[CO_3^{2-}]}$$

在一定温度下，用水稀释时，各离子的浓度都减小，使 $K_c < K_h$，促使平衡向水解的方向移动。

对于弱酸弱碱盐，水解程度与浓度无关。

（3）温度　由于中和反应是放热反应，因此其可逆过程水解反应是吸热反应。一般来说，加热可以促进水解反应。例如：

$$FeCl_3 + 3H_2O \rightleftharpoons Fe(OH)_3 + 3HCl$$

加热时溶液的颜色逐渐变深，最后析出棕红色的 $Fe(OH)_3$ 沉淀，这说明加热可以促进 $FeCl_3$ 水解。

（4）酸碱度的影响　盐类物质水解时，常引起溶液中 $[H^+]$ 和 $[OH^-]$ 的变化，因此调节溶液的酸碱度可以促进或抑制水解反应。例如：

$$S^{2-} + H_2O \rightleftharpoons HS^- + OH^- \qquad 加酸促进水解$$

$$Al^{3+} + 3H_2O \rightleftharpoons Al(OH)_3 + 3H^+ \qquad 加碱促进水解$$

4.4.4　盐类水解的应用

许多金属氢氧化物的溶解度都很小，当相应的盐溶于水时，由于水解作用会析出氢氧化物而出现浑浊。如 $Al_2(SO_4)_3$、$FeCl_3$ 水解后会产生胶状氢氧化物，具有很强的吸附作用，可用作净水剂。有些盐如 $SnCl_2$、$SbCl_3$、$Bi(NO_3)_3$、$TiCl_4$ 等，水解后会产生大量的沉淀，生产上可利用这种作用来制备有关的化合物。有些药物因水解而非常不稳定，通常通过调节酸度来抑制水解。如碱性环境加速硫酸阿托品注射液的水解，因此该注射液的 pH 常控制在 4.5 左右。

4.5 沉淀和离子平衡

根据溶解度的大小，大体上可将电解质分为易溶电解质和难溶电解质，但它们之间没有明显的界限。一般把溶解度小于 $0.01g/100g\ H_2O$ 的电解质称为难溶电解质。在含有难溶电解质固体的饱和溶液中存在着固体电解质与由它溶解所生成的离子之间的平衡，这是涉及电解质的沉淀-溶解之间的平衡及其应用。

4.5.1 溶度积

4.5.1.1 溶度积常数

在一定温度下，用难溶的电解质配成饱和溶液时，溶液中未溶解的固态物质和溶液中的阴、阳离子存在一个溶解与沉淀的平衡，简称沉淀平衡。

$$M_m A_n(s) \Longleftrightarrow m M^{n+}(ap) + n A^{m-}(ap)$$

这是一个动态平衡，平衡时溶液是饱和溶液。与离解平衡时一样，达到沉淀-溶解平衡时，也服从化学平衡原理。

$$K_{sp} = [M^{n+}]^m [A^{m-}]^n$$

K_{sp} 表明难溶电解质饱和溶液中，有关离子浓度（幂）的乘积在一定温度下是个常数。它的大小与物质溶解度有关，因而称为难溶电解质的溶度积常数，简称溶度积。因为物质的溶解度随温度改变而变化，所以同一种难溶电解质在不同温度时，其 K_{sp} 值也不同，但 K_{sp} 与未溶固体的量的多少无关。

4.5.1.2 溶度积规则

某难溶电解质在一定条件下，沉淀能否生成或溶解，可以根据溶度积概念来判断。

$$M_m A_n(s) \Longleftrightarrow m M^{n+}(ap) + n A^{m-}(ap)$$

平衡时：

$$K_{sp} = [M^{n+}]^m [A^{m-}]^n$$

若 $[M^{n+}]^m [A^{m-}]^n = K_{sp}$，溶液是饱和溶液，处于动态平衡状态；若 $[M^{n+}]^m [A^{m-}]^n < K_{sp}$，溶液未饱和无沉淀；若 $[M^{n+}]^m [A^{m-}]^n > K_{sp}$，则有沉淀析出。

从理论上讲，离子浓度的乘积超过 K_{sp} 值，立即有沉淀生成，但是要用肉眼察觉出溶液浑浊，则每毫升溶液中固体含量要大于 $1 \times 10^{-5}g$。若试剂量极少时，沉淀量太少，肉眼就察觉不出来。

有些情况下，即使 $[M^{n+}]^m [A^{m-}]^n > K_{sp}$，但由于溶液存在过饱和现象致使沉淀反应发生非常缓慢，此时可以通过猛烈搅拌或加热后骤然冷却等方法来刺激过饱和溶液，导致沉淀的形成，工业上称此过程为刺激起晶。

倘若沉淀剂过量，仍不能发生沉淀，一般有两种情况。一是过量沉淀剂发生水解。例如：

$$CO_3^{2-} + H_2O \Longleftrightarrow HCO_3^- + OH^-$$

使溶液中实际 CO_3^{2-} 的离子浓度不超过 K_{sp}，因而不产生沉淀。二是加入过量沉淀剂时，发生配合反应而不能生成沉淀。例如：

$$CuSO_4 + 4NH_3 \cdot H_2O \Longleftrightarrow [Cu(NH_3)_4]SO_4 + 4H_2O$$

4.5.2　沉淀的生成和溶解

4.5.2.1　加入沉淀剂

根据溶度积规则，要从溶液中沉淀出某一种离子，必须加入一种沉淀剂，使溶液中所含组成沉淀的各离子的离子积（离子浓度的方次的乘积）大于其溶度积，从而析出沉淀。

【例 4-6】　在室温时，将 0.004mol/L 的 $AgNO_3$ 和 0.002mol/L 的 K_2CrO_4 溶液混合时，有无红色 Ag_2CrO_4 沉淀析出？

解　两种溶液等体积混合，体积增加 1 倍，浓度各减小一半。

$$[Ag^+]^2[CrO_4^{2-}]=0.002^2\times0.001=4\times10^{-9}$$

查表得：$K_{sp}(Ag_2CrO_4)=9\times10^{-12}$，离子积大于溶度积，所以有 Ag_2CrO_4 沉淀生成。

4.5.2.2　同离子效应

除加入沉淀剂可使沉淀-溶解平衡向生成沉淀的方向移动外，加入含有同离子的易溶强电解质也可产生相同的作用。这种在难溶电解质溶液中加入同离子的易溶强电解质，使难溶电解质溶解度降低的现象称为沉淀-溶解平衡中的离子效应。

【例 4-7】　在 298K 时，求 AgCl 在 0.0100mol/L 的 $AgNO_3$ 溶液中的溶解度。已知 AgCl 的 $K_w=1.58\times10^{-10}$。

解　设 AgCl 在 0.0100mol/L 的 $AgNO_3$ 溶液中的溶解度为 x mol/L，由沉淀-溶解平衡关系式：

$$AgCl(s) \rightleftharpoons Ag^+ + Cl^-$$
$$[Ag^+]=(0.0100+x)mol/L$$
$$[Cl^-]=x\,mol/L$$
$$K_{sp}=[Ag^+][Cl^-]=(0.0100+x)x=1.56\times10^{-10}$$

因为　　　　　　　　　　$0.0100+x\approx0.0100$

所以　　　　　　　　　　$x\approx1.56\times10^{-8}(mol/L)$

4.5.2.3　盐效应

实验证明，将含有相同离子的易溶电解质加入难溶电解质溶液中，在产生同离子效应的同时，还会产生盐效应。所谓的盐效应，是指加入易溶强电解质可使难溶电解质溶解度稍有增大的效应。

产生盐效应的原因是由于易溶强电解质的存在，使溶液中阴、阳离子的浓度大大增加，离子间的相互吸引和相互牵制的作用加强，妨碍了离子的自由运动，使离子的有效浓度减小，因而沉淀速率变慢。这就破坏了原来的沉淀-溶解平衡，使平衡向溶解的方向移动。当建立新的平衡时溶解度必然有所增加。

综上所述，同离子效应和盐效应是影响沉淀-溶解平衡的两个重要因素。但这两种影响的效果相反，且同离子效应的作用要大得多。在一般计算，特别是在较稀溶液中，不必考虑盐效应的影响。

4.5.2.4　沉淀的溶解

要使沉淀溶解，必须减小难溶电解质饱和溶液中离子的浓度，使离子积小于溶度积。一般可在饱和溶液中加入某种离子或分子，使其与溶液中某种离子生成弱电解质，生成配合物或发生氧化还原反应，从而降低饱和溶液中这种离子的浓度，促使沉淀溶解。

4.5.2.5　沉淀的生成和溶解在离子鉴定中的应用

如果溶液中存在几种离子，它们又能被同一沉淀剂所沉淀，由于各种沉淀物溶度积的不同，它们沉淀时的次序也先后不同，这称为分步沉淀，在分离离子时有实际应用。

【例 4-8】　在含有 0.1mol/L 的 Cl^-、Br^- 和 I^- 的混合溶液中，逐滴加入 $AgNO_3$ 溶液，能分别生成 AgCl、AgBr、AgI 沉淀，问沉淀的顺序如何？

解　已知

$$K_{sp}(AgCl)=[Ag^+][Cl^-]=1.56\times10^{-10}$$
$$K_{sp}(AgBr)=[Ag^+][Br^-]=7.7\times10^{-13}$$
$$K_{sp}(AgI)=[Ag^+][I^-]=1.5\times10^{-16}$$

所以，AgCl 开始沉淀时需要 $[Ag^+]$ 的浓度为：

$$[Ag^+]=\frac{1.56\times10^{-10}}{0.1}=1.56\times10^{-9}(mol/L)$$

AgBr 开始沉淀时需要 $[Ag^+]$ 的浓度为：

$$[Ag^+]=\frac{7.7\times10^{-13}}{0.1}=7.7\times10^{-12}(mol/L)$$

AgI 开始沉淀时需要 $[Ag^+]$ 的浓度为：

$$[Ag^+]=\frac{1.5\times10^{-16}}{0.1}=1.5\times10^{-15}(mol/L)$$

由此可见，逐滴加入 $AgNO_3$ 时，生成 AgI 沉淀所需要的 $[Ag^+]$ 最少，故 AgI 先沉淀，其次为 AgBr，最后 AgCl 沉淀。

习　题

1. 试述下列化学术语的意义。

水的离子积、离解常数、离解度、水解常数、水解度、缓冲溶液、溶度积、溶度积规则、同离子效应、盐效应。

2. 何谓 pH、pOH 及 pK_w？三者之间有何关系？

3. 举例说明缓冲溶液的组成及缓冲溶液的抗酸、抗碱与抗稀释性并保持溶液 pH 几乎不变的原因。

4. 影响盐类水解度大小的因素有哪些？增大或抑制盐类的水解作用在实际工作中有哪些应用？举例说明。

5. 举例说明质子酸和质子碱的共轭关系。

6. 同离子效应和盐效应对弱电解质的离解及难溶电解质的溶解各有什么影响？

7. 如何应用溶度积规则来判断沉淀的生成和溶解。

8. 下列说法是否正确？若有错误请纠正，并说明理由。

(1) 将 NaOH 和 NH_3 的溶液各稀释 1 倍，两者的 OH^- 浓度均减少到原来的 1/2；

(2) 设盐酸的浓度为醋酸的 2 倍，则前者的 H^+ 浓度也是后者的 2 倍；

(3) 将 1×10^{-6} mol/L 的 HCl 冲稀 1000 倍后，溶液中的 $c(H^+)=1\times10^{-9}$ mol/L；

(4) 使甲基橙显黄色的溶液一定是碱性；

(5) 某离子被沉淀完全是指在溶液中其浓度为 0。

9. 解释下列问题

(1) 在洗涤 $BaSO_4$ 沉淀时，不用蒸馏水而用稀硫酸；

(2) CuS 不溶于 HCl 但可溶于 HNO_3；

(3) $AgCl$ 可溶于弱碱氨水，却不溶于强碱氢氧化钠。

10. 用酸碱质子理论判断下列物质哪些是酸？哪些是碱？哪些是两性物质？

HS^-、CO_3^{2-}、H_2O、$H_2PO_4^-$、H_2S、HCl、Ac^-、H_3O^+

11. 从下列物质中选出所有的共轭酸碱对。

H_3O^+、H_2O、NH_4^+、$NH_3 \cdot H_2O$、O^{2-}、OH^-、H_2SO_4、HSO_4^-、SO_4^{2-}、H_2S、HS^-、S^{2-}、HSO_4^-

第5章 滴定分析法

滴定分析法是将一种确知浓度的试剂溶液（即准确浓度）滴加到被测物质溶液中（或反过来），二者按反应方程式的化学计量关系恰好完全反应为止，根据标准溶液的浓度和用去的体积，计算被测组分含量的化学分析法。因为这类方法都要测量标准溶液的准确体积，所以滴定分析法又称为容量分析法。

滴定分析法是最重要的应用最广泛的一类化学分析法。它操作简便、迅速，适用于常量组分（质量分数1%以上）的测定，而且，测量的准确度——相对误差可达±0.1%～±0.2%。

5.1 误差和分析数据处理

定量分析实质上是测量样品在一定化学条件下的某个性质，如质量、体积、酸碱度、光学性质、电学性质。不论化学分析法或仪器分析法，都是以测量样品某个性质为直接目的。由于人、仪器、环境、方法设计等因素用同一方法进行多次测量，结果也不尽相同。这表明分析过程中误差是客观存在的。因此，在进行定量分析时，人们必须合理安排实验，对分析结果进行评价，判断分析结果的可靠程度，检查产生误差的原因并采取相应措施把误差降到最小，使分析结果准确可靠。

5.1.1 准确度和误差

在分析过程中，分析结果与真实值的差称为误差。误差越小表示分析结果越准确，即准确度越高。准确度是指分析结果与真实值相接近的程度。在定量分析中，根据误差的性质和产生的原因，可将误差分为系统误差和偶然误差。

5.1.1.1 系统误差

系统误差，是由某些固定的因素引起的，使测定结果系统偏高或偏低。产生系统误差的原因有以下几种。

（1）方法误差 方法误差是由分析方法本身不完善或选用不当造成的，例如，在重量分析中，由于沉淀的溶解、共沉淀、沉淀分解、挥发等因素造成的误差；在滴定分析中的反应不完全或有副反应、指示剂不合适、干扰离子的影响、滴定终点和化学计量点不符合等，都会产生系统误差。

（2）仪器误差 这是由于仪器本身不够准确或未经校正，或使用仪器不符合要求所引起的。如使用天平、砝码、滴定分析仪器不准确等对测定结果产生的误差。

（3）试剂误差 这是由于试剂或使用的蒸馏水不纯，含有微量杂质和被测组分所引起的误差。

（4）操作误差 操作误差是指在正常操作情况下，由于分析工作者的主观原因造成使操作不符合要求，因而形成的误差称为操作误差。例如，滴定管读数时经常偏高或偏低，由于个人的习惯和偏见，对滴定终点颜色的判断总偏深或偏浅，辨别不敏锐等所造成的误差。

根据测定的具体情况，系统误差可能是不变的，也可能随试样质量的增加或被测组分含量的增高而增加，还可能随测定条件的变化而变化。但系统误差的基本特性不变，即只会引起测定结果或者系统偏高或偏低。由此可见系统误差有一定的规律性：单向性和重现性。即系统误差的大小可以测定出来，故也称为可测误差，并能加以校正和消除。

5.1.1.2　偶然误差

偶然误差又称为随机误差。偶然误差是由多种难以控制的可变原因造成的。例如，测定时的温度的变化、气压的微小变化及仪器性能的微小变化等。因此这种误差是偶然性的、难以察觉或不能控制的，有时表现为正，有时表现为负。在分析操作中无法避免但符合一般的统计规律。

① 正误差和负误差出现的机会（概率）相等。

② 小误差出现的次数多，大误差出现的次数少，个别特别大的误差出现的次数极少。

注意，系统误差和偶然误差都是指在正常操作的情况下所产生的误差。至于因操作不细心，不按规程操作而引起分析结果出现的差异，则称为"过失"。它不属于误差的范围，而属于工作中的错误。例如，加错试剂、读错读数、试液溅失和计算错误等。在实际工作中，当出现误差时，应认真寻找原因，如果确定是因为过失引起的，则结果必须舍去，并重新测定。只要加强责任心，严格按照规程操作，过失是完全可以避免的。

5.1.2　精密度和偏差

在实际工作中，真实值常常是无法知道的，为此，引入精密度和偏差的概念。精密度是指多次测量结果相互接近的程度，它说明测定结果的重现性。精密度的高低常用偏差来表示。

$$偏差＝某次测定结果－多次测定的算术平均值$$

偏差越大，说明分析结果的精密度越低。

由上述可知，误差和偏差的性质相似。但是，凡误差越小，可以认为准确度越高，而从偏差的大小并不能衡量出准确度的高低，只能表示两次或数次测定值的精密度。一般来说，多次测定结果之间的偏差越小，精密度越高，其大小是由偶然误差的大小所决定的。从数学运算上来看，凡偏差越小，即每次测定结果与其算术平均值之间的差值越小，那么，这些结果越是接近。可是，偏差越小，精密度越高时，为什么并不一定意味着准确度越高呢？下面举例来加以说明。若甲、乙、丙三人打靶，靶心相当于真实值。当每人各发三枪后，其结果见表 5-1。

表 5-1　准确度和精密度的区别

序　　号	甲	乙	丙
1	7	8	10
2	6	8	7
3	8	9	10

由表 5-1 可见，甲的结果离真实值（靶心）相差较大，准确度不高，精密度也不高；乙的结果比较集中，准确度不高，但精密度高；丙的结果是准确度和精密度都高。所以，一般来说，精密度高准确度不一定高，但高精密度是获得高准确度的必要条件，即精密度与准确度都高的测量值才可取。如果出现精密度高准确度不高时，通常是由于系统误差存在的缘故，可以通过寻找原因加以消除或校正，使测定结果既精密又准确。

5.1.3　误差及偏差的表示方法

误差和偏差通常用以下几种方法来表示。

5.1.3.1 绝对误差

测定值与真实值之间的差值称为绝对误差。

$$x_i（测定值）-\mu（真实值）=E（绝对误差）$$

绝对误差有正和负的区别。正表示分析结果高于真实值，亦称偏高，负则反之。

例如，有甲、乙两人，甲测定含铜为 80.40%（真实值）的铜合金中的铜含量为 80.45%（测定值），乙测定含铜为 2.01%（真实值）的铜矿石中的铜含量为 2.06%（测定值）。则甲测定的绝对误差为 80.45%-80.40%=+0.05%；乙测定的绝对误差为 2.06%-2.01%=+0.05%；两人测定的绝对误差均为+0.05%。

5.1.3.2 相对误差

相对误差是指绝对误差在真实值中所占的百分率，即：

$$E_r=\frac{E}{\mu}\times100\%$$

$$E_r（相对误差）=\frac{测定值-真实值}{真实值}\times100\%\approx\frac{绝对误差}{测定平均值}\times100\%$$

仍以上面测定铜含量的结果为例，甲测定的相对误差为：

$$E_r=\frac{80.45-80.40}{80.40}\times100\%=+0.06\%$$

乙测定的相对误差为：

$$E_r=\frac{2.06-2.01}{2.01}\times100\%=+2.48\%$$

可见乙测定的误差要比甲大得多。因此用相对误差来比较各种情况下测定结果的准确度要比绝对误差更合理些。

5.1.3.3 绝对偏差和相对偏差

偏差与误差相似，也可以分为绝对偏差和相对偏差。

绝对偏差是指某次测定值（x_i）与平均值（$\overline{x}$）之间的差值，常用符号 d_i 来表示：

$$d_i（绝对偏差）=x_i-\overline{x}$$

相对偏差是指某次测量的绝对偏差占平均值的百分率，用符号 d 来表示。

$$d（相对偏差）=\frac{d_i}{x}\times100\%$$

与绝对误差和相对误差一样，绝对偏差和相对偏差也有正和负的区别。

绝对偏差和相对偏差都是一次测量结果对平均值的偏差，不能表现多次测量结果的数据分散程度。但在通常进行两次或三次的平行试验中可以应用。

【例 5-1】 用重铬酸钾法两次平行分析测得某铁矿石的铁含量为 50.20% 和 50.30%，求各次测量结果的绝对偏差和相对偏差。

解 两次平行分析结果的平均值为 50.25%。

第一次的绝对偏差=50.20%-50.25%=-0.1%

$$d_1=\frac{-0.05}{50.25}\times100\%=-0.1\%$$

第二次的绝对偏差=50.30%-50.25%=+0.1%

$$d_2=\frac{0.05}{50.25}\times100\%=+0.1\%$$

这是衡量两次或三次平行分析结果的精密度的常用方法，至于所得数据是否符合要求，则要视各种不同样品和不同方法的要求而定。

5.1.3.4　平均偏差

为了描述多次测量结果的精密度，可以用平均偏差来表示。即先将数次或数十次测定结果求出算术平均值，然后计算出各次测量的绝对偏差 d_1，d_2，d_3，$\cdots$，d_n，再求出这些绝对偏差的平均值。称为平均偏差。

$$\overline{d} = \frac{|d_1| + |d_2| + \cdots + |d_n|}{n} = \sum_{i=1}^{n} \frac{|x_i - \overline{x}|}{n}$$

多次测量结果的相对平均偏差则为：

$$d_r（相对平均偏差）= \frac{\overline{d}}{x} \times 100\%$$

【例 5-2】　测定某铁矿石铁含量时，得到下列数据：50.50%、49.60%、49.90%、50.20%、49.80%。计算测定结果的相对平均偏差和相对偏差。

解　首先计算出每次测定结果的绝对偏差为：

测定结果	算术平均（值）	绝对偏差
50.50%	50.00%	+0.50%
49.60%		−0.40%
49.90%		−0.10%
50.20%		+0.20%
49.80%		−0.20%

计算平均偏差时，应注意取的是每次绝对偏差的绝对值之和，即：

$$\overline{d} = \frac{0.50 + 0.40 + 0.10 + 0.20 + 0.20}{5} \times 100\% = 0.30\%（无正负）$$

$$d_r = \frac{\overline{d}}{x} \times 100\% = \frac{0.003}{0.5} \times 100\% = 0.6\% = 0.006$$

5.1.3.5　标准偏差和相对标准偏差

用平均偏差和相对平均偏差来表示的一组测量数据的精密度的方法比较简单，但也有不足之处。因为在同一组的测定中，小的偏差总是占多数，大的偏差总是相对占少数，如果按总的测定次数去求平均偏差，必然会导致所得结果偏小，而大的偏差又得不到反映。所以，用平均偏差表示精密度的方法在数据统计上是不适用的。为了更好地反映测定数据的精密度，衡量测量值离散程度用得最多的方法是标准偏差。

标准偏差（也称标准离差或均方根差）是反映一组测量数据离散程度的统计指标。

样本标准偏差用 S 表示，它的计算式为：

$$S = \sqrt{\frac{\sum_{i=1}^{n}(x_i - \overline{x})^2}{n-1}}$$

例如，对某一试样分析甲、乙两组测定的结果见表 5-2。

表 5-2　对某一试样测定的结果

组　别	测　量　数　据	平　均　值	平均偏差	标准偏差
甲	5.3,5.0,4.6,5.1,5.4,5.2,4.7,4.7	5.0	0.25	0.31
乙	5.0,4.3,5.2,4.8,4.8,5.6,4.9,5.3	5.0	0.25	0.35

从以上两组数据中可见，乙组中的数据 4.3 有较大的偏差，数据较分散。两组的平均偏差一样，不能比较出精密度的差异，而应用标准偏差则可反映出甲组的精密度要好于乙组。

在比较两组或几组测量值波动的相对大小时，常常采用相对标准偏差。相对标准偏差（RSD）以标准偏差在平均值中所占的百分率表示，也称变异系数（CV）（或偏离次数）。

$$RSD = \frac{S}{\bar{x}} \times 100\%$$

【例 5-3】 某标准溶液的 5 次标定结果为：0.1022mol/L、0.1029mol/L、0.1025mol/L、0.1020mol/L、0.1027mol/L。计算平均值、平均偏差、相对平均偏差、标准偏差及相对标准偏差。

解 平均值

$$\bar{x} = \frac{0.1022 + 0.1029 + 0.1025 + 0.1020 + 0.1027}{5} = 0.1025 (mol/L)$$

平均偏差

$$\bar{d} = \frac{0.0003 + 0.0004 + 0.0000 + 0.0005 + 0.0002}{5} = 0.0003 (mol/L)$$

相对平均偏差

$$\frac{\bar{d}}{\bar{x}} \times 100\% = \frac{0.0003}{0.1025} \times 100\% = 0.29\%$$

标准偏差

$$S = \sqrt{\frac{(0.0003)^2 + (0.0004)^2 + (0)^2 + (0.0005)^2 + (0.0002)^2}{5-1}} = 0.0004 (mol/L)$$

相对标准偏差

$$RSD = \frac{0.0004}{0.1025} \times 100\% = 0.39\%$$

前面学习了误差和偏差的基本知识，知道误差和偏差具有不同的含义，但事实上误差和偏差是很难区别的。因为真实值往往是不可能准确知道的，只能说真实值是一个可以接近而不可达到的理论值。人们只能通过多次重复实验，得出一个相对准确的平均值，以代表真实值来计算误差的大小。因此在实际工作中，并不强调误差和偏差两个概念的区别，生产部门一般都称之为误差。

5.1.4 提高分析结果准确度的方法

从误差产生的原因来看，只能尽可能地减少系统误差和偶然误差，避免操作错误，才能提高分析结果的准确度。现简述如下。

5.1.4.1 消除或减小测定过程中的系统误差

造成系统误差的原因是多方面的，应根据具体情况，采用不同的方法来检验和消除系统误差。

（1）对照试验　对照试验是用已知离子溶液代替试液，在相同条件下进行试验，称对照试验。用于检查试剂是否失效或反应条件是否控制正确。当鉴定反应不够明显或有异常现象，特别是对所得否定结果表示怀疑时，往往需要对照试验。

在生产中，常在分析试样的同时，用同样的方法做标样分析以检查操作是否准确、仪器是否正常。

（2）空白试验　由试剂、蒸馏水、实验器皿和环境带入的杂质引起的系统误差，可通过做空白试验来消除或减少。

空白试验是在不加试样的情况下，按照试样的分析步骤和条件而进行分析的试验。得到的结果称为"空白值"。从试样的结果中扣除空白值，就可以得到更接近于真实含量的分析结果。

但要注意，如果空白值较大，仅用扣除空白值的办法可能会引起更大的误差。这时，就必须采取提纯试剂和蒸馏水，或改用适当器皿等措施来降低空白值。例如，在样品中 $w(Si)<0.01\%$ 时，最好用不含有硅的塑料容器和量器测硅，而不用玻璃容器和量器。

（3）校正仪器　系统误差中的仪器误差可以用校准仪器来消除。例如，在精密分析中，砝码、移液管、滴定管、容量瓶等，必须进行校准，并在计算结果时采用其校正值。一般情况下简单而有效的方法是在一系列操作过程中使用同一仪器，这样可以抵消部分仪器误差。

（4）方法校正　某些分析方法的系统误差可用其他方法直接校正。例如，用称量分析法（重量法）沉淀钨酸，由于 H_2WO_3 不可能绝对沉淀完全，滤液中少量的 W 可用比色法测出其含量。在准确度要求较高时，应把滤液中该成分的测定结果加到重量法的分析结果中去。

（5）回收试验　如果无标准试样做对照试验，或对试样的组成不太清楚时，可做回收试验。这种方法是向试样中加入已知量的待测物质，然后用与待测试样相同的方法进行分析。由分析结果中待测组分的增大值与加入量之差，便能计算出分析的误差，并对分析结果进行校正。

5.1.4.2　增加平行测定次数减少偶然误差

从偶然误差的规律性可知，在消除系统误差的前提下，平行测定次数越多，则测的算术平均值越接近真实值。即可适当增加测定次数来减少偶然误差以提高分析结果的准确度，一般定量分析平行测定 2～4 次即可，要求较高时，可适当增加测定次数（通常在 10 次左右）。

5.2　有效数字及其运算规则

为了得到准确的分析结果，不仅要有适当的方法以便准确地进行测量，而且还要正确地记录和计算数据，并正确地表示分析结果。这就必须理解有效数字的概念和掌握有效数字的运算规则。

5.2.1　有效数字的概念

有效数字是指分析工作中实际能测量到的数字。它包括所有的准确数字和最后一位可疑数字（有 ±0.1 误差）。有效数字不仅表明数量的大小，也反映出测量的准确度。例如，用分析天平称量物品，质量为 0.3026g，此数字前三位是准确的，第四位是估计值，滴定管刻度，小数点后第一位是准确的，第二位是估计得到的，例如 18.16mL、20.25mL。

记录数据和计算结果时，确定几位数字为有效数字，必须和测量方法及所用仪器的精密度相匹配，不可以任意增加或减少有效数字。

例如，称一烧杯质量，记录为：

烧杯质量	有效数字位数	使用的仪器
16.5g	3	台秤
16.561g	5	普通摆动天平
16.5613g	6	分析天平

所以在记录测量数据和分析结果时，应根据所用仪器的准确度和在用保留的有效数字中的最后一位是可疑数字的原则下进行记录和计算。

在判断数据的有效数字位数时，要注意以下几点。

数字"0"在有效数字中的作用。数字中的"0"有两方面的作用：一是和小数点一并起定位作用，不是有效数字；二是和其他数字一样作为有效数字使用。

① 数字中间的"0"都是有效数字。

② 若数字前面都是"0"，则此数字前面的"0"都不是有效数字，它们起定位作用。

③ 数字后面的"0"要依具体情况而定。例如：

1.0005	1.5000		五位有效数字
0.5000	31.05%	6.022×10^{23}	四位有效数字
0.0540	1.00×10^2	0.0150	三位有效数字
0.0054	1.8×10^{-5}	1.0×10^2	二位有效数字
0.5	0.002%	2×10^{-5}	一位有效数字
6400	1000	100 250	有效数字位数不确定

在 1.0005 和 0.5000 中的三个"0"，它们表示实际测量和测量的准确度，故都是有效数字；在 0.0054 中的三个"0"只起定位作用，故不是有效数字（当然，可以写作 5.4×10^{-3}）；而在 0.0540 中，前面的两个"0"起定位作用，不是有效数字，最后一位的"0"表示测量的准确度，故是有效数字。当然，这些有效数字的末位都是可疑的，讨论问题时，常规定末位差±1 即为其数字范围。如 0.0540，其数字范围是 0.0539～0.0541。

5.2.2 有效数字的运算规则

记录测量数据时，必须也只能保留一位可疑数字，即末位应是可疑的。

当有效数字位数确定后，其余数字（尾数）应一律弃去。舍弃方法（也称数字修约规则）可采用"四舍五入"法，现在趋向于采用更合理的"四舍六入五留双"的原则。即当尾数≤4时舍去；尾数≥6时进位；当尾数恰为5时，则看保留下来的末位数是奇数还是偶数，若是奇数时就将5进位，若是偶数时，则将5舍去；当5后面还有不是零的任何数时，无论5前面的是偶数还是奇数，皆入。例如，将下列数据按"四舍六入五留双"的规则修约为4位有效数字：

$$0.52664 \rightarrow 0.5266$$
$$10.2350 \rightarrow 10.24$$
$$18.0852 \rightarrow 18.09$$
$$0.36266 \rightarrow 0.3627$$
$$250.650 \rightarrow 250.6$$

在修约数字时，只允许对原数据一次修约至所需要位数，而不允许分次修约。如35.457 修约至两位。

错误的做法：$35.475 \rightarrow 35.46 \rightarrow 36$。

正确的做法：$35.475 \rightarrow 35$。

计算有效数字时。若第一位有效数字等于或大于8，可多算一位有效数字。例如，9.26为三位有效数字接近 10.00，故可将其当作四位有效数字。

在含有小数的数值相加或相减时，和或差的有效数字的保留，应以小数点后位数最少的数值为准进行取舍。例如，将 0.0121、25.24 和 1.05182 三个数相加，正确的算法是在运算前先进行数字的取舍（修约），弃去不必要的数字，然后再相加。正确的运算法：

$$0.0121 \rightarrow 0.01$$

$$25.64 \rightarrow 25.64$$
$$1.05182 \rightarrow 1.05$$
$$0.01 + 25.64 + 1.05 = 26.70$$

若直接相加得出 26.70392，若得出结果后再舍弃多余数字的算法都是错误的。

几个数相乘或相除时，积或商的有效数字的保留，应以其中有效数字位数最少的那个数为准（因为其相对误差最大），必要时可多保留一位，例如，0.0121、25.64、1.05782 三个数相乘，假定其最后一位均为可疑数字，均有 ± 1 的绝对误差，则其相对误差分别为：

$$0.0121: \frac{\pm 1}{121} = \pm 0.008 = \pm 0.8\%$$

$$25.64: \frac{\pm 1}{2564} = \pm 0.0004 = \pm 0.04\%$$

$$1.05782: \frac{\pm 1}{105782} = \pm 0.000009 = 0.0009\%$$

因为 $(\pm 0.8\%) + (\pm 0.04\%) + (\pm 0.0009\%) \approx 0.8\%$。

0.8% 的相对误差与三位有效数字相适应，所以，结果保留三位有效数字就行了，即以 0.0121 这一数据的位数为准。确定有效数字的位数后，仍按规则将各数都修约至三位有效数字后再相乘：

$$0.0121 \times 25.6 \times 1.06 = 0.328$$

在对数运算中，所取对数位数应与真数的有效数字位数相等；反之，从反对数求真数时亦应注意。

例如，$[H^+] = 2.1 \times 10^{-13} \, mol/L$，$pH = 12.68$。

若按四位对数表得出 12.6778 就不对了。因为 $pH = 12.68$ 为两位有效数字，与真数的有效数字位数相同，而 $pH = 12.6778$ 为四位有效数字，由此求得的 $[H^+] = 2.100 \times 10^{-13} \, mol/L$，而不是原来的 $2.1 \times 10^{-13} \, mol/L$ 了。

还要指出，若 $[H^+] = 2.100 \times 10^{-13} \, mol/L$，有四位有效数字，但 pH 不能表示为 12.68 或 12.678，因为 pH 的计算虽能达到四位有效数字，但 pH 的测定只能准确至 ± 0.01 或 $\pm 0.001 pH$，即测量的数据的有效数字与测量仪器的准确度相适应。

同理，在室温范围内，$pK_w = lg 1.0 \times 10^{-14} = 14.00$（两位有效数字，而不宜写作"14"）。

$$pK_{HAc} = -lg K_{HAc} = -lg 1.8 \times 10^{-5} = 4.74 \text{（两位有效数字）}$$

在分析化学计算中，经常会遇到一些分数或倍数，它们是自然数，例如，从 250mL 容量瓶中，用移液管取出 25mL（应记作 25.00mL），即取量为总量的 1/10，但不能认为 10 是两位有效数字，应理解为其有效数字位数不限，而不影响计算的准确度。

表示准确度和精密度等误差方面的计算时，一般只取一位有效数字，最多取两位有效数字。

5.2.3　有效数字的运算在分析化学实验中的应用

5.2.3.1　正确记录

在分析样品的过程中，正确地记录测量数据，对确定有效数字的位数具有非常重要的意义。因为有效数字是反映测量准确到什么程度的，因此记录测量结果时，其位数必须按照有效数字的规定，不可夸大或缩小。

例如，用万分之一分析天平称量时，必须记录到小数点后 4 位，不可写到小数点后 3

位，即 16.5500g 不能写成 16.550g；在滴定管读取数据时，必须记录到小数点后 2 位，如消耗溶液体积为 20.00mL，不可写成 20mL。

5.2.3.2 选择适当的仪器

根据对测量结果准确度要求，要正确称取样品用量，必须选用与之适当的仪器。

例如，一般分析天平的称量误差为万分之一，即绝对误差为 ±0.1mg。为使称量的相对误差小于 0.1%，样品的称取必须不能低于 0.1g。如果称取样品质量在 1g 以上时，选用千分之一天平进行称量，准确度也可达到 0.1% 的要求。

因此要正确地表示分析结果，必须选用适当的仪器，方可保证测量结果的准确度。

5.2.3.3 正确地表示分析结果

在分析某样品含量时，必须正确地表示分析结果。例如，甲、乙两位同学用同样的方法测定甘露醇原料，称取样品 0.2000g。测量结果：甲报告含量为 0.8896，乙报告含量为 0.880。其中甲报告结果正确，原因见如下计算。

称样的准确度：

$$\frac{\pm 0.0001}{0.2000} \times 100\% = \pm 0.05\%$$

甲分析结果的准确度：

$$\frac{\pm 0.0001}{0.8896} \times 100\% \approx \pm 0.01\%$$

乙分析结果的准确度：

$$\frac{\pm 0.001}{0.880} \times 100\% \approx \pm 0.1\%$$

甲报告的准确度符合称样的准确度，乙报告的准确度不符合称样的准确度，报告没有意义。

5.3 滴定分析法

5.3.1 滴定分析法的概念

滴定分析法是化学分析中一种重要的分析方法，在生产实践中应用较广。

滴定分析法又称容量分析法，这种方法是将一种已知准确浓度的试剂溶液，通过滴定管滴加到被测物质的溶液中，或将被测物质的溶液滴加到已知准确浓度的溶液中，直到所加的试剂溶液与被测物质按化学计量关系完全反应为止，根据所用试剂溶液的浓度和消耗的体积，计算被测物质的含量。

在滴定分析过程中，已知准确浓度的溶液称为标准溶液。将标准溶液通过滴定管逐滴滴加至待测物质溶液中的操作过程称为滴定。当所加的标准溶液与被测物质完全反应的这一点称为理论终点或化学计量点。为确定理论终点，需在待测试液中加入一种合适的试剂，利用该试剂在理论终点时颜色的变化来确定理论终点，这种用来确定理论终点的试剂，称为指示剂。指示剂颜色发生变化的转变点称为滴定终点。由于滴定终点是实际测定所得，两者不一定完全相符，由此造成的分析误差称为终点误差。终点误差的大小由指示剂的选择、指示剂的性能及用量等因素决定。

滴定分析法多用于常量分析，准确度较高，一般情况下，相对误差在 0.2% 以下，所用的仪器简单，操作简便、快速，因此具有很大的使用价值。

5.3.2　滴定分析法的分类

根据标准溶液与被测物质所发生化学反应类型的不同，将滴定分析法分为以下 4 大类。

5.3.2.1　酸碱滴定法

这是以酸碱中和反应（质子传递反应）为基础的一种滴定分析法。其实质可表示为：

$$H^+ + OH^- \Longrightarrow H_2O$$

可用酸为标准溶液测定碱或碱性物质，也可用碱为标准溶液测定酸或酸性物质。

5.3.2.2　氧化还原滴定法

这是利用氧化还原反应进行滴定的一种方法。可以用氧化剂为标准溶液测定还原性物质，也可以用还原剂为标准溶液测定氧化性物质。根据所用的标准溶液不同，氧化还原滴定法可分为高锰酸钾法、碘量法、重铬酸钾法、亚硝酸钠法等。

碘标准溶液滴定硫代硫酸钠的反应为：

$$I_2 + 2S_2O_3^{2-} \Longrightarrow 2I^- + S_4O_6^{2-}$$

高锰酸钾标准溶液滴定 Fe^{2+} 的反应为：

$$MnO_4^- + 5Fe^{2+} + 8H^+ \Longrightarrow Mn^{2+} + 5Fe^{3+} + 4H_2O$$

5.3.2.3　沉淀滴定法

这是利用沉淀反应进行滴定的方法。这类方法在滴定过程中，有沉淀产生，常用硝酸银为标准溶液测定卤化物、硫氰酸盐等，也可用硫氰酸铵或硫氰酸钾为标准溶液测定银盐，所以又称为银量法。

$$Ag^+ + X^- \Longrightarrow AgX$$

式中，X^- 为 Cl^-、Br^-、I^- 及 SCN^- 等离子。

5.3.2.4　配位滴定法

这是利用配位反应进行滴定的一种方法。其中最常用乙二胺四乙酸（EDTA）标准溶液测定各种金属离子的含量，其反应为：

$$M^{2+} + Y^{4-} \Longrightarrow MY^{2-}$$

式中，Y^{4-} 为 EDTA 的阴离子。

5.3.3　滴定分析法的基本条件

滴定分析法是以化学反应为基础的，但并不是所有的化学反应都可以用于滴定分析。适合滴定分析的反应必须具备以下几个条件。

① 反应必须定量地完成。滴定分析法所依据的化学反应必须严格按一定的化学方程式进行，不能有副反应发生；反应要进行完全，通常要求达到 99.9％以上。这是滴定分析进行定量计算的前提。

② 反应必须迅速完成。对于速率较慢的反应，有时可通过加热或加入催化剂等方法来加速反应速率。

③ 反应必须无干扰离子存在。标准溶液只能与被测物质反应，被测物质中的杂质不得干扰主要反应，否则必须用适当的方法分离或掩蔽以去除杂质的干扰。

④ 反应必须有合适的方法确定终点。

5.3.4 滴定分析法的滴定方式

滴定分析法中常用的滴定方式有以下几种。

5.3.4.1 直接滴定法

凡能满足上述四个基本条件的反应,都可用标准溶液直接滴定被测物质。例如,用 HCl 滴定 NaOH,用 $KMnO_4$ 或 $K_2Cr_2O_7$ 滴定 Fe^{2+} 等,都属于直接滴定法。当标准溶液与被测物质的反应不完全符合上述要求时,则应考虑采用下述几种滴定方式。

5.3.4.2 返滴定法

当反应速率较慢时,可先加入一定量过量的滴定剂,使反应加快。待反应完全后,再用另一种标准溶液滴定剩余的滴定剂。这种滴定方式称为返滴定法或回滴法。

例如,测石灰石中 $CaCO_3$ 含量,由于固体 $CaCO_3$ 与稀酸反应较慢,可先加入一定量过量的 HCl 标准溶液,反应如下:

$$CaCO_3 + 2HCl(一定量过量) = CaCl_2 + H_2O + CO_2$$

剩余的 HCl,可用 NaOH 标准溶液滴定,反应如下:

$$NaOH + HCl(剩余) = NaCl + H_2O$$

5.3.4.3 间接滴定法

当被测物质不能与标准溶液直接反应时,可将试样通过和另一种能和标准溶液作用的物质反应后,再用适当的标准溶液滴定反应产物,这种滴定方式称为间接滴定。例如,硼酸的离解常数 K_a 太小,不能用标准溶液直接滴定,但硼酸可与多元醇反应生成的配合酸的离解常数为 10^{-6},此时可以用 NaOH 标准溶液滴定生成的配合酸,以求硼酸的含量。又如试样中 Ca^{2+} 含量的测定,Ca^{2+} 虽然不能与 $KMnO_4$ 标准溶液发生反应,但可利用 $(NH_4)_2C_2O_4$ 使其沉淀为 $Ca_2C_2O_4$,过滤洗涤后,用硫酸将其溶解,再用 $KMnO_4$ 标准溶液滴定与 Ca^{2+} 结合的 $C_2O_4^{2-}$,即可间接测定出 Ca^{2+} 的含量,其反应如下:

$$Ca^{2+} + C_2O_4^{2-} = CaC_2O_4 \downarrow$$

$$CaC_2O_4 + 2H^+ = H_2C_2O_4 + Ca^{2+}$$

$$2MnO_4^- + 5H_2C_2O_4 + 6H^+ = 2Mn^{2+} + 10CO_2 \uparrow + 8H_2O$$

5.3.4.4 置换滴定法

对于不一定按反应式进行,并伴有副反应的被测物质,可先用适当试剂与被测物质定量反应且定量地置换出另一种物质,再用标准溶液滴定此物质,这种方法称为置换滴定法。

例如,$Na_2S_2O_3$ 与 $K_2Cr_2O_7$ 可以发生氧化还原反应,但副反应多,没有一定的计量关系,故不能直接测定。若在酸性介质中先使 $K_2Cr_2O_7$ 与过量的 KI 反应,析出定量的 I_2:

$$Cr_2O_7^{2-} + 6I^- + 14H^+ = 2Cr^{3+} + 3I_2 + 7H_2O$$

而 I_2 与 $Na_2S_2O_3$ 的反应符合直接滴定的三个要求,一般用淀粉作指示剂,终点时,I_2 与淀粉生成的蓝色消失,反应如下:

$$I_2 + 2S_2O_3^{2-} = 2I^- + S_4O_6^{2-}$$

其计量关系为:

$$n(Cr_2O_7^{2-}) = 1/3n(I_2) = 1/6n(S_2O_3^{2-})$$

由于滴定方式多种多样,使滴定分析的应用范围广泛,即一些不能直接滴定的物质,可以通过间接滴定、返滴定、置换滴定等方式加以测定。

注意，能用于滴定分析的反应不是所有能发生的反应，或能写出方程式的反应，而应通过定量分析实验来确定。

5.3.5　标准溶液

在滴定分析中，标准溶液是测定过程中的重要试剂，取已知溶液的准确浓度是滴定分析结果可靠的保证。

5.3.5.1　基准物质

用于直接配制标准溶液的纯净物质称为基准物质。基准物质必须具备下列条件。

① 纯度高。一般要求基准物质的纯度在 99.9% 以上，而杂质含量应少到不至于影响分析的准确度。

② 物质的组成与化学式完全一致。如该基准物质含结晶水，结晶水的数量应严格符合化学式，例如，草酸 $H_2C_2O_4 \cdot 2H_2O$ 等。

③ 性质稳定。基准物质在配制和储存过程中应不易发生变化。如放置时不挥发、烘干时不分解、称量时不吸湿、配制时溶液不易变质等。

用作滴定分析的基准物质一般要求有较大的摩尔质量，摩尔质量较大，称取的质量越多，可以相应地减少称量过程的相对误差。

滴定分析中常用的基准物质见表 5-3。

表 5-3　滴定分析中常用的基准物质

基　准　物　质	使用前的干燥条件	标　定　对　象
Na_2CO_3	270℃±10℃除去水，CO_2	酸
$Na_2B_4O_7 \cdot 10H_2O$	室温保存在装有蔗糖和 NaCl 溶液的密闭器皿中	酸
$KHC_8H_4O_4$	100～125℃除去 H_2O	碱
$H_2C_2O_4 \cdot 2H_2O$	室温空气干燥	酸或 $KMnO_4$
$Na_2C_2O_4$	150～200℃除去 H_2O	$KMnO_4$
$K_2Cr_2O_7$	100～110℃除去 H_2O	$Na_2S_2O_3$
As_2O_3	室温保存于干燥器中	$KMnO_4$
Cu	室温保存于干燥器中	$Na_2S_2O_3$ 或 EDTA
Zn	室温保存于干燥器中	EDTA
NaCl	500～600℃除去 H_2O 等	$AgNO_3$

5.3.5.2　标准溶液的配制与标定

标准溶液的配制方法有两种。

（1）直接配制法　准确地称取一定量的基准物质，用蒸馏水溶解后，定量转移到容量瓶中，加蒸馏水稀释到刻度，根据物质的质量和容量瓶的体积，即可算出溶液的准确浓度。这种用试剂直接配制成准确浓度标准溶液的方法称为直接配制法。重铬酸钾标准溶液、亚铁盐标准溶液等均可用这种方法进行配制。

（2）间接配制法　凡不符合基准物质条件的试剂，不能用直接配制法配制标准溶液，例如，NaOH 试剂的纯度不高且易吸收空气中的 CO_2 和水分，$KMnO_4$ 不纯且易分解等，可先以这些物质配制成一种近似于所需浓度的溶液，然后选用一种基准物质或另一种已知准确浓度的标准溶液来测定其准确浓度。这种测定标准溶液浓度的过程称为标定。例如，HCl 溶液、NaOH 溶液的配制。

酸碱滴定法中最常用的标准溶液是 HCl 溶液和 NaOH 溶液，因为它们都不是基准物质，所以只能用间接配制法，即先配成近似所需浓度的溶液，然后再用基准物质准确标定。

5.3.6　滴定分析法的简单计算

在滴定分析中，要涉及一系列计算问题，如标准溶液的配制和浓度的标定、标准溶液和被测物质间的计算关系以及测定结果的计算等。分析化学中要求计算规范、准确、更加突出量的概念。"规范"就是要求计算要公式化、程序化。

5.3.6.1　滴定分析计算的根据

对于任一滴定反应：

$$tT \quad + \quad aA \longrightarrow \quad P$$
$$\text{（滴定剂）} \quad \text{（被滴定物质）} \quad \text{（生成物）}$$

当滴定达到化学计量点时，t mol T 恰好与 a mol A 完全作用，也就是说，对于一个定量进行的化学反应，化学方程式中物质的化学计量系数比就是反应中各物质相互作用的物质的量之比，即：

$$n_T : n_A = t : a \tag{5-1}$$

或

$$n_A = n_T \frac{a}{t}$$

设体积为 V_A 的被滴定物质的溶液其浓度为 c_A，在化学计量点时用去浓度为 c_T 的滴定剂标准溶液体积为 V_T，由：

$$n_T = c_T V_T, \quad n_A = c_A V_A$$

由式(5-1)：

$$n_A = n_T \frac{a}{t} = c_A V_A \frac{a}{t} \tag{5-2}$$

如果已知 c_T、V_T、V_A，则可求出 c_A：

$$c_A = \frac{n_A}{V_A} = \frac{a}{t} \times \frac{c_T V_T}{V_A} \tag{5-3}$$

若还知道被滴定物质 A 的摩尔质量 M_A，则可由式(5-3)进一步求出 A 的质量：

$$m_A = n_A M_A = c_T V_T M_A \frac{a}{t} \tag{5-4}$$

当 V 的单位采用 L，M_A 的单位采用 g/mol 时，式(5-4)中 m_A 的单位为 g。通常在滴定时，体积以 mL 为单位来计算，所以在代入公式进行运算时要化为 L，也就是乘以 10^{-3} 因数，此时式(5-4)可写为：

$$m_A = \frac{c_T V_T M_A}{1000} \times \frac{a}{t} \tag{5-5}$$

式(5-3)和式(5-5)是滴定分析计算中最基本的运算公式，其特点是引入了计量关系，即计量系数 a/t。

5.3.6.2　滴定分析计算实例

（1）标准溶液浓度的标定

【例 5-4】称取邻苯二甲酸氢钾（$KHC_8H_4O_4$ 简写为 KHP）基准物质 0.5125g，标定 NaOH 溶液时，用去此溶液 25.00mL，求 NaOH 溶液的浓度。

解　已知 $m(KHP) = 0.5125$g，$V = 25.00$mL，$M(KHP) = 204.22$g/mol。

设 NaOH 溶液的浓度为 $c(NaOH)$，反应如下：

$$HP^- + OH^- \longrightarrow P^{2-} + H_2O$$

可见，当用 KHP 标定 NaOH 溶液，达到化学计量点时，KHP 的物质的量和 NaOH 的物质的量相等（$t = a$）：

$$\frac{c(\text{NaOH})V(\text{NaOH})}{1000} = \frac{a}{t} \times \frac{m(\text{KHP})}{M(\text{KHP})}$$

$$c(\text{NaOH}) = \frac{a}{t} \times \frac{m(\text{KHP}) \times 1000}{V(\text{NaOH})M(\text{KHP})}$$

$$c(\text{NaOH}) = \frac{0.5125 \times 1000}{25.00 \times 204.22} = 0.1004(\text{mol/L})$$

（2）估算应称基准物质的质量　在滴定分析中，为了减少滴定管的读数误差，一般消耗标准溶液的量应在 20～25mL 之间（25mL 滴定管），而应称取基准物质的大约质量。可由式(5-5)求得。

【例 5-5】　要求在滴定时消耗掉 0.2mol/L NaOH 溶液 20～25mL，问应称取基准试剂邻苯二甲酸氢钾（KHP）多少克？如果改用草酸（$H_2C_2O_4 \cdot 2H_2O$）作基准物质，应称取多少克？

解　设应称取邻苯二甲酸氢钾的质量为 m，已知 $c(\text{NaOH}) = 0.2\text{mol/L}$，$V(\text{NaOH}) = 20～25\text{mL}$，$M(\text{KHP}) = 204.22\text{g/mol}$，由题可得：

$$m_1 = 0.2 \times \frac{20}{1000} \times 204.22 \approx 0.8(\text{g})$$

$$m_2 = 0.2 \times \frac{25}{1000} \times 204.22 \approx 1(\text{g})$$

此类计算属于"估算"，不必按有效数字运算规则进行计算，亦不必考虑有效数字的位数。

若改变草酸作基准物质，则草酸与 NaOH 之间的反应式是：

$$H_2C_2O_4 + 2NaOH \Longrightarrow Na_2C_2O_4 + 2H_2O$$

即 1mol $H_2C_2O_4$ 与 2mol NaOH 相当，当两者达到化学计量点时：

$$n(H_2C_2O_4) = 1/2 n(\text{NaOH})$$

或

$$\frac{m_1}{126.07} = \frac{20}{1000} \times 0.2 \times \frac{1}{2}$$

故

$$m_1 = 0.2 \times \frac{20}{1000} \times \frac{1}{2} \times 126.07 = 0.2521 \approx 0.2(\text{g})$$

$$m_2 = 0.2 \times \frac{25}{1000} \times \frac{1}{2} \times 126.07 = 0.3152 \approx 0.3(\text{g})$$

由于 $M(\text{KHP}) > M(H_2C_2O_4 \cdot 2H_2O)$，且两者与 NaOH 作用的计量关系分别为 1：1 和 1：2，所以，欲与相同量的 NaOH 作用，前者称量值（如 1g）为后者的 3 倍多（如 0.3g）。因此，前者的称量误差为 ±0.0002g/1g = ±0.02%，后者的称量误差为 ±0.0002g/0.3g = ±0.07%。虽然二者的称量误差都小于滴定分析允许误差（±0.1%～±0.2%），但摩尔质量较大的基准物质因称量较多，可以减少称量误差就不难理解了。

（3）估算消耗标准溶液的体积　在标定或测定纯度较高物质的含量时，可根据标准溶液的浓度和样品的准确质量，计算出大约需消耗标准溶液多少毫升。

【例 5-6】　将 0.8206g 邻苯二甲酸氢钾（KHP）溶于适量水后，用 0.2000mol/L NaOH 标准溶液滴定，问大约要消耗 NaOH 标准溶液多少毫升？

解　已知 $m = 0.8206\text{g}$，$c(\text{NaOH}) = 0.2000\text{mol/L}$，计量系数为 1：1。

因

$$\frac{c(\text{NaOH})V(\text{NaOH})}{1000} = \frac{m(\text{KHP})}{M(\text{KHP})}$$

故
$$V(NaOH) = \frac{0.8206 \times 1000}{0.2000 \times 204.2} = 20.09(mL)$$

为简便起见，本书在列式运算过程中，各量都不将单位代入算式。

（4）物质的量浓度与滴定度的换算

① 滴定度　在实际工作中，经常需要大批试样测定其中同一组分的含量，这种情况下用滴定度来表示标准溶液的浓度，则计算待测组分含量就比较简便。

滴定度有两种表示方法。一种是每毫升标准溶液中所含溶质的质量（g/mL 或 mg/mL）称为滴定度，以符号 T 表示。如 $T(NaOH) = 0.004000$ g/mL，表示 1mL NaOH 标准溶液中含 0.004000g NaOH。另一种是指每毫升标准溶液相当于被测物质的克数，以符号 $T(M_1/M_2)$ 表示，其中 M_1 是标准溶液溶质的化学式，M_2 是被测物质的化学式。例如，$T(NaOH/HCl) = 0.003646$ g/mL，表示 1mL NaOH 溶液可与 0.003646g HCl 反应。若已知滴定度，再乘以滴定中所消耗标准溶液的体积，就可以直接得出被测物质的质量。

【例 5-7】　试计算 0.02000mol/L $K_2Cr_2O_7$ 溶液对 Fe 和 Fe_2O_3 的滴定度。

解　① $K_2Cr_2O_7$ 与 Fe^{2+} 的反应为：

$$Cr_2O_7^{2-} + 6Fe^{2+} + 14H^+ \longrightarrow 2Cr^{3+} + 6Fe^{3+} + 7H_2O$$

故 $K_2Cr_2O_7$ 与 Fe^{2+} 反应，其计量系数之比为 1∶6。

因此，每毫升 $K_2Cr_2O_7$ 标准溶液中 $K_2Cr_2O_7$ 的物质的量相当于 Fe 的物质的量乘以 1/6，即：

$$n(K_2Cr_2O_7) = \frac{1}{6}n(Fe)$$

或
$$c(K_2Cr_2O_7) \times \frac{1}{1000} = \frac{1}{6} \times \frac{T_{K_2Cr_2O_7/Fe_2O_3}}{M(Fe)}$$

所以　$T_{K_2Cr_2O_7/Fe} = \frac{c(K_2Cr_2O_7) \times M(Fe) \times 6}{1000} = \frac{0.02000 \times 55.85 \times 6}{1000} = 0.006702$ (g/mol)

② 同理 $Cr_2O_7^{2-}$ 与 Fe_2O_3 反应的物质的量之比为 1∶3，因此每毫升 $K_2Cr_2O_7$ 标准溶液中 $K_2Cr_2O_7$ 的物质的量相当于 Fe_2O_3 的物质的量乘以 1/3，即：

$$n(K_2Cr_2O_7) = \frac{1}{3}n(Fe_2O_3)$$

即
$$c(K_2Cr_2O_7) \times \frac{1}{1000} = \frac{1}{3} \times \frac{T_{K_2Cr_2O_7/Fe_2O_3}}{M(Fe_2O_3)}$$

所以　$T_{K_2Cr_2O_7/Fe_2O_3} = \frac{c(K_2Cr_2O_7) \times n(Fe_2O_3) \times 3}{1000} = \frac{0.02000 \times 159.7 \times 3}{1000} = 0.009582$ (g/mL)

若求某浓度的 $K_2Cr_2O_7$ 标准溶液对 Fe_3O_4 的滴定度，则可根据同样道理写成下式：

$$T_{K_2Cr_2O_7/Fe_3O_4} = \frac{c(K_2Cr_2O_7) \times M(Fe_3O_4) \times 2}{1000}$$

注意：Fe_2O_3、Fe_3O_4、Fe 均要通过预处理，使之成为 Fe^{2+} 才能与 $K_2Cr_2O_7$ 在酸性条件下定量完成发生反应，而不是它们直接与 $K_2Cr_2O_7$ 反应。

习　题

1. 名词解释

（1）滴定、化学计量点、标准溶液。

(2) 滴定反应、直接滴定、返滴定、间接滴定、置换滴定。

(3) 基准物质、标定、滴定度。

2. 什么叫滴定分析法？它有何特点？

3. 滴定分析可分为几类方法？各举一例说明。

4. 滴定分析对滴定反应有哪些要求？为什么说能直接用于滴定分析的反应虽然不多，但滴定分析的范围却又很广泛？

5. 滴定分析中常用算式有哪些？相互关系如何？试推导之。

6. 通常将滴定管、移量管、吸量管和容量瓶等器皿称为"滴定分析器皿"，它们和同容量的烧杯、量杯或量筒有何不同？能否用量杯、量筒或胶头滴管作滴定分析？

7. 液体体积测量误差与天平称量误差比较，通常哪个更大？举例说明。

8. 下列各种误差哪些是系统误差？哪些是偶然误差？

(1) 砝码被腐蚀；

(2) 天平的两臂不等长；

(3) 容量瓶和移液管不配套；

(4) 在重量分析中样品里不需要测定的成分被共沉淀；

(5) 在称量时样品吸收了少量水分；

(6) 试剂里含有微量的被测组分；

(7) 天平的零点突然变动；

(8) 读取滴定管读数时，最后一位数字估测不准；

(9) 利用重量法测 SiO_2 时，试液中硅酸沉淀不完全；

(10) 以含量约为 98% 的 Na_2CO_3 为基准试剂测定盐酸的浓度。

9. 已知浓盐酸的 $\rho=1.19g/mL$，$w(HCl)=38.0\%$，求 $c(HCl)$。

10. 用草酸（$H_2C_2O_4 \cdot 2H_2O$）标定浓度为 $0.1mol/L$ 的 NaOH 溶液时，欲使消耗 NaOH 溶液体积控制在 $20\sim25mL$，问草酸的称取范围应是多少？

11. 在硫酸介质中，基准物质草酸钠 201.0mg，用 $KMnO_4$ 溶液滴定至终点，消耗其体积为 30.00mL，计算 $KMnO_4$ 标准溶液的浓度。

12. 滴定管的读数误差为 $\pm0.01mL$，如果滴定时用去标准溶液 2.50mL，相对误差是多少？如果滴定时用去标准溶液 25.00mL，相对误差又是多少？这些数值说明什么问题？

13. 实验员标定盐酸溶液的浓度，共进行 4 次平行测定，测得浓度为 0.1012mol/L、0.1013mol/L、0.1010mol/L、0.1016mol/L。求平均值、绝对偏差、平均偏差、相对平均偏差、标准偏差及相对偏差。

14. 根据有效数字计算规则，计算下列各题。

(1) $1.050+0.06782-0.0018$

(2) $36.6487\times0.00017\times4200$

(3) $15.75\times(3.00\times10^4)\times0.00045$

(4) $13.78\times0.52+8.6\times10^5-4.92\times0.00112$

(5) $0.9064\div0.9967-4.05$

第6章 重量分析法

重量分析法是通过称量物质的质量来确定被测组分含量的一种定量分析方法。重量分析法中的数据测定是直接由分析天平称量而获得分析结果的，称量误差小，所以重量分析法比较准确，相对误差一般不超过±0.1%～±0.2%，是经典的分析方法之一。

应用重量分析法测定时，必须先用适当的方法将被测组分从样品中分离出来，然后才能进行称量。因此，重量分析法包括分离和称量两大步骤。根据分离方法的不同，重量分析法一般可分为挥发法、萃取法和沉淀法。

6.1 挥 发 法

挥发法是利用物质的挥发性，通过加热或其他方法使试样的被测组分或其他组分挥发而达到分离，然后通过称量确定被测组分的含量。根据称量的对象不同，挥发法可分为直接法和间接法。

6.1.1 直接法

被测组分与其他组分分离后，如果称量的是被测组分或其衍生物，通常称为直接法。例如，在进行对碳酸盐的测定时，加入盐酸使之与碳酸盐反应放出 CO_2 气体；再用石棉与烧碱的混合物吸收，后者所增加的重量就是 CO_2 的重量，据此即可求得碳酸盐的含量。

6.1.2 间接法

被测组分与其他组分分离后，通过称量其他组分，测定样品减失的重量来求得被测组分的含量，则称为间接法。在药品检验中的"干燥失重测定法"就是利用挥发法测定样品中的水分和一些易挥发的物质，它属于间接法。

具体操作方法是：精密称取适量样品，在一定条件下加热干燥至恒重（所谓恒重是指样品连续两次干燥或灼烧后称得的质量之差小于 0.3mg），用减失重量和取样量相比较以计算干燥失重。例如，葡萄糖的干燥失重测定：精密称取一定重量的样品，于 105℃ 干燥至恒重，再精密称其重量，减失的重量即为葡萄糖的干燥重量。若取葡萄糖（$C_6H_{12}O_6 \cdot H_2O$）样品 1.0800g，失去水分和挥发性物质后的质量为 0.9828g，则该葡萄糖样品的干燥失重为：

$$\frac{1.0800-0.9828}{1.0800} \times 100\% = 9.0\%$$

在实际应用中，间接法常用于测定样品中的水分。而样品中水分挥发的难易又与环境的干燥程度和水在样品中存在的状态有关。一般存在于物质中的水分主要有吸湿水和结晶水两种形式，吸湿水是物质从空气中吸收的水，其含量与空气的相对湿度和物质的粉碎程度有关。环境的湿度越大，吸湿量越大；物质的颗粒越细小（比表面积大），则吸湿量也越大。

吸湿水一般在不太高的温度下即能除掉。结晶水是水合物内部的水，它有固定的量，可在化学式中表示出来。例如，$BaCl_2 \cdot 2H_2O$、$CuSO_4 \cdot 5H_2O$ 等。

根据物质性质不同，在去除物质中水分时，常采用以下几种干燥方法。

（1）常压加热干燥　这种方法适用于性质稳定，受热不易挥发、氧化或分解的物质。通常将样品置于电热干燥箱中，加热到 105～110℃，保持 2h 左右，此时吸湿水已被除去。但对某些吸湿性强或不易除去的结晶水来说，也可适当提高温度或延长干燥时间。例如，$BaCl_2 \cdot 2H_2O$ 中的结晶水可在 125℃ 的温度下恒温加热至水分完全失去，同时无水 $BaCl_2$ 等不挥发。

另外还有一些含有结晶水的试样，如 $Na_2SO_4 \cdot 10H_2O$、$CuSO_4 \cdot 5H_2O$ 等，虽然受热后不易变质，但因熔点较低，若直接加热至 105℃ 干燥，往往会发生表面熔化结成一层薄膜，致使水分不易挥发而难以至恒重。因此，必须将这些样品先在较低温度或用干燥剂去除大部分水分后，再置于规定的温度下干燥至恒重。例如，葡萄糖先在 60～80℃ 干燥 1～2h；磷酸二氢钠则先在 60℃ 以下干燥 1h 后，再调到 105℃ 干燥至恒重。

（2）减压加热干燥　这种方法适用于高温易变质或熔点低的物质。为了加速水分挥发，可将样品置于恒温减压干燥箱中，进行减压加热干燥。由于真空泵能抽走干燥箱内大部分空气，降低了样品周围空气的水分压，所以使相对湿度较低，有利于样品中水分的挥发；再加之适当提高温度，干燥效率会进一步提高。

（3）干燥剂干燥　这种方法适用于受热易分解、挥发及能升华的物质。用干燥剂干燥，既可以在常压下进行，也可以在减压下进行，且将样品放置于盛有干燥剂的密闭容器中干燥。干燥剂是一些与水分子有强结合力的脱水化合物，它更易吸收空气中的水分，使相对湿度降低，从而促使样品的水分挥发。利用干燥剂干燥时，应注意干燥剂的选择，常用的干燥剂有无水氯化钙、硅胶、浓硫酸及五氧化二磷等，它们的吸水效率见表 6-1。

表 6-1　常见干燥剂和吸水效率

干　燥　剂	1L 空气中残留水分的毫克数/mg	干　燥　剂	1L 空气中残留水分的毫克数/mg
P_2O_5	2×10^{-5}	硅胶	3×10^{-3}
浓 H_2SO_4	3×10^{-3}	无水氯化钙	1.5

但从使用方便考虑，以硅胶为最佳。市售商品硅胶为蓝色透明的指示硅胶，若蓝色变为红色，即表示该硅胶已失效，应在 105℃ 左右加热干燥到硅胶重显蓝色，冷却后可再重复使用。

6.2　萃　取　法

萃取法（又称提取重量法）是利用被测组分在两种互不相溶的溶剂中的溶解度不同，将被测组分从一种溶剂萃取到另一种溶剂中，然后将萃取液中溶剂蒸去，干燥至恒重，称量萃取出干燥物的重量。根据萃取物的重量，可计算被测组分的百分含量。

分析化学中应用的溶剂萃取主要是液-液萃取，这是一种简单、快速、应用范围相当广泛的分离方法。

6.2.1　分配系数和分配比

液-液萃取分离，是利用各种物质在互不相溶的两相中具有不同的分配系数或分配比，而使待测组分得到萃取分离。

（1）分配系数 各种物质在不同的溶剂中有不同的溶解度。例如，当溶质 A 同时接触两种互不相溶的溶剂时，如果一种是水，另一种是有机溶剂，A 就分配在这两种溶剂中，并建立如下的动态平衡：

$$A_水 \rightleftharpoons A_有$$

在一定温度下，当分配过程达到平衡时，物质 A 在两种溶剂中的浓度比保持恒定，这就是分配定律，即：

$$K_D = \frac{[A]_有}{[A]_水}$$

分配平衡中的平衡常数 K_D 称为分配系数。分配系数与溶质和溶剂的性质及湿度有关，在低浓度下 K_D 是常数。K_D 大的物质，绝大部分进入有机相中，容易被萃取；反之，K_D 小的物质，主要留在水相中，不易被萃取。

例如，用 CCl_4 萃取水溶液中的碘。此时溶质在两相中存在的形式相同，均为 I_2。I_2 在两相中分配平衡时，$K_D = [I_2]_有 / [I_2]_水$，在 25℃时 $K_D = 85$，这表明被萃取到 CCl_4 层的 I_2 的浓度是水层的 85 倍。

（2）分配比 在实际工作中，由于溶质 A 在一相或两相中，常常会离解、聚合或与其他组分发生化学反应，溶质在两相中以多种形式存在。例如，I_2 在水和 CCl_4 两相的分配系统中，如有 KI 共存时，则在水相中不仅有 I_2 存在，还有 I_3^- 离子形式存在。像这样一种较复杂的系统中，再用分配系数来说明整个萃取过程的平衡问题显然是很困难的。而对于分析工作者有实际意义的是，分配在两相中以各种形式存在的溶质的总浓度之比，若以 $c_水$ 和 $c_有$ 分别代表水相和有机相溶质的总浓度，则它们的比值为：

$$D = \frac{c_有}{c_水}$$

只有在最简单的萃取体系中，溶质在两相中的存在形式又完全相同时，$D = K_D$；在实际情况中，$D \neq K_D$。

分配比通常不是常数，改变溶质和有关试剂浓度，都可使分配比变化。但尽管如此，由于分配比易于测得，测定时无需探讨溶质在溶液中以何种形式存在，而只需在达到分配平衡后分离两相，分别测定两相中所含溶质的量，换算成浓度就可计算分配比值。因此，在一定条件下运用分配比来估计萃取的效率是有实际意义的。若 $D > 1$，则表示溶质经萃取后，大部分进入有机相中。但在实际工作中，要求 $D > 10$ 才可取得较好的效率。

6.2.2 萃取效率

萃取效率就是萃取的完全程度，常用萃取百分率（E）表示，即：

$$E = \frac{被萃取物在有机相的总量}{被萃取物在两相中的总量} \times 100\%$$

当溶质 A 的水溶液用有机溶剂萃取时，如已知水相的体积为 $V_水$，有机相的体积为 $V_有$，则萃取效率 E 可表示为：

$$E = \frac{c_有 V_有}{c_有 V_有 + c_水 V_水} \times 100\%$$

把上式中分子、分母同除以 $c_水 V_有$，得：

$$E = \frac{D}{D + V_水 / V_有} \times 100\%$$

可见，萃取百分率由分配比 D 和两相的体积比 $V_水/V_有$ 决定。D 越大，体积比越小，则萃取效率就越高。在实际工作中，常用等体积的两相进行萃取，即 $V_有 = V_水$，则上式简化为：

$$E = \frac{D}{D+1} \times 100\%$$

对于不同 D 值的 E 值可由此式计算得出，见表 6-2。

表 6-2　不同 D 值的 E 值

分配比 D	1	10	100	10000
萃取效率 E	50	91	99	99.9

6.3　沉　淀　法

沉淀法是一种较古老的分离测定法，已具有较悠久的应用历史。沉淀法是将被测组分转变为一种较难溶的化合物从溶液中沉淀下来，过滤、洗涤、烘干并灼烧成为一种化学组分的化合物，然后通过称量，计算出被测组分的含量。例如，用沉淀法测定铁矿石中硅的含量时，将试样溶解，并使其中的硅转变为难溶的硅酸而从溶液中沉淀下来。经过过滤、洗涤，将沉淀灼烧成二氧化硅，用分析天平进行称量，然后计算出硅的含量。

6.3.1　沉淀的类型和对沉淀的要求

（1）沉淀的类型　按沉淀颗粒的大小将沉淀分为以下几类。

① 晶型沉淀。直径为 $0.1 \sim 1\mu m$。例如，$PbSO_4$、$BaSO_4$、$MgNH_4PO_4$ 等。晶型沉淀的溶解损失较小，吸附杂质较少，易于过滤、洗涤。

② 非晶型沉淀（无定形沉淀）。直径为 $0.02 \sim 0.1\mu m$。例如，很多氢氧化物、硫化物沉淀［如 $Fe(OH)_3$、$Al(OH)_3$、H_2SO_4、NiS、ZnS 等］。无定形沉淀因其颗粒小，对同样质量的沉淀而言，无定形沉淀的比表面积比晶型沉淀大得多，容易吸附杂质，且易形成胶体造成过滤、洗涤困难。也有将无定形沉淀称为胶体沉淀的。某些物质的沉淀类型并非一成不变，可在一定条件下转化。

（2）对沉淀的要求　向试液中加入适当沉淀剂，使被测组分沉淀出来，所得的沉淀称为沉淀形式。沉淀经过滤、洗涤、烘干或灼烧等，得到称量形式，由称量形式的化学组成和质量，便可算出被测组分的含量。沉淀形式与称量形式可以相同，也可以不相同。例如：

沉淀形式化学式　　　　　　　称量形式化学式

$$\boxed{BaSO_4} \xrightarrow{\text{经烘干或灼烧}} \boxed{BaSO_4}$$

$$\boxed{Fe(OH)_3} \longrightarrow \boxed{Fe_2O_3}$$

对沉淀的要求如下。

① 沉淀的溶解度必须很小。由沉淀溶解造成的损失量，应不超过分析天平的称量误差范围（即沉淀的溶解度损失 $\leqslant 0.2mg$），以保证待测组分沉淀完全。

② 沉淀必须纯净，尽量避免其他杂质的沾污。制成称量形式时，所含杂质的量不得超过称量误差所允许的范围。如果沉淀形式不纯净，含有杂质，就会使测定结果偏高。

③ 沉淀的称量形式应有较大的摩尔质量，使得到的沉淀总质量较大，以减少称量引起的相对误差。

④ 化学稳定性要高，称量形式不易吸收空气中的水分和二氧化碳，也不易被空气中的氧氧化。否则无法计算分析结果。

6.3.2 沉淀剂的选择

沉淀的溶解度和形态首先决定于沉淀物的性质，也就是选择什么样的沉淀剂是决定将得到什么样沉淀的前提。所以沉淀剂的选择是称量分析的一个重要问题。下面介绍选择沉淀剂的几点依据。

① 选用的沉淀剂应该能形成溶解度很小的沉淀。例如，难溶的硫酸盐有 $BaSO_4$、$SrSO_4$，它们在水中的溶解度见表 6-3。

表 6-3 几种硫酸盐在水中的溶解度

沉淀化学式（25℃）	$CaSO_4$	$SrSO_4$	$PbSO_4$	$BaSO_4$
溶解度 c/(mol/L)	$3.0×10^{-3}$	$5.7×10^{-4}$	$1.3×10^{-4}$	$1.05×10^{-5}$

从表中数据可知，其中 $BaSO_4$ 的溶解度最小，因此选用钡盐试剂沉淀 SO_4^{2-} 比用钙盐、锶盐或铅盐试剂为好。

② 选用本身溶解度较大的沉淀剂，将 SO_4^{2-} 离子以 $BaSO_4$ 形式沉淀下来可用 $BaCl_2$ 溶液或 $Ba(NO_3)_2$ 溶液作沉淀剂。但是在实际工作中只用 $BaCl_2$ 作沉淀剂。这是因为 $Ba(NO_3)_2$ 的溶解度要比 $BaCl_2$ 溶解度小。当 $BaSO_4$ 沉淀时，沉淀粒子吸附 $Ba(NO_3)_2$ 比吸附 $BaCl_2$ 的情况要严重得多，同时沾污沉淀的 $Ba(NO_3)_2$ 也较难洗掉。

③ 选用本身溶解度较好的沉淀剂。镍的难溶混合物有 $Ni(OH)_2$ 和 NiS。由于许多其他的阳离子也能生成氢氧化物和硫化物的沉淀，所以镍的沉淀法不采用上述两种沉淀形式，而使用对镍有特效的有机沉淀剂丁二酮肟。在碱性溶液中，生成丁二酮肟镍红色沉淀。它的溶解度很小，组成恒定，烘干以后，可直接称量，也可以在 $700\sim800℃$ 下灼烧成 NiO，然后称量计算。

④ 选用能使所形成的沉淀具有良好结构的沉淀剂。沉淀可分为晶型沉淀和无定形沉淀。例如，$BaSO_4$ 是典型的细晶型沉淀，$MgNH_4PO_4$ 为粗晶型沉淀，$AgCl$ 和 $Fe_2O_3 \cdot nH_2O$ 分别是凝乳状和凝胶状的无定形沉淀。晶型沉淀易于过滤、洗涤，吸附杂质较少。而无定形沉淀则难以过滤、洗涤，吸附杂质严重。所以尽可能地选择生成晶型沉淀的沉淀剂。在不得已的情况下进行无定形沉淀时，也必须创造条件，使沉淀紧密一些。

⑤ 选用能够获得摩尔质量较大的称量形式的沉淀剂。

⑥ 沉淀剂最好选用易挥发的物质。为了降低沉淀的溶解度，在沉淀过程中，沉淀剂总是要过量一些，因此所得沉淀中多少混杂一些沉淀剂，在洗涤沉淀的过程中有时不能完全除尽。如沉淀剂本身是挥发性物质，则可以干燥或灼烧沉淀时除去，避免引起误差。

应该指出，采用有机试剂作为沉淀剂有许多优点。有机试剂能与被测离子结合成摩尔质量很大、溶解度很小的晶型沉淀，而且它们的选择性都很高，有的甚至是特效试剂，所得沉淀往往较粗大或紧密，便于过滤和洗涤。但是，有机试剂在称量分析中也有其局限性。例如，许多有机试剂在水中的溶解度较小，许多有机沉淀不具备好的称量形式。

6.3.3　影响沉淀纯度的因素

在重量分析中不仅要求沉淀完全，而且希望得到纯净的沉淀，而影响沉淀纯度的主要因素有共沉淀和后沉淀。

6.3.3.1　共沉淀

在进行沉淀反应时，某些可溶性杂质混杂于沉淀之中也同时被沉淀下来的现象称为共沉淀现象。产生共沉淀的原因有表面吸附、形成混晶、包埋或吸留等，其中表面吸附是主要的原因。

(1) 表面吸附　在沉淀颗粒内部，正负离子按晶格的一定顺序排列，处在内部的离子都被异电荷离子所包围，整个沉淀内部处于静电平衡状态。而处于表面和晶棱、晶角处的离子至少有一个方向上的静电力没有平衡。由于静电引力，暴露在表面的离子便具有吸引电荷离子的能力，这就产生了表面吸附现象。相同质量的沉淀，当沉淀颗粒越小时，其总表面较大，沉淀吸附杂质的量就越多。所以，无定形沉淀吸附杂质比晶型沉淀严重，小颗粒晶型比大颗粒晶型杂质多。因此，为了得到较纯净的沉淀，最好能制得较大颗粒的晶型沉淀。

(2) 形成混晶　如果溶液中杂质离子与沉淀构晶离子的半径相近、晶体结构相似时，杂质离子可以进入晶格形成混晶共沉淀。例如，Pb^{2+} 与 Ba^{2+} 离子半径相近，$BaSO_4$ 与 $PbSO_4$ 的晶型结构相似，Pb^{2+} 就可能混入 $BaSO_4$ 形成混晶而被共沉淀。由混晶造成的共沉淀不像表面吸附那样，可用洗涤的方法除去杂质离子。减少或消除混晶生成的最好方法是将这些杂质预先分离除去。

(3) 包埋或吸留　在沉淀的形成过程中，由于沉淀生成过快，表面吸附的杂质离子来不及离开沉淀，表面就被再沉积上来的离子所覆盖，陷入沉淀晶体内部，这种现象称为包埋或吸留。应该指出，由包埋或吸留现象给沉淀带来的杂质是不能清洗除去的，但可以通过陈化或重结晶方法予以减少。

6.3.3.2　后沉淀

当沉淀析出后，在放置的过程中，溶液中原来不能析出沉淀的组分，也在沉淀表面逐渐沉积出来的现象，称为后沉淀。沉淀在溶液中放置时间越长，后沉淀现象越严重。

后沉淀的产生原因可举例说明：在含有 Cu^{2+}、Zn^{2+} 等离子的酸性溶液中通入 H_2S 时，起初得到的 CuS 沉淀中并不夹杂 ZnS 沉淀，但是如果沉淀和溶液长时间接触，由于 CuS 沉淀表面吸附了 S^{2-} 而使 S^{2-} 浓度大大增加，当 S^{2-} 浓度与 Zn^{2+} 浓度之积大于 ZnS 的溶度积常数时，在 CuS 沉淀表面上就析出 ZnS 沉淀。

6.3.3.3　沉淀形式与结果计算

沉淀析出后，经过滤、洗涤、干燥或灼烧制成称量形式，最后称定重量，计算结果，分析结果常按百分含量计算。称量形式的称量值 W 与其样品重 S 的比值即为所求的百分含量。计算式为：

$$x(\%)=\frac{W}{S}\times100\%$$

例如，重量法测定岩石中的 SiO_2，称样 0.2000g，经过处理得到硅胶沉淀后灼烧成 SiO_2 称量形式，称量得 0.1364g，试样中 SiO_2 的百分含量为：

$$SiO_2(\%)=\frac{0.1364}{0.2000}\times100\%=68.20\%$$

许多时候，称量形式的化学组成与待测组分的表示形式不一致，这需将称量形式的重量 W 换算成待测组分的重量 W'，即：

$$W'=WF$$

式中，F 为换算因数或化学因数，它是指被测组分的原子量（或分子量）与称量形式的分子量的比值。例如，测定 Na_2SO_4 含量时，称取试样 0.3000g，加入 $BaCl_2$ 溶液进行沉淀，经干燥灼烧后称得 $BaSO_4$ 0.4911g。试样中的 Na_2SO_4 含量的计算式如下：

$$Na_2SO_4+BaCl_2 ==== BaSO_4+2NaCl$$

$$\begin{array}{cc} 142.04 & 233.39 \\ x & 0.4911 \end{array}$$

$$x=0.4911\times\frac{142.04}{233.39}=0.2989(g)$$

式中，0.4911 为称量形式重量；142.04/233.39 为换算因数，即试样中 Na_2SO_4 的重量等于称量形式重量与换算因数的乘积。

在计算换算因数时，有时必须在被测组分的原子量（或分子量）和称量形式的分子量上乘以适当系数，使分子、分母中某一被测成分的原子数或分子数相等。不同被测组分的称量形式及其换算因数见表 6-4。

表 6-4 不同被测组分的称量形式及其换算因数

被测组分	沉淀形式	称量形式	换算因数
Fe	$Fe(OH)_2\cdot nH_2O$	Fe_2O_3	$2Fe/Fe_2O_3$
Cl^-	AgCl	AgCl	$Cl^-/AgCl$
Na_2SO_4	$BaSO_4$	$BaSO_4$	$Na_2SO_4/BaSO_4$
Ag^+	AgCl	AgCl	$Ag^+/AgCl$
MgO	$MgNH_4PO_4$	$Mg_2P_2O_7$	$2MgO/Mg_2P_2O_7$
FeO	$Fe(OH)_3\cdot nH_2O$	Fe_2O_3	$2Fe/Fe_2O_3$
SO_4^{2-}	$BaSO_4$	$BaSO_4$	$SO_4^{2-}/BaSO_4$

【例 6-1】 测定铁矿石中 Fe_2O_3 的含量时，可将样品溶解，然后使 Fe^{3+} 沉淀为 $Fe(OH)_3$，经过滤、洗涤、干燥和灼烧成 Fe_2O_3 的称量形式，最后根据 Fe_2O_3 的重量，计算 Fe_3O_4 的重量，其化学因数为多少？已知 $M(Fe_2O_3)=159.69$，$M(Fe_3O_4)=231.54$。

解 化学因数 $=\dfrac{2\times M(Fe_3O_4)}{3\times M(Fe_2O_3)}=\dfrac{2\times231.54}{3\times159.69}=0.9666$

习 题

1. 重量分析法一般可分为几种方法？分别叫什么？

2. 重量分析中为什么要求称量瓶、磁坩埚、玻璃砂芯坩埚、蒸发皿等恒重？实验里常用干燥方法有几种？

3. 选择萃取剂的原则是什么？用同一种萃取剂，怎样提高萃取效率？

4. 举例说明何谓"化学因数"？

5. 挥发法适用于哪些物质的测量？它根据什么原理？

6. 举例说明沉淀形式与称量形式有何区别？重量分析法中对沉淀形式和称量形式有何要求？

7. 沉淀有几种类型？各种沉淀类型之间有何差别？

8. 影响沉淀的因素有哪些？

9. 称取含有结晶水的纯净 $BaCl_2 \cdot xH_2O$ 0.5000g，得到 $BaSO_4$ 沉淀 0.2777g。计算 $BaCl_2$ 和结晶水的百分含量，并计算每分子量数等于多少？

10. 样品含 35% 的 $Al_2(SO_4)_3$ 和 60% 的 $KAl(SO_4)_2 \cdot 12H_2O$，若用重量分析法使 $Al(OH)_3$ 沉淀，灼烧后欲得 0.15g Al_2O_3，应取样品多少克？

第 7 章 酸碱滴定法

酸碱滴定法是基于酸碱反应的滴定分析法，又称中和法。一般酸碱以及能与酸碱直接或间接发生反应的物质，几乎都可以利用酸碱滴定法进行测定。在医药、农业、林业、牧业分析中，常用酸碱滴定法测定土壤、肥料、果品、饲料等样品的酸碱度、氮磷含量、药品的含量。它是一类应用广泛而在分析化学教材中又是不可缺少的滴定分析法。

7.1 酸碱指示剂

酸碱滴定法是以水溶液中的质子转移反应为基础的滴定分析。一般酸碱直接或间接发生质子转移反应的物质，几乎都可以用酸碱滴定测定。但在酸碱滴定的过程中，滴定反应达到计量点时，通常没有任何外观变化，必须借助酸碱指示剂颜色的改变来指示滴定终点。因此，在学习酸碱滴定时，不仅要了解指示剂的变色原理和变色范围，同时也要了解滴定过程中溶液 pH 的变化规律和指示剂的选择依据，以便能正确地选择合适的指示剂，获得准确的分析结果。

7.1.1 指示剂的变色原理

用于酸碱滴定的指示剂称为酸碱指示剂。酸碱指示剂是一类结构复杂的有机弱酸或有机弱碱，分别称为酸型指示剂和碱型指示剂，其中酸型指示剂用 HIn 表示，碱型指示剂用 InOH 表示。由于指示剂在溶液中能部分离解，离解后产生与指示剂本身具有不同结构的复杂离子，且其离子与指示剂分子颜色不同。当改变溶液的 pH 时，指示剂会失去或得到质子而使结构发生变化，导致溶液的颜色也随之变化。

7.1.2 指示剂的变色范围

根据实验测定，当溶液的 pH 小于 8 时酚酞呈无色，当溶液的 pH 大于 10 时呈红色，pH8～10 是酚酞逐渐由无色变为红色的过程，称为酚酞的"变色范围"。甲基橙则当溶液 pH 小于 3.1 时呈红色，大于 4.4 时呈黄色，pH3.1～4.4 是甲基橙的变色范围。

由于各种指示剂的平衡常数不同，各种指示剂的变化范围不同。表 7-1 中列出了几种常用酸碱指示剂的变色范围。

表 7-1   几种常用酸碱指示剂的变色范围

指 示 剂	pH 变化范围	颜色变化	pK_{HIn}	浓 度	用量/(滴/10mL 试液)
百里酚蓝(第一次变色)	1.2～1.8	红～黄	1.6	0.1%的 20%乙醇溶液	1～2
甲基黄	2.9～4.0	红～黄	3.3	0.1%的 90%醇溶液	1
甲基橙	3.1～4.6	红～黄	3.4	0.05%的水溶液	1

续表

指 示 剂	pH 变化范围	颜色变化	pK_{HIn}	浓　度	用量/(滴/10mL 试液)
溴酚蓝	3.0～4.6	黄～紫	4.1	0.1％的 20％乙醇溶液或其钠盐的水溶液	1
溴甲酚绿	4.0～5.6	黄～蓝	4.9	0.1％的水溶液,每 100mg 指示剂加 0.05mol/L NaOH 9mL	1～3
甲基红	4.4～6.2	红～黄	5.2	0.1％的 60％乙醇溶液或其钠盐的水溶液	1
溴百里酚蓝	6.2～7.6	黄～蓝	7.3	0.1％的 20％乙醇溶液或其钠盐的水溶液	1
中性红	6.8～8.0	黄～黄橙	7.4	0.1％的 60％乙醇溶液	1
酚红	6.8～8.4	黄～红	8.0	0.1％的 60％乙醇溶液或其钠盐的水溶液	1
酚酞	8.0～10.0	无～红	9.1	0.1％的 90％乙醇溶液	1～3
百里酚蓝(第二次变色)	8.0～9.6	黄～蓝	8.9	0.1％的 20％乙醇溶液	1～4
百里酚酞	9.4～10.6	无～蓝	10.0	0.1％的 90％乙醇溶液	1～2

从表 7-1 中可以清楚地看出，各种不同的酸碱指示剂，具有不同的变色范围，有的在酸性溶液中变色，如甲基橙、甲基红；有的在中性附近变色，如中性红、酚红等；有的则在碱性溶液中变色，如酚酞、百里酚蓝等。其中，常用的是甲基橙、甲基红、酚酞，应牢记其变色范围及相应的颜色变化。

指示剂之所以具有变色范围，可由指示剂在溶液中的平衡移动过程来加以解释。现以 HIn 表示弱酸型指示剂，它在溶液中的平衡移动过程可以简单地用下式表示：

$$HIn \rightleftharpoons H^+ + In^-$$
$$\text{酸色} \qquad \text{碱色}$$

平衡时：

$$K_{HIn} = \frac{[H^+][In^-]}{[HIn]}, \quad [H^+] = K_{HIn}\frac{[HIn]}{[In^-]}$$

K_{HIn} 称为指示剂常数，在一定温度下，它是个常数。如果将上式改变一下形式，可得：

$$\frac{[In^-]}{[HIn]} = \frac{\text{在碱性溶液中的颜色（简称为碱色）}}{\text{在酸性溶液中的颜色（简称为酸色）}} = \frac{K_{HIn}}{[H^+]}$$

显然，指示剂颜色的转变依赖于 $[In^-]$ 和 $[HIn]$ 的比值，从上式可知，它们两者浓度的比值是由两个因素决定的：一个是 K_{HIn} 值；另一个是溶液的酸度 $[H^+]$。K_{HIn} 是指示剂常数，它是由指示剂的本质决定的，对于某种指示剂，它是一个常数。因此某种指示剂颜色的转变就完全由溶液中的 $[H^+]$ 来决定了。当 $[In^-]$ 等于 K_{HIn} 的数值，此时溶液的颜色应该是酸色和碱色的中间颜色。因此 K_{HIn} 等于溶液中间颜色的 $[H^+]$。如果此时的 $[H^+]$ 以 pH 来表示，pH 就应该等于指示剂常数的负对数，即当 $[In^-] = [HIn]$ 时：

$$[H^+] = K_{HIn}, \quad pH = -lgK_{HIn} = pK_{HIn}$$

各种指示剂由于其指示剂常数 K_{HIn} 不同，呈中间颜色的 pH 也各不相同。当溶液中 $[H^+]$ 发生改变时，$[In^-]$ 和 $[HIn]$ 的比值也发生改变，溶液的颜色也逐渐改变。一般来讲，当 $[In^-]$ 是 $[HIn]$ 的 1/10 时，人眼能勉强辨认出碱色；$[In^-]/$ $[HIn]$ 小于 1/10，则目力就看不出碱色了，因为变色范围为：

$$\frac{[In^-]}{[HIn]}=\frac{K_{HIn}}{[H^+]}=\frac{1}{10}, \quad [H^+]_1=10K_{HIn}$$

$pH_1=pK_{HIn}+1$，同理，可算出：

$$[H^+]_2=\frac{1}{10}K_{HIn}, \quad pH_2=pK_{HIn}+1$$

或写作

$\frac{[In^-]}{[HIn]}$	$\frac{1}{10}$	$\frac{1}{10}$	$=1$	$\frac{10}{1}$	$\frac{10}{1}$
	酸色	略带碱色	中间颜色	略带酸色	碱色
	酸色	←变色范围→			碱色

$$pH_1=pK_{HIn}-1 \quad pH_2=pK_{HIn}+1$$

由上式可知，指示剂并不是突然地从一种颜色变为另一种颜色的，而是通过变色范围改变的，即当溶液的 pH 由 pH_1 逐渐上升到 pH_2 时，溶液的颜色由酸色逐渐变为碱色，而 pH_1 与 pH_2 相差 2 个 pH 单位。

从上面推算得出指示剂的变色范围为 2 个 pH 单位即 $pK_{HIn}\pm1$，称为理论变色范围。但表 7-1 所列的各种指示剂实际的变色范围却并不是这样。这是因为表 7-1 列出的变色范围是依靠人眼观察实际测定得来的，并不是根据 pK_{HIn} 计算出来的。由于人眼对于各种颜色的敏感程度不同，例如，甲基橙的 pK_{HIn} 为 3.4，按照推算，变色范围为 2.4～4.4，但由于在红色中略带黄色不明显，只有当黄色所占比重较大时才能被观察出来，而人眼对红色一般视觉敏锐，酸色与碱色比例必须为 10 倍。因此甲基橙变色范围为 3.1～4.4。

综上所述，可以得出如下结论：

① 指示剂的变色范围不是恰好位于 pH＝7 的左右，而是随各种指示剂常数 K_{HIn} 的不同而不同；

② 各种指示剂在变色范围内显示出逐渐变化的过渡颜色；

③ 各种指示剂的变色范围的幅度各不相同，但一般来说，不大于 2 个 pH 单位，也不小于 1 个 pH 单位。

由于指示剂具有一定变色范围，因此在酸碱滴定分析中，只有当溶液 pH 的改变超过一定数值，人眼才能敏锐地判别终点，也就是说只有在酸碱滴定的计量点附近具有一定 pH 突跃时，指示剂从一种颜色突然变为另一种颜色。这在某些酸碱滴定中是有困难的，因此就有必要设法使指示剂的变色范围窄些，变色敏锐些。为此，就必须讨论混合指示剂。

7.1.3 混合指示剂

混合指示剂主要是利用颜色之间的互补作用，使终点时变色敏锐，变色范围变窄。混合指示剂有两种配制方法。一种是由两种或两种以上的指示剂混合而成。例如，溴甲酚绿（$pK_{HIn}=4.9$）的甲基红（$pK_{HIn}=5.0$），前者当 pH＜4.0 时为黄色（酸色），pH＞5.6 时为蓝色（碱色）；后者当 pH＜4.4 时为红色（酸色），pH＞6.2 时为黄色（碱色）。当它们按一定配比混合后，两种颜色叠加在一起。酸色为酒红色（红稍带黄），碱色为绿色，两者为互补色而呈现浅灰色，这时颜色发生突变，变色十分敏锐。另一种混合指示剂是在某种指示剂中加入一种惰性染料。例如，中性红染料与甲基蓝混合配成的混合指示剂，在 pH＝7.0

时为紫蓝色，变色范围只有 0.2 个 pH 单位左右，比单独的中性红的变色范围要窄得多。

如果把甲基红、溴百里酚蓝、百里酚蓝、酚酞按一定比例混合，溶于乙醇，配成混合指示剂，这样的混合指示剂随 pH 的不同而逐渐变色如下：

pH ≤ 4　　5　　6　　7　　　8　　　9　≥ 10

颜色　　　红　橙　黄　绿　青（蓝色）　蓝　　紫

用混合指示剂可以制成 pH 试纸，用来测定溶液的 pH。

另外，滴定溶液指示剂加入量的多少也会影响变色的敏锐程度，一般来讲，指示剂适当少用些，变色会明显些。而且指示剂是弱酸或弱碱，多加了会消耗一些滴定溶液，从而引入误差。

7.2　酸碱滴定类型及指示剂的选择

酸碱滴定法的终点是借指示剂的变色来判断的，而指示剂的变色与溶液的 pH 有关。为了在某一滴定过程中选择合适的指示剂，就必须知道在这一滴定过程中溶液 pH 的变化情况，尤其在化学计量点附近加入一滴酸或碱所引起的 pH 变化。由于酸碱的强弱不同，中和生成的盐可能有不同程度的水解。在滴定过程中溶液 pH 变化的曲线，称为酸碱滴定曲线。它是以溶液的 pH 为纵坐标，酸或碱标准溶液的加入量为横坐标绘制而成的。

7.2.1　一元强碱（酸）滴定一元强酸（碱）

现以 0.1000mol/L 的 NaOH 溶液滴定 20.00mL 0.1000mol/L 的 HCl 溶液为例，说明滴定过程中溶液 pH 的变化情况，其反应如下：

$$HCl + NaOH \longrightarrow NaCl + H_2O$$
$$H^+ + OH^- \rightleftharpoons H_2O$$

7.2.1.1　滴定过程中 pH 的计算

为了便于掌握溶液在整个滴定过程中 pH 的变化情况，特将整个滴定过程分为 4 个阶段。

（1）滴定前　溶液的 pH 由 HCl 的原始浓度决定。

$$[H^+] = 0.1000mol/L,\ pH = 1.00$$

（2）滴定开始至化学计量点前　溶液的酸度取决于剩余盐酸溶液的体积，其计算公式为：

$$[H^+] = \frac{n(HCl) - n(NaOH)}{V_{总}} = \frac{n(HCl)}{V_{总}} = \frac{c(HCl)V_{剩余}(HCl)}{V_{总}}$$

例如，滴入 NaOH 标准溶液 18.00mL，剩余 HCl 体积为 2.00mL，溶液总体积增加至 18.00+20.00mL，则：

$$[H^+] = \frac{0.1000 \times 2.00}{20.00 + 18.00} = 5.3 \times 10^{-3} (mol/L),\ pH = 2.28$$

当滴入 NaOH 标准溶液 19.98mL，HCl 被中和百分数为 99.9%，剩余 HCl 体积为 0.02mL 时，溶液的总体积增加至 20.00+19.98mL，则：

$$[H^+] = \frac{0.1000 \times 2.00}{20.00 + 19.98} = 5.0 \times 10^{-5} (mol/L),\ pH = 4.30$$

（3）化学计量点时　当滴入 NaOH 溶液为 20.00mL，到达化学计量点时，NaOH 和 HCl 以等物质的量作用，溶液呈中性。

$$[H^+]=[OH^-]=1.0\times10^{-7}mol/L,\ pH=7.00$$

（4）化学计量点后　溶液的 pH 取决于过量的 NaOH 溶液的体积，其计算公式为：

$$[OH^-]=\frac{n(NaOH)-n(HCl)}{V_总}=\frac{c(NaOH)V(NaOH)-c(HCl)V(HCl)}{V(NaOH)+V(HCl)}$$

例如，滴入 NaOH 溶液 20.02mL 时，过量 NaOH 体积为 0.02mL，则：

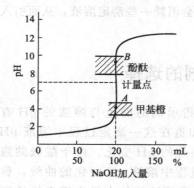

图 7-1　0.1000mol/L 的 NaOH 滴定 20.00mL 0.1000mol/L 的 HCl 滴定曲线

$$[OH^-]=\frac{0.1000\times0.02}{20.00+20.02}=5.0\times10^{-5}(mol/L)$$

$$pOH=4.30,\ pH=14-4.30=9.7$$

依次把消耗的 NaOH 体积数代入公式，逐一计算滴定过程中各点的 pH 列于表 7-2。

7.2.1.2　pH 的突跃范围

从图 7-1 和表 7-2 中可以看出，在滴定开始时，溶液中还存在着较多的 HCl，pH 升高十分缓慢。滴定不断进行，溶液中 HCl 含量减少，pH 升高逐渐增快。尤其是当滴定接近计量点时，溶液中剩余的 HCl 已极少，pH 升高就极快。图 7-1 中，曲线上从 A 点到 9.70，增加 5 个单位。因此从 A 点到 B 点称为计量点附近的"pH 突跃"。通过 pH 突跃以后，溶液就由酸性变成了碱性，这也是量变引起质变的具体示例。

表 7-2　用 0.1000mol/L 的 NaOH 滴定 20.00mL 0.1000mol/L 的 HCl

滴入 NaOH 体积 $V(NaOH)/mL$	滴入 NaOH 物质的量 $n(NaOH)/mol$	HCl 被中和的百分数/%	剩余 HCl 体积 $V(NaOH)/mL$	过量 NaOH 体积 $V(NaOH)/mL$	pH
0.00	0.00	0.00	20.00		1.00
18.00	1.800	90.00	2.00		2.28
19.80	1.980	99.00	0.20		3.30
19.98	1.998	99.90	0.02		4.30
20.00	2.000	100.0	0.00		7.00　突跃范围
20.02	2.002			0.02	9.70
20.20	2.020			0.20	10.70
22.00	2.200			2.00	11.70
40.00	4.000			20.00	12.50

在滴定分析中，一般将滴定剂的加入量离计量点前后±0.1%时溶液的 pH 变换范围称为滴定的"pH 突跃范围"，简称滴定突跃。规定离计量点前后±0.1%的滴定剂用量正是为了与滴定分析准确度相一致。

7.2.1.3　指示剂的选择

根据计量点附近的 pH 突跃，就可选择适当的指示剂。显然，在计量点附近变色的指示剂如溴百里酚蓝、酚红等可以正确指示计量点的到达，因为计量点正处于指示剂的变色范围内。实际上，凡是在 pH 突跃范围内变色的指示剂都可以相当正确地指示计量点，例如，甲基橙、甲基红、酚酞等都可用作 0.1000mol/L 的 NaOH 溶液滴定 20.00mL 0.1000mol/L 的 HCl 溶液的指示剂。此类滴定的 pH 的突跃范围为 4.30～9.70。

以 NaOH 的加入量为横坐标，以 pH 为纵坐标绘制的曲线称为强酸（碱）滴定强碱（酸）的滴定曲线（图 7-1）。

总之，在酸碱滴定中，应根据计量点附近的突跃来选择指示剂，凡是指示剂的变色范围全部或部分处于计量点附近的 pH 突跃范围，如果用 NaOH 溶液滴定其他强酸溶液，pH 变化情况相似，指示剂的选择也相似。

7.2.1.4　浓度的影响

滴定突跃范围的大小和溶液的浓度有关。若分别用 1.0mol/L、0.1mol/L、0.01mol/L 这三种浓度的 NaOH 标准溶液，滴定相同浓度的 HCl 溶液时，它们的 pH 突跃范围分别是 3.3～10.7、4.3～9.7、5.3～8.7。如图 7-2 所示，随着标准溶液浓度的增大，pH 的突跃范围也不断增大，突跃范围越大则可供选择的指示剂就越多；反之，溶液越稀，突跃范围越小，可供选择的指示剂就越少。若溶液太浓，试剂消

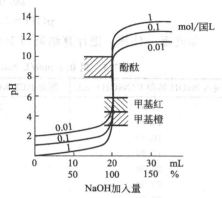

图 7-2　不同浓度 NaOH 溶液滴定相同浓度 HCl 的滴定曲线

耗量太多、太稀，突跃又不明显，指示剂的选择也比较困难。因此，常用的标准溶液的浓度一般采用 0.1～1mol/L。

7.2.2　强碱滴定一元弱酸

7.2.2.1　滴定过程中 pH 计算

以 0.1mol/L NaOH 溶液滴定 0.1000mol/L HAc($K_a=1.8\times10^{-5}$) 溶液 20.00mL 为例。讨论在滴定过程中 pH 的变化情况。滴定过程中发生如下的酸碱反应：

$$HAc+OH^-\longrightarrow Ac^-+H_2O$$

滴定过程中溶液的 pH 也不断升高，计算如下。

（1）滴定前　溶液中 $[H^+]$ 可根据 HAc 离解平衡来计算：

$$[H^+]=\sqrt{K_ac}=\sqrt{1.8\times10^{-5}\times0.1000}=1.3\times10^{-3}(mol/L)$$

$$pH=2.87$$

（2）滴定开始后到计量点之前　在这一阶段未反应的 HAc 和反应产物 Ac^- 同时存在，组成一个缓冲溶液，溶液中的 $[H^+]$ 可根据 HAc 的离解平衡，按下式计算：

$$[H^+]=K_a\frac{[HAc]}{[Ac^-]}$$

如果滴入的 NaOH 溶液为 19.98mL，剩余的 HAc 为 0.02mL，这时溶液中剩余的 $[HAc]$ 和反应生成的 $[Ac^-]$ 分别是：

$$[HAc]=\frac{0.02\times0.100}{20.00+19.98}=5.0\times10^{-5}(mol/L)$$

$$[Ac^-]=\frac{19.98\times0.100}{20.00+19.98}=5.0\times10^{-2}(mol/L)$$

$$[H^+]=1.8\times10^{-5}\times\frac{5.0\times10^{-5}}{5.0\times10^{-2}}=1.8\times10^{-8}(mol/L)$$

$$pH=7.74$$

　　（3）在化学计量点时　　由于过量 NaOH 的存在，抑制了 Ac^- 离子的离解过程，溶液的 pH 由过量的 NaOH 决定，计算方法和强碱滴定强酸的相同。

$$[OH^-] = \frac{0.1000 \times 0.02}{20.00 + 20.02} = 5.0 \times 10^{-5}(mol/L)$$

$$pOH = 4.30, \quad pH = 14 - 4.30 = 9.7$$

　　如此逐一计算，把计算结果列于表 7-3 中，并根据计算结果绘制滴定曲线。

表 7-3　用 0.1 mol/L NaOH 溶液滴定 0.1000mol/L HAc 溶液 20.00mL

滴入 NaOH 体积 V(NaOH)/mL	剩余 HCl 体积 V(NaOH)/mL	过量 NaOH 体积 V(NaOH)/mL	pH
0.00	20.00		2.87
18.00	2.00		5.70
19.80	0.20		6.74　突跃范围
19.98	0.02		7.7
20.00	0.00		8.72
20.02		0.02	9.70
20.20		0.20	10.70
22.00		2.00	11.70
40.00		20.00	12.50

7.2.2.2　pH 的突跃范围

　　由表 7-3 和图 7-3 可知，由于 HAc 是弱酸，在溶液中不是全部离解，溶液中的 $[H^+]$ 不等于醋酸的原始浓度，pH 也不等于 1，而是等于 2.87，因而滴定开始前比同浓度的强酸溶液的 pH 高 1.87，所以其滴定曲线的起点比强酸的滴定曲线高。

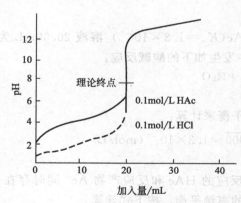

图 7-3　以 0.1mol/L NaOH 溶液滴定
0.1000mol/L HAc 溶液 20.00mL
的滴定曲线

　　滴定开始后，溶液中生成的 Ac^- 产生同离子效应，抑制 HAc 离解，$[H^+]$ 较快地降低，pH 较快地增加；当继续滴入 NaOH，由于 NaAc 不断生成，在溶液中构成 NaAc-HAc 缓冲体系，使溶液 pH 变化缓慢，因此这一段变化较为平坦。在接近化学计量点时，溶液中剩余的 HAc 越来越少，其缓冲作用显著降低。再继续滴入 NaOH，溶液的 pH 较快地增大，直到达到化学计量点时，溶液的 pH 发生突变，形成 pH 突跃。

7.2.2.3　指示剂的选择

　　由表 7-3 可以看出，强酸滴定弱酸的突跃范围比滴定同样浓度的强酸的突跃范围小得多，而且是在弱碱性区域，突跃范围是 7.70～9.70。因此只能在碱性范围内变色的指示剂如酚酞、百里酚蓝等，在酸性范围内变色的指示剂如甲基橙、甲基红等均不能使用。

7.2.2.4　滴定突跃范围与弱酸强度的关系

　　讨论滴定突跃范围与弱酸强度的关系是为了判断弱酸能否被强碱准确滴定。图 7-4 是 0.1000mol/L 的 NaOH 溶液滴定相同浓度、不同强度一元弱酸的滴定曲线。

从图 7-4 中可得到以下几个结论。

① 浓度相同时，突跃范围的大小与弱酸的强度有关。K_a 愈大，即酸愈强时，滴定突跃范围也愈大；当 K_a 值愈小时，滴定突跃范围也愈小。当 $K_a \leqslant 10^{-9}$ 时，在滴定曲线上已无明显的滴定突跃，因此无法选择指示剂确定滴定终点。

③ 当 K_a 一定时，酸的浓度是影响突跃范围大小的重要因素，酸的浓度愈大，突跃范围也愈大，从图 7-4 中可看出，当浓度为 0.1000mol/L，$K_a \leqslant 10^{-9}$ 时，滴定曲线已无明显的突跃，很难选择合适的指示剂判断终点。根据滴定误差小于等于 0.1% 的要求，对于弱酸的滴定，以 $cK_a \geqslant$

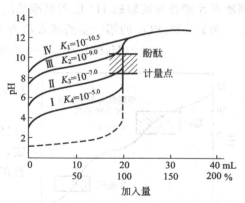

图 7-4　0.1000mol/L 的 NaOH 溶液滴定不同强度一元弱酸的滴定曲线

10^{-8} 为判断能否用标准酸溶液准确滴定的界限；否则，就不能按通常的酸碱滴定的办法来确定滴定终点。例如，对于 HCN，因此 $K_a \leqslant 10^{-10}$，即使浓度为 1mol/L，也不能按通常的办法准确滴定。

7.2.3　强酸滴定一元弱碱

以 HCl 溶液滴定 NH_3 溶液为例进行讨论。滴定反应如下：

$$NH_3 + H^+ \longrightarrow NH_4^+$$

这个滴定和 NaOH 滴定 HAc 十分相似，所不同的是这个滴定中的 pOH 由小到大，pH 由大到小，滴定曲线的形状恰好和 NaOH 滴定 HAc 的相反。当这个滴定到达计量点时生成 NH_4^+，由于它是弱酸，在水溶液中离解产生一定数量的 $H^+(H_3O^+)$：

$$NH_4^+ + H_2O \Longrightarrow H_3O^+ + NH_3 \quad 或 \quad NH_4^+ \Longrightarrow H^+ + NH_3$$

使溶液显酸性，计量点附近的 pH 突跃也在酸性范围内。如果用 0.1mol/L NH_3 溶液，计量点 pH＝5.28，pH 突跃范围 4.30～6.25。对于这种滴定选用甲基红、溴甲酚绿指示剂最合适，也可用溴酚蓝和甲基橙，但不能选择酚酞等碱性范围内变色的指示剂。

7.2.4　多元酸的滴定

多元酸的滴定比较复杂，由于多元酸绝大多数为弱酸，在水溶液中的离解是分四步进行的，因此它与 0.1000mol/L 碱的中和反应也是分步进行的，现以 0.1000mol/L 的 NaOH 溶液滴定 0.1000mol/L 的 H_3PO_4 溶液为例，进行讨论。

H_3PO_4 是多元酸，在水溶液中的离解平衡为：

$$H_3PO_4 \Longrightarrow H^+ + H_2PO_4^- \qquad K_{a1} = 7.5 \times 10^{-3}$$
$$H_2PO_4^- \Longrightarrow H^+ + HPO_4^{2-} \qquad K_{a2} = 6.3 \times 10^{-8}$$
$$HPO_4^{2-} \Longrightarrow H^+ + PO_4^{3-} \qquad K_{a3} = 4.4 \times 10^{-13}$$

用 NaOH 滴定 H_3PO_4 的中和反应为：

$$H_3PO_4 + NaOH \Longrightarrow NaH_2PO_4 + H_2O$$
$$NaH_2PO_4 + NaOH \Longrightarrow Na_2HPO_4 + H_2O$$
$$Na_2HPO_4 + NaOH \Longrightarrow Na_3PO_4 + H_2O$$

可以把多元酸看成是不同程度的一元酸混合物的滴定，因此可以根据 $cK_a \geqslant 10^{-8}$，来判断多元酸各步离解的 H^+ 能否被准确滴定。

例如，H_3PO_4 的第一步离解常数为 $K_{a_1}=7.5\times10^{-3}$，溶液浓度为 0.1000mol/L，则：

$$c(H_3PO_4)K_{a_1}=0.1000\times7.5\times10^{-3}=7.5\times10^{-4}>10$$

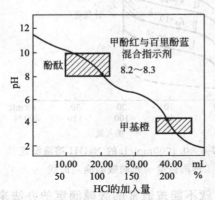

图 7-5 0.1000moL/L NaOH 溶液滴定
20.00mL 0.1000mol/L H_3PO_4
溶液的滴定曲线

这一级离解的 H^+ 能被滴定，有一个滴定突跃。可根据化学计量点 pH 为 4.66，选择甲基橙为指示剂。

H_3PO_4 的第二步离解常数为 6.3×10^{-8}，$c(H_3PO_4)K_a\approx10^{-8}$，则这一级离解出 H^+ 勉强被滴定，有一个滴定突跃。化学计量点 pH 为 9.94，在碱性范围内可选择酚酞作指示剂。

$K_{a_3}=4.4\times10^{-13}$ 远远小于 10^{-8}，故第三步离解产生的 H^+ 无法被准确滴定，所以在滴定曲线上也没有明显的滴定突跃。滴定曲线如图 7-5 所示。由 NaOH 与 H_3PO_4 的滴定得知，虽然多元酸的离解和中和都是分步进行的，但是在多元酸的实际滴定过程中，并不是每一级离解的 H^+ 都能被准确滴定，都能形成滴定突跃，它的分步滴定也同样遵循强碱滴定弱酸的条件，即当 $cK_a\geqslant10^{-8}$ 时，这一级离解的 H^+ 才能被准确滴定，只有当相邻两级离解常数 K_a 值之比大于或等于 10^4 时，$K_{a_1}/K_{a_2}\geqslant10^4$，才有两个滴定突跃，才能满足分步滴定的要求；反之，只能形成一个滴定突跃，不能分步滴定。

7.2.5 多元碱的滴定

与多元酸的滴定类似，判断原则有两条：

① $c_BK_B\geqslant10^{-8}$ 能准确滴定；

② $K_{bn}/K_{bn+1}\geqslant10^4$ 能分步滴定。

多元碱能用强酸滴定的不多，其中最重要的是 Na_2CO_3。它是标定盐酸的基准物质，也是工业纯碱的主要成分。

Na_2CO_3 是二元弱碱，在水中分两步离解，其离解反应式为：

$$CO_3^{2-}+H_2O\Longrightarrow HCO_3^-+OH^-$$

$$K_{b_1}=\frac{K_w}{K_{a_2}}=1.8\times10^{-4} \quad K_{a_1}=4.3\times10^{-7}$$

$$HCO_3^-+H_2O\Longrightarrow H_2CO_3+OH^-$$

$$K_{b_2}=\frac{K_w}{K_{a_1}}=2.4\times10^{-3} \quad K_{a_2}=5.6\times10^{-11}$$

用 HCl 滴定 Na_2CO_3 时，分步进行的化学反应式为：

$$Na_2CO_3+HCl\longrightarrow NaHCO_3+H_2O$$

$$NaHCO_3+HCl\longrightarrow NaCl+CO_2+H_2O$$

如用 0.1000mol/L 的 HCl 溶液滴定浓度为 0.1000mol/L 的 Na_2CO_3 溶液，因为 K_{b_1}、K_{b_2} 都大于 10^{-8}，且 $K_{b_1}/K_{b_2}=7.5\times10^{-5}\approx10^{-4}$，因此二元碱可以用标准酸溶液进行分步滴定，并且

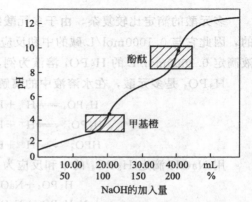

图 7-6 0.1000mol/L 的 HCl 溶液滴定
20.00mL 0.1000mol/L 的 Na_2CO_3
溶液的滴定曲线

在两个化学计量点时分别出现两个 pH 突跃。

在第一个化学计量点时，pH 为 8.31，如果选用酚酞作指示剂，变色不敏锐，如果采用甲酚红和百里酚蓝混合物作指示剂，可得到较为准确的结果。

在第二个化学计量点时，溶液是 CO_2 的饱和溶液，pH 为 3.89，可用甲基橙作指示剂，滴定曲线如图 7-6 所示。

应该注意，在接近第二个化学计量点时，容易形成 CO_2 的过饱和溶液而导致滴定终点提前，必须将 CO_2 加热煮沸除去，待冷却后继续滴定；或在接近计量点时充分振荡锥形瓶以加速 H_2CO_3 的分解，使终点时指示剂变色敏锐，以保证分析结果的准确度。

7.3　酸碱标准溶液的配制与应用

7.3.1　酸碱标准溶液的配制和标定

在酸碱滴定中，一般用强酸配制酸标准溶液，因为由强酸配成的标准溶液，既可以用来滴定各种强碱，又可以用来滴定各种弱碱和多元碱。一般常用盐酸和硫酸配制标准溶液，但由于盐酸易挥发，硫酸吸湿性强，所以都不能用直接配制法配制，因而均采用间接配制法，在盐酸和硫酸标准溶液中，盐酸的应用范围更广泛。

标定 HCl 可选用 270～300℃ 干燥至恒重的无水碳酸钠或硼砂作基准物质。

配制碱标准溶液一般常用强碱来配制。常用的有 NaOH 和 KOH，由于 KOH 较贵，应用不普遍，所以常用 NaOH 来配制。但由于 NaOH 易吸收空气中的水分和 CO_2，也不能采用直接配制法。为了配制没有 CO_3^{2-} 的碱标准溶液，常采用浓碱法配制，即先用 NaOH 配成饱和溶液，再取上层清液稀释成所需浓度，再进行标定。标定 NaOH 溶液常用的基准物质是邻苯二甲酸氢钾、草酸等。

7.3.2　应用实例

NaOH 易吸收空气中的 CO_2，使部分 NaOH 变成 Na_2CO_3，形成 NaOH 和 Na_2CO_3 的混合物。欲测定 NaOH 和 Na_2CO_3 的含量可采用双指示剂滴定法。所谓双指示剂滴定法是准确称取一定试样，溶解后以酚酞为指示剂，用 HCl 标准溶液滴至红色消失，记下 HCl 的用量 (V_1)，这时 Na_2CO_3 被中和为 $NaHCO_3$，而 NaOH 全部被中和，再向溶液中加入甲基橙指示剂，继续用 HCl 滴至橙色，记下 HCl 的用量 (V_2)。显然，V_2 是滴定 $NaHCO_3$ 所消耗的量。

滴定过程分解示意为：

$$NaOH + Na_2CO_3 \xrightarrow[\text{酚酞变色}]{V_1(\text{HCl})} NaCl + NaHCO_3 \xrightarrow[\text{甲基橙变色}]{V_2(\text{HCl})} NaCl + H_2O + CO_2$$

由于 Na_2CO_3 被中和为 $NaHCO_3$ 与 $NaHCO_3$ 被中和所消耗 HCl 的摩尔数相等，所以：

$$Na_2CO_3(\%) = \frac{2c(\text{HCl})V_2 \dfrac{M(Na_2CO_3)}{2000} \times 100\%}{S}$$

而中和 NaOH 所消耗 HCl 的量为 $V_1 - V_2$，所以：

$$NaOH(\%) = \frac{c(\text{HCl})(V_1 - V_2) \dfrac{M(Na_2CO_3)}{1000}}{S} \times 100\%$$

习　题

1. HCl 是强酸，HAc 是弱酸，0.1mol/L HCl 与 0.1mol/L HAc 的酸度哪个大？它们中和碱的能力哪个强？为什么？

2. 为什么弱酸（或弱碱）及其共轭碱（共轭酸）的混合液具有缓冲作用？若要把溶液控制在强酸性（pH＜2）或强碱性（pH＞12），应该怎么办？

3. 为什么有些酸碱指示剂的理论变色范围与实际变色范围不一致？混合指示剂的特点何在？

4. 酸碱滴定曲线是如何绘制的？有何作用？

5. 酸碱滴定中如何选择指示剂？举例说明。

6. 何谓弱酸弱碱的直接滴定界限和分步滴定？

7. 为什么烧碱中常含有 Na_2CO_3？怎样才能分别测出其含量？

8. 在酸碱滴定中，为什么滴定剂都用强酸或强碱配制？用弱酸或弱碱标准溶液作滴定剂行吗？为什么？

9. 绘制 0.2000mol/L NaOH 标准溶液滴定同浓度邻苯二甲酸氢钾的滴定曲线。求出滴定的突跃范围并指出选用何种指示剂？

10. 影响 pH 突跃范围的主要因素有哪些？

11. 滴定多元酸时，除考虑能否直接滴定外，还要考虑什么？其判断依据是什么？

12. “阿司匹林”是一种重要的解热镇痛药，学名乙酰水杨酸，$M_r=180.16$。称阿司匹林试样 0.2500g，加入 0.1000mol/L NaOH 标准溶液 40.00mL，煮沸 10min，冷却后用 0.05000mol/L 的 H_2SO_4 标准溶液滴定剩余 NaOH 至酚酞红色褪去，消耗 26.50mL，已知 1mL NaOH 标准溶液能与 18.02mg 的阿司匹林完全反应，求阿司匹林的质量分数。

13. 食用肉中蛋白质中氮的含量（N％）的测定，是将 N％ 乘上 6.25 即得结果。其测定方法是：称 2.000g 的干肉片，用浓 H_2SO_4 加热溶解（汞作催化剂），使 N 转化为 $(NH_4)_2SO_4$。再用过量 NaOH 处理，将放出的 NH_3 用 0.3000mol/L 的 H_2SO_4 50.00mL 吸收，过量的 H_2SO_4 用 0.6200mol/L 的 NaOH 溶液返滴定，用去 28.80mL，计算该肉片中蛋白质的质量分数。

第8章 氧化还原滴定法

氧化还原滴定法是以氧化还原反应为基础的滴定分析法，能直接或间接测定许多无机物和有机物，例如，用重铬酸钾法测定铁，可配制 $K_2Cr_2O_7$ 标准溶液，以二苯胺磺酸钠为指示剂，用 $K_2Cr_2O_7$ 标准溶液滴定溶液中的 Fe^{2+}，其反应为：

$$Cr_2O_7^{2-} + 6Fe^{2+} + 14H^+ \longrightarrow 2Cr^{3+} + 6Fe^{3+} + 7H_2O$$

当滴定到达终点时，指示剂变色，从而可以测定和计算铁的含量。对于某些没有变价的元素，也可以通过转化为具有氧化还原性质的物质进行间接测定。所以在滴定分析中，氧化还原滴定法应用较为广泛。

8.1 氧化还原滴定法概述

氧化还原滴定法是以氧化还原反应为基础的滴定分析法。氧化还原反应与酸碱、沉淀、配位反应不同，酸碱、沉淀、配位都是基于离子或分子相互结合的反应，反应比较简单，一般瞬间即可完成。而氧化还原反应是基于电子的转移反应，其反应机制比较复杂，反应速率较慢，而且常伴有副反应。因此，不是所有的氧化还原反应都能用于滴定分析。能用于滴定分析的反应必须满足下列要求。

① 滴定反应必须按化学反应式的计量关系定量完成。

② 反应速率必须足够快，不能有副反应发生。

③ 必须有适当的方法确定化学计量点。

为了满足上述要求，必须创造适当的反应条件，加快反应速率，防止副反应发生。

8.1.1 提高氧化还原反应速率的方法

通常采用以下几种方法来提高氧化还原反应速率。

(1) 增大反应物的浓度 根据质量作用定律，反应速率与反应物浓度的乘积成正比。一般来说，增大反应物的浓度可以加快反应速率。例如，在酸性溶液中，$K_2Cr_2O_7$ 和 KI 的反应：

$$Cr_2O_7^{2-} + 6I^- + 14H^+ \longrightarrow 2Cr^{3+} + 3I_2 + 7H_2O$$

在此反应中，可通过增大 I^- 或 H^+ 的浓度来加快反应速率。

(2) 升高溶液温度 实验证明，对于大多数反应，升高温度可提高反应速率，通常温度每升高 10℃，反应速率可增加 2～4 倍。例如，在酸性溶液中，MnO_4^- 和 $C_2O_4^{2-}$ 的反应：

$$2MnO_4^- + 5C_2O_4^{2-} + 16H^+ \longrightarrow 2Mn^{2+} + 10CO_2 + 8H_2O$$

在室温下，反应缓慢。如果将溶液加热，反应速率可大为加快，通常将溶液加热至 65℃为宜。

(3) 催化剂 催化剂可大大加快反应速率，缩短反应达到平衡的时间。如上述 MnO_4^- 和 $C_2O_4^{2-}$ 的反应，Mn^{2+} 对此反应具有催化作用。但在实际上一般不用另加 Mn^{2+}，因为可

利用反应中生成的 Mn^{2+} 作催化剂。这种催化现象是由反应过程中产生的催化剂所引起的，则称为自动催化现象。

在实际应用中，选用哪种方法加快反应速率，应根据具体情况来决定。

在氧化还原反应中，常伴有副反应发生，使反应不能按反应方程式的计量关系定量进行。因此，还应考虑抑制副反应的方法。例如，用 MnO_4^- 滴定 Fe^{2+} 时：

$$MnO_4^- + 5Fe^{2+} + 8H^+ \longrightarrow Mn^{2+} + 5Fe^{3+} + 4H_2O$$

如果用盐酸作酸性介质，则发生下列副反应：

$$10Cl^- + 2MnO_4^- + 16H^+ \longrightarrow 2Mn^{2+} + 5Cl_2 + 8H_2O$$

这一副反应也要消耗 MnO_4^-，而且 Cl_2 挥发逸失使结果无法计算。为了防止这一副反应发生，应用硫酸作酸性介质。

总之，在氧化还原滴定中，为了使反应按所需方向定量、迅速进行，辩证地选择和控制适宜的反应条件是十分重要的。

8.1.2 氧化还原滴定法的分类

氧化还原滴定法是以氧化剂或还原剂作为标准溶液（滴定液），习惯上根据配制标准溶液所用氧化剂名称的不同，将氧化还原滴定法分为以下三种。

(1) 高锰酸钾法 以高锰酸钾作标准溶液，在酸性溶液中直接测定还原性物质或间接测定氧化性物质或无氧化还原性物质含量的方法。

(2) 碘量法 利用碘的氧化性或碘离子的还原性进行氧化还原滴定的方法。

(3) 亚硝酸钠法 以亚硝酸钠为标准溶液，在酸性溶液中直接测定芳香族伯胺和芳香族仲胺类化合物含量的方法。

除以上方法外，还有重铬酸钾法、铈量法、溴酸钾法、高碘酸钾法、钒酸盐法等。

利用氧化还原滴定法，不仅可以直接测定具有氧化性或还原性的物质，还可以间接测定本身不具有氧化还原性，但能与氧化剂或还原剂定量反应的物质；不仅可以测定无机物，还可以测定有机物。所以，氧化还原滴定法的应用很广泛。

8.2 能斯特方程

大家已经学过原电池的知识，知道原电池是由两个半电池组成的。以铜锌原电池为例，一个半电池是 Zn 和 $ZnSO_4$ 溶液，另一个半电池是 Cu 和 $CuSO_4$ 溶液。组成半电池的金属导体称为电极。每个电极称为电对或半电池。

8.2.1 标准电极电势

(1) 电极电势的产生 铜锌原电池中，电子从锌电极流向铜电极，说明锌电极的电势比较低，而铜极的电势比较高。电极的电势是如何产生的？两个电极的电势为什么不一样？这是由两个电极得到或失去电子能力大小不同引起的。

当把金属（如锌片或铜片）插入其盐溶液时，构成了相应的电极。一方面金属表面的金属离子因热运动和受溶液中极性水分子的作用以水合离子进入溶液中；另一方面溶液中的金属离子也有可能碰撞金属接受其表面的电子而沉积在金属表面上，直到建立下列平衡：

$$M(s) \underset{沉积}{\overset{溶解}{\rightleftharpoons}} M^{n+}(ap) + ne$$

金属越活泼（或溶液浓度越小），越有利于反应进行，金属离子进入溶液的速率大于沉积的速率直至建立平衡。带电离子的迁移，破坏了金属与溶液界面原有的电中性，使金属表面带负电荷，溶液带正电荷，溶液与金属的界面形成了双电层，产生了电势差。反之，如果金属越不活泼，则离子沉积的速率大于溶解的速率，金属表面带正电荷而溶液带负电荷，也形成了双电层。

为了定量地表示电极得失电子能力的大小，引入了电极电势的概念。这种金属与溶液之间因形成双电层而产生的稳定电势差称为电极电势。以符号 $E(M^{n+}/M)$ 表示。如在铜锌原电池中 Zn 片和 Zn^{2+} 溶液构成一个电极，电极电势用 $E(Zn^{2+}/Zn)$ 表示；Cu 和 Cu^{2+} 溶液构成一个电极，电极电势用 $E(Cu^{2+}/Cu)$ 表示。电极电势的大小主要取决于电极的本性，温度、介质和离子浓度等外界因素也有影响。

对于金属电极，金属越活泼，越容易失去电子，溶解成离子的倾向越大，离子沉积的倾向越小，达到平衡时，电极电势越低；金属越不活泼，则电极电势越高。

铜锌原电池中，锌比较活泼，Zn 失去电子的倾向大，所以锌电极的电极电势低；而铜比较不活泼，Cu^{2+} 得到电子的倾向小，Cu 失去电子的倾向小，所以铜电极的电极电势高。两极一旦相连，电子就由锌电极流向铜电极，氧化还原反应即可发生。

（2）标准氢电极　单个电极的电势，其绝对值是无法测定的，必须通过比较，求得各个电极的相对电极电势。为此必须有一个参比电极，用比较的方法求出它的相对值，作为衡量其他电极电势的标准。国际上统一规定用标准氢电势作为测量电极电势的标准。

标准氢电极的构造如图 8-1 所示，由于氢是气体，不能直接制成电极，因此，选用化学性质极不活泼而又能导电的铂片来制备电极。通常铂片上需镀一层疏松而多孔的铂黑，以提高氢气的吸附量。将这种铂片插入氢离子活度为 1[$a(H^+)=1$, 1.184mol/L HCl] 的溶液中，通入分压为 101.33kPa 的高纯氢气，不断地冲击铂片，使氢气在溶液中达到饱和状态，这样就构成了标准氢电极。298.15K时，标准氢电极的电极电势规定为 0，用 $E^{\ominus}(H^+/H_2)=$ 0.0000V 表示。

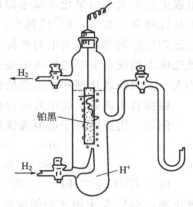

图 8-1　标准氢电极

如果将某种电极和标准氢电极连接组成电池，在标准状态下测定出来的电池电动势即是该电极的标准电极电势。

（3）电池电动势　铜锌原电池中，锌电极的电极电势低，铜电极的电极电势高，两电极之间存在着电势差，即电池的电动势。电池电动势用 E 表示：

$$E=E^{\ominus}=E^{\ominus}(+)-E^{\ominus}(-)$$

（4）标准电极电势的测定　为了比较各种电极电势高低，通常在相同条件下，把各种电极和标准氢电极连接，测定各种电极电势。为此，特规定 298.15K 时，当所有溶液态作用物的浓度为 1mol/L（严格来讲活度为 1），所有气体作用物的分压为 101.33kPa 时的电极电势为标准电极电势。用符号 $E^{\ominus}$ 表示。各种电极的标准电极电势可通过测量该电极与标准氢电极组成电池的电动势来求得。如要测定锌电极的标准电极电势 $E^{\ominus}Zn^{2+}/Zn$，可将锌电极与标准氢电极组成电池，测定其电动势 E，由于 Zn 比 H_2 更易给出电子，所以 Zn 为负极，H_2 为正极。这个原电池可用符号表示如下：

$$(-)Zn\,|\,ZnSO_4\,(a=1)\,\|\,H^+\,(a=1)\,|\,H_2\,(101.33kPa)\,|\,Pt(+)$$

如用电位测得此电池的电动势 E 为 $0.763V$。由于原电池的电动势是正极的电极电势 $E^\ominus(+)$ 与负极的电极电势 $E^\ominus(-)$ 之差，即：

$$E=E^\ominus(+)-E^\ominus(-)$$

故在上述电池中：

$$E=E^\ominus(H^+/H_2)-E^\ominus(Zn^{2+}/Zn)$$

$$0.763=0-E^\ominus(Zn^{2+}/Zn)$$

$$E^\ominus(Zn^{2+}/Zn)=-0.763V$$

同样，如要测定铜电极的标准电极电势，可将铜电极与标准氢电极组成电池。氢电极为负极，铜电极为正极。此原电池可用符号表示如下：

$$(-)Pt\,|\,H_2\,(101.33kPa)\,|\,H^+\,(a=1)\,\|\,Cu^{2+}\,(a=1)\,|\,Cu(+)$$

$$E=E^\ominus(Cu^{2+}/Cu)-E^\ominus(H^+/H_2)$$

$$0.337=E^\ominus(Cu^{2+}/Cu)-0$$

$$E^\ominus(Zn^{2+}/Zn)=0.337V$$

许多种电极的标准电极电势都已测定，其数值大小见附录。

由标准电极电势表可以看出，不同的电极反应，具有不同的标准电极电势，这说明标准电极电势的大小由氧化还原电对的性质决定。电对的 $E^\ominus$ 值越大，其氧化型越易获得电子，氧化性越强。相反，$E^\ominus$ 值越小，其还原型越易失去电子，还原性越强。因此说，氧化剂和还原剂的强弱可用有关电对的标准电极电势来衡量。电对的标准电极电势越高，其氧化型的氧化能力越强；电对的标准电极电势越低，其还原型的还原能力越强。因此，可利用 $E^\ominus$ 值的大小，判断氧化剂和还原剂的强弱。

根据氧化还原反应电对的标准电极电势，可以判断氧化还原反应进行的方向。

例如，用亚锡离子还原高铁离子的反应，经查表可知：

$$2Fe^{3+}+2e \Longrightarrow 2Fe^{2+} \qquad E^\ominus(Fe^{3+}/Fe^{2+})=0.771V$$

$$Sn^{4+}+2e \Longrightarrow Sn^{2+} \qquad E^\ominus(Sn^{4+}/Sn^{2+})=0.154V$$

由于 $E^\ominus(Fe^{3+}/Fe^{2+})>E^\ominus(Sn^{4+}/Sn^{2+})$，说明 Fe^{3+} 接受电子的倾向较大，是较强的氧化剂，Sn^{2+} 失去电子的倾向较大，是较强的还原剂。因此当两电对组成原电池时发生氧化还原的方向是：较强的氧化剂 Fe^{3+} 获得电子被还原为 Fe^{2+}，较强的还原剂 Sn^{2+} 在反应中失去电子而被氧化为 Sn^{4+}，反应是从左到右进行。即：

$$2Fe^{3+}+2e \Longrightarrow 2Fe^{2+}$$

$$Sn^{2+}-2e \Longrightarrow Sn^{4+}$$

$$2Fe^{3+}+Sn^{2+} \Longrightarrow 2Fe^{2+}+Sn^{4+}$$

由此可得出结论：氧化还原反应是由较强的氧化剂与较强的还原剂相互转化为较弱的还原剂和较弱的氧化剂的过程。因此，对于任何一个氧化还原反应来说，都是由两个半电池反应或两个电对反应组成的。在标准电极电势表中，距离越远，即电势差越大的两个电对中的氧化剂和还原剂越容易发生反应，其反应的方向是标准电极电势较大电对中的氧化剂与标准电极电势较小电对中的还原剂发生反应，生成相对应的弱还原剂和弱氧化剂。即氧化还原反应发生的方向可表示为：

$$强氧化剂_1+强还原剂_2=弱还原剂_1+弱氧化剂_2$$

由上述可知，根据标准电极电势的大小可以判断氧化还原反应能否进行和进行的方向。

8.2.2　能斯特方程

电极电势的大小首先取决于电对的本性，如活泼金属的电极电势值一般很小，而活泼非金属的电极电势值较大。此外电极电势还与浓度和温度有关。

电极电势与浓度和温度的关系可用下面的能斯特方程来表示，如对于下述电极反应：

$$a \text{ 氧化型} + ne \Longrightarrow b \text{ 还原型}$$

$$E = E^{\ominus} + \frac{RT}{nF} \ln \frac{[\text{氧化型}]^a}{[\text{还原型}]^b}$$

式中，E 为非标准状态下的电极电势；$E^{\ominus}$ 为标准状态下的电极电势；R 为气体常数，等于 8.314J/(K·mol)；T 为热力学温度；n 为进行氧化还原反应时得失电子数；F 为法拉第常数，等于 96485C/mol；a、b 分别为一个已知配平的氧化还原半反应中氧化型和还原型各物质前的系数；[氧化型] 和 [还原型] 分别为氧化型和还原型浓度。将上述数字代入上式得：

$$E = E^{\ominus} + \frac{0.059}{n} \lg \frac{[\text{氧化型}]^a}{[\text{还原型}]^b} \qquad （对电极而言）$$

$$E = E^{\ominus} + \frac{0.059}{n} \lg \frac{[\text{反应物}]^a}{[\text{生成物}]^b} \qquad （对反应而言）$$

应用能斯特方程应注意以下几点。

① 组成电对的某一物质是纯固体或纯液体时，浓度可视为 1mol/L 代入；组成电对的某一物质是气体，则用该气体的分压代入。

② 若氧化型、还原型的系数不等于 1，就以它们的系数为浓度的方次代入。

③ 除氧化型、还原型物质外，还有其他物质如 H^+、OH^-，在计算时应将它们的浓度反映到方程式。

当 [氧化型]＝[还原型]＝1mol/L 时，$E = E^{\ominus}$，因此标准电极电势是指 25℃时，氧化型和还原型浓度相等时的电极电势。

【例 8-1】 MnO_4^- 在酸性溶液中半电池反应为：

$$MnO_4^- + 8H^+ + 5e \Longrightarrow Mn^{2+} + 4H_2O$$

在 25℃时 $E^{\ominus}(MnO_4^-/Mn^{2+}) = 1.51V$，已知 $[MnO_4^-] = 0.1mol/L$，$[Mn^{2+}] = 0.0001mol/L$，$[H^+] = 1mol/L$，求此时氧化还原半反应的电极电势。

解　根据能斯特方程：

$$E(MnO_4^-/Mn^{2+}) = E^{\ominus}(MnO_4^-/Mn^{2+}) + \frac{0.059}{5} \lg \frac{[MnO_4][H^+]^8}{[Mn^{2+}]}$$

$$= 1.51 + \frac{0.059}{5} \lg \frac{0.1 \times 1^8}{0.0001} = 1.55(V)$$

通过计算可知，增大氧化型浓度或减小还原型浓度，可增大电极电势；同时，增大还原型浓度或减小氧化型浓度，可减小电极电势。

8.3　氧化还原滴定及其终点的确定

同研究酸碱滴定相似，也用"滴定曲线"来研究氧化还原滴定，为选择适宜的滴定条件和氧化还原指示剂提供依据。

8.3.1 氧化还原滴定曲线

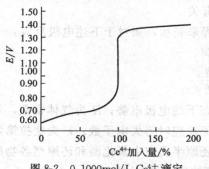

图 8-2 0.1000mol/L Ce⁴⁺ 滴定
0.1000mol/L Fe²⁺ 的滴定曲线

氧化还原滴定过程中，随着标准溶液的加入，溶液中氧化还原电对的电极电势数值不断发生变化。当滴定到达化学计量点附近时，再滴入极少量的标准溶液就会引起电极电势的急剧变化。若用曲线形式表示标准溶液用量和电极电势变化的关系，即得到氧化还原滴定曲线。氧化还原滴定曲线可通过实验测出的数据而描出，对于有些反应也可用能斯特方程计算出各滴定点的电极电势值。绘制的滴定曲线如图 8-2 所示。

类似于酸碱滴定曲线，曲线上也有电极电势突跃，突跃的长短和氧化剂还原剂两电对的标准电极电势的差值大小有关。两电对的标准电极电势相差较大，滴定突跃就较长；反之，其滴定突跃就较短。

8.3.2 氧化还原滴定用的指示剂

在氧化还原滴定中，除了用电位法确定其终点外，通常是用指示剂来指示滴定终点，氧化还原滴定中常用的指示剂有以下四类。

(1) 自身指示剂 在氧化还原滴定过程中，有些标准溶液或被测物质本身有颜色，则滴定时无需另加指示剂，它本身的颜色变化起着指示剂的作用，这称为自身指示剂。例如，以 $KMnO_4$ 标准溶液滴定 $C_2O_4^{2-}$ 溶液，由于 $KMnO_4$ 本身具有紫红色，而 Mn^{2+} 几乎无色，所以，当滴定到化学计量点时，稍微过量的 $KMnO_4$ 就使被测溶液出现粉红色，表示滴定终点已到。实验证明，$KMnO_4$ 的浓度约为 2×10^{-6} mol/L 时，就可以观察到溶液的粉红色。

(2) 特殊指示剂 某些物质本身无氧化还原性，但能与氧化剂或还原剂作用，产生颜色变化指示终点，这类物质称为特殊指示剂。例如，淀粉溶液能与 I_2（I_3^-）生成深蓝色吸附化合物。故可根据其蓝色的出现或消失指示终点。

(3) 不可逆指示剂 某些物质在过量氧化剂存在时会发生不可逆的颜色变化以指示终点，这类物质称为不可逆指示剂。例如，在溴酸钾法中，过量的溴酸钾液在酸性溶液中能析出溴，而溴能破坏甲基红或甲基橙的呈色结构，以红色消失来指示终点。

(4) 氧化还原指示剂 这类指示剂是本身具有氧化还原性物质的有机化合物。在氧化还原滴定过程中能发生氧化还原反应，而它的氧化态和还原态具有不同的颜色，因而可指示氧化还原滴定终点。在选择指示剂时，应使氧化还原指示剂的标准电极电势尽量与反应的化学计量点的电极电势相一致，以减小滴定终点的误差，此外，终点时指示剂的颜色变化要明显。一般多通过实验来确定。一些重要的氧化还原指示剂见表 8-1。

表 8-1 一些重要的氧化还原指示剂

指 示 剂	$E_{In}^{\ominus}$/V([H^+]=1mol/L)	颜 色 变 化	
		氧化态	还原态
次甲基蓝	0.36	蓝	无色
二苯胺	0.76	紫	无色
二苯胺磺酸钠	0.84	紫红	无色
邻苯氨基苯甲酸	0.98	紫红	无色
邻二氮菲-亚铁	1.06	浅蓝	红色
硝基邻二氮菲-亚铁	1.25	浅蓝	紫

8.4　常用的氧化还原测定方法

常用的氧化还原测定方法主要有高锰酸钾法、重铬酸钾法、碘量法等。它们往往是用标准溶液的名称来命名的。由于这些反应的可逆性较好，用相应的还原剂作标准溶液，再选择适宜的滴定方式，就可以直接或间接地测定一些还原性或氧化性的物质，还可以测定一些不具有氧化还原性的物质。

8.4.1　高锰酸钾法

8.4.1.1　概述

本法以高锰酸钾作标准溶液。$KMnO_4$ 是一种强氧化剂，它的氧化能力和还原产物都与溶液的酸度有关。在强酸溶液中，$KMnO_4$ 被还原为 Mn^{2+}：

$$MnO_4^- + 8H^+ + 5e^- \Longleftrightarrow Mn^{2+} + 4H_2O \quad E^{\ominus} = 1.51V$$

在弱酸、中性或弱碱溶液中，$KMnO_4$ 被还原为 MnO_2：

$$MnO_4^- + 2H_2O + 3e^- \Longleftrightarrow MnO_2 + 4OH^- \quad E^{\ominus} = 0.58V$$

在强碱性溶液中，$KMnO_4$ 被还原为 MnO_4^{2-}：

$$MnO_4^- + e^- \Longleftrightarrow MnO_4^{2-} \quad E^{\ominus} = 0.56V$$

由于 $KMnO_4$ 在强酸性溶液中有更强的氧化能力，同时生成无色的 Mn^{2+}，便于滴定终点的观察，因此一般都在强酸性条件下使用。但是，在碱性条件下 $KMnO_4$ 氧化有机物的反应速率比在酸性条件下更快，所有用高锰酸钾法测定有机物时，大都在碱性溶液中进行。

应用高锰酸钾法，可直接滴定许多还原性物质，如 Fe^{2+}、As^{3+}、Sb^{3+}、W^{5+}、H_2O_2、$C_2O_4^{2-}$、NO_2^- 等，也可以通过 MnO_4^- 与 $C_2O_4^{2-}$ 的反应间接测定一些非氧化还原性物质，如 Ca^{2+}、Th^{4+} 等。此外，对于某些具有氧化性的物质，如 MnO_2 的含量也可以间接测定。

高锰酸钾法的优点是氧化能力强，可直接或间接地测定许多无机物和有机物，在滴定时自身可作指示剂。但是 $KMnO_4$ 标准溶液不够稳定，滴定的选择性差。

8.4.1.2　$KMnO_4$ 标准溶液的配制和标定

（1）配制　因为高锰酸钾试剂中常含有少量的 MnO_2 和其他杂质，$KMnO_4$ 与还原性物质会发生缓慢的反应，生成 $MnO(OH)_2$ 沉淀，$MnO(OH)_2$ 和 MnO_2 又能进一步促进 $KMnO_4$ 分解，所以 $KMnO_4$ 标准溶液不能直接配制，通常先配制成近似浓度的溶液后再进行标定。配制时，首先要称取稍多于理论用量的 $KMnO_4$，溶于一定体积的蒸馏水中，加热至微沸约 1h（蒸馏水中也含有微量还原性物质），放置 2～3 天，使溶液中存在的还原性物质完全氧化。将过滤后的 $KMnO_4$ 溶液储存于棕色试剂瓶中。

（2）标定　标定 $KMnO_4$ 溶液的基准物质有 $Na_2C_2O_4$、$H_2C_2O_4 \cdot 2H_2O$、$(NH_4)_2Fe(SO_4)_2 \cdot 6H_2O$、$As_2O_3$ 和纯铁丝等。其中最常用的是 $Na_2C_2O_4$，它易于提纯，性质稳定，不含结晶水。$Na_2C_2O_4$ 在 105～110℃ 烘干约 2h，冷却后就可以使用。为了使反应定量进行，必须在酸度约 0.5～1mol/L，加热溶液温度至 75～85℃ 下进行滴定。滴定开始时速度不宜太快，否则滴入的 $KMnO_4$ 来不及和 $C_2O_4^{2-}$ 反应，却在热的酸溶液中分解，影响标定结果的准确度：

$$4MnO_4^- + 12H^+ \longrightarrow 4Mn^{2+} + 5O_2 \uparrow + 6H_2O$$

标定后的 $KMnO_4$ 溶液储存时应注意避光避热，若发现有 $MnO(OH)_2$ 沉淀析出，应过滤和重新标定。

8.4.1.3　高锰酸钾法应用示例

（1）H_2O_2 的测定　过氧化氢在酸性溶液中能定量地还原 MnO_4^-，其反应为：

$$5H_2O_2 + 2MnO_4^- + 6H^+ \longrightarrow 2Mn^{2+} + 5O_2\uparrow + 8H_2O$$

应在室温下于 H_2SO_4 介质中进行滴定，开始时反应较慢，随着 Mn^{2+} 生成而加速反应，也可以先加入少量 Mn^{2+} 作催化剂。但是，H_2O_2 中若含有有机物也会消耗 $KMnO_4$，致使分析结果偏高。遇此情况应采用碘量法或铈量法进行测定。

（2）钙的测定　高锰酸钾法测定钙，是在一定条件下使 Ca^{2+} 与 $C_2O_4^{2-}$ 完全反应生成草酸钙沉淀，经过滤、洗涤后，将 CaC_2O_4 沉淀溶于热的稀 H_2SO_4 溶液中，最后用 $KMnO_4$ 标准溶液滴定 $H_2C_2O_4$，根据所消耗 $KMnO_4$ 的量间接求得钙的含量。

为了保证 Ca^{2+} 与 $C_2O_4^{2-}$ 之间能定量反应完全，并获得颗粒较大的 CaC_2O_4 沉淀，便于洗涤，可先用 HCl 酸化含 Ca^{2+} 试液，再加入过量 $(NH_4)_2C_2O_4$，然后用稀氨水中和试液酸度在 pH 为 3.5～4.5（甲基橙指示剂显黄色），以使沉淀缓慢生成。沉淀经陈化后过滤、洗涤，洗去沉淀表面吸附的 $C_2O_4^{2-}$，直至洗涤液中不含 $C_2O_4^{2-}$ 为止。然后用稀 H_2SO_4 溶解 CaC_2O_4 沉淀，加热至 75～85℃，用 $KMnO_4$ 标准溶液进行滴定。必须注意，高锰酸钾法测定钙，控制试液的酸度至关重要。如果在中性或弱碱性试液中进行沉淀反应，就有部分 $Ca(OH)_2$ 或碱式草酸钙生成，造成测定结果偏低。

Ba^{2+}、Zn^{2+}、Cd^{2+}、Th^{4+} 等能与 $C_2O_4^{2-}$ 定量地生成草酸盐沉淀，因此都可应用高锰酸钾法间接测定。

（3）有机物的测定　在强碱性溶液中，过量 $KMnO_4$ 能定量地氧化某些有机物。例如，$KMnO_4$ 与甲酸的反应为：

$$HCOO^- + 2MnO_4^- + 3OH^- \longrightarrow CO_3^{2-} + 2MnO_4^{2-} + 2H_2O$$

待反应完全后，将溶液酸化，用还原剂标准溶液（亚铁离子标准溶液）滴定溶液中所有高价的锰，使之还原为 $Mn(\text{Ⅱ})$。用同样的方法，测出反应前一定量碱性 $KMnO_4$ 溶液相当于还原剂的物质的量，根据两者之差可计算出甲酸的含量。

8.4.2　重铬酸钾法

8.4.2.1　概述

本法以 $K_2Cr_2O_7$ 作标准溶液，$K_2Cr_2O_7$ 是一种强氧化剂，它只能在酸性条件下应用，其半反应为：

$$Cr_2O_7^{2-} + 14H^+ + 6e^- \Longleftrightarrow 2Cr^{3+} + 7H_2O \quad E^\ominus = 1.33V$$

虽然 $K_2Cr_2O_7$ 在酸性溶液中的氧化能力不如 $KMnO_4$ 强，应用范围不如高锰酸钾法广泛，但重铬酸钾法与高锰酸钾法相比却具有许多优点：$K_2Cr_2O_7$ 易于提纯，干燥后可作为基准物质，因而可用直接法配制 $K_2Cr_2O_7$ 标准溶液；$K_2Cr_2O_7$ 溶液稳定，可长期保存在密闭容器中，其浓度不变；用 $K_2Cr_2O_7$ 滴定时，可在盐酸溶液中进行，不受 Cl^- 还原作用的影响。

采用重铬酸钾法滴定，一般用指示剂确定终点。

8.4.2.2　重铬酸钾法应用示例

（1）铁矿石中含铁量的测定　重铬酸钾法是测定铁矿石中含铁量的经典方法。试样（铁矿石）一般用热浓盐酸溶液，用 $SnCl_2$ 趁热把 Fe^{3+} 还原 Fe^{2+}，冷却后用 $HgCl_2$ 氧化过量的 $SnCl_2$。用水稀释并加入 H_2SO_4-H_3PO_4 混合酸，以二苯胺磺酸钠为指示剂，用 $K_2Cr_2O_7$ 标准溶液滴定至溶液由浅绿色变为紫红色，即为滴定终点，其主要反应如下：

$2FeCl_4^- + SnCl_4^{2-} + 2Cl^- \longrightarrow 2FeCl_4^{2-} + SnCl_6^{2-}$　（在盐酸体系中，Fe^{2+}、Fe^{3+} 常以 $FeCl_4^{2-}$、$FeCl_4^-$ 形式存在）

$SnCl_4^{2-} + 2HgCl_2 \longrightarrow SnCl_6^{2-} + Hg_2Cl_2 \downarrow$　（白色）

$6Fe^{2+} + Cr_2O_7^{2-} + 14H^+ \longrightarrow 6Fe^{3+} + 2Cr^{3+} + 7H_2O$

在滴定前加入 H_3PO_4 的目的是生成无色的 $Fe(HPO_4)_2^-$，消除 Fe^{2+}（黄色）的影响，同时降低溶液中 Fe^{3+} 的浓度，从而降低 Fe^{3+}/Fe^{2+} 电极电势，增大化学计量点的电极电势突跃，使二苯胺磺酸钠指示剂变色的电位范围较好地落在滴定的电极电势突跃内，避免指示剂引起的终点误差。

$Cu(Ⅱ)$、$Mo(Ⅵ)$、$As(Ⅴ)$、$Sb(Ⅴ)$ 等离子存在，既能被 $SnCl_2$ 还原，又能被 $K_2Cr_2O_7$ 氧化，影响铁的测定。若试样中含硅量高时，宜用 HF-H_2SO_4 分解，以除去 Si 的干扰。如有 NO_3^- 存在，宜用加入 H_2SO_4 并加热以消除 NO_3^- 的影响。

上述滴定方法简便、快速又准确，在生产上广泛应用。但因预处理用的汞有毒，造成环境严重污染，近年来研究了无汞测铁的许多新方法。以 $SnCl_2$-$TiCl_3$ 联合还原剂为例，介绍如下。

试样用 H_2SO_4-H_3PO_4 混酸溶解后，先用 $SnCl_2$ 还原大部分 Fe^{3+}，然后以 Na_2WO_4 为指示剂，用 $TiCl_3$ 定量还原剩余部分的 Fe^{3+}，当过量一滴 $TiCl_3$ 溶液，指示剂使溶液呈蓝色，俗称"钨蓝"。在加水稀释后，以 Cu^{2+} 为催化剂，稍过量的 Ti^{3+} 被水中溶解的氧氧化，钨蓝也受氧化，蓝色褪去。其后的滴定步骤与前面相同。

必须注意，如 $SnCl_2$ 过量，测定结果偏高。$TiCl_3$ 加入量多，以水稀释时常出现四价钛盐沉淀影响测定。用 $TiCl_3$ 还原 Fe^{3+} 时，当溶液出现蓝色后再加一滴 $TiCl_3$ 即可，否则钨蓝褪色太慢。加入催化剂 $CuSO_4$，必须等钨蓝褪色 1min 后才能进行滴定，因为微过量的 Ti^{3+} 未除净，要多消耗 $K_2Cr_2O_7$ 标准溶液的用量，使测定结果偏高。同时要严格控制二苯胺磺酸钠指示剂的用量，它也消耗 $K_2Cr_2O_7$ 标准溶液，影响测定结果。

（2）化学需氧量（COD）的测定　在一定条件下，用强氧化剂氧化废水试样（有机物）所消耗的氧的质量，称为化学需氧量，它是衡量水体被还原性物质污染的主要指标之一，目前已成为环境监测分析的重要项目。

化学需氧量测定的方法是在酸性溶液中，以硫酸银为催化剂，加入过量 $K_2Cr_2O_7$ 标准溶液，当加热煮沸时 $K_2Cr_2O_7$ 能完全氧化废水中有机物质和其他还原性物质。过量的 $K_2Cr_2O_7$ 以邻二氮菲-$Fe(Ⅱ)$ 为指示剂，用硫酸亚铁铵标准溶液回滴从而计算出废水试样中还原性物质所消耗的 $K_2Cr_2O_7$ 量，即可换算出水试样的化学需氧量。O_2 的量以 mg/L 表示。

8.4.3　碘法（碘量法）

8.4.3.1　概述

以 I_2 作为氧化剂或以 I^- 作为还原剂进行测定的分析方法称为碘法（碘量法）。由于固

体 I_2 在水中的溶解度很小（0.0013mol/L）且易挥发，所以将 I_2 溶解在 KI 溶液中，这时 I_2 是以 I_3^- 形式存在溶液中：

$$I_2 + I^- \rightleftharpoons I_3^-$$

为方便和明确化学计量关系，一般简写为 I_2，其半反应为：

$$I_2 + 2e^- \rightleftharpoons 2I^- \qquad E^\ominus = +0.545V$$

由电对的电极电势的数值可知，I_2 是较弱的氧化剂，可与较强的还原剂作用；而 I^- 则是中等强度的还原剂，能与许多氧化剂作用，因此碘法测定可用直接和间接的两种方式进行。

（1）直接碘法　电极电势比 $E^\ominus(I_2/I^-)$ 小的还原性物质，可以直接用 I_2 的标准溶液滴定，这种方法称为直接碘法。例如，SO_2 用水吸收后，可用 I_2 标准溶液直接滴定，其反应为：

$$I_2 + SO_2 + 2H_2O \longrightarrow 2I^- + SO_4^{2-} + 4H^+$$

又如硫化物在酸性溶液中能被 I_2 所氧化，其反应为：

$$S^{2-} + I_2 \longrightarrow S\downarrow + 2I^-$$

利用直接碘法可以测定 SO_2、S^{2-}、As_2O_3、$S_2O_3^{2-}$、$Sn(II)$、$Sb(III)$、维生素 C 等强还原剂。

但是，直接碘法不能在碱性溶液中进行，当溶液的 pH＞8 时，部分 I_2 要发生歧化反应：

$$3I_2 + 6OH^- \longrightarrow IO_3^- + 5I^- + 3H_2O$$

会带来测定误差。在酸性溶液中也只有少量还原能力强而不受 H^+ 浓度影响的物质才能发生定量反应，又由于碘标准电极电势不高，所以直接碘法不如间接碘法应用广泛。

（2）间接碘法　电极电势比 $E^\ominus(I_2/I^-)$ 大的氧化性物质，在一定条件下用 I^- 还原，定量析出的 I_2 可用 $Na_2S_2O_3$ 标准溶液进行滴定，这种方法称为间接碘法。例如，铜的测定是将过量的 KI 与 Cu^{2+} 反应，定量析出 I_2，然后用 $Na_2S_2O_3$ 标准溶液滴定，其反应如下：

$$2Cu^{2+} + 4I^- \longrightarrow 2CuI\downarrow + I_2$$
$$I_2 + 2S_2O_3^{2-} \longrightarrow 2I^- + S_4O_6^{2-}$$

间接碘法可用于测定 Cu^{2+}、$KMnO_4$、$K_2Cr_2O_7$、H_2O_2、AsO_4^{3-}、SbO_4^{3-}、ClO_4^-、NO_2^-、IO_3^-、BrO_3^- 等氧化性物质。

在间接碘法应用过程中必须注意如下三个条件。

① 控制溶液的酸度。I_2 和 $S_2O_3^{2-}$ 之间的反应必须在中性或弱酸性溶液中进行，如果在碱性溶液中，I_2 与 $S_2O_3^{2-}$ 会发生如下反应：

$$S_2O_3^{2-} + 4I_2 + 10OH^- \longrightarrow 2SO_4^{2-} + 8I^- + 5H_2O$$

在碱性溶液中 I_2 还会发生歧化反应。若在强酸性溶液中，$Na_2S_2O_3$ 溶液会发生水解，其反应为：

$$S_2O_3^{2-} + 2H^+ \longrightarrow SO_2\uparrow + S\downarrow + H_2O$$

② 防止碘的挥发和空气中的 O_2 氧化 I^-，必须加入过量的 KI（一般比理论用量大 2～3 倍），增大碘的溶解度，降低 I_2 的挥发性。滴定一般在室温下进行，操作要迅速，不宜过分振荡溶液，以减少 I^- 与空气的接触。

酸度较高和太阳光直射，都可以促进空气中的 O_2 对 I^- 的氧化作用，因此，酸度不宜太高，同时要避免太阳光直射，滴定时最好用带有磨口玻璃塞的锥形瓶（碘量瓶）。

③ 注意淀粉指示剂的使用。应用间接碘法时，一般要在滴定接近终点前才加入淀粉指示剂。若是加入太早，则大量的 I_2 与淀粉结合生成蓝色物质，这一部分 I_2 就不易与 $Na_2S_2O_3$ 溶液反应，将给滴定带来误差。

8.4.3.2 碘法标准溶液

(1) I_2 溶液的配制和标定 由于 I_2 挥发性强，准确称量有一定困难，所以一般是用市售的碘与过量 KI 共置于研钵中加入少量水研磨，等溶解后再稀释到一定体积，配制成近似浓度的溶液然后再进行标定。I_2 溶液应避免与橡胶接触，并防止太阳光照射、受热等。I_2 标准溶液的准确浓度可用已知准确浓度的 $Na_2S_2O_3$ 标准溶液标定而求得，也可用基准物质 As_2O_3 来标定。

(2) $Na_2S_2O_3$ 溶液的配制和标定 固体 $Na_2S_2O_3 \cdot 5H_2O$ 风化，并含有少量 S、S^{2-}、SO_3^{2-}、CO_3^{2-}、Cl^- 等杂质，不能直接配制标准溶液，而且配好的 $Na_2S_2O_3$ 溶液也不稳定，易分解，其浓度发生变化的主要原因如下。

① 溶于水中的 CO_2 使水呈弱酸性，而 $Na_2S_2O_3$ 在酸性溶液中会缓慢分解：

$$Na_2S_2O_3 + H_2CO_3 \longrightarrow NaHCO_3 + NaHSO_3 + S\downarrow$$

这个分解作用一般在配制成溶液后最初几天内发生。必须注意，当 1mol 的 $Na_2S_2O_3$ 分解后生成 1mol 的 HSO_3^-，但 HSO_3^- 与 I_2 的反应为：

$$HSO_3^- + I_2 + H_2O \longrightarrow HSO_4^- + 2I^- + 2H^+$$

由此可见，1mol 的 $NaHSO_3$ 要消耗 1mol 的 I_2，而 2mol 的 Na_2SO_3 才能和 1mol 的 I_2 作用，这样就影响 I_2 与 $Na_2S_2O_3$ 反应时的化学计量关系，导致 $Na_2S_2O_3$ 对 I_2 的滴定度增加，即测出的 $Na_2S_2O_3$ 浓度偏高。

② 水中的微生物会消耗 $Na_2S_2O_3$ 中的硫，使它变成 Na_2SO_3，这是 $Na_2S_2O_3$ 浓度变化的主要原因。

③ 空气中氧的氧化作用：

$$2Na_2S_2O_3 + O_2 \longrightarrow 2Na_2SO_4 + 2S\downarrow$$

此反应速率较慢，但水中的微量 Cu^{2+} 或 Fe^{3+} 等杂质能加速反应。

因此，配制 $Na_2S_2O_3$ 溶液一般采用如下步骤：称取需要量的 $Na_2S_2O_3 \cdot 5H_2O$，溶于新煮沸且冷却的蒸馏水中，这样可除去 CO_2 和灭菌，加入少量 Na_2CO_3 使溶液保持微碱性，可抑制微生物的生长，防止 $Na_2S_2O_3$ 的分解。配制的 $Na_2S_2O_3$ 溶液应储存于棕色瓶中，放置暗处，约一周后再进行标定。长时间保存的 $Na_2S_2O_3$ 标准溶液，应定期加以标定。若发现溶液变浑浊或有硫析出，要过滤后再标定其浓度，或弃去重配。

$Na_2S_2O_3$ 溶液的准确浓度，可用 $K_2Cr_2O_7$、KIO_3、$KBrO_3$ 等基准物质进行标定。如称取一定量的 $K_2Cr_2O_7$ 在酸性溶液中与过量 KI 作用，析出相当量的 I_2，然后以淀粉为指示剂，用 $Na_2S_2O_3$ 溶液滴定析出的碘。其反应如下：

$$Cr_2O_7^{2-} + 6I^- + 14H^+ \longrightarrow 2Cr^{3+} + 3I_2 + 7H_2O$$

$$2S_2O_3 + I_2 \longrightarrow 2I^- + S_4O_6^{2-}$$

根据 $K_2Cr_2O_7$ 的质量及 $Na_2S_2O_3$ 溶液滴定时的用量，可以计算出 $Na_2S_2O_3$ 溶液的准确浓度。

用 $K_2Cr_2O_7$ 为基准物质标定 $Na_2S_2O_3$ 溶液时应注意如下几点。

① 用 $K_2Cr_2O_7$ 与 KI 的反应时，溶液的酸度一般以 $0.2 \sim 0.4mol/L$ 为宜。如果酸度太

大，I^- 易被空气中的 O_2 氧化；酸度过低，则 $Cr_2O_7^{2-}$ 与 I^- 反应较慢。

② 由于 $K_2Cr_2O_7$ 与 KI 反应速率慢，应将溶液放置暗处 $3\sim5$min，待反应完全后，再以 $Na_2S_2O_3$ 溶液滴定。

③ 用 $Na_2S_2O_3$ 溶液滴定前，应先用蒸馏水稀释。一是降低酸度可减少空气中 O_2 对 I^- 的氧化；二是使 Cr^{3+} 的绿色减弱，便于观察滴定终点。但若滴定至溶液从蓝色转变为无色后，又很快出现蓝色，这表明 $K_2Cr_2O_7$ 与 KI 的反应还不完全，应重新标定。如果滴定到终点后，经过几分钟，溶液才出现蓝色，这是由于空气中的 O_2 氧化 I^- 所引起的，不影响标定的结果。

8.4.3.3 碘法应用示例

(1) 维生素 C（药片）的测定 维生素 C 又称为抗坏血酸，其分子式为 $C_6H_8O_6$，摩尔质量为 176.1g/mol，由于维生素 C 分子中的烯二醇基具有还原性，所以它能被 I_2 定量地氧化成二酮基，其反应为：

$$C_6H_8O_6 + I_2 \longrightarrow C_6H_6O_6 + 2HI$$

维生素 C（药片）的测定方法：准确称取维生素 C（药片）试样，溶解在新煮沸且冷却的蒸馏水中，以醋酸酸化，加入淀粉指示剂，迅速以 I_2 标准溶液滴定至终点（呈现稳定的蓝色）。

必须注意：维生素 C 的还原性较强，在空气中易被氧化，在碱性介质中更容易被氧化，所以在实验操作上不但要熟练，而且在酸化后应立即滴定。由于蒸馏水中含有溶解氧，必须事先煮沸，否则会使测定结果偏低。如果有能被 I_2 直接氧化的物质存在，则对本测定有干扰。

(2) 硫酸铜中的铜的测定 在弱酸性的硫酸铜溶液中加入过量的 KI，则 Cu^{2+} 与过量 KI 反应，定量地析出 I_2，然后用 $Na_2S_2O_3$ 标准溶液滴定，其反应为：

$$2Cu^{2+} + 4I^- \longrightarrow 2CuI + I_2$$
$$I_2 + 2S_2O_3^{2-} \longrightarrow 2I^- + S_4O_6^{2-}$$

根据 $E^{\ominus}(Cu^{2+}/Cu^+) = 0.159$V，$E^{\ominus}(I_2/I^-) = 0.545$V 来看，$E^{\ominus}(Cu^{2+}/Cu^+) < E^{\ominus}(I_2/I^-)$，上述第一个反应不能进行。但是，由于反应生成 CuI 沉淀的溶解度很小，使溶液中的 Cu^+ 浓度很低，因而 $E^{\ominus}(Cu^{2+}/Cu^+) > E^{\ominus}(I_2/I^-)$，所以第一个反应还是能够向右定量进行。由于 CuI 沉淀表面会吸附一些 I_2 而使测定结果偏低，为此滴定在接近终点时加入 KSCN，使 CuI 沉淀转化为溶解度更小的 CuSCN，以减小 CuI 对 I_2 的吸附，反应为：

$$CuI + SCN^- \longrightarrow CuSCN + I^-$$

必须注意，Cu^{2+} 与 KI 的反应要求在 pH$=3\sim4$ 的酸性溶液中进行。酸度过低，Cu^{2+} 将发生水解；酸度太强，I^- 易被空气中的 O_2 氧化为 I_2，使测定结果偏高，所以常用 NH_4F-HF（氟化氢铵）、HAc-NaAc 等缓冲溶液控制酸度。本法测定铜快速准确，广泛用于铜合金、矿石、电镀液、炉渣中的铜的测定。

习 题

1. 名词解释

电极电势、自动催化作用、氧化还原滴定曲线、电极电势突跃、氧化还原指示剂、自身指示剂、直接碘法、间接碘法。

2. 影响氧化还原反应速率的主要因素有哪些？怎样使反应加速完成？是否都能用加热的方法来加速反应的进行？为什么？

3. 用氧化还原反应的本质，举例说明氧化还原反应的发生。

4. 举例说明某些物质在一个反应中是氧化剂，而在另一个反应中却是还原剂。在什么条件下才能正确判断某一物质是氧化剂，还是还原剂？

5. 怎样才能从标准电极电势表中正确地查出某一氧化剂或还原剂电对的标准电极电势？

6. 为什么在酸性溶液中用铁还原 Sn^{4+} 只能生成 Sn^{2+}，而不能还原成金属 Sn？而还原 Cu^{2+} 却可以生成金属 Cu，而不是 Cu^+？这些氧化还原反应都没有 H^+ 参加，为什么又必须在酸性溶液中才容易进行？

7. 配制、储存 $KMnO_4$ 标准溶液时应注意哪些问题？

8. 用间接碘法测定时，淀粉指示剂应何时加入？为什么？

9. 如何判断一个氧化还原反应能否进行完全？

10. 用 $KMnO_4$ 或 $K_2Cr_2O_7$ 测定 Fe^{2+} 时，Cl^- 有无影响？若有影响，应如何消除？

11. 用间接碘法测定铜时，Fe^{3+} 和 AsO_4^{3-} 都能氧化碘而干扰测定，实验证明，加 NH_4HF_2 使溶液的 pH＝3～4，此时铁和砷的干扰都可消除，为什么？

12. 配制 $Na_2S_2O_3$ 标准溶液时，为什么要用新煮沸冷却至室温的纯化水？加少许 Na_2CO_3 的目的是什么？

13. $KMnO_4$ 标准溶液和 $Na_2S_2O_3$ 标准溶液为什么只能用间接法配制？配制好的溶液为什么不能立即标定？

14. 称取铁矿石试样 0.02000g，用 $8.400×10^{-3}$ mol/L 的 $K_2Cr_2O_7$ 标准溶液滴定，到达终点时消耗 $K_2Cr_2O_7$ 溶液 26.78mL，计算 Fe_2O_3 的质量分数。

15. 称取 KIO_3 0.3567g 溶于水并稀释至 100mL，移取所得溶液 25.00mL，加入 H_2SO_4 和 KI 溶液，以淀粉为指示剂，用 $Na_2S_2O_3$ 溶液滴定析出的 I_2，至终点时消耗 $Na_2S_2O_3$ 24.98mL，求 $Na_2S_2O_3$ 溶液的浓度。

第9章 配位滴定法

早在1704年，德国颜料制造者狄斯巴赫用牛血与草木灰等混合物共热制得了配合物亚铁氰化钾 $K_4[Fe(CN)_6]$（俗称黄血盐），迄今已300多年。这期间随着科学技术的发展，人们发现配合物的存在极为广泛，不仅无机化合物多以配合物的形式存在，许多有机化合物和金属也能形成配合物，这就极大地丰富了配合物的内容。目前，它已经发展成为一门独立的学科——配位化学。本章对配合物的组成、结构作一初步介绍，并在化学平衡的基础上讨论溶液中配离子的稳定性，配位反应与酸碱反应、沉淀反应、氧化还原反应的相互关系及其应用。

9.1 配位化合物的基本概念

9.1.1 配位化合物的组成

配位化合物种类繁多，组成复杂，目前还没有一个严格的定义，一般只能从它的形成上理解这一概念。例如，向 $CuSO_4$ 溶液中加入氨水，有蓝色的碱式硫酸铜 $Cu(OH)_2SO_4$ 沉淀生成。当氨水过量时，则蓝色沉淀消失，变成深蓝色溶液，在此溶液中再加乙醇，可得到深蓝色晶体。经分析证明此晶体为 $[Cu(NH_3)_4]SO_4$。$[Cu(NH_3)_4]SO_4$ 就是配位化合物的一种。

$CuSO_4$ 是简单化合物，它在水溶液中完全离解为 Cu^{2+} 和 SO_4^{2-} 离子。在纯的 $[Cu(NH_3)_4]SO_4$ 溶液中，除了 SO_4^{2-} 和 $[Cu(NH_3)_4]^{2+}$ 离子外，几乎检查不出 Cu^{2+} 离子和 NH_3 分子存在。

（1）配离子　像 $[Cu(NH_3)_4]^{2+}$ 这样比较复杂的离子称为配离子。配离子的定义可以归纳为：由一个中心元素（离子或原子，如 Cu^{2+}）与几个配体（阴离子或分子，如 NH_3）以配位键相结合而形成的复杂离子（或分子）称为配离子。配离子不仅存在于溶液中，也存在晶体中。通常对配合物和配离子不作严格区分。

（2）中心离子　中心离子是配合物的核心，能与配位体形成配位键的金属阳离子统称为中心离子。也称为配合物的形成体，如 $[Cu(NH_3)_4]SO_4$ 中的 Cu^{2+}，$[Co(NH_3)_3]Cl_3$ 中的 Co^{3+}。中心离子通常是金属离子或原子，也有少数是非金属离子（如 $[SiF_6]^{2-}$ 中的 Si^{4+}）。

（3）配位体　结合在中心离子（或原子）周围的一些中性分子或阴离子称为配位体，如 $[SiF_6]^{2-}$ 中的 F^-，$[Fe(CN)_6]^{4-}$ 中的 CN^-，$[Cu(NH_3)_4]^{2+}$ 中的 NH_3。

① 配位原子　在配位体中，与中心离子（或原子）成键的原子称为配位原子，如 CN^- 中的 C，NH_3 中的 N 等。常见的配位原子有 O、N、S、C 以及卤素原子。

② 配位体的分类　只有一个配位原子的配位体称为单齿配位体（单基配位体），

如 NH_3。

含有两个或两个以上配位原子的配位体称为多齿配位体。如乙二胺（$H_2N—CH_2—$ $CH_2—NH_2$，简称 en）中的两个 N 原子都可以作为配位原子，是双齿配位体。乙二胺四乙酸（简称 EDTA）则是六齿配位体。

（4）配位数　在配合物中与中心离子成键的配位原子数目称为配位数。如 $[Cu(NH_3)_4]^{2+}$ 中的 4 个 N 原子与 Cu^{2+} 成键，Cu^{2+} 的配位数为 4；$[Fe(CN)_6]^{4-}$ 中有 6 个 C 原子与 Fe^{2+} 成键，Fe^{2+} 的配位数为 6；如 $[Ni(en)_2]^{2+}$ 中的配位体是双齿配位体，故有 4 个 N 原子与 Ni^{2+} 成键，Ni^{2+} 的配位数为 4 而不是 2。在一定条件下，某一中心离子有其常见的配位数，称为特征配位数，如 Cu^{2+} 的特征配位数为 4，Fe^{2+} 的特征配位数为 6。但中心离子的配位数也会随配位体体积大小及形成配合物的条件（如温度、浓度）不同而变化。

（5）配离子的电荷　配离子是由中心离子和配位体组成的，它的电荷应以中心离子和所有配位体电荷的代数和来确定。由配离子的电荷也可以计算中心离子的电荷（化合价），如 $[Fe(CN)_6]^{4-}$ 配离子的电荷为 -4，6 个配位体的电荷为 -6，中心离子的化合价为 $+2$。

中心离子和配位体以配位键结合成配离子，也称为配合物的内配位层或内层（内界），通常写在方括号内，如 $[Fe(CN)_6]^{4-}$、$[Ni(en)_2]^{2+}$。方括号外的部分称为外层（外界），如 SO_4^{2-}、K^+。

现以 $[Cu(NH_3)_4]SO_4$ 和 $K_4[Fe(CN)_6]$ 为例，以图 9-1 表示配合物的组成。

图 9-1　配合物的组成

9.1.2　配位化合物的命名

配合物的命名基本上遵循无机化合物的命名原则，先命名阴离子再命名阳离子。阴离子为简单离子以"化"字与阳离子连接；阴离子为复杂离子则以"酸"字与阳离子连接。由于配离子的组成比较复杂，它们的命名有一些专门规定。

内界的命名次序是：配位数（以中文字二、三等表示，只有一时省略"一"字）→配位体名称→"合"字→中心离子名称→中心离子氧化数（用带圆括号的罗马数字表示）。

例如，$[Fe(CN)_6]^{4-}$ 配离子命名为六氰合铁（Ⅱ）离子。

六	氰	合	铁	（Ⅱ）	离子
配位数	配位体名称		中心离子名称	中心离子氧化数	

内界中有两种以上的配位体时，先命名酸根离子，后命名中性分子；如果酸根离子或中性分子不止一种，一般按先简单后复杂的顺序命名。即简单离子→复杂离子→有机酸根离子；中性分子顺序为：$NH_3→H_2O→$有机分子。

某些配位体具有相同的化学式，但由于配位原子不同，须按配位原子不同命名。例如，$—NO_2$ 硝基（以氮原子为配位原子），$—ONO$ 亚硝酸根（以氧原子为配位原子），$—SCN$ 硫氰酸根（以硫原子为配位原子），$—NCS$ 异硫氰酸根（以氮原子为配位原子）。

除系统命名外，有些配位化合物至今仍用习惯名称。如 $K_3[Fe(CN)_6]$ 称为铁氰化钾（俗称赤血盐），$[Ag(NH_3)_2]^+$ 称为银氨配离子。

下面列出一些配合物命名的实例：

① $[Ag(NH_3)_2]OH$　氢氧化二氨合银（Ⅰ）；

② $[CrCl_2 \cdot (NH_3)_4]Cl$　氯化二氯·四氨合铬（Ⅲ）；

③ $[Co(NH_3)_6](NO_3)_3$　硝酸六氨合钴（Ⅲ）；

④ $[Co(NH_3)_5 \cdot H_2O]Cl_3$　氯化五氨·一水合钴（Ⅲ）；

⑤ $K_3[Fe(CN)_6]$　六氰合铁（Ⅲ）酸钾；

⑥ $H_2[SiF_6]$　六氟合硅（Ⅳ）酸；

⑦ $[Cu(NH_3)_4]SO_4$　硫酸四氨合铜（Ⅱ）；

⑧ $[Pt(NH_3)_2Cl_2]$　二氯·二氨合铂（Ⅱ）；

⑨ $[Ni(CO)_4]$　四羰基合镍（0）。

常用的习惯名称或俗名：

① $K_4[Fe(CN)_6]$　亚铁氰化钾，俗称黄血盐；

② $K_3[Fe(CN)_6]$　铁氰化钾，俗称赤血盐；

③ $[Cu(NH_3)_4]^{2-}$　铜氨离子；

④ $[Ag(NH_3)_2]^+$　银氨离子。

9.2　配位化合物在水溶液中的状况

9.2.1　配位平衡

配合物的内层和外层之间以离子键结合，如 $[Cu(NH_3)_4]SO_4$ 溶于水时完全离解成 $[Cu(NH_3)_4]^{2+}$ 与 SO_4^{2-}。向该溶液中加入少量稀的 NaOH 溶液，未见蓝色 $Cu(OH)_2$ 沉淀，如加入 Na_2S，则有黑色 CuS 沉淀生成，这说明该配离子在溶液中能离解出少量的 Cu^{2+} 离子。实际上，配离子在水溶液中的表现犹如弱电解质，能部分离解。例如：

$$[Cu(NH_3)_4]^{2+} \underset{\text{配位}}{\overset{\text{离解}}{\rightleftharpoons}} Cu^{2+} + 4NH_3$$

该离解反应（配位反应的逆反应）是可逆的，在一定条件下达到平衡称为配离子的离解平衡，也就是配位平衡。不同的配离子，其离解程度不同，形成配离子的稳定程度也就不同。

为定量地描述配离子在溶液中的离解情况，一般以配离子的稳定常数 $K_稳$ 或不稳定常数 $K_{不稳}$ 来表示：

$$[Ag(NH_3)_2]^+ \rightleftharpoons Ag^+ + 2NH_3$$

$$K_{不稳} = \frac{[Ag^+][NH_3]^2}{[Ag(NH_3)_2]^+}, K_稳 = \frac{[Ag(NH_3)_2]^+}{[Ag^+][NH_3]^2}$$

$K_{不稳}$ 值越大，说明配离子的离解程度越大，配离子越不稳定。$K_稳$ 值越大，说明配离子的离解程度越小，配离子越稳定。显然，$K_稳$ 与 $K_{不稳}$ 互成倒数关系，一般常用 $K_稳$ 表示配离子的稳定性。为计算方便，用 K_f 代替 $K_稳$。不同配离子的 K_f 值不同。附录 4 列出了常见配离子的稳定常数。

同种类型的配离子的稳定性，在不发生副反应的情况下，可以通过 K_f 值的大小来判断，如 $[Cd(CN)_4]^{2+}$ 的 $K_f=1.1\times10^{16}$，$[Cd(NH_3)_4]^{2+}$ 的 $K_f=1.3\times10^7$，$[Cd(CN)_4]^{2+}$ 的稳定性远大于 $[Cd(NH_3)_4]^{2+}$。不同类型的配离子的稳定性，不能直接用 K_f 来比较，要通过计算溶液中中心离子的浓度来进行判断。

在溶液中，配离子的离解是逐级进行的；反过来，配离子的生成也是逐步实现的。

例如：

$$Ag^+ + NH_3 \rightleftharpoons [Ag(NH_3)]^+$$

$$K_{f1} = \frac{[Ag(NH_3)]^+}{[Ag^+][NH_3]}$$

$$[Ag(NH_3)]^+ + NH_3 \rightleftharpoons [Ag(NH_3)_2]^+$$

$$K_{f2} = \frac{[Ag(NH_3)_2]^+}{[Ag(NH_3)]^+[NH_3]}$$

总反应为：

$$Ag^+ + 2NH_3 \rightleftharpoons [Ag(NH_3)_2]^+$$

$$K_f = \frac{[Ag(NH_3)_2]^+[Ag(NH_3)]^+}{[Ag^+][NH_3]^2[Ag(NH_3)]^+} = K_{f1}K_{f2}$$

显然，配离子的稳定常数等于逐级稳定常数的乘积，即：

$$K_f = K_{f1}K_{f2}K_{f3}\cdots$$

根据化学平衡原理，运用配离子的稳定常数 K_f 可以进行有关计算。

【例 9-1】　室温下，将 0.010mol 的 $AgNO_3$ 固体溶解于 1.0L 浓度为 0.030mol/L 的氨水中（设体积不变）。求生成 $[Ag(NH_3)_2]^+$ 后溶液中 Ag^+ 和 NH_3 的浓度（$K_稳 = 1.7 \times 1.0^7$）。

解　由于 $K_稳$ 较大，且 NH_3 过量较多，可先认为 Ag^+ 与过量 NH_3 完全生成 $[Ag(NH_3)_2]^+$，浓度为 0.010mol/L，剩余的 NH_3 为 $(0.030 - 2 \times 0.010)$mol/L。而后考虑 $[Ag(NH_3)_2]^+$ 的离解：

$$[Ag(NH_3)_2]^+ \rightleftharpoons Ag^+ + 2NH_3$$

平衡浓度（mol/L）　　　　$0.010 - x$　　　　y　$0.010 + z$

因 $[Ag(NH_3)_2]^+$ 是分步离解的，故 $x \neq y$，$z \neq 2y$，既然 $[Ag(NH_3)_2]^+$ 很稳定，离解很少，故可作近似处理，即 $0.010 - x \approx 0.010$，$0.010 + z \approx 0.010$，则：

$$K_{不稳} = \frac{[Ag^+][NH_3]^2}{[Ag(NH_3)_2]^+} = \frac{y(0.010)^2}{0.010} = \frac{1}{1.7 \times 10^7}$$

$$y = 5.9 \times 10^{-6}$$

$$[Ag^+] = 5.9 \times 10^{-6} mol/L$$

$$[NH_3] = 0.010 mol/L$$

9.2.2　配位平衡的移动及其应用

配位平衡的移动同样遵循化学平衡移动的规律，当增加配位体浓度时，平衡会沿着生成配离子的方向移动，即抑制了配离子的离解，增强了配离子的稳定性。此外，溶液的酸碱性、沉淀反应、氧化还原反应等对配位平衡也会产生影响。

9.2.2.1　溶液酸度的影响

在配合物中，很多配位体是弱酸阴离子或弱碱，如 $[Fe(CN)_6]^{3-}$、$[Cu(NH_3)_4]^{2+}$。若配离子中的配位体为弱酸根（如 F^-、CN^-、SCN^-、CO_3^{2-}、$C_2O_4^{2-}$ 等），它们能与外加的强酸生成弱酸，从而使配位平衡向离解的方向移动。例如，$[FeF_6]^{3-}$ 溶液中存在着下列平衡：

$$[FeF_6]^{3-} \rightleftharpoons Fe^{3+} + 6F^-$$

当溶液中加入 H^+ 离子时，H^+ 与 F^- 生成弱酸 HF，从而降低了 F^- 的浓度，使平衡右移，促使 $[Fe(CN)_6]^{3-}$ 配离子离解。当溶液中 $[H^+] > 0.5mol/L$ 时，几乎能使 $[Fe(CN)_6]^{3-}$ 配

离子全部离解。

再如，乙二胺四乙酸（H_2Y）与金属离子的配合反应如下：

$$M^{n+} + H_4Y \Longrightarrow MY^{n-4} + 4H^+$$

当溶液中 pH 降低时，平衡将向左移动，配合物发生离解。反之，提高溶液 pH，即适当降低溶液酸度，配合物的稳定性相应增加。上述原理在分析化学的配位滴定中有重要应用。

9.2.2.2 沉淀剂的影响

在配离子的溶液中加入适当的沉淀剂，可使中心离子生成难溶物质。配位平衡与沉淀平衡的关系，实际上是沉淀剂与配合剂对金属离子的争夺，例如，在 AgCl 沉淀中加入氨水，AgCl 沉淀会因生成 $[Ag(NH_3)_2]Cl$ 而溶解。这时，配合剂 NH_3 就夺取了与 Cl^- 结合的 Ag^+，反应如下：

$$AgCl(s) + 2NH_3 \Longrightarrow [Ag(NH_3)_2]^+ + Cl^- \qquad K_1$$

在上述溶液中加入 KI，沉淀剂 I^- 又能夺取与 NH_3 结合的 Ag^+，生成 AgI 沉淀，从而使配离子 $[Ag(NH_3)_2]^+$ 离解：

$$[Ag(NH_3)_2]^+ + I^- \Longrightarrow AgI\downarrow + 2NH_3 \qquad K_2$$

转化反应究竟向什么方向进行，可根据多重平衡规则，通过求算转化反应的平衡常数看出。

AgCl 溶于氨水中的反应，可看成是两个反应之和：

$$AgCl(s) \Longrightarrow Ag^+ + Cl^- \qquad (1) K_{sp}(AgCl)$$

$$Ag^+ + 2NH_3 \Longrightarrow [Ag(NH_3)_2]^+ \qquad (2) K_{不稳}[Ag(NH_3)_2]^+$$

$$(1)+(2) \quad AgCl(s) + 2NH_3 \Longrightarrow [Ag(NH_3)_2]^+ + Cl^- \qquad K_1$$

溶解反应中：

$$K_1 = \frac{[Ag(NH_3)_2]^+[Cl^-]}{[Ag^+][NH_3]^2} = K_{sp}(AgCl)K_{不稳}[Ag(NH_3)_2]^+ = 1.8\times10^{-10}\times1.7\times10^7 = 3.1\times10^{-3}$$

K_1 值不很小，只要有一定浓度的氨水即可使 AgCl 溶解。

由 $[Ag(NH_3)_2]^+$ 配离子转化成 AgI 的反应，其平衡常数 K_2 为：

$$K_2 = \frac{[NH_3]^2[I^-]}{[Ag(NH_3)_2]^+} = \frac{1}{8.3\times10^{-17}\times1.7\times10^7} = 6.9\times10^9$$

K_2 值如此之大，说明转化反应相当完全。

以上计算说明，配离子与沉淀之间转化的难易，取决于沉淀的溶度积和配离子稳定常数的大小。

9.2.2.3 氧化还原剂的影响

金属离子在形成配合物后，溶液中金属离子浓度降低，使金属配离子/金属的电对的电极电势随之降低（可用能斯特方程阐明）。如电对 Cu^+/Cu 的 E 为 0.521V，Cu^+ 离子与 Cl^- 离子形成配离子 $[CuCl_2]^-$ 后，电对 $[CuCl_2]^-/Cu$ 的 E 为 0.20V（系统处于标准状态，也即 $[CuCl_2]^-$ 配离子与 Cl^- 离子浓度均为 1mol/L 时电对的电极电势）。生成的配合物越稳定，金属离子浓度越低，电极电势就越小。

一些不活泼金属如 Au，其电极电势甚高，不能溶于浓 HNO_3，但能溶于王水。这主要是因为 Au 能与王水中的 Cl^- 结合生成 $[AuCl_4]^-$ 配离子，大大降低了 $[AuCl_4]^-/Au$ 的电极电势，此外 Au 能与—CN 形成更稳定的 $[Au(CN)_2]^-$ 配离子，使 Au 能在空气存在下溶于稀的 NaCN 溶液中。

9.2.2.4　配合物之间的转化

在含有 Fe^{3+} 离子的溶液中，加入 KSCN 会出现血红色，这是定性检验 Fe^{3+} 离子常用的方法，反应如下：

$$Fe^{3+}+x\,SCN^- \Longleftrightarrow [Fe(SCN)_x]^{3-x} \quad x=1\sim6$$

如果在上述溶液中加入足够的 NaF，血红色就会消失，这是由于 F^- 夺取了 $[Fe(SCN)_x]^{3-x}$ 中的 Fe^{3+} 生成了更稳定的 $[FeF_6]^{3-}$。转化反应如下：

$$[Fe(SCN)_6]^{3-}+6F^- \Longleftrightarrow [FeF_6]^{3-}+6SCN^-$$

$$K=\frac{[FeF_6]^{3-}[SCN^-]^6}{[Fe(SCN)_6]^{3-}[F^-]^6}$$

此反应实际上是下述两个反应之和，即：

$$[Fe(SCN)_6]^{3-} \Longleftrightarrow Fe^{3+}+6SCN^- \qquad K_1=\frac{1}{K_稳[Fe(SCN)_6]^{3-}}$$

$$Fe^{3+}+6F^- \Longleftrightarrow [FeF_6]^{3-} \qquad K_2=K_稳[FeF_6]^{3-}$$

$$K=K_1K_2=\frac{K_稳[FeF_6]^{3-}}{K_稳[Fe(SCN)_6]^{3-}}$$

查表，将生成常数代入，即可得到：

$$K=\frac{2\times10^{15}}{1.3\times10^9}=1.5\times10^6$$

K 值大，说明转化反应进行得相当完全。

综上所述，可得出配合物之间转化的规律：在溶液中，配离子之间的转化总是向着生成更稳定配离子的方向进行，转化的程度取决于两种配离子稳定常数的大小。稳定常数相差越大，转化反应越完全。

9.3　螯 合 物

前面讨论的配合物中，配位体都是单齿的，本节讨论由多齿配位体所形成的配合物。

9.3.1　螯合物的概念

当多齿配位体中的多个配位原子同时和中心离子键合时，可形成具有环状结构的配合物，这类具有环状结构的配合物称为螯合物，又称为内配合物。如 Cu^{2+} 与两分子乙二胺 $H_2N—CH_2—CH_2—NH_2$（简称 en）形成两个五元环的螯合物（图 9-2）。

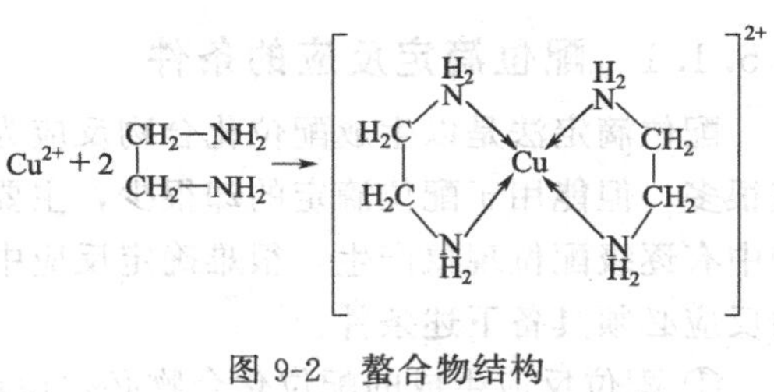

上述螯合物可写成 $[Cu(en)_2]^{2+}$。螯合物的环状结构称为螯环，能形成螯环的配位体称为螯合剂。在 $[Cu(en)_2]^{2+}$ 中，en 就是螯合

图 9-2　螯合物结构

剂。Cu^{2+} 的配位数不是 2 而是 4，因为每个 en 有两个配位原子与中心离子相结合，像螃蟹的双螯一样钳住中心离子。理论和实践都证明五原子环和六原子环最稳定。故螯合剂中 2 个配位原子之间一般要相隔 2～3 个原子。

9.3.2 螯合物的特性

在中心离子相同，配位原子相同的情况下，形成螯合物要比形成配合物稳定，在水中离解程度也更小。例如，$[Cu(en)_2]^{2+}$、$[Zn(en)_2]^{2+}$ 配离子要比相应的 $[Cu(NH_3)_4]^{2+}$ 和 $[Zn(NH_3)_4]^{2+}$ 配离子稳定得多。

螯合物中所含的环越多，其稳定性越高。如 EDTA 与中心离子形成的螯合物中，有五个环，稳定性很高。Ca^{2+} 为ⅡA族金属离子，与一般配位体不易形成配合物，或形成的配合物不稳定，但 Ca^{2+} 与 EDTA 能形成稳定的螯合物。该反应可用于测定水中 Ca^{2+} 离子的含量。

某些螯合物呈特征颜色，可用于金属离子的定性或定量测定。

9.4 配位化合物的应用

配合物在科学研究及工农业生产中都有广泛的应用。

在分析化学方面，常利用许多配合物有特征的颜色来鉴定某些金属离子。例如，Cu^{2+} 与 NH_3 生成深蓝色的 $[Cu(NH_3)_4]^{2+}$ 配离子；Fe^{3+} 与 NH_4SCN 作用生成血红色的 $[Fe(SCN)_n]^{3-n}$ 配离子等。

在生物化学方面，生物体内多种重要物质都是配合物。例如，动物血液中起输送氧气作用的血红素是 Fe^{3+} 离子的螯合物；植物中起光合作用的叶绿素是 Mg^{2+} 离子的螯合物；胰岛素是 Zn^{2+} 离子的螯合物；在豆类植物的固氮菌中能固定大气中氮气的固氮酶是铁钼蛋白螯合物。

在湿法冶金中，提取金属常用到配位反应。如 Au、Ag 能与 NaCN 溶液作用，生成稳定的 $[Au(CN)_2]^-$ 和 $[Ag(CN)_2]^-$ 配离子而从矿石中提取出来，其反应如下：

$$4Au+8NaCN+2H_2O+O_2 \longrightarrow 4Na[Au(CN)_2]+4NaOH$$

配合物还广泛应用于配位催化、医药合成等方面，在电镀、印染、半导体、原子能等工业中也有重要应用。

9.5 配位滴定法

9.5.1 配位滴定法概述

9.5.1.1 配位滴定反应的条件

配位滴定法是以生成配位化合物反应为基础的分析方法。能够生成无机配位化合物的反应很多，但能用于配位滴定的却很少，主要是由于许多无机配合物不够稳定，在配位反应过程中有逐级配位现象产生，很难确定反应中的计量关系以及滴定终点。因此，应用配位滴定的反应必须具备下述条件。

① 配位反应生成的配位化合物必须稳定且是可溶的。

② 配位反应必须按一定的反应计量关系进行，这是定量计算的基础。

③ 配位反应速率必须足够快。

④ 有适当的方法指示计量点。

　　单齿配位体与金属离子形成的简单配位化合物稳定性差，化学计量关系不易确定，大多不能用于配位滴定。而多齿配位体与金属离子形成具有环状结构的螯合物，稳定性较高，符合配位滴定反应的要求。其中应用最广泛的是 EDTA 作为标准溶液的配位滴定分析方法。

9.5.1.2　EDTA 的性质

　　乙二胺四乙酸简称为 EDTA，其分子式如图 9-3 所示。

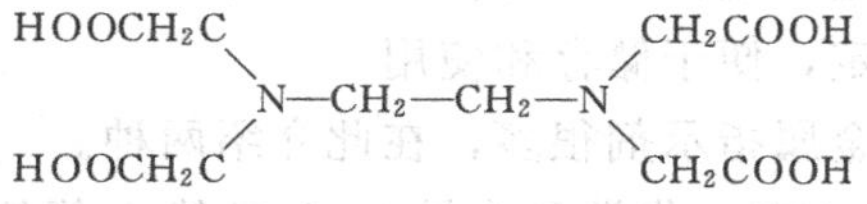

$$\begin{matrix} HOOCH_2C & & & & CH_2COOH \\ & N-CH_2-CH_2-N & \\ HOOCH_2C & & & & CH_2COOH \end{matrix}$$

图 9-3　EDTA 结构

　　EDTA 是四元酸，溶解度较小（22℃时每 100mL 水能溶解 0.2g），难溶于酸和一般的有机溶剂，易溶于氨水和 NaOH 溶液，并生成相应的盐。通常都用它的二钠盐（用符号 $Na_2H_2Y \cdot 2H_2O$ 表示），习惯上仍简称 EDTA，它在水中的溶解度较大，22℃时每 100mL 水可溶解 10.8g，此溶液浓度约为 0.3mol/L，pH 为 4.2。

　　EDTA 与金属离子形成的配位化合物具有以下几点。

　　① 普通性。EDTA 有 6 个配位原子，几乎能与所有金属离子形成配合物。

　　② 组成一定。EDTA 与金属离子（不考虑离子的电荷）形成配合物的配位比一般为 1∶1，使分析结果的计算简单化。例如：

$$M^{2+} + H_2Y \Longrightarrow MY + 2H^+$$

　　③ 稳定性高。EDTA 与金属离子形成多个五元环，稳定性高。

　　④ 带电、易溶。EDTA 与金属离子形成的配位化合物大多数带电荷，能溶于水，使滴定能在水中进行。

　　⑤ 无色金属离子与 EDTA 形成无色螯合物，有色金属离子与 EDTA 形成颜色更深的螯合物。

　　除以上特点影响 EDTA 的配位滴定分析方法外，溶液的酸度对滴定的影响也很显著。所以，配位滴定法对溶液酸度的要求较严格，溶液的酸度对 EDTA 标准溶液、金属离子和指示剂均产生重要的影响，需在实际操作中注意保持滴定时溶液的酸度。

9.5.1.3　金属指示剂

　　(1) 金属指示剂的变色原理　金属指示剂是一种显色剂（有机染料），能与被滴定金属离子生成与其本身颜色不同的配位化合物。而其稳定性比金属离子与 EDTA 形成的配位化合物要小。在 EDTA 滴定中，将少量指示剂加入待测金属离子溶液中，一部分金属与指示剂形成有色配位化合物：

$$M + In \Longrightarrow M{-}In$$
$$\quad 甲色 \qquad 乙色$$

　　上述方程式（不考虑电荷）中，M 代表金属离子，In 代表指示剂，此时溶液显 M—In 的颜色（乙色）。滴定过程中，金属离子逐步被配位，与 EDTA 形成配位化合物。当达到化学计量点时，EDTA 从 M—In 中夺取 M，使 In 游离出来，溶液由 M—In 颜色（乙色）变为 In 的颜色（甲色），指示终点的到达。

$$M{-}In + EDTA \Longrightarrow M{-}EDTA + In$$
$$\quad 乙色 \qquad\qquad\qquad\qquad 甲色$$

　　(2) 金属指示剂应具备的条件　首先，指示剂与金属离子的反应必须灵敏、快速，且具有良好的可逆性。

其次，M—In 的稳定性要适当。M—In 的稳定性太弱，会使 EDTA 提前从其中将 In 游离出来，使终点提前；M—In 的稳定性太强，会使终点拖后，甚至使 EDTA 不能从其中夺取金属离子，从而不改变颜色，无法指示滴定终点。所以，滴定分析中指示剂的选择很重要。

另外，指示剂应具有一定的选择性，即在一定条件下，只对一种或几种离子发生显色反应。同时，指示剂应比较稳定，便于储存和使用。

(3) 常用金属指示剂　金属指示剂很多，在此介绍两种。

① 铬黑 T。铬黑 T 简称 EBI，化学名称是 1-(1-羟基-2-萘基偶氮基)-6-硝基-2-萘酚-4-磺酸钠。

铬黑 T 溶于水时，在溶液中有下列酸碱平衡：

$$H_2In^- \Longrightarrow HIn^{2-} \Longrightarrow In^{3-}$$

$$\begin{array}{ccc} \text{紫红色} & \text{蓝色} & \text{橙色} \\ pH<6 & pH=7\sim11 & pH>13.0 \end{array}$$

在不同 pH 的水溶液中，铬黑 T 呈现不同的颜色。铬黑 T 与 Mg^{2+}、Zn^{2+}、Cd^{2+}、Mn^{2+}、Ca^{2+} 等二价金属离子形成配位化合物，在 pH＝7～11 的溶液中配位化合物呈现红色。此时铬黑 T 显蓝色，颜色变化明显，所以，铬黑 T 只能在 pH＝7～11 范围内使用，最适宜的酸度是 pH＝9～10.5。滴定过程中，颜色变化为：酒红色→紫色→蓝色。Al^{3+}、Fe^{3+}、Co^{2+}、Ni^{2+}、Cu^{2+}、Ti^{4+} 等对指示剂有封闭作用。

铬黑 T 固体性质稳定，但其水溶液只能保存几天，因此，常将铬黑 T 与干燥的 NaCl 或 KNO_3 等中性盐按 1∶100 混合，配成固体混合物。也可配成三乙醇胺溶液使用。

② 钙指示剂。钙指示剂又称 NN 指示剂或钙红。化学名称是 2-羟基-1-(2-羟基-4-磺酸基-1-萘基偶氮基)-3-萘甲酸。

钙指示剂纯品为紫黑色粉末，很稳定，其水溶液或乙醇溶液均不稳定，故一般与 NaCl (1∶100) 粉末混合后使用。

钙指示剂在 pH 为 12～13 时与 Ca^{2+} 形成酒红色配位化合物，指示剂自身呈现纯蓝色。因此，当 pH 介于 12～13 之间，用 EDTA 滴定 Ca^{2+}，终点时溶液呈蓝色。

配位滴定常用的指示剂除铬黑 T、钙指示剂外，还有二甲酚橙 (XO)、PAN、酸性铬蓝 K 等。

9.5.2　配位滴定法的应用

(1) EDTA 标准溶液的配制和标定　由于蒸馏水中或容器壁可能污染有金属离子，所以，EDTA 标准溶液大都采用间接法配制，即先粗配成近似浓度的溶液，然后用基准物质标定。常用的 EDTA 标准溶液的浓度为 0.01～0.05mol/L，一般用 $Na_2H_2Y \cdot 2H_2O$ 配制，其摩尔质量为 372.2g/mol。例如，预配制 0.01mol/L 的 EDTA 标准溶液 500mL，方法如下：在台秤上粗称分析纯的 $Na_2H_2Y \cdot 2H_2O$ 1.9g 溶于 200mL 温水中，冷却后用蒸馏水稀释至 500mL 摇匀，保存在试剂瓶中，贴上标签备用。

标定 EDTA 的基准物质很多，如金属纯锌、铜、ZnO 和 $MgSO_4 \cdot 7H_2O$ 等，实验室中多采用金属锌为基准物质。先用稀 HCl 洗涤金属锌 2～3 次，除去表面氧化层，然后用蒸馏水洗净，再用丙酮漂洗 2 次，沥干后于 110℃烘 5min 备用。

标定可选用二甲酚橙（XO）指示剂在 pH＝5～6 条件下进行，终点由红色变为亮黄色，很敏锐；如选用铬黑 T 在 pH＝10 的 $NH_4Cl-NH_3 \cdot H_2O$ 缓冲溶液中进行，终点由红色变为蓝色。由于 EDTA 通常与各种价态的金属离子以 1:1 配位，所以，不论是标定还是测定，结果的计算都比较简单。

$$N+Y \longrightarrow NY（N 代表金属离子）$$

对标定：

$$c_Y = \frac{m \times 1000}{MV_Y}$$

对测定：

$$w = \frac{c_Y V_Y M}{m \times 1000} \times 100\%$$

（2）应用实例——水的总硬度和钙、镁离子含量的测定　天然水中含有 Ca^{2+}、Mg^{2+}、Zn^{2+}、Cu^{2+}、Mn^{2+} 等离子，但除了 Ca^{2+}、Mg^{2+} 外，其他金属离子的含量甚微，可忽略不计，所以测定水的总硬度就是测定水中 Ca^{2+}、Mg^{2+} 的总量。以铬黑 T 为指示剂，在 pH＝10 的 $NH_4Cl-NH_3 \cdot H_2O$ 缓冲溶液中进行。

测定时，先取一定量水样，使 pH≈12，使 Mg^{2+} 生成 $Mg(OH)_2$ 沉淀后加入钙指示剂，终点时试液由红色变为蓝色，可测得 Ca^{2+} 含量，从而得到水的总硬度以及 Ca^{2+}、Mg^{2+} 含量等数据。

习　题

1. 填空题

（1）$[CoCl_2(NH_3)_3(H_2O)]$ 系统命名为 _____，中心离子是 _____，配位体是 _____，配位原子是 _____，配位数是 _____，配离子的电荷为 _____。

（2）在配合物中，内界和外界之间的化学键是 _____ 键，内界中心离子与配位体之间的化学键是 _____ 键，中心离子是孤电子对的 _____ 体，配位体是孤电子对的 _____ 体。

（3）螯合物中的配位体都是 _____ 配位体，即每个配位体含有 _____ 配位原子，并且每两个配位原子之间相隔 _____ 其他原子，以便与中心离子形成 _____ 环。

2. 选择题

（1）AgCl 在下列哪种溶液中（浓度均为 1mol/L）溶解度最大（　　）

A. 氨水　　　　B. $Na_2S_2O_3$　　　　C. KI　　　　D. NaCN

（2）下列具有相同配位数的一组配合物是（　　）

A. $[Co(en)_3]Cl_3$　　　　$[Co(en)_2](NO_2)_2$

B. $K_2[Co(SCN)_4]$　　　　$K_3[Co(C_2O_4)_2]Cl_2$

C. $[Pt(NH_3)_2]Cl_2$　　　　$[Pt(en)_2]Cl_2$

D. $[Cu(H_2O)_2]Cl_2$　　　　$[Ni(en)_2](NO_2)_2$

（3）中心离子的配位数等于（　　）

A. 配位体总数　　B. 配位体原子总数　　C. 配位原子总数　　D. 多基配位体总数

（4）下列配位体中能作螯合物的是（　　）

A. $S_2O_3^{2-}$ B. $C_2O_4^{2-}$ C. H_2O D. NH_3

3. 解释下列名词，并举例说明之。

(1) 配合物形成体

(2) 配位体

(3) 配位原子

(4) 配位数

4. 是非题

(1) 在所有配合物中，配位体的总数就是中心离子的配位数。

(2) 价键理论认为只有中心离子杂化后的空轨道与具有孤对电子的配位原子轨道重叠时才能形成配位键。

(3) 螯合物的配位体是多齿配位体，与中心离子形成环状结构，故螯合物稳定性大。

(4) $(CH_2)_2N-NH_2$ 分子中有 2 个具有孤对电子的 N 原子，故可作为有效螯合剂。

5. 什么叫螯合物？螯合物有什么特点？对螯合剂有什么要求？

6. 试用学过的理论解释下列反应事实：

$$Ag^+ \xrightarrow{Cl^-} 生成沉淀 \xrightarrow{NH_3 \cdot H_2O} 沉淀溶解 \xrightarrow{Br^-} 生成沉淀 \xrightarrow{S_2O_3^{2-}} 沉淀溶解 \xrightarrow{I^-} 生成沉淀 \xrightarrow{CN^-} 沉淀溶解 \xrightarrow{S^{2-}} 生成沉淀$$

7. 将 100mL 0.020mol/L Cu^{2+} 溶液与 100mL 0.280mol/L 氨水混合，求混合溶液中的 Cu^{2+} 平衡浓度。

8. 在 1.0L 6.0mol/L $NH_3 \cdot H_2O$ 中溶解 0.10mol $CuSO_4$，试求：

(1) 溶液中各组分的浓度；

(2) 若向此混合溶液中加入 0.010mol NaOH 固体，是否有 $Cu(OH)_2$ 沉淀生成？

(3) 若以 0.010mol Na_2S 代替 NaOH，是否有 CuS 沉淀生成（设 $CuSO_4$、NaOH、Na_2S 溶解后，溶液体积不变）？

9. 简要说明为什么配位滴定法中应控制溶液的酸度？

10. 取 100mL 某水样，在 pH＝10 的缓冲溶液中以铬黑 T 为指示剂，用 0.1000mol/L EDTA 标准溶液滴定至终点，用去 EDTA 标准溶液 28.66mL；另取相同水样，用 NaOH 调节 pH＝12，加钙指示剂，用 0.1000mol/L EDTA 标准溶液滴定终点，用去 EDTA 标准溶液 16.48mL，计算该水样的总硬度以及 Ca^{2+}、Mg^{2+} 含量（mg/L）。

第10章 沉淀滴定法

沉淀滴定法又称为容量沉淀法，是以沉淀反应为基础的一种滴定分析方法。沉淀反应虽然很多，但能用于沉淀滴定的反应并不多。用于沉淀滴定的反应必须满足下列条件。

① 沉淀的溶解度必须足够小（$<10^{-6}$ g/mL）。

② 必须有适当的方法指示化学计量点。

③ 沉淀反应必须迅速、定量地进行。

实际上符合上述条件的沉淀反应并不多，而能用于沉淀滴定的主要是一类能生成难溶性银盐的反应。例如：

$$Ag^+ + Cl^- \longrightarrow AgCl \downarrow$$
$$Ag^+ + SCN^- \longrightarrow AgSCN \downarrow$$

利用生成难溶性银盐反应来进行滴定分析的方法，称为银量法，本法可用来测定含 Cl^-、Br^-、I^-、SCN^-、Ag^+ 等离子的化合物，除银量法外，还有利用其他沉淀反应的滴定法，但应用不广泛，本章只讨论银量法。银量法根据指示剂的不同，按创立者的名字命名为三种方法：莫尔法、佛尔哈德法和法扬司法。

银量法是用 $AgNO_3$ 为标准溶液，测定能与 Ag^+ 生成沉淀的物质的含量，滴定反应用以下通式表示：

$$Ag^+ + X^- \longrightarrow AgX \downarrow$$

其中，X^- 代表 Cl^-、Br^-、I^- 及 SCN^-。

10.1 莫 尔 法

10.1.1 基本原理

莫尔法是以铬酸钾（K_2CrO_4）作指示剂，在中性或弱碱性溶液中用 $AgNO_3$ 标准溶液直接测定含 Cl^-（或 Br^-）溶液的银量法。现以滴定 Cl^- 说明其原理。

用 $AgNO_3$ 标准溶液滴定加有少量 K_2CrO_4 指示剂的含 Cl^- 被测溶液时，滴定过程中，由于 CrO_4^{2-} 与 Ag^+ 形成的沉淀溶解度较大，且 CrO_4^{2-} 浓度较小，故首先析出 AgCl 沉淀，当 AgCl 定量沉淀后，过量的 Ag^+ 与 CrO_4^{2-} 生成砖红色的 Ag_2CrO_4 沉淀，从而指示滴定到达终点。反应分别为：

$$\text{终点前} \quad Ag^+ + Cl^- \longrightarrow AgCl \downarrow \qquad \text{白色}$$
$$\text{终点时} \quad 2Ag^+ + CrO_4^{2-} \longrightarrow Ag_2CrO_4 \downarrow \qquad \text{砖红色}$$

10.1.2 滴定条件

（1）指示剂的用量要适当 若指示剂的用量过多，Cl^- 尚未沉淀完全，即有砖红色的铬酸银沉淀生成，使终点提前，造成负误差；若指示剂的用量过少，滴定至化学计量点后，稍加过量 $AgNO_3$ 仍不能形成铬酸银沉淀，使终点推迟，造成正误差。在实际测定中，一般是在反应液的总体积为 $50\sim100mL$ 溶液中，加入 5% 铬酸钾指示剂约为 $1\sim2mL$ 即可。此时 CrO_4^{2-} 的浓度约为 $2.6\times10^{-3}\sim5.2\times10^{-3}mol/L$。

(2) 滴定应在中性或弱碱性溶液中进行　若溶液为酸性时，则 CrO_4^{2-} 与 H^+ 结合，使 CrO_4^{2-} 浓度降低过多，致使在化学计量点附近不能形成 Ag_2CrO_4 沉淀。

$$2CrO_4^{2-}+2H^+ \Longleftrightarrow 2HCrO_4^- \Longleftrightarrow Cr_2O_7^{2-}+H_2O$$

如果碱性太强，则有 Ag_2O 黑色沉淀析出。

$$2Ag^++2OH^- \longrightarrow 2AgOH\downarrow$$

$$2AgOH \longrightarrow Ag_2O\downarrow+H_2O$$

所以当溶液的酸性或碱性太强时，应以酚酞作指示剂，用 HNO_3 或 $NaHCO_3$ 中和，然后用 $AgNO_3$ 标准溶液滴定。否则应改用其他指示剂法。

(3) 滴定也不能在氨碱性溶液中进行　因为 $AgCl$ 和 Ag_2CrO_4 均可形成 $[Ag(NH_3)_2]^+$ 配离子而溶解，如果溶液中有氨存在时，必须用酸先中和。当有铵盐存在时，如果溶液的碱性较强，也会增大氨的浓度，因此，溶液的 pH 以控制在 $6.5\sim7.5$ 为宜。

(4) 排除干扰离子　溶液中不能含有能与 CrO_4^{2-} 生成沉淀的阳离子（如 Ba^{2+}、Pb^{2+}、Bi^{3+} 等）或与 Ag^+ 生成沉淀的阴离子（如 PO_4^{3-}、S^{2-}、CO_3^{2-} 及 AsO_4^{3-} 等），也不能含有大量的有色离子（如 Cu^{2+}、Co^{2+}、Ni^{2+}）及在中性或微碱性溶液中易发生水解的离子（如 Fe^{3+}、Al^{3+} 等）。如含上述离子，应预先分离排除离子。

(5) 莫尔法不能用 NaCl 标准溶液反过来滴定 Ag^+　因为试液加入指示剂 CrO_4^{2-} 后即与 Ag^+ 先生成 Ag_2CrO_4 沉淀，且沉淀很难转化成 $AgCl$ 沉淀而从砖红色变为黄色，容易滴过终点，影响滴定结果。如果要测定 Ag^+，可先加过量的 NaCl 溶液，再用 $AgNO_3$ 返滴定过量的 Cl^-。

(6) 反应中生成的 $AgCl$ 易吸附 Cl^-，使被测离子浓度降低　滴定过程中应剧烈摇动溶液，以破坏吸附过程，在用莫尔法测定 Br^- 时更要如此，否则会使终点提前到达而产生误差。AgI 和 $AgSCN$ 沉淀对 I^- 和 SCN^- 的吸附更为严重，不能通过剧烈摇动溶液来解吸，会造成较大的误差，所以该法不适合测定 I^- 和 SCN^-。

10.2　佛尔哈德法

用铁铵矾 $[NH_4Fe(SO_4)_2\cdot12H_2O]$ 作指示剂，用 NH_4SCN 或 $KSCN$ 为标准溶液，在酸性溶液中测定银盐和卤素化合物的银量法称为佛尔哈德法，按测定对象不同，可分为直接滴定法和返滴定法两种。

10.2.1　基本原理

(1) 直接滴定法　在酸性溶液中，以铁铵矾作指示剂，用 $KSCN$ 或 NH_4SCN 作标准溶液直接滴定 Ag^+。滴定过程中 SCN^- 首先与 Ag^+ 生成 $AgSCN$ 沉淀，而生成 $[FeSCN]^{2+}$ 的量极少，肉眼分辨不出配离子的红色。滴定至终点时，由于 Ag^+ 浓度已很小，滴入少量的 SCN^- 与铁铵矾中的 Fe^{3+} 反应，生成 $[FeSCN]^{2+}$ 配离子使溶液呈淡红棕色，以此指示滴定终点到达。其滴定反应为：

$$终点前　Ag^+ + SCN^- \longrightarrow AgSCN\downarrow　（白色）$$
$$终点后　Fe^{3+} + SCN^- \longrightarrow [FeSCN]^{2+}　（淡红棕色）$$

（2）返滴定法　此法用于测定卤化物。先向样品溶液中加入准确过量的 $AgNO_3$ 标准溶液，使卤素离子生成银盐沉淀，然后再以铁铵矾作指示剂，用 NH_4SCN 标准溶液滴定剩余的 $AgNO_3$，滴定反应如下：

$$终点前　Ag^+（准确过量）+ X^- \longrightarrow AgX\downarrow$$
$$Ag^+（剩余）+ SCN^- \longrightarrow AgSCN\downarrow$$
$$终点时　　　SCN^- + Fe^{3+} \longrightarrow [FeSCN]^{2+}　（淡红棕色）$$

10.2.2　滴定条件

（1）溶液的酸度　在酸性溶液中进行滴定可防止 Fe^{3+} 水解，而且能与 Ag^+ 生成沉淀的离子很少，如果在待测溶液中有干扰莫尔法的离子（如 PO_4^{3-}、S^{2-}、CO_3^{2-} 及 AsO_4^{3-} 等）存在，也无干扰，因而选择性高。滴定一般在硝酸溶液中进行，酸度控制在 $0.1\sim1mol/L$ 之间。这时，Fe^{3+} 主要以 $Fe(H_2O)_6^{3+}$ 的形式存在，颜色较浅，易于颜色的观察。

（2）铁铵矾的用量　在滴定分析中指示剂的用量是保证滴定分析准确的重要条件。Fe^{3+} 的浓度应保持在 $0.015mol/L$，科学计算表明，这时引起的误差很小，滴定误差不会超过 0.1%，可以忽略不计。

（3）直接滴定法时应充分摇动溶液　充分摇动的目的是使被沉淀吸附的 Ag^+ 释放出来，防止终点提前，使分析结果偏低。

（4）强氧化剂和氮的低价氧化物以及铜盐、汞盐都与 SCN^- 作用，因而干扰测定，必须预先除去。

（5）用返滴定法测定 I^- 时，应首先加入过量 $AgNO_3$，再加铁铵矾指示剂。否则 Fe^{3+} 将氧化 I^- 为 I_2，影响分析结果的准确度。

（6）避免发生沉淀的转化　用返滴定法测定氯化物时，需先将已生成的 $AgCl$ 滤去，再用 NH_4SCN 标准溶液滴定滤液；或者在返滴定前向待测试液中先加入 $1\sim3mL$ 硝基苯或异戊醇，并强烈振摇，使其包裹在 $AgCl$ 沉淀颗粒的表面，避免由于 $AgSCN$ 的溶度积（$K_{sp}=1.0\times10^{-12}$）小于 $AgCl$ 的溶度积（$K_{sp}=1.56\times10^{-10}$）而发生如下的沉淀转化：

$$AgCl \Longrightarrow Ag^+ + Cl^-$$
$$Ag^+ + SCN^- \Longrightarrow AgSCN\downarrow$$
$$[FeSCN]^{2+} \Longrightarrow Fe^{3+} + SCN^-$$

沉淀的转化将使溶液中的 SCN^- 浓度降低，促进已生成的 $[FeSCN]^{2+}$ 分解，使红色褪去，若要出现持久的红色，则必须继续滴加 NH_4SCN 直至达到平衡。这样，在化学计量点时又多消耗一部分标准溶液，因而造成较大的滴定误差。但在测定 Br^- 或 I^- 时，由于生成的 $AgBr$ 和 AgI 的溶度积小于 $AgSCN$ 的溶度积，不会沉淀转化，不必滤去沉淀或加入硝基苯。

10.3　法扬司法

法扬司法是用 $AgNO_3$ 作标准溶液，利用吸附指示剂确定终点的银量法。

10.3.1　基本原理

吸附指示剂是一种有机染料，在溶液中离解出的离子呈现一种颜色，当被带相反电荷的胶粒沉淀所吸附后，产生另一种有色的吸附化合物，而指示滴定终点。例如，用硝酸银标准溶液滴定 Cl^- 时，用荧光黄（$K_a \approx 10^{-8}$）为指示剂。在化学计量点前，溶液中存在未滴定完的 Cl^-，此时 AgCl 胶粒沉淀优先吸附 Cl^-，而使胶粒带上负电荷[$(AgCl) \cdot Cl^-$]，由于同种电荷相斥，因此荧光黄指示剂离解出的阴离子（FI^-），不能被胶粒吸附，使溶液呈现荧光黄的阴离子的黄绿色。当滴定至稍过化学计量点时，溶液中就有过量的 Ag^+，这时 AgCl 沉淀优先吸附 Ag^+，使沉淀胶粒带上正电荷 [$(AgCl) \cdot Ag^+$]，带正电荷胶粒立即吸附荧光黄的阴离子，引起指示剂离子结构变形，生成淡红色吸附化合物。此时溶液由黄绿色转变为淡红色而指示终点。其反应为：

终点前　　$HFI \Longrightarrow H^+ + FI^-$

Cl^-（剩余）　　$(AgCl) \cdot Cl^- \vdots M$　　（仍为呈黄绿色）

终点时　　Ag^+（稍过量）　　$(AgCl) \cdot Ag^+ \vdots FI^-$　　（淡红色）

终点时吸附反应可表示为：

$$(AgCl) \cdot Ag^+ + FI^-（呈黄绿色）\Longrightarrow (AgCl) \cdot Ag^+ FI^-　（淡红色）$$

$$\qquad\qquad\qquad\qquad\qquad\qquad\qquad 吸附化合物$$

10.3.2　滴定条件

为了使滴定前后的颜色变化明显，使用吸附指示剂时需注意以下几点。

（1）滴定前后加入糊精或淀粉等亲水性高分子化合物　使 AgCl 沉淀保持溶胶状态而具有较大的吸附表面，终点变色敏锐。同时，要避免大量中性盐的存在，以防止胶体的凝聚。

（2）胶体微粒对指示剂离子的吸附力应略小于对待测离子的吸附力　即滴定稍过化学计量点，胶粒就立即吸附指示剂阴离子而变色。否则，如果对指示剂离子吸附力太强，将使终点提前，产生负误差。若对指示剂离子吸附力太弱，则滴定达到化学计量点后不能立即变色，使终点推迟，产生正误差。

卤化银胶体对卤素离子和几种常见吸附指示剂的吸附力的大小次序如下：

$$I^- > 二甲基二碘荧光黄 > Br^- > 曙红 > Cl^- > 荧光黄$$

因此，测定 Cl^- 时，只能选用荧光黄，在测定 Br^- 时，选用曙红指示剂为宜。

（3）溶液的 pH 要适当　一般吸附指示剂大多为有机弱酸，而起指示作用的主要是阴离子。因此，为了使指示剂主要以阴离子形态存在，必须控制溶液的 pH。对于 K_a 值较小（酸性较弱）的吸附指示剂，溶液的 pH 要高些；而对于 K_a 值较大的吸附指示剂，则溶液的 pH 可低些。例如，荧光黄的 K_a 为 10^{-8}，可用于 pH 为 7～10 的中性或弱碱性条件下使用；二氯荧光黄的 K_a 为 10^{-4}，可用于 pH 为 4～10 的溶液；曙红的 K_a 为 10^{-2}，则可用在 pH 为 2～10 的溶液中。在强碱性溶液，虽然有利于指示剂的离解，但会生成氧化银沉淀，故滴定不能在强碱性溶液中进行。

（4）滴定应避免在强光照射下进行　因为卤化银会感光分解析出金属银，使沉淀变灰或变黑，影响终点的观察。

10.4　应用与示例

10.4.1　无机卤化物和有机碱氢卤酸盐的测定

无机卤化物以及许多有机碱或生物碱的氢卤酸盐，都可用银量法测定。

（1）氯化钾的含量测定　取本品约 1.4g，精密称定，置 250mL 容量瓶中，加纯化水适量，振荡使之溶解，用纯化水稀释至刻度，摇匀。精密量取 25mL，置于锥形瓶中，加纯化水 25mL 与 5％铬酸钾指示液 1mL，用硝酸银标准溶液（0.1mol/L）滴定至混悬液恰好呈浅砖红色，即为终点。

（2）盐酸丙卡巴肼片的含量测定　盐酸丙卡巴肼为 N-(1-甲基乙基)-4-[(2-甲基肼基)甲基] 苯甲酰胺盐酸盐，其结构式如下：

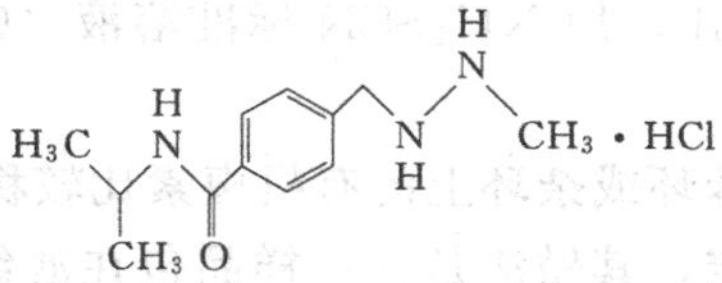

$M(C_{12}H_{19}N_3O \cdot HCl) = 257.76 g/mol$。

其含量测定方法为佛尔哈德法，滴定反应为：

终点前　　$Ag^+ + Cl^- \longrightarrow AgCl \downarrow$

　　　　　$Ag^+ + SCN^- \longrightarrow AgSCN \downarrow$

终点时　　$Fe^{3+} + SCN^- \longrightarrow [FeSCN]^{2+}$　（淡棕红色）

操作步骤：取本品 25 片（每片 25mg），除去肠溶衣后，研细，精密称出适量（约相当于盐酸丙卡巴肼 0.25g），加水 50mL 溶解后，加硝酸 3mL，精密加硝酸银标准溶液（0.1mol/L）20.00mL，再加邻苯二甲酸二甲酯约 3mL，用力振摇后，加铁铵矾指示液 2mL，用硫氰酸铵标准溶液（0.1mol/L）滴定至淡棕红色即为终点。并将滴定结果用空白试验校正。每 1mL 硝酸银标准溶液（0.1mol/L）相当于 25.78mg $C_{12}H_{19}N_3O \cdot HCl$。

结果计算如下：

$$平均每片待测成分的实测质量 = \frac{(c_1 V_1 - c_2 V_2) M \times 10^{-3}}{S} \times \frac{W_n}{n}$$

$$标示量（\%）= \frac{平均每片待测成分的实测质量}{每片待测成分的标示量} \times 100\%$$

式中，c_1、c_2 分别为硝酸银标准溶液和硫氰酸铵标准溶液的浓度，mol/L；V_1、V_2 分别为硝酸银溶液和硫氰酸铵溶液的体积，mL；W_n/n 为平均片重，g。

本品含盐酸丙卡巴肼（$C_{12}H_{19}N_3O \cdot HCl$）应为标示量的 93.0％～107.0％。

10.4.2　有机卤化物的测定

由于有机卤化物中卤素与分子结合较牢，必须经过适当的处理，使有机卤素转变成无机卤素离子后，再用银量法测定。使有机卤素转变成无机卤素离子的常用方法有以下三种。

（1）NaOH 水解法　本法常用于脂肪族卤化物或卤素结合在苯环侧链上类似脂肪族卤化物的有机化合物的测定，如对硝基-α-溴代苯乙酮、溴米那、对乙酰氨基苯磺酰氯等，其结构式如下：

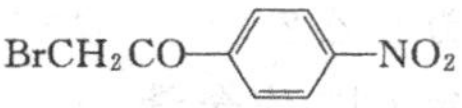

对硝基-α-溴代苯乙酮 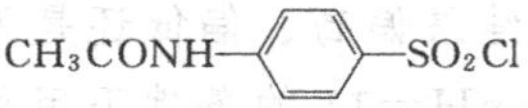　　　　　对乙酰氨基苯磺酰氯

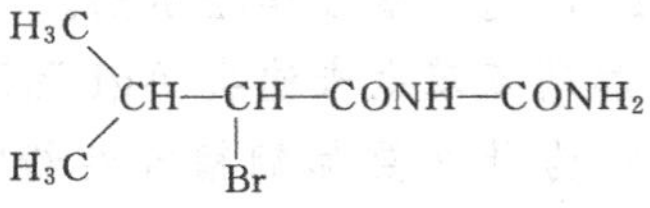

溴米那

其卤素比较活泼，在碱性溶液中加热水解，有机卤素即以卤素离子形式进入溶液中。其水解反应可表示如下：

$$R—X + NaOH \longrightarrow R—OH + NaX$$

溴米那的测定：取本品约 0.3g，精密称取，置于锥形瓶中，加 1mol/L NaOH 溶液 40mL 和沸石 2～3 块，瓶上放一个小漏斗，微微加热至沸，并维持 20min，用纯化水冲洗漏斗，冷却至室温。加入 6mol/L 硝酸溶液 10mL，再准确加入 $AgNO_3$ 标准溶液（0.1mol/L）25.00mL，铁铵矾指示液 2mL，用 NH_4SCN 标准溶液（0.1mol/L）滴定至出现淡棕红色，即为终点。

（2）氧瓶燃烧法　结合在苯环或杂环上的有机卤素比较稳定，一般需采用本法先使其转变为无机卤化物后，再进行测定。其做法是：将样品包在滤纸中，夹在燃烧瓶的铂丝下部，瓶内加入适当的吸收液（如 NaOH、H_2O_2 或二者的混合液）后充入氧气，点燃，待燃烧完全后，充分振摇至瓶内白色烟雾完全被吸收为止。最后用银量法测定含量。

反应如下：

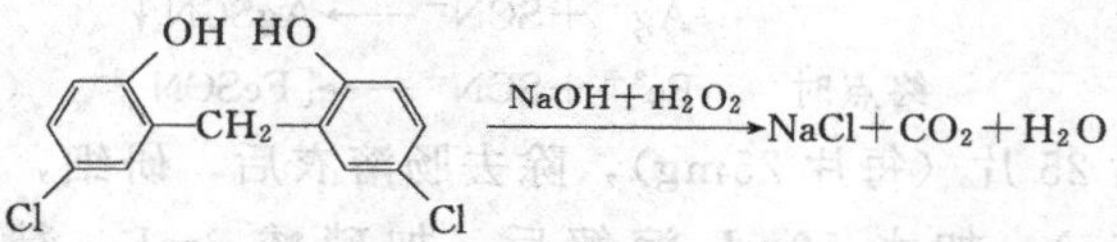

二氯酚的测定：取本品约 20mg，精密称定，用氧瓶燃烧法破坏有机物，以 0.1mol/L NaOH 10mL 和 H_2O_2 2mL 混合液作为吸收液，待反应完全后，微微煮沸 10min，除去多余的 H_2O_2 冷却，加稀 HNO_3 5mL 和 $AgNO_3$ 标准溶液（0.2mol/L）25.00mL，至沉淀完全后，过滤，用纯化水洗涤沉淀，合并滤液，以铁铵矾溶液作指示剂，用 NH_4SCN 标准溶液（0.02mol/L）滴定，同时做一空白试验消除误差。

（3）Na_2CO_3 熔融法　本法作用原理与氧瓶燃烧法相似，对结构比较复杂的有机卤化物，一般可采用 Na_2CO_3 熔融法，使其转变成无机卤化物后，进行测定。

操作步骤：将样品与无水碳酸钠置于坩埚中，混合均匀，灼烧至内容物完全灰化，冷却。用水溶解，调成酸性，用银量法测定。

习　题

1. 在莫尔法中为何要控制指示剂 K_2CrO_4 的浓度？为何溶液的酸度应控制在 6.5～10.5？如果在 pH＝2 时滴定 Cl^-，分析结果会怎样？

2. 试归纳总结银量法中三种指示终点的方法（标准溶液、指示剂、反应原理、滴定条件和应用范围）。

3. 下列样品 NH_4Cl、$BaCl_2$、KSCN、含有 Na_2CO_3 的 NaCl、KI、含有 NaCl 的 Na_3PO_4，如用银量法测定含量，用何种指示终点的方法较好？为什么？

4. 在下列情况中结果偏高、偏低还是无影响？为什么？

（1）在 pH＝4 或 pH＝11 的条件下用莫尔法测定 Cl^- 的含量。

（2）用法扬司法测定 Cl^- 或 I^-，选用曙红作指示剂。

（3）用佛尔哈德法测定 I^- 未加硝基苯也未滤去 AgI 沉淀。

5. 法扬司法的作用原理如何？为什么要加糊精或淀粉？此法的 pH 条件如何确定？为什么 pH 条件与指示剂有关？

第11章　分光光度法

分光光度法是根据物质对光的选择性吸收及光的吸收定律，对物质进行定性、定量的分析方法。它具有灵敏度高（被测物最低浓度一般为 $10^{-6} \sim 10^{-5}\,mol/L$）、准确度高（相对误差为 1%～5%）、操作简便、测定快速、应用范围广、仪器也不太贵重等优点。因此在工农业生产和科学实践中得到广泛应用，本章主要介绍分光光度法的基本原理及其实际应用。

11.1　分光光度法的基本原理

11.1.1　光的本质与溶液颜色的关系

光是一种电磁波，通常用频率和波长来描述光。人的视觉所能感觉到的光称为可见光，波长范围在 400～760nm，人的眼睛感觉不到的还有红外线（波长大于 760nm）、紫外线（波长小于 400nm）、X 射线等。

在可见光区，不同波长的光呈现不同的颜色，但各种有色光之间并没有严格的界限，而是由一种颜色逐渐过渡到另一种颜色。

具有单一波长的光称为单色光，由不同波长的光组成的光称为复合光。白光属于复合光，如果让一束白光通过棱镜，便可分解为红、橙、黄、绿、青、蓝、紫七种颜色的光，这种现象称为光的色散。

两种适当颜色的单色光按一定强度比例混合可成为白光，这两种单色光称为互补色光，如图 11-1 中直线相连的两种色光彼此混合可成白光。

图 11-1　光的互补色示意

当一束白光通过某一溶液时，如果该溶液对各种颜色的光都不吸收，则溶液无色透明。如果某些波长的光被溶液吸收，另一些波长的光不被吸收而透过溶液，溶液的颜色是由透过光的波长决定的，所以人们看到溶液的颜色就是它所吸收光的互补色。如高锰酸钾溶液因吸收了白光中的绿光而呈现紫色；硫酸铜因吸收了白光中的黄光而呈现蓝色。

11.1.2　光的吸收定律

（1）百分透光率（T）和吸光度（A）　当一束单色光透过均匀、无散射的溶液时，一部分被吸收，另一部分透过溶液，即：

$$I_0 = I_a + I_t$$

式中，I_0 为入射光的强度；I_a 为溶液吸收光的强度；I_t 为透过光的强度。

当入射光 I_0 的强度一定时，溶液吸收光的强度 I_a 越大，则溶液透过光的强度 I_t 越小，

用 $\dfrac{I_t}{I_0}$ 表示光线透过溶液的能力，称为透光率，用符号 T 表示，其数值可用小数或百分数表示。即：

$$T = \frac{I_t}{I_0} \times 100\%$$

透光率的倒数反映了物质对光的吸收程度，应用时取它的对数 $\lg \dfrac{1}{T}$ 作为吸光度，用 A 表示。即：

$$A = \lg \frac{I_0}{I_t} = \lg \frac{1}{T} = -\lg T$$

（2）光的吸收定律——朗伯-比尔定律　这是吸光度的基本定律，比尔定律说明吸光度与浓度的关系，朗伯定律说明吸光度与液层厚度的关系，将两者综合即为朗伯-比尔定律。

朗伯-比尔定律：当一束平行的单色光通过均匀、无散射现象的溶液时，在单色光强度、溶液的温度等条件不变的情况下，溶液吸光度与溶液的浓度及液层厚度的乘积成正比。

$$A = KcL$$

朗伯-比尔定律不仅适用于有色溶液，也适用于无色溶液及气体和固体的非散射均匀体系；不仅适用于可见光区的单色光，也适用于紫外区和红外区的单色光。

（3）吸光系数　朗伯-比尔定律中的 K 为吸光系数，物理意义是吸光物质在单位浓度液层厚度时的吸光度。在一定条件下，吸光系数是物质的特性常数之一，可作为定性鉴别的重要依据。吸光系数的表示方法常用的有两种。

① 摩尔吸光系数　指波长一定时，溶液浓度为 1mol/L 时，液层厚度为 1cm 的吸光度，单位为 L/(mol·cm)，用 ε 表示。

$$\varepsilon = \frac{A}{cL}$$

② 比吸光系数　指波长一定时，溶液浓度为 1g/L 时，液层厚度为 1cm 的吸光度，单位为 L/(g·cm)，用 α 表示。

$$\alpha = \frac{A}{cL}$$

α 和 ε 可以通过下式换算：

$$\varepsilon = \alpha M$$

式中，M 为摩尔质量。

【例 11-1】　Fe^{2+} 浓度为 5.0×10^{-4}g/L 的溶液，与 1,10-邻二氮杂菲反应，生成橙红色配合物。该配合物在波长 508nm，比色皿厚度 2cm 时，测得 $A = 0.19$。计算 1,10-邻二氮杂菲亚铁的 α 及 ε。

解　已知铁的相对原子质量为 55.85，根据朗伯-比尔定律：

$$\alpha = \frac{A}{cL} = \frac{0.19}{2 \times 5.0 \times 10^{-5}} = 190[\text{L/(g·cm)}]$$

$$\varepsilon = M\alpha = 55.85 \times 190 = 1.1 \times 10^4[\text{L/(mol·cm)}]$$

对于多组分体系，吸光度具有加和性，即如果各种吸光物质之间没有相互作用，这时体系的总吸光度等于各组分吸光度之和。

$$A_总 = A_1 + A_2 + A_3 + \cdots + A_n$$

这个性质对于理解分光光度法的实验操作和应用有着极其重要的意义。

11.1.3　吸收光谱

　　吸收光谱又称吸收光谱曲线，它是在浓度一定的条件下，以波长为横坐标，吸光度为纵坐标，所绘制的曲线。将不同波长的单色光依次通过一定浓度高锰酸钾溶液，便可测出该溶液对各种单色光的吸光度。然后以波长 λ 为横坐标，以吸光度 A 为纵坐标，绘制曲线，曲线上吸光度最大的地方称为最大吸收峰，它所对应的波长称为最大吸收波长，用 λ_{max} 表示。如图 11-2 所示，高锰酸钾溶液的 λ_{max} 为 525nm，说明高锰酸钾溶液对波长 525nm 附近的绿光有最大吸收，而对紫光和红光则吸收很少，故高锰酸钾溶液显紫色。

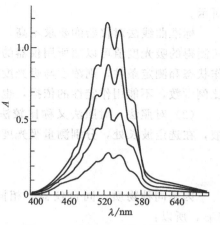

图 11-2　$KMnO_4$ 吸收光谱曲线

　　在定量分析中，吸收曲线可提供选择测定的适当波长，一般以灵敏度大的 λ_{max} 作为测定波长。

　　分光光度法常用的仪器是分光光度计，常用的有可见分光光度计和紫外-可见分光光度计等。见实验讲义。

11.2　定量分析方法

11.2.1　单组分的定量

　　(1) 标准曲线法　标准曲线法是可见、紫外分光光度法中最经典的方法。测定时，先取与被测物质含有相同组分的标准品，配成一系列浓度不同的标准溶液，置于相同厚度的吸收池中，分别测其吸光度。然后以溶液浓度 c 为横坐标，以相应的吸光度 A 为纵坐标，绘制 A-c 曲线，如果符合比尔定律，该曲线为通过原点的一条直线——标准曲线（或工作曲线），如图 11-3 所示。在相同条件下测出样品溶液的吸光度，从标准曲线上便可查出与此吸光度对应的样品溶液的浓度。

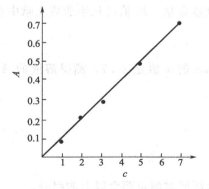

图 11-3　标准曲线（A-c 曲线）

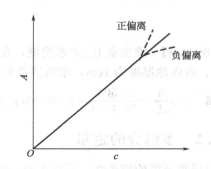

图 11-4　标准曲线弯头现象

　　朗伯-比尔定律只适用于稀溶液，浓度较大时，吸光度与浓度不成正比，当浓度超过一定数值时，引起溶液对比尔定律的偏离，曲线顶端发生向下或向上的弯曲现象，如图 11-4

所示。

标准曲线法对仪器的要求不高，尤其适用于单色光不纯的仪器，因为在这种情况下，虽然测得的吸光度值可以随所用仪器的不同而有相当的变化，但若是认定一台仪器，固定其工作状态和测定条件，则浓度与吸光度之间的关系仍可写成 $A=Kc$，不过这里的 K 仅是一个比例常数，不能用作定性的依据，也不能互用。

（2）对照法　对照法又称比较法。在相同条件下在线性范围内配制样品溶液和标准溶液，在选定波长处，分别测量吸光度。根据比尔定律：

$$A_{样}=K_{样}c_{样}L_{样}$$

$$A_{标}=K_{标}c_{标}L_{标}$$

因是同种物质，同台仪器，相同厚度吸收池及同一波长测定，故 $K_{样}=K_{标}$，$L_{样}=L_{标}$，所以：

$$c_{样}=\frac{A_{样}}{A_{标}}c_{标}$$

为了减少误差，比较法配制的标准溶液浓度常与样品溶液的浓度相接近。

当测定不纯样品中某纯品的含量时，可先配制相同浓度的不纯样品溶液（$c_{原样}$）和标准品溶液，即 $c_{原样}=c_{标}$，设 $c_{样}$ 为 $c_{原样}$ 溶液中纯被测物的浓度。在最大吸收峰处分别测定其吸光度 A 值，便可直接计算出样品的含量。

$$w_{纯被测组分}=\frac{c_{样}}{c_{原样}}=\frac{c_{标}\frac{A_{样}}{A_{标}}}{c_{原样}}=\frac{A_{样}}{A_{标}}$$

【例 11-2】　不纯的 $KMnO_4$ 样品与标准品 $KMnO_4$ 各准确称取 0.1500g，分别用 1000mL 容量瓶定容。各取 10.0mL 稀释至 50.00mL，在 $\lambda_{max}=525nm$ 处各测得 $A_{样}=0.250$，$A_{标}=0.280$，求样品中纯 $KMnO_4$ 的含量。

解　$c_{原样}=c_{标}=0.1500g/L\times\frac{10.00}{50.00}=30(\mu g/mL)$

$$w_{纯被测组分}=\frac{c_{样}}{c_{原样}}=\frac{c_{标}\frac{A_{样}}{A_{标}}}{c_{原样}}=\frac{A_{样}}{A_{标}}=\frac{0.250}{0.280}=0.8929$$

（3）吸光系数法　吸光系数是物质的特性常数。只要测定条件不致引起对比尔定律的偏离，即可根据测得的吸光度 A，按比尔定律求出浓度或含量。K 值可从手册或文献中查到。

$$c=\frac{A}{KL}$$

【例 11-3】　维生素 B_{12} 的水溶液，在 $\lambda_{max}=361nm$ 的 α 值是 20.7，测得溶液的 A 值为 0.504，吸收池厚度为 1cm，求该溶液的浓度。

解　$c=\frac{A}{\alpha L}=\frac{0.504}{20.7\times 1}=0.02000(g/L)$

11.2.2　多组分的定量

根据吸光度的加和性，可以在同一试样中不经分离同时测定两个以上的组分。

假定溶液中存在 A、B 两种组分，在一定条件下将其转化为有色物质，分别绘制各自的吸收曲线，将会得到以下两种情况，如图 11-5 所示。

图 11-5(a) 表明，A、B 组分互不干扰，因此可分别在 λ_{max}^A 与 λ_{max}^B 处测定 A、B 组分的

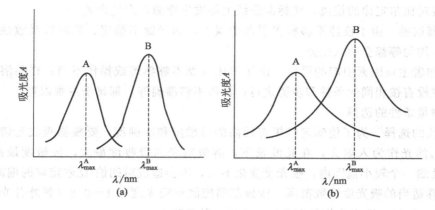

图 11-5　多组分的吸收曲线

吸光度，从而求出各自的含量。图 11-5(b) 则说明溶液中 A、B 组分彼此相互干扰，这时可在波长 λ_{max}^{A} 与 λ_{max}^{B} 处分别测定 A、B 两组分的总的吸光度 A_1 和 A_2，然后再根据吸光度的加和性联立方程：

$$A_1 = \varepsilon_1^{A} b c_A + \varepsilon_1^{B} b c_B$$

$$A_2 = \varepsilon_2^{A} b c_A + \varepsilon_2^{B} b c_B$$

式中，ε_1^{A}、ε_1^{B}、ε_2^{A}、ε_2^{B} 分别为组分 A 和 B 在 λ_{max}^{A} 与 λ_{max}^{B} 波长处的摩尔吸光系数，其值可由已知准确的纯组分 A 和组分 B 在两种波长处测得，然后解联立方程即可求出 A、B 组分的含量。对于更多组分体系，可采取同样的方法，用计算机处理测定结果。

11.3　显色反应及测量条件的选择

11.3.1　显色反应和显色剂

在分光光度法中，许多不吸收光的无色物质可以用显色反应变成有色物质，使之能进行比色测定，并能提高测定的灵敏度和选择性。在比色分析或分光光度分析中，将待测组分转变成有色化合物的反应称为显色反应，与待测组分反应生成有色化合物的试剂称为显色剂。

在实际分析中，同一待测组分可与多种显色剂发生显色反应，生成不同的有色物质。为了保证测定的灵敏度和准确度，在分析时常需对显色反应进行选择，选择原则如下。

① 选择性好，干扰少或干扰易消除。

② 灵敏度要高，要求生成有色化合物的摩尔吸光系数要足够大（ε 为 $10^3 \sim 10^5$）。

③ 生成有色化合物的组成恒定，化学性质稳定。

④ 生成的有色化合物与显色剂之间的颜色需有明显的差别，要求最大吸收波长之差大于 60nm。

11.3.2　误差来源和测量条件的选择

（1）分光光度法的误差来源

① 溶液偏离比尔定律引起的误差　一方面是溶液中吸光物质不稳定，在测定过程中，被测物质逐渐发生离解、缔合，使被测物质的组成改变产生的误差；另一方面是单色光纯度

差引起溶液对比尔定律的偏离，使标准曲线上部发生弯曲，产生误差。

② 仪器误差　由于仪器不够精密引起的误差，如光源不稳定、光电管灵敏性差、吸收池的厚度不均匀等都会引入误差。

③ 操作者主观因素引起的误差　由于使用仪器不够熟练或操作不当；样品溶液与标准溶液的处理没有按相同的条件和步骤进行；读数不够准确等，都属于主观误差。

（2）测量条件的选择

① 波长的选择　为了使测定结果有较高的灵敏度和准确度，要根据吸收光谱曲线选择波长为 λ_{max} 的光作为入射光，在此波长下，溶液对光的吸收度最大，灵敏度最高。另外，在此波长处的一个较小范围内，吸光度变化不大，不会造成对朗伯-比尔定律的偏离。

② 选择适当的吸光度读数范围　读数范围控制在吸光度 0.1～0.8（紫外分光光度法吸光度为 0.3～0.7），透光率控制在 8%～20%，误差较小。

③ 选择适当的参比（空白）溶液　与样品溶液相同的溶剂为空白溶液，在具体测定时通常以蒸馏水为空白溶液。

习　题

1. 朗伯-比尔定律的物理意义是什么？

2. 解释下列名词，并说明它们之间的数学关系：
透光率、吸光度、吸光系数、摩尔吸光系数。

3. 什么是分光光度法的标准曲线？绘制标准曲线的意义何在？

4. 药物安络血的摩尔质量为 236g/mol，将其配成每 100mL 含 0.4962mg 的溶液，盛于 1cm 吸收池中，在 λ_{max} 为 355nm 处测得 A 值为 0.557，试求安络血的 α 和 ε 值。

5. 精密称取维生素 C 0.0500g，溶于 100mL 的 0.005mol/L 的硫酸溶液中，再量取此溶液 2.0mL，稀释至 100mL，取此溶液于 1cm 吸收池中，在 λ_{max} 为 245nm 处测得 A 值为 0.551，求样品中维生素 C 的百分含量（已知 $\alpha=560$）。

6. 50mL 含 Cd^{2+} 5.0μg 的溶液，用卟啉显色剂显色后，在 428nm 波长下，用 0.5cm 比色皿测得吸光度 $A=0.46$，求摩尔吸光系数。

7. 已知一溶液在 λ_{max} 处 $\varepsilon=1.40\times10^4$ L/(mol·cm)，现用 1.0cm 比色皿测得该物质的吸光度为 0.85，计算该溶液的浓度。

8. 一化合物的摩尔质量为 125g/mol，其摩尔吸光系数 $\varepsilon=1.40\times10^4$ L/(mol·cm)。欲配制 1.0L 该化合物的溶液，使其在稀释 200 倍后，放在厚度为 1.0cm 的比色皿中测得的吸光度为 0.60，问应称取该化合物多少克？

9. 维生素 D_2 在 264nm 处有最大吸收峰，其摩尔吸光系数为 1.82×10^4 L/(mol·cm)，摩尔质量为 397g/mol。称取维生素 D_2 粗品 0.0081g，配成 1L 的溶液，在 1.50cm 比色皿中用 264nm 紫外线测得溶液的吸光度为 0.35，计算粗品中维生素 D_2 的含量。

第 12 章　烃

12.1　有机化合物概述

12.1.1　有机化合物与有机化学

有机化学是研究有机化合物的结构、性质、合成、应用以及有机化合物之间相互转变规律的一门科学。有机化学是化学、化工、制药、生命科学及环境工程等专业的基础课程，有机物的结构是研究各类有机物理化性质的基础，官能团反应是掌握有机物合成及应用的重点，其掌握程度直接影响到后续众多专业课程的学习。

有机化合物简称有机物，它大量存在于自然界，与人们的关系非常密切，人类的生产、生活以及科学研究都离不开有机物。例如，蛋白质、纤维素、淀粉等天然高分子化合物，三大合成材料——塑料、合成纤维、合成橡胶以及动植物生长调节剂、药物、燃料等都是有机化合物。

最初，人们把从矿物中得到的物质称为无机物，把从生物体中得到的物质称为有机物。有机物的含义是"有生机之物"。认为它们是不能从无机物或用人工的方法合成的，而是"生命力"所创造的，只能在生物体中产生。直到 1828 德国化学家维勒加热无机物氰酸铵溶液得到当时公认的有机物尿素，这才动摇了"生命力"的观念。

$$NH_4CNO \xrightarrow{\triangle} H_2N-\overset{\displaystyle O}{\underset{\displaystyle \|}{C}}-NH_2$$

随着科学的发展，越来越多的原来由生物体中取得的有机物，如醋酸（1845 年，柯尔伯）、油脂（1854 年，柏塞罗）等，也可以用人工的方法合成，而无需借助于"生命力"，彻底否定了"生命力"学说。"有机物"这个名词，早已失去它的原义，只因使用习惯了，故依然使用着。由于有机物种类繁多，而且在结构和性质上又有许多共同的特点，所以有机化学便逐渐发展成为一门独立的学科。

通过对有机物的研究发现，所有的有机物中都含有碳，所以有机化合物通常是指"含碳化合物"。但有些含碳化合物，如一氧化碳（CO）、二氧化碳（CO_2）、碳酸盐、碳化物、氰化物等一些简单的含碳化合物，具有典型的无机化合物成键方式和化学性质，所以仍将它们归为无机化合物。有机化合物分子中除了含碳外，大多数还含有氢，此外许多化合物还常含有氧、氮、磷、硫、卤素等其他元素，由此可将由碳和氢两种元素组成的化合物看成是有机化合物的母体，其他有机化合物可看成是由母体中的氢原子被其他原子或原子团（基团）取代而衍生的化合物。因此，有机化合物定义为：碳氢化合物及其衍生物。而研究有机化合物的化学称为有机化学，它是研究有机化合物的结构、性质、合成方法、应用以及它们之间的相互转化和内在联系的科学。

12.1.2 有机化合物的特性

有机化合物和无机化合物之间没有绝对的界限，有机化合物和无机化合物之间可以相互转化，但它们在性质上有明显的差异，与无机化合物相比较，有机化合物具有以下特征。

(1) 分子组成复杂　组成有机化合物的元素主要有碳、氢两种元素，除此之外还有氧、氮、硫、磷、卤素等，一些天然有机物中还含有铁、钴、镁等金属元素。虽然组成有机化合物的元素为数不多，但有机化合物种类繁多，结构复杂，现在已知的有机化合物有上千万种，而且每年还在以几十万种的速度迅速增长。

有机化合物数目众多的根本原因一是构成有机物主体的碳原子结合能力特别强，构成有机物的碳原子可以是一个，也可以是几个、几十个甚至成千上万；碳原子之间既可以相互结合形成链状结构，又可以形成环状结构；既可以形成碳-碳单键，又能形成碳-碳双键或碳-碳三键；不仅碳原子间可以相互结合，还可以与其他原子结合，构成各类结构复杂的有机物。例如，甲烷的分子式为 CH_4，乙烯的分子式为 $CH_2{=\!=}CH_2$，维生素 B_{12} 的分子式为 $C_{63}H_{90}N_{14}PCo$，沙海葵毒素的分子式为 $C_{129}H_{221}O_{53}N_3$ 等。

另外一个原因是有机物的同分异构现象普遍存在。在有机化合物中，碳原子之间结合能力很强，结合方式很多。由于碳原子的成键方式、连接方式、连接顺序的不同，使得有些有机化合物分子组成虽然相同，但结构和性质却不相同。例如，分子式为 C_2H_6O 的有机化合物有两种结构：

(1) 式为乙醇的结构式，(2) 式为甲醚的结构式。两者的性质截然不同，属于两类化合物。

有机物分子式相同而结构不同的现象称为同分异构现象，这些化合物互称为同分异构体。随着有机物分子中原子数目的增多，同分异构体数目也迅速增多。

(2) 容易燃烧　大多数有机化合物容易燃烧，燃烧后主要生成二氧化碳和水，同时放出大量的热。例如，酒精、天然气、石油、棉花、木材等。多数无机化合物如酸、碱、盐和氧化物等则不能燃烧。例如，食盐、二氧化碳等。利用这一性质可以初步区别有机物质和无机物质。

(3) 熔点、沸点低　有机化合物在室温下常为气体、液体或低熔点固体。例如，尿素的熔点是 132.7℃，蔗糖的熔点是 186℃。一般的有机化合物的熔点不会超过 400℃。而无机物的熔点和沸点较高。例如，氯化钠的熔点是 801℃，沸点是 1413℃。

(4) 难溶于水，易溶于有机溶剂　有机化合物大多数是非极性或极性很弱的分子。根据相似相溶原则，它们难溶于极性溶剂水，而易溶于非极性或弱极性溶剂有机溶剂。

(5) 导电性差　有机化合物中的化学键基本上是非极性共价键或弱极性共价键，在水溶液或熔融状态下难以电离成离子，其水溶液大多不导电。

(6) 反应速率慢、反应复杂、副反应多　无机物之间的反应通常是离子间的反应，反应迅速进行，瞬间可以完成，而有机反应是分子间的反应，速率较慢，经常需要几小时、几天甚至几年才能完成。为了加速反应，往往需要加热、光照或使用催化剂等。另外有机反应比较复杂，同一反应物在同一反应条件（温度、压力、催化剂等）下会得到许多不同的产物，这是由于有机物的分子是由较多的原子结合而成的一个复杂分子，当它和一个试剂发生反应时，分子的各部分都可能受到影响，也就是说，在相同的条件下，反应并不限定在分子某一特定部位发生反应，而是有机物分子的不同部位都可能发生反应而生成不同的产物，使主要反应产物大大地降低。因此，与一般无机反应不同，有机反应往往并不是按照某一反应式定量地进行的。

由于反应复杂，人们在书写有机反应方程式时常采用箭头，而不用等号。一般只写出主要反应物及其产物，有时还需要在箭头上表示反应的必需条件。反应方程式一般并不严格要求配平，只是在计算理论产率时，主反应才要求配平。

上述有机化合物的特性都是与典型的无机物相比较而言的，并不是绝对的。例如，四氯化碳不仅不能燃烧，而且还能灭火，可以用作灭火剂；酒精、醋酸在水中可以无限混溶等。在认识有机化合物的共性时，也要考虑它们的个性。

12.1.3　有机化合物的分类

有机化合物数目众多，种类复杂，为了便于学习和研究，必须对有机化合物进行科学分类。有机物一般是根据分子中的碳架和官能团分类。

（1）按碳架分类　按有机化合物中碳链结合方式的不同，将有机化合物分为开链化合物、碳环化合物和杂环化合物三大类。

① 开链化合物　在开链化合物分子中，碳原子相互结合形成链状，化合物中碳架形成一条或长或短的链，碳链可以是直链，也可以带有支链，而不形成环状。例如：

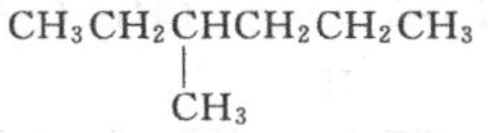

$$CH_3CH_2CHCH_2CH_2CH_3 \qquad CH_3CH_2CH=CHCH_3 \qquad CH_3(CH_2)_{16}COOH$$
$$| \atop CH_3$$

2-甲基己烷　　　　　　　2-戊烯　　　　　　　十八酸

由于这类化合物最初是从动植物油脂中获得的，所以也称为脂肪族化合物。

② 碳环化合物　在碳环化合物分子中，碳原子结合形成碳环。它们又可以分成两类。

a. 脂环族化合物　这类化合物可以看成是由开链化合物的碳链首尾相连接而成，它们的性质与脂肪族化合物相似，因此称为脂环族化合物，例如：

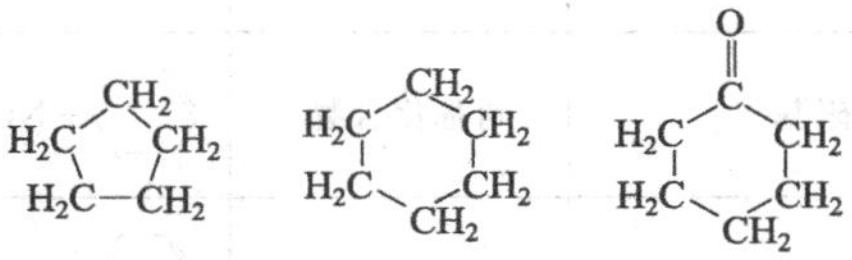

环戊烷　　　　　环己烷　　　　　环己酮

b. 芳香族化合物　芳香族化合物的结构特征大多含有由六个碳原子组成的苯环，它们的化学性质和脂环族化合物有所不同。例如：

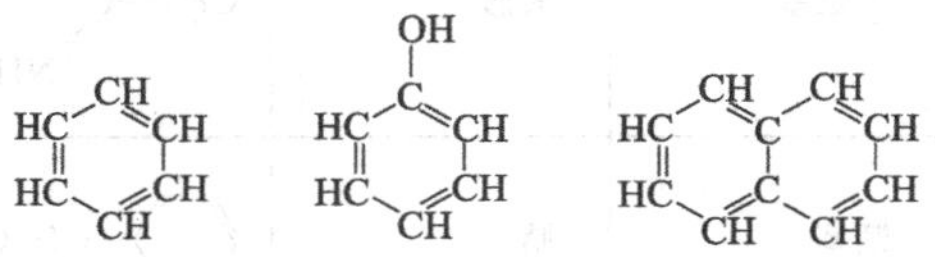

苯　　　　　苯酚　　　　　萘

由于这类化合物最初是由具有芳香味的有机物和树脂中发现的，所以把它们称为芳香族化合物。

③ 杂环化合物　这类化合物也具有环状结构，构成环的原子除了碳原子以外，还掺杂

其他原子如氧、氮、硫（称为"杂"原子）等共同组成的，所以称为杂环化合物。例如：

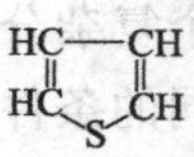

HC—CH
HC   CH
    S
噻吩

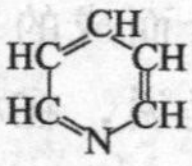

HC—CH
HC   CH
  N
吡啶

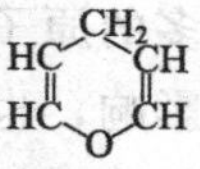

CH₂
HC   CH
HC   CH
  O
吡喃

（2）按官能团分类　实验证明，有机化合物的反应主要在官能团处发生，所谓官能团是指有机化合物分子中特别能起化学反应的一些原子或原子团（基团），这些原子或基团决定这类有机化合物的主要性质。例如，烯烃中的 C=C 双键，卤代烃中的卤素原子（F、Cl、Br、I），醇、酚分子中的羟基（—OH）等。表 12-1 给出一些常见的、重要的官能团。

表 12-1　一些常见的、重要的官能团

官能团结构	官能团名称	化合物类别	实　例
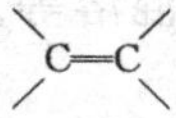 C=C	双键	烯烃	$CH_2=CH_2$
—C≡C—	三键	炔烃	$CH≡CH$
—X（F、Cl、Br、I）	卤素	卤代烃	CH_3CH_2Cl
—OH	羟基	醇和酚	CH_3CH_2OH 　〇—OH
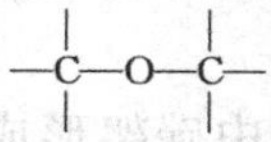 —C—O—C—	醚键	醚	$CH_3—O—CH_3$
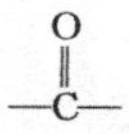 —C=O	羰基	醛和酮	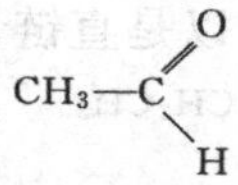 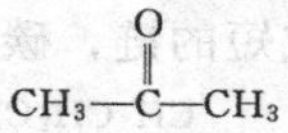 $CH_3—C(=O)—H$　$CH_3—C(=O)—CH_3$
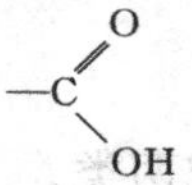 —C(=O)—OH	羧基	羧酸	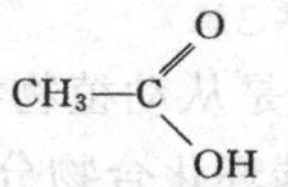 $CH_3—C(=O)—OH$
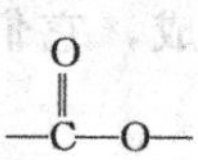 —C(=O)—O—	酯基	酯	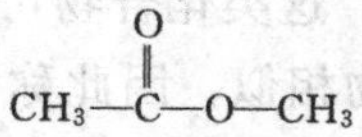 $CH_3—C(=O)—O—CH_3$
—NO₂	硝基	硝基化合物	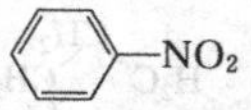 〇—NO₂
—NH₂	氨基	胺	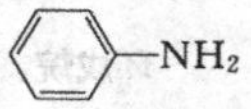 〇—NH₂
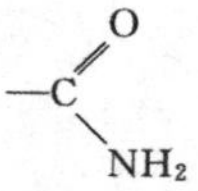 —C(=O)—NH₂	酰氨基	酰胺	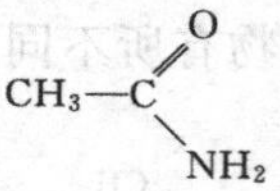 $CH_3—C(=O)—NH_2$
—NH₂	氰基	腈	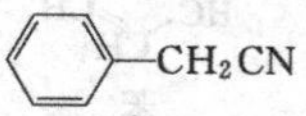 〇—CH₂CN
—SO₃H	磺酸基	磺酸	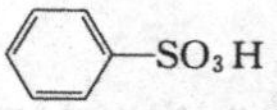 〇—SO₃H

官能团结构	官能团名称	化合物类别	实　例
—SH	巯基	硫醇和硫酚	C$_2$H$_5$SH——SH
—N=N—	偶氮基 重氮基	偶氮化合物和 重氮化合物	⬡—N=N—⬡　　⬡—N$^+$≡NCl

12.2　饱　和　烃

由碳和氢两种元素组成的化合物称为碳氢化合物，简称为烃。烃是最简单的有机化合物，它是一切有机化合物的母体，其他有机化合物可看成是烃分子中的氢原子被其他原子或原子团取代而衍生出来的化合物。根据烃分子中碳架的结构，烃可分为：

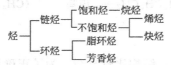

12.2.1　烷烃的分子结构

烷烃分子中的碳原子都是 sp^3 杂化，每个碳原子的 sp^3 杂化轨道与其他的碳原子或氢原子结合，形成四个 σ 键。由于烷烃分子中的碳的价键都是四面体结构，成键的两个碳原子又可以相对旋转，所以三个碳以上的烷烃分子中的碳链并不是直线形的，而是呈锯齿形的形式存在。所谓直链，是指没有支链的碳链。烷烃的通式为 C$_n$H$_{2n+2}$，最简单的烷烃是甲烷，分子式为 CH$_4$。从甲烷开始每增加一个碳原子就增加两个氢原子，因此在烷烃分子之间相差一个或若干个 CH$_2$。像烷烃那样，在组成上相差一个或若干个 CH$_2$ 原子团，且结构相似的一系列化合物称为同系列。同系列中的化合物互称为同系物。相邻的同系物在组成上相差 CH$_2$，这个 CH$_2$ 称为系列差。

烷烃的同分异构现象比较简单，通常是由于分子中原子的连接顺序和连接方式不同而引起的构造异构。甲烷、乙烷、丙烷没有异构体，从丁烷开始出现同分异构现象，C$_4$H$_{10}$ 有两种同分异构体，分别为正丁烷和异丁烷。C$_5$H$_{12}$ 有三种异构体，分别为正戊烷、异戊烷和新戊烷。

$$CH_3CH_2CH_2CH_3 \qquad CH_3\underset{\underset{CH_3}{|}}{C}HCH_3 \qquad CH_3CH_2CH_2CH_2CH_3 \qquad CH_3CH_2\underset{\underset{CH_3}{|}}{C}HCH_3 \qquad CH_3\underset{\underset{CH_3}{|}}{\overset{\overset{CH_3}{|}}{C}}CH_3$$

烷烃同分异构体的数目随着碳原子数的增加而迅速增加。己烷有 5 种，庚烷有 9 种，辛烷有 18 种，壬烷有 35 种，十五烷有 4347 种，二十烷有 366319 种。

从丁烷和戊烷的同分异构体可以看出，烷烃的构造异构是由于分子中碳链的不同而产生的。这种异构称为碳链异构（碳架异构）。

同时也可以看出，在烷烃分子中，各个碳原子所处的位置并不是完全等同的，有的碳原子是与 1 个碳原子相连接的，这种碳原子称为伯碳原子，或称为一级碳原子，用 1° 表示；有的碳原子是与 2 个碳原子相连接的，这种碳原子称为仲碳原子，或称为二级碳原子，用 2° 表示；有的碳原子是与 3 个碳原子相连接的，这种碳原子称为叔碳原子，或称为三级碳原子，用 3°表示；有的碳原子是与 4 个碳原子相连接的，这种碳原子称为季碳原子，或称为四级碳原子，用 4°表示。与伯、仲、叔碳原子相连接的氢原子相应地分别称为伯、仲、叔氢原子，或一级、二级、三级氢原子，也分别用 1°、2°、3°表示。例如：

$$
\begin{array}{c}
\text{(季)4}° \quad \text{(叔)3}° \quad \text{(仲)2}° \quad \text{(伯)1}°C \\
\text{H}_3\text{C} \quad \text{CH}_3 \quad \text{H} \quad \text{H} \\
\text{CH}_3-\text{C}-\text{C}-\text{C}-\text{C}-\text{H} \\
\text{H}_3\text{C} \quad \text{H} \quad \text{H} \quad \text{H} \\
\text{3}° \quad \text{2}° \quad \text{1}°\text{H}
\end{array}
$$

烃分子中去掉一个氢原子剩下的部分称为烃基。通常用 R—表示。例如：

CH_4	甲烷	CH_3-	甲基
CH_3CH_3	乙烷	CH_3CH_2-	乙基
$CH_3CH_2CH_3$	丙烷	$CH_3CH_2CH_2-$ 丙基	$(CH_3)_2CH-$ 异丙基

12.2.2　烷烃的命名

由于有机化合物的数目众多，结构比较复杂，为了正确识别它们，就要有一个合理的命名法来命名。目前广泛采用的命名法是普通命名法和系统命名法。

（1）普通命名法　普通命名法又称为习惯命名法，一般按烷烃所含碳原子数目命名为某烷，碳原子在十以内的用甲、乙、丙、丁、戊、己、庚、辛、壬、癸天干顺序命名，十个碳原子以外的用汉文数字十一、十二……命名。没有支链的烷烃（即直链烷烃），在名称前缀以"正"字；直链结构一末端带有两个甲基的，命名为异某烷。"新"是专指具有叔丁基构造的五、六碳原子的链烃化合物。例如：

$$CH_3CH_2CH_2CH_3 \qquad CH_3CHCH_3 \qquad CH_3CH_2CH_2CH_2CH_3 \qquad CH_3CH_2CHCH_3 \qquad CH_3CCH_3$$

正丁烷　　　　　异丁烷　　　　　　正戊烷　　　　　　　异戊烷　　　　新戊烷

普通命名法简单方便，但只适用于构造比较简单的烷烃。对于比较复杂的烷烃，只能用系统命名法。

（2）系统命名法　系统命名法是一种普遍适用的命名法，它是根据国际纯化学和应用化学联合会（International Union of Pure and Applied Chemistry，简写 IUPAC）制定的命名原则，并结合中国的文字特点，对有机物进行命名。

在系统命名法中，对于直链烷烃的命名和普通命名法基本相同，只是不加"正"字。例如：

$$CH_3CH_2CH_2CH_2CH_3 \qquad\qquad CH_3(CH_2)_{12}CH_3$$

普通命名法	正戊烷	正十四烷
系统命名法	戊烷	十四烷

对于带有支链的烷烃，则按下列步骤进行命名。

① 选主链　从烷烃的结构式中，选择最长的碳链作为主链，当有几个相同长度的碳链可作主链时，则应选择支链数目最多且支链位次最低的链作主链，根据主链所含碳原子数称"某烷"，支链看成是取代基。

$$CH_3-\overset{3}{C}H-\overset{4}{C}H_2-\overset{5}{C}H_2-\overset{6}{C}H_3$$
$$\underset{1CH_3}{\overset{2CH_2}{|}}$$

3-甲基己烷

$$CH_3-\overset{7}{C}H_2-\overset{6}{C}H_2-\overset{5}{C}H-\overset{4}{C}H-\overset{3}{C}H-\overset{2}{C}H-\overset{1}{C}H_3$$

2,3,5-三甲基-4-丙基庚烷

② 给主链碳原子编号　从靠近支链最近的一端开始给主链碳原子编号，依次标以阿拉伯数字 1，2，3，…取代基的位置由它所在的主链上碳原子编号表示，当有几种编号可能时，应当选定使取代基具有"最低系列"的那种编号。

所谓"最低系列"指的是碳链以不同方向编号得到两种或两种以上的不同编号的系列，则顺次逐项比较各系列的不同位次，最先遇到的位次最小者为最低系列。

$$CH_3-CH_2-CH-CH_2-CH-CH-CH_2-CH_2-CH-CH_2-CH_3$$

正确:3,9-二甲基-6-乙基-5-丙基十一烷
错误:3,9-二甲基-6-乙基-7-丙基十一烷

③ 写名称　写名称时将取代基的名称写在烷烃名称的前面，并在取代基名称前面，用阿拉伯数字表明它所在的位次，在取代基名称和数字之间要加一短横线；如果含有几个不相同的取代基，命名时按次序规则中"优先"的基团排在后面（次序规则详见第 13 章有关内容）；如果所含的取代基相同，可以合并，在取代基名称的前面用中文数字二、三、四……标明，其位次则须逐个注明。例如:

$$CH_3-CH-CH-C-CH_2-CH_2-CH_3$$

3,4-二甲基-5,5-二乙基辛烷

$$CH_3-C-CH-CH_2-CH_3$$

2,2,3-三甲基戊烷

$$CH_3-CH_2-CH-CH-CH_2-CH_2-CH_2-CH_3$$

3-甲基-4-乙基-5-丙基辛烷

12.2.3　烷烃的性质

12.2.3.1　物理性质

烷烃是无色且具有一定气味的物质，直链烷烃的物理性质如熔点、沸点和相对密度等，随着分子中碳原子数的增大而呈现规律性变化。表 12-2 给出一些常见直链烷烃的物理常数。

表 12-2　常见直链烷烃的物理常数

状态	名称	结构简式	熔点/℃	沸点/℃	相对密度(20℃)
气体	甲烷	CH_4	−182.5	−164	0.466(−164℃)
	乙烷	CH_3CH_3	−183.3	−38.6	0.572(−108℃)
	丙烷	$CH_3CH_2CH_3$	−189.7	−42.1	0.5005
	丁烷	$CH_3(CH_2)_2CH_3$	−138.4	−0.5	0.6012

续表

状态	名称	结构简式	熔点/℃	沸点/℃	相对密度(20℃)
液态	戊烷	$CH_3(CH_2)_3CH_3$	−129.75	36.1	0.6262
	己烷	$CH_3(CH_2)_4CH_3$	−90.5	68.9	0.6603
	庚烷	$CH_3(CH_2)_5CH_3$	−90.6	98.4	0.6838
	辛烷	$CH_3(CH_2)_6CH_3$	−56.8	125.7	0.7025
	壬烷	$CH_3(CH_2)_7CH_3$	−51	150.8	0.7176
	癸烷	$CH_3(CH_2)_8CH_3$	−29.7	174	0.7298
	十一烷	$CH_3(CH_2)_9CH_3$	−25.6	195.9	0.7402
	十二烷	$CH_3(CH_2)_{10}CH_3$	−9.6	216.3	0.7487
	十三烷	$CH_3(CH_2)_{11}CH_3$	−5.5	235.4	0.7564
	十四烷	$CH_3(CH_2)_{12}CH_3$	5.9	353.7	0.7628
	十五烷	$CH_3(CH_2)_{13}CH_3$	10	270.6	0.7685
	十六烷	$CH_3(CH_2)_{14}CH_3$	18.2	287	0.7733
固态	十七烷	$CH_3(CH_2)_{15}CH_3$	22	301.8	0.7780
	十八烷	$CH_3(CH_2)_{16}CH_3$	28.2	316.1	0.7768
	十九烷	$CH_3(CH_2)_{17}CH_3$	32.1	329.7	0.7774
	二十烷	$CH_3(CH_2)_{18}CH_3$	36.8	343	0.7886
	二十二烷	$CH_3(CH_2)_{20}CH_3$	44.4	368.6	0.7944
	三十二烷	$CH_3(CH_2)_{30}CH_3$	69.7	467	0.8124

常温常压时，$C_1 \sim C_4$ 直链烷烃是气体，$C_5 \sim C_{16}$ 直链烷烃是液体，C_{17} 以上直链烷烃是固体。

随着碳原子数的增加，直链烷烃的沸点逐渐升高；支链异构体比直链异构体具有较低的沸点，支链越多，沸点越低。

直链烷烃的熔点也随着碳原子数的增加而升高，偶数碳原子烷烃的熔点通常比奇数碳原子烷烃的熔点升高多，构成两条熔点曲线，偶数居上，奇数在下。

随着碳原子数的增加，直链烷烃的相对密度逐渐增大，但随碳原子数的增多，相对密度的增加量逐渐减小，所有烷烃的相对密度都小于1。

烷烃不溶于水，能溶于非极性或弱极性的有机溶剂。

12.2.3.2 化学性质

在烷烃分子中，原子之间是以 σ 键结合的，因此化学性质比较稳定。一般情况下，不与强酸、强碱、强氧化剂及强还原剂等发生反应。但在一定条件下，也可以发生某些反应。

（1）氧化反应 在有机化学中，通常把有机化合物分子中加氧或脱氢的反应称为氧化反应；反之，脱氧或加氢的反应，称为还原反应。

烷烃在常温下不与氧化剂反应，也不与空气中的氧反应，但可在氧气或空气中燃烧，燃烧时如果氧气充足，可完全反应生成二氧化碳和水，同时放出大量的热。

$$CH_4 + O_2 \xrightarrow{\text{燃烧}} CO_2 + 2H_2O + Q$$

若控制反应条件，烷烃可发生部分氧化，生成各种含氧衍生物如醇、醛、羧酸等。例如：

$$RCH_2-CH_2R' \xrightarrow[120\sim150℃]{\text{锰盐}} RCOOH + R'COOH$$

高级烷烃（如石蜡——约含 $C_{20} \sim C_{30}$ 的烷烃）氧化生成高级脂肪酸，可用来代替动植物油脂制造肥皂，节约了大量的食用油脂。

（2）卤代反应 有机化合物分子中的原子或原子团被其他原子或原子团所取代的反应称

为取代反应。若被卤素原子取代则称为卤代反应。卤素的反应活性为 $F_2 > Cl_2 > Br_2$，碘通常不反应。除氟外，在常温和黑暗中不发生或极少发生卤代反应，但在紫外线漫射或高温下，氯和溴易发生反应，有时剧烈反应，甚至引起爆炸。例如：

$$CH_4 + Cl_2 \xrightarrow{\text{光}} CH_3Cl + HCl$$

甲烷的氯代反应很难停留在一氯甲烷阶段。生成的一氯甲烷还会继续被氯代，生成二氯甲烷、三氯甲烷和四氯化碳，往往生成四种产物的混合物。

$$CH_3Cl + Cl_2 \xrightarrow{\text{光}} CH_2Cl_2 + HCl$$

$$CH_2Cl_2 + Cl_2 \xrightarrow{\text{光}} CHCl_3 + HCl$$

$$CHCl_3 + Cl_2 \xrightarrow{\text{光}} CCl_4 + HCl$$

烷烃的卤代反应是游离基反应，反应时，共价键发生均裂生成自由基（也称为游离基）。

碳链结构比较复杂的烷烃发生卤代反应时，反应可以在不同类型的碳原子上进行，取代不同的氢，得到各种卤代烃，情况比较复杂。氢原子类型不同，卤代反应的难易程度也不同，对于自由基卤化，烷烃中氢原子的活性顺序是：叔氢原子＞仲氢原子＞伯氢原子。因此，在复杂烷烃的卤代反应中，生成叔卤代烃最容易，仲卤代烃次之，伯卤代烃最难。例如：

$$CH_3CH_2CH_3 + Cl_2 \xrightarrow[25℃]{\text{光,CCl}_4} \underset{43\%}{CH_3CH_2CH_2Cl} + \underset{57\%}{CH_3\underset{|}{\overset{}{CH}}CH_3}$$
$$Cl$$

$$\underset{CH_3}{\overset{CH_3}{CH_3-\overset{|}{\underset{|}{C}}-H}} + Cl_2 \xrightarrow[25℃]{\text{光,CCl}_4} \underset{36\%}{\overset{CH_3}{CH_3-\overset{|}{\underset{|}{C}}-Cl}} + \underset{64\%}{\overset{CH_3}{CH_3-\overset{|}{\underset{|}{C}}-H}}$$

（3）裂化反应　烷烃在隔绝空气被加热到较高温度时，碳链生成较小的分子，这种反应称为热裂解。反应物结构越复杂，生成的产物就越复杂。除了产生小分子的烷烃外，还伴随生成烯烃和氢气。例如：

$$CH_3CH_2CH_2CH_3 \begin{cases} \rightarrow CH_3CH=CHCH_3 + H_2 \\ \rightarrow CH_4 + CH_3CH=CH_2 \\ \rightarrow CH_2=CH_2 + CH_3CH_3 \\ \rightarrow CH_3CH_2CH=CH_2 + H_2 \end{cases}$$

在催化剂作用下的裂解反应称为催化裂化。催化裂化可在较低的温度下进行。裂化反应（尤其是催化裂化）在碳链断裂的同时，还伴有异构化、环化、脱氢等反应，生成带有支链的烷烃、烯烃和芳香烃。

12.2.4　环烷烃

12.2.4.1　环烷烃的结构与命名

（1）环烷烃的结构　环烷烃是指分子中只含有碳-碳单键的环烃。单环烷烃的通式为 C_nH_{2n}，与相同碳原子数的烯烃互为同分异构体。在环烷烃中所有的键都为 σ 键，化学性质比较稳定，但小环的环烷烃由于存在较大的角张力，易发生类似烯烃的加成反应而开环。

环烷烃中的碳原子是 sp^3 杂化，而正常的 sp^3 杂化轨道之间的夹角是 $109°28'$，当它与其他四个原子连接时，任何两个键之间的夹角都为正四面体角。但环丙烷的环是正三角形，夹角为 $60°$。因此环丙烷中的所形成 C—C 之间的电子云不可能在原子核连线的方向上重叠，也就不能达到最大程度的重叠，与正常的正四面体键角有一定的偏差，形成弯曲的键，这样形成的键没有正常的碳-碳 σ 键稳定。所以环丙烷的稳定性比烷烃的差。这些与正常的正四面体键角的偏差引起了分子的张力，力图恢复正常键角的趋势，这种力称为角张力。这样的环称为张力环。张力环与正四面体的分子相比是不稳定的，为了减小张力，有生成更稳定的开链化合物的倾向。

环丁烷的环是正方形，夹角为 $90°$，情况与环丙烷相似，分子中也存在角张力，但比环丙烷稳定。环戊烷中的碳-碳键已接近一般烷烃中的碳-碳键之间的正常键角，因而较稳定。环己烷分子中无角张力，是无张力环，性质稳定。

（2）环烷烃的命名　环烷烃的命名法与烷烃相似，只是在烷字前面加上一"环"字，称为"环某烷"。例如：

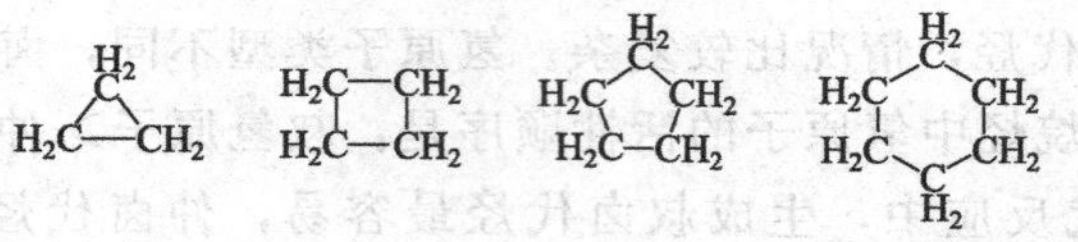

环丙烷　　　环丁烷　　　环戊烷　　　　环己烷

对于带有支链的环烷烃，则把环上的支链看成取代基，当取代基不止一个时，还要把环上的碳原子编号，编号时要使取代基的位次尽可能小，有两个或两个以上不同取代基时，要根据次序规则中"优先基团后列"的原则，把较小的位次给予次序规则中排在后面的取代基。例如：

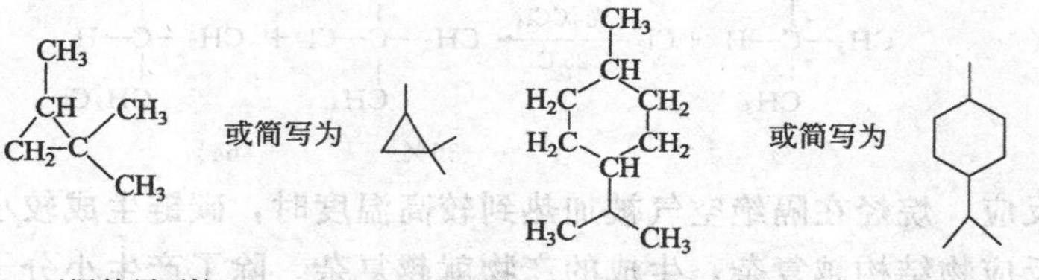

1，1，2-三甲基环丙烷　　　　1-甲基-4-异丙基环己烷

12.2.4.2　环烷烃的性质

环烷烃的物理性质与烷烃类似。小环环烷烃为气体，五元、六元环烷烃是液态，大环环烷烃为固态。环烷烃不溶于水，其熔点、沸点和相对密度比相应的烷烃高。

环烷烃的化学性质与开链烃的性质相似，主要发生游离基取代反应。

（1）卤代反应　在日光或紫外线或加热时环烷烃与卤素发生取代反应。

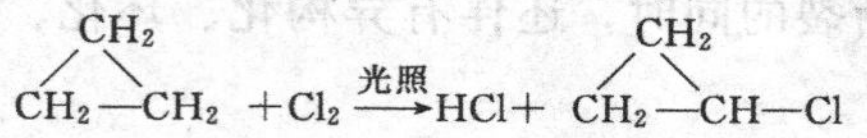

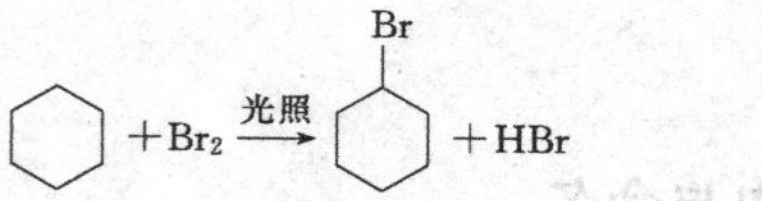

（2）加成反应

① 加氢　在催化剂铂、钯或雷尼镍的作用下，环烷烃可以与氢发生开环反应。加氢时环烷烃开环，碳链两端的碳原子与氢原子结合生成烷烃。例如：

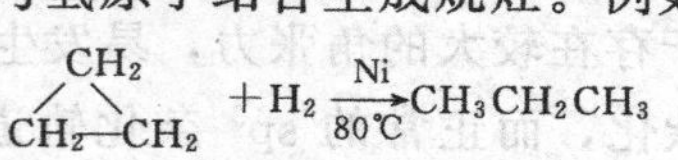

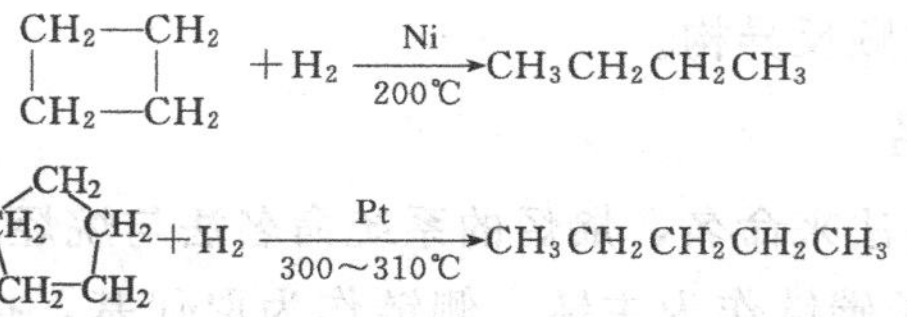

$$\underset{\begin{array}{c}CH_2-CH_2\\|\qquad|\\CH_2-CH_2\end{array}}{}+H_2 \xrightarrow[200℃]{Ni} CH_3CH_2CH_2CH_3$$

$$\underset{\begin{array}{c}CH_2\\CH_2\quad CH_2\\|\qquad|\\CH_2-CH_2\end{array}}{}+H_2 \xrightarrow[300\sim310℃]{Pt} CH_3CH_2CH_2CH_2CH_3$$

从以上反应可以看出，环烷烃的碳原子数不同，它们反应的难易程度也不同。环丙烷在较低温度下就可以加氢开环，而环戊烷必须在相当高的温度和活性高的铂催化剂作用下才能加氢开环变成烷烃，环己烷就更难被催化氢化了。

② 加卤素　环丙烷在常温下就易与卤素加成开环，而环丁烷要在加热时才与卤素加成开环。例如：

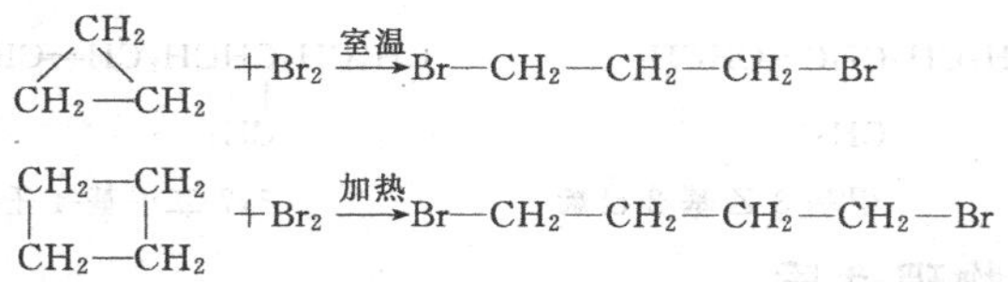

$$\underset{\begin{array}{c}CH_2\\|\quad|\\CH_2-CH_2\end{array}}{}+Br_2 \xrightarrow{室温} Br-CH_2-CH_2-CH_2-Br$$

$$\underset{\begin{array}{c}CH_2-CH_2\\|\qquad|\\CH_2-CH_2\end{array}}{}+Br_2 \xrightarrow{加热} Br-CH_2-CH_2-CH_2-CH_2-Br$$

③ 加卤化氢　环丙烷在常温下也可以与卤化氢发生加成反应而开环。环丙烷的烃基衍生物与氢卤酸加成时，符合马氏规则，氢原子加在含氢较多的碳原子上，即加成的位置发生在联结最少或最多烷基的碳原子间。

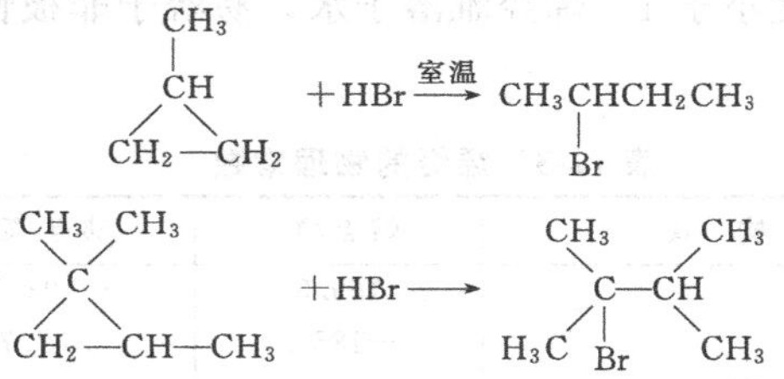

$$\underset{\begin{array}{c}CH_3\\|\\CH\\|\quad|\\CH_2-CH_2\end{array}}{}+HBr \xrightarrow{室温} \underset{\begin{array}{c}\\CH_3CHCH_2CH_3\\|\\Br\end{array}}{}$$

$$\underset{\begin{array}{c}CH_3\quad CH_3\\|\\C\\|\quad|\\CH_2-CH-CH_3\end{array}}{}+HBr \longrightarrow \underset{\begin{array}{c}CH_3\quad CH_3\\|\qquad|\\C-C\\|\quad|\\H_3C\;Br\quad CH_3\end{array}}{}$$

从以上反应可以看出，环戊烷、环己烷像烷烃，化学性质稳定，而环丙烷、环丁烷像烯烃，发生加成反应。虽然环丙烷、环丁烷化学性质不稳定，但对氧化剂较稳定，一般不被高锰酸钾溶液或臭氧氧化，利用这一性质，可以区别环烷烃与烯烃。

12.3　不饱和烃

12.3.1　烯烃

12.3.1.1　烯烃的结构

分子中含有碳-碳双键的不饱和烃称为烯烃。单烯烃比烷烃少两个氢原子，其通式为 C_nH_{2n}。碳-碳双键是烯烃的官能团。烯烃中形成双键的两个碳原子采用 sp^2 杂化。它们以一个 sp^2 杂化轨道相互重叠形成碳-碳 σ 键，而每个碳原子的其余两个 sp^2 杂化轨道分别与氢原子或其他碳原子重叠形成 σ 键。由于碳原子的三个 sp^2 杂化轨道同处于一个平面上，因而五个 σ 键共平面。每个碳原子还有一个未杂化的 p 轨道，它们的对称轴垂直于五个 σ 键所构成的平面，这两个互相平行的 p 轨道从侧面重叠形成 π 键。乙烯分子中的共价键如图 12-1 所示。

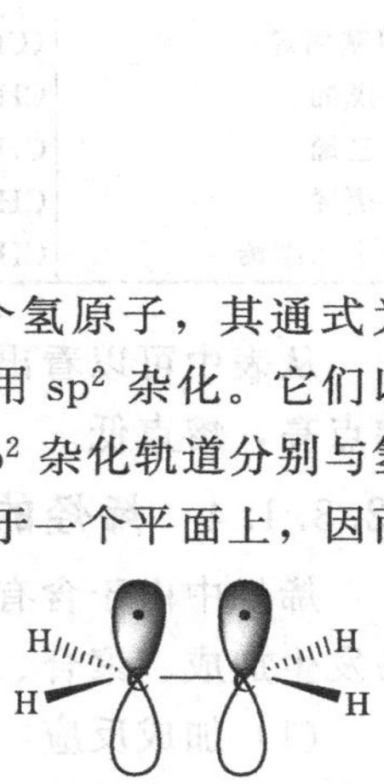

烯烃的同分异构体比较复杂，除了碳链异构以外，还有由于官能团（碳-碳双键）位置不同而产生的位置异构和由于原子或基团在空间

图 12-1　乙烯分子中的共价键

的排列方式不同而产生的顺反异构。

12.3.1.2 烯烃的命名

烯烃通常用系统命名法来命名，烯烃的系统命名法与烷烃相似。

① 选择含双键的最长碳链作为主链，侧链作为取代基，按主链上碳原子数命名为"某碳烯"，碳原子数少于十个的"碳"字省略。如丙烯、十二碳烯。

② 编号时从靠近双键的一端开始编号，使双键碳原子的编号最小。

③ 在烯烃名称之前，用阿拉伯数字标出双键的位置。取代基的名称和位置的表示方法与烷烃相同。例如：

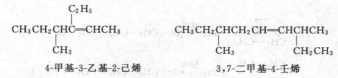

4-甲基-3-乙基-2-己烯   3,7-二甲基-4-壬烯

12.3.1.3 烯烃的物理性质

烯烃的物理性质与烷烃相似，室温下含 2～4 个碳原子的烯烃是气体，5～18 个碳原子的为液体，含 19 个碳原子以上的是固体。烯烃的沸点与熔点与烷烃一样，也随着分子量的增加而升高，烯烃的相对密度小于 1。烯烃难溶于水，易溶于非极性有机溶剂。一些烯烃的物理常数见表 12-3。

表 12-3　烯烃的物理常数

名　称	结　构　式	熔点/℃	沸点/℃	相　对　密　度
乙烯	$CH_2=CH_2$	169.5	-103.7	0.566(-102℃)
丙烯	$CH_3CH=CH_2$	-185.2	-47.7	0.5193
1-丁烯	$CH_3CH_2CH=CH_2$	-130	-6.3	0.5951
(Z)-2-丁烯	$\underset{H}{\overset{CH_3}{}}C=C\underset{H}{\overset{CH_3}{}}$	-139.3	3.5	0.6213
(E)-2-丁烯	$\underset{H}{\overset{CH_3}{}}C=C\underset{CH_3}{\overset{H}{}}$	-105.5	0.9	0.6042
甲基丙烯	$(CH_3)_2C=CH_2$	-140.8	-6.9	0.6310
1-戊烯	$CH_3(CH_2)_2CH=CH_2$	-166.2	30.1	0.6405
1-己烯	$CH_3(CH_2)_3CH=CH_2$	-139	63.5	0.6731
1-庚烯	$CH_3(CH_2)_4CH=CH_2$	-119	93.6	0.6970
1-十八碳烯	$CH_3(CH_2)_{15}CH=CH_2$	17.5	179.0	0.7910

从表中可以看出，直链烯烃的沸点比支链烯烃的沸点略高，顺式异构体比反式异构体的沸点高，熔点低。

12.3.1.4 烯烃的化学性质

烯烃中由于含有碳-碳双键，双键中含一个不稳定的 π 键，因此化学性质比较活泼，容易发生加成、聚合、氧化等化学反应。

（1）加成反应　反应过程中 π 键断裂，试剂的两部分分别加到双键两端的原子上，形成两个 σ 键，这样的反应称为加成反应。

① 催化加氢　在催化剂铂、钯或雷尼镍的催化下，烯烃能与氢发生加成反应生成烷烃。

$$R-CH=CH_2+H_2 \xrightarrow{催化剂} R-CH_2-CH_3$$

$$CH_2=CH_2+H_2 \xrightarrow{催化剂} CH_3-CH_3$$

此反应只有在催化剂存在下才能进行，因此也称为催化氢化反应。由于此反应可定量地完成，可根据反应吸收氢的量来确定分子中所含双键数目。

② 加卤素　烯烃能与卤素发生加成反应，生成相邻两个碳原子上各带一个卤原子的邻二卤化物。

$$R-CH=CH_2 + X_2 \longrightarrow R-\underset{X}{CH}-\underset{X}{CH_2}$$

反应在常温下就可以迅速地、定量地进行。溴的四氯化碳溶液与烯烃反应时，溴的颜色消失，实验室常用这个反应来检验烯烃。例如：

$$CH_2=CH_2+Br_2 \longrightarrow \underset{Br}{CH_2}-\underset{Br}{CH_2}$$

氟与烯烃的反应太剧烈，往往使碳键断裂；碘与烯烃难以发生加成反应，所以一般所谓烯烃的加卤素，实际上是指加氯或溴。

C=C 双键与卤素加成时，烯烃的活性顺序是：

$$(CH_3)_2C=CH_2 > CH_3CH=CH_2 > CH_2=CH_2$$

卤素的活性顺序为：

$$氟 > 氯 > 溴 > 碘$$

③ 加卤化氢　烯烃能与卤化氢发生加成反应，生成一卤代烷。

$$CH_2=CH_2 + HX \longrightarrow \underset{H}{CH_2}-\underset{X}{CH_2}$$

C=C 双键与卤化氢加成时，烯烃的活性顺序与加卤素时一致。卤化氢的活性顺序与它们的酸性强度一致：HI > HBr > HCl。氟化氢也能发生加成反应，但易使烯烃发生聚合。乙烯与卤化氢加成时只能生成一种产物。但以结构不对称的烯烃和卤化氢加成时，可能有两种产物，例如：

$$CH_3-CH=CH_2+HBr \xrightarrow{CH_3COOH} \begin{array}{l} CH_3-\underset{Br}{CH}-\underset{H}{CH_2} \quad 80\% \\ CH_3-\underset{H}{CH}-\underset{Br}{CH_2} \quad 20\% \end{array}$$

根据大量的实验事实，1869 年俄国化学家马尔科夫尼科夫总结出一条经验规律：当不对称烯烃与不对称试剂（如 HX、H_2SO_4、H_2O 等）发生加成反应时，不对称试剂中带正电部分主要加到含氢较多的双键碳原子上，而带负电部分则加到含氢较少或不含氢的碳原子上。这一规律称为马尔科夫尼科夫规则，简称马氏规则。

在应用马氏规则时要特别注意，在少量过氧化物存在下，HBr 和烯烃的加成，就不再遵循马氏规则。例如：

$$CH_3-CH=CH_2+HBr \xrightarrow{过氧化物} CH_3-\underset{H}{CH}-\underset{Br}{CH_2}$$

④ 在硫酸或磷酸的催化下，烯烃与水加成生成醇，不对称烯烃与水加成时，也符合马氏规则。

$$CH_2=CH_2+H_2O \xrightarrow[300℃,8MPa]{H_3PO_4/硅藻土} CH_3-CH_2-OH$$

$$CH_3-CH=CH_2+H_2O \xrightarrow{H^+} CH_3-CH-CH_2$$
$$\qquad\qquad\qquad\qquad\qquad\qquad\qquad |$$
$$\qquad\qquad\qquad\qquad\qquad\qquad\quad OH$$

这是工业上生产乙醇、异丙醇最重要的一个方法，称为烯烃直接水合法。

⑤ 加硫酸 烯烃可与浓硫酸反应，生成硫酸氢酯，并溶于硫酸中，烷烃不与硫酸反应，利用此性质，可以除去混在烷烃中少量的烯烃。不对称烯烃与硫酸加成时，也符合马氏规则。

$$CH_3-CH=CH_2+HO-SO_2-OH \longrightarrow CH_3-CH-CH_3$$
$$\qquad\qquad\qquad\qquad\qquad\qquad\qquad\qquad\qquad\qquad |$$
$$\qquad\qquad\qquad\qquad\qquad\qquad\qquad\qquad\qquad OSO_3H$$

生成的硫酸氢酯易溶于硫酸，经水解硫酸氢酯生成醇。工业上利用这种方法合成醇，称为烯烃间接水合法。

$$CH_3-CH-CH_3 + HOH \longrightarrow CH_3-CH-CH_2 + H_2SO_4$$
$$\quad\ |\qquad\qquad\qquad\qquad\qquad\qquad\qquad\qquad |$$
$$OSO_3H\qquad\qquad\qquad\qquad\qquad\qquad\quad OH$$

（2）氧化反应 烯烃中由于存在碳-碳双键，很容易被氧化。反应时碳-碳双键中的 π 键首先打开，当条件强烈时 σ 键也可断裂。烯烃的氧化反应随着烯烃结构、氧化剂氧化性大小和反应条件的不同，氧化产物也不同。

在碱性条件下，使用适量的稀高锰酸钾冷溶液，烯烃被氧化生成邻二醇，高锰酸钾则被还原成棕色的二氧化锰从溶液中析出。

$$RHC=CHR' + 2KMnO_4 + 4H_2O \xrightarrow{OH^-} RCH-CHR' + 2MnO_2 + 2KOH$$
$$\qquad\qquad\qquad\qquad\qquad\qquad\qquad\qquad\qquad\qquad\qquad |\quad\ |$$
$$\qquad\qquad\qquad\qquad\qquad\qquad\qquad\qquad\qquad\qquad OH\ OH$$
$$\qquad\qquad\qquad\qquad\qquad\qquad\qquad\qquad\qquad\ 邻二醇$$

这个反应容易进行，反应速率快，现象明显，易于观察，常用来检验 C=C 双键等不饱和键。

如果使用高锰酸钾的酸性溶液或高锰酸钾的碱性溶液并加热，烯烃的 C=C 双键被氧化断裂。不同结构的烯烃可得到不同的产物，氧化后 CH_2=变成 CO_2 和 H_2O，RCH=变成羧酸（RCOOH），R_2CH=变成酮（R_2C=O）。

$$R-CH=CH-R' \xrightarrow[H^+]{KMnO_4} \underset{羧酸}{R-\overset{O}{\overset{\|}{C}}-OH} + \underset{羧酸}{R'-\overset{O}{\overset{\|}{C}}-OH}$$

$$R-\overset{R'}{\underset{}{\overset{|}{C}}}=CH_2 \xrightarrow[H^+]{KMnO_4} \underset{酮}{R-\overset{O}{\overset{\|}{C}}-R'} + CO_2 + H_2O$$

根据反应得到的氧化产物，可以推测原来的烯烃的构造。

烯烃还可以被臭氧氧化，反应迅速而定量地进行，这个反应称为臭氧化反应。臭氧化物不稳定，在还原剂存在下，与水作用则分解为醛或酮。水解时，CH_2=变成甲醛，RCH=变成醛（RCHO），R_2CH=变成酮（R_2C=O）。

$$R-CH-\overset{R'}{\underset{R'}{\overset{|}{C}}}-R'' \xrightarrow{O_3} \ \cdots\cdots \xrightarrow{Zn/H_2O} R-CHO + R'-\overset{O}{\overset{\|}{C}}-R''$$

乙烯在 Ag 的催化下，可被空气氧化为环氧乙烷，这是工业上生产环氧乙烷的方法。

$$CH_2\!=\!CH_2 + O_2 \xrightarrow[250℃]{Ag} \underset{O}{H_2C\!-\!CH_2}$$

（3）聚合反应　在一定条件下，烯烃通过加成的方式互相结合，生成高分子化合物，这种反应称为聚合反应。参加聚合的低分子量的小分子称为单体，聚合后生成的大分子（高分子）称为聚合体或多聚体。乙烯、丙烯在一定条件下，可以分别生成聚乙烯、聚丙烯。

$$nCH_2\!=\!CH_2 \xrightarrow[温度,压力]{O_2} \vcenter{+}CH_2\!-\!CH_2\vcenter{+}_n$$

$$nCH_3\!-\!CH\!=\!CH_2 \xrightarrow[温度,压力]{Al(C_2H_5)_3\text{-}TiCl_4} \underset{CH_3}{[\!-\!CH\!-\!CH_3]_n}$$

聚烯烃具有广泛的用途，可用于塑料、合成纤维和合成橡胶三大合成材料。

（4）α-氢原子的反应　烯烃分子中的 α-氢原子因受双键的影响，表现出特殊的活泼性，容易发生取代反应和氧化反应。含 α-氢原子的烯烃和卤素在高温下，发生 α-氢原子的卤代反应，生成不饱和卤代烃。例如：

$$CH_3\!-\!CH\!=\!CH_2 + Cl_2 \xrightarrow{>300℃} CH_2\!=\!CH_2\!-\!CH_2Cl$$

α-氢原子不仅易发生卤代反应，也易被氧化。例如，丙烯在一定条件下，用 Cu_2O 作催化剂，可被空气氧化为丙烯醛。

$$CH_2\!=\!CH\!-\!CH_3 + O_2(空气) \xrightarrow[350℃,0.25MPa]{Cu_2O} CH_2\!=\!CH\!-\!CHO$$
丙烯醛

12.3.1.5　二烯烃

二烯烃是分子中含有两个碳-碳双键的不饱和烃，它的通式为 C_nH_{2n-2}，与相同碳原子数的炔烃是同分异构体。

（1）二烯烃的分类　根据二烯烃分子中两个双键的相对位置可把二烯烃分为三类。

① 累积二烯烃　两个双键与同一个碳原子相连，即分子中含有 $C\!=\!C\!=\!C$ 结构的二烯烃。例如，丙二烯 $CH_2\!=\!C\!=\!CH_2$。

② 孤立二烯烃　两个双键被两个或两个以上的单键隔开，即分子中含有 $C\!=\!CH\!-\!(CH_2)_n\!-\!CH\!=\!C$ 结构的二烯烃。例如，1,4-戊二烯 $CH_2\!=\!CH\!-\!CH_2\!-\!CH\!=\!CH_2$。

③ 共轭二烯烃　两个双键被一个单键隔开，即其分子中含有 $C\!=\!CH\!-\!CH\!=\!C$ 结构的二烯烃。例如，1,3-丁二烯 $CH_2\!=\!CH\!-\!CH\!=\!CH_2$。

在三类二烯烃中，孤立二烯烃性质与单烯烃相似，累积二烯烃的数量少且实际应用也不多。共轭二烯烃具有特殊的结构和性质，在理论上和实际应用方面都有重要的意义。

（2）二烯烃的命名　多烯烃的系统命名，是用汉字数字表示双键的数目，加在"烯"之前，其余命名原则与烯烃相似。例如：

$$\underset{CH_3}{CH_2\!=\!C\!-\!CH\!=\!CH_2} \qquad \underset{CH_3\qquad\quad CH_3}{CH_3\!-\!C\!=\!CH\!-\!CH\!=\!CH\!-\!CH_3}$$

2-甲基-1,3-丁二烯　　　　　　2,6-二甲基-2,5-庚二烯

（3）共轭二烯烃的结构　共轭二烯烃的特性是由共轭二烯烃的结构决定的，下面以1,3-丁二烯为例讨论共轭二烯烃的结构。

在1,3-丁二烯分子中，所有的碳原子都是 sp^2 杂化状态，它们彼此之间以 sp^2 杂化轨道重叠形成 $C\!-\!C\,\sigma$ 键，其余的 sp^2 杂化轨道与氢结合，由于 sp^2 杂化轨道是平面分布的，所以

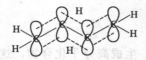

图 12-2 1,3-丁二烯分子
中的共轭 π 键

1,3-丁二烯分子中所有的原子就可能处于同一平面内，每个碳原子剩下未杂化的 p 轨道相互平行且垂直于分子所在的平面，从侧面重叠形成 π 键。在形成 π 键时，不仅 C-1 与 C-2、C-3 与 C-4 上的 p 轨道之间重叠，而且 C-2 与 C-3 上的 p 轨道也有一定程度的重叠。1,3-丁二烯分子中的共轭 π 键如图 12-2 所示。

整个分子的 π 键电子云连成一片，形成以四个原子为中心的共轭 π 键。

由此可知，1,3-丁二烯分子中的 π 电子云分布不像在乙烯分子中那样只局限在 2 个成键的碳原子之间（称为定域），而是扩散到 4 个碳原子周围（称为离域），形成一个整体，这样的现象称为 π 电子离域或键的离域，由 π 电子离域形成的 π 键称为离域 π 键或大 π 键。离域 π 键的形成，使整个分子的电子云的分布趋于平均化，键长也趋于平均化，体系能量降低，整个分子趋于稳定，这种体系称为共轭体系。

（4）共轭二烯烃的性质　共轭二烯烃除了具有单烯烃的性质外，由于其结构特性，还具有一些特殊性质。

① 1,4-加成反应　共轭二烯烃也能与卤素、卤化氢发生加成反应，生成的产物不仅有 1,2-加成产物，而且还有 1,4-加成产物。

$$CH_2=CH-CH=CH_2 \xrightarrow{Br_2} \begin{array}{l} CH_2=CH-\underset{Br}{CH}-\underset{Br}{CH_2} \quad 1,2\text{-加成} \\ \underset{Br}{CH_2}-CH=CH-\underset{Br}{CH_2} \quad 1,4\text{-加成} \end{array}$$

1,3-丁二烯与一分子溴加成时，可能生成两种产物：一种是断裂一个双键，2 个溴原子加到同一双键的两个碳原子上，这种加成称为 1,2-加成；另一种是 2 个溴原子加到共轭体系两端的碳原子上，原来的双键消失，在中间形成一个新的双键，称为 1,4-加成。这两种加成同时发生，反应产物的比例取决于反应条件。一般情况，低温及非极性溶剂有利于 1,2-加成，高温及极性溶剂有利于 1,4-加成。

② 双烯合成　共轭二烯烃与具有不饱和碳-碳键的化合物发生 1,4-加成，生成环状化合物的反应称为双烯合成或狄尔斯-阿尔德（Diels-Alder）反应。

双烯合成在有机合成中具有重要的意义，是制备六元环状化合物的重要方法。

12.3.2　炔烃

12.3.2.1　炔烃的结构与命名

炔烃是含有碳-碳三键的不饱和烃，其通式为 C_nH_{2n-2}。碳-碳三键是炔烃的官能团。乙炔是最简单的炔烃，实验测得乙炔分子的键角是 $180°$，是直线形分子，$H—C\equiv C—H$。

在乙炔分子中，两个碳原子各以一个 sp 杂化轨道重叠形成 C—C σ 键，每个碳原子的另一个 sp 杂化轨道分别与氢原子的 s 轨道形成 C—H σ 键，碳原子两个未杂化的 p 轨道两两平行，从侧面重叠形成两个 π 键。乙炔分子中的 π 键如图 12-3 所示。

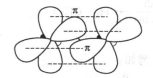

图 12-3　乙炔分子中的 π 键

图 12-4　乙炔分子中的两个 π 键形成的圆柱

乙炔分子中的两个 π 键的对称轴相互垂直，π 键的电子云分布围绕键轴形成圆柱状。乙炔分子中的两个 π 键形成的圆柱如图 12-4 所示。

炔烃的命名规则与烯烃相似，即选择包含三键的最长碳链为主链，编号时从靠近三键最近的一端开始，将三键的位次标注于"某炔"之前。例如：

$$CH_3-CH_2-C\equiv CH$$

1-丁炔

$$CH_3-C\equiv C-CH-CH_3$$
$$\qquad\qquad\qquad |$$
$$\qquad\qquad\ CH_3$$

4-甲基-2-戊炔

$$CH_3-CH-C\equiv C-C-CH_3$$
$$\qquad\quad |\qquad\qquad\quad |$$
$$\qquad\ CH_3\qquad\quad CH_3$$
（顶部 CH_3）

2,2,5-三甲基-3-己炔

12.3.2.2　炔烃的物理性质

乙炔、丙炔和 1-丁炔在室温和常压下为气体，炔烃的沸点比相应的烯烃略高，炔烃的密度小于水，有微弱的极性，炔烃不溶于水，易溶于四氯化碳、乙醚、烃类等有机溶剂中。炔烃的物理常数见表 12-4。

表 12-4　炔烃的物理常数

名　称	结 构 式	熔点/℃	沸点/℃	相 对 密 度
乙炔	$CH\equiv CH$	−80.8	−84	0.6208(−82℃)
丙炔	$CH_3C\equiv CH$	−101.5	−23.2	0.7062(−50℃)
1-丁炔	$CH_3CH_2C\equiv CH$	−125.7	8.1	0.6784(0℃)
1-戊炔	$CH_3(CH_2)_2C\equiv C$	−90	40.2	0.695
1-己炔	$CH_3(CH_2)_3C\equiv CH$	−124.0	71.3	0.719
1-庚炔	$CH_3(CH_2)_4C\equiv CH$	−80.9	99.0	0.733
1-十八炔	$CH_3(CH_2)_{15}C\equiv CH$	22.5	180(2kPa)	0.8695(0℃)

12.3.2.3　炔烃的化学性质

炔烃的化学性质和烯烃相似，也能发生加成、氧化和聚合反应，这些反应都发生在三键上。但由于三键和双键有所不同，所以炔烃有自己独特的性质。

（1）加成反应　炔烃能与两分子试剂加成。反应时都在三键的 π 键上发生。两个 π 键都可能断裂发生加成反应。控制一定的条件，可使反应停留在生成双键的阶段。

① 加氢　在 Ni、Pt、Pd 等存在下加氢生成烷烃。例如：

$$CH\equiv CH \xrightarrow[\text{催化剂}]{H_2} CH_2=CH_2 \xrightarrow[\text{催化剂}]{H_2} CH_3-CH_3$$

② 加卤素　炔烃与卤素的加成，先加一分子卤素生成二卤代烯烃，继续与卤素加成生成四卤代烷烃。

$$CH\equiv CH \xrightarrow[\text{FeCl}_3]{Cl_2} CH=CH \xrightarrow[\text{FeCl}_3]{Cl_2} CH-CH$$

（第一步产物：$CH=CH$，下标 Cl　Cl；第二步产物：$CH-CH$，上标 Cl　Cl，下标 Cl　Cl）

③ 加卤化氢　炔烃与卤化氢的加成要在催化剂和较高温度下进行：

$$CH{\equiv}CH \xrightarrow[HgCl_2,160℃]{HCl} CH_2{=}CHCl \xrightarrow[HgCl_2,160℃]{HCl} CH_3{-}CHCl_2$$

氯乙烯与氯化氢加成时，符合马氏规则。

其他不对称炔烃与卤化氢加成时，也遵守马氏规则。例如：

$$CH_3{-}C{\equiv}CH \xrightarrow{HBr} CH_3CH{=}CH_2 \xrightarrow{HBr} CH_3{-}\underset{Br}{\overset{Br}{C}}{-}CH_3$$

④ 加水　把乙炔通入到含5%硫酸汞的稀硫酸溶液中，乙炔与水发生加成反应，先生成乙烯醇。乙烯醇很不稳定，立即发生异构化生成羰基化合物乙醛。

$$CH{\equiv}CH + H_2O \xrightarrow[H_2SO_4]{5\%HgSO_4} \underset{OH}{CH_2{=}CH} \longrightarrow CH_3{-}CHO$$

炔烃与水的加成也符合马氏规则。例如：

$$R{-}C{\equiv}CH + H_2O \xrightarrow{Hg^{2+}} R{-}\underset{OH}{C}{-}CH_2 \longrightarrow R{-}\overset{O}{C}{-}CH_3$$

（2）氧化反应　炔烃也能被高锰酸钾等氧化剂氧化，但比烯烃困难。例如：

$$R{-}C{\equiv}C{-}R' \xrightarrow[H^+]{KMnO_4} RCOOH + R'COOH$$

反应使高锰酸钾溶液褪色，可用作定性鉴定反应。炔烃的氧化也可用于结构测定。根据生成的羧酸，可以推测三键的位置。

（3）金属炔化物的生成　三键碳原子上的氢称为炔氢，由于受三键的影响，性质很活泼，容易被金属取代生成金属炔化物，如将乙炔或末端炔烃通入到银氨溶液或氯化亚铜的氨溶液中，分别生成白色的乙炔银沉淀或砖红色的乙炔铜沉淀。

$$CH{\equiv}CH + [Ag(NH_3)_2]NO_3 \longrightarrow AgC{\equiv}CAg\downarrow$$
$$乙炔银（白色）$$

$$CH{\equiv}CH + [Cu(NH_3)_2]Cl \longrightarrow CuC{\equiv}CCu\downarrow$$
$$乙炔铜（砖红色）$$

$$R{-}C{\equiv}CH + [Ag(NH_3)_2]NO_3 \longrightarrow R{-}C{\equiv}CAg\downarrow$$
$$炔化银（白色）$$

12.3.3　芳香烃

芳香族碳氢化合物称为芳香烃，简称芳烃。芳香族化合物最初指从天然树脂中提取的具有芳香气味的物质，如苯甲醛、苯甲醇等。由于这些物质分子中都含有苯环，所以把含有苯环的一大类化合物称为芳香族化合物。实际上，许多含苯环的化合物不但不香，而且还有很难闻的气味，所以芳香族这一名称并不恰当，这只是历史上沿用的名称，"芳香"一词早已失去原来的含义。含苯环的化合物有独特的化学性质，这种独特的化学性质称为"芳香性"。后来发现，许多不含苯环的化合物，也具有与苯相似的"芳香性"。目前把在结构和性质上具有芳香性的一大类化合物称为芳香族化合物。芳香烃是芳香族化合物的母体。芳烃中含有苯环的称为苯系芳烃，不含苯环结构，但具有芳香性的称为非苯系芳烃。

在苯系芳烃中，按其所含苯环数目的多少，可以分为两类。

（1）单环芳香烃 分子中含有一个苯环的芳香烃，它包含苯、苯的同系物和苯基取代的不饱和烃。例如：

苯 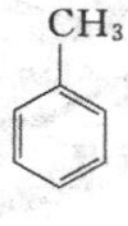　　甲苯 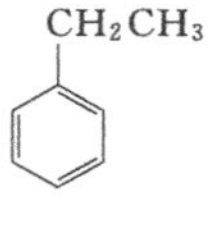　　乙苯 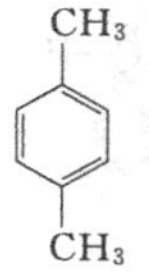　　对二甲苯 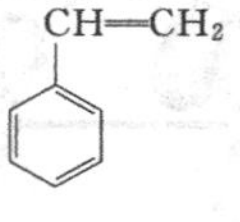　　苯乙烯

（2）多环芳香烃 分子中含有两个或两个以上苯环的芳香烃，根据苯环的连接方式，又可再分为三类。

① 联苯 苯环各以环上的一个碳原子直接相连的。例如：

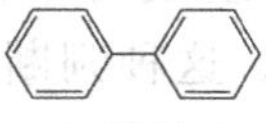

联苯 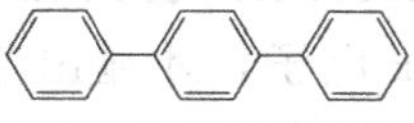　　　　　　1,4-联三苯

② 多苯代脂肪烃 可以看成是脂肪烃中的氢原子被苯环取代而成的。例如：

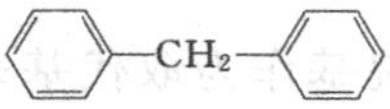

二苯甲烷 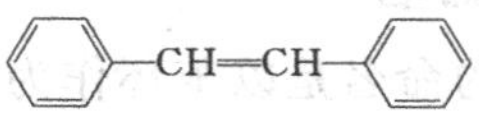　　　　　1,2-二苯乙烯

③ 稠环芳香烃 两个或两个以上苯环彼此共用相邻的两个碳原子稠合而成的烃。例如：

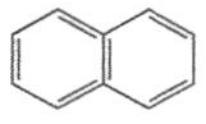

萘 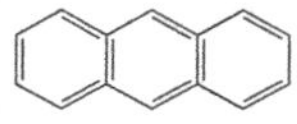　　　　蒽

12.3.3.1　芳香烃的结构

苯是芳香烃中最具代表性的化合物，苯系芳烃分子中都含有苯环，苯的分子式为 C_6H_6，6 个碳原子构成平面正六边形，每个碳原子上连有一个氢原子。其结构式为：

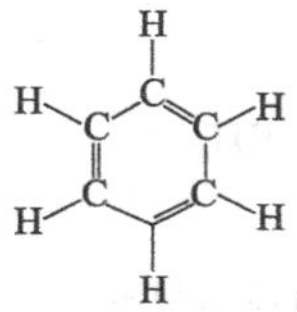

或简写为

这是德国化学家凯库勒（A. Kekulé）在 1865 年首先提出来的，因而称为苯的凯库勒式。凯库勒式可以说明苯的一元取代物只有一种的实验事实，但不能说明邻二元取代物只有一种的事实，也不能解释苯环的特殊稳定性和苯易发生取代反应而难于发生加成反应的原因。

现代物理实验方法测得，苯分子是平面结构，所有原子都在同一平面上，碳碳边长都是 0.140nm，比碳-碳单键（0.154nm）短，碳-碳双键（0.134nm）长，碳-氢键都是 0.108nm，所有的键角都是 120°。根据杂化轨道理论，苯分子中六个碳原子都是以 sp^2 杂化轨道相互重叠形成六个碳-碳 σ 键组成六边形，每一个碳原子以余下的一个 sp^2 杂化轨道分别与六个氢原子的 1s 轨道形成六个碳-氢 σ 键，所有的原子都在同一平面上。每个碳原子各留下一个 p 轨道，它们互相平行且垂直于 σ 键所在的平面，因而所有的 p 轨道可在侧面互相重叠，形成环状的共轭 π 键（图 12-5、图 12-6）。由于苯分子中的共轭 π 键是环状、闭合的共轭体系，使 π 电子离域，电子云密度分布完全平均化，因此，苯分子中的六个碳-碳键相同。

在苯分子中，由于分子的平面结构和闭合体系的存在，使苯分子具有特殊的稳定性。苯及苯的同系物在苯环上易发生取代反应而不易发生加成反应和氧化反应的性质称为芳香性。

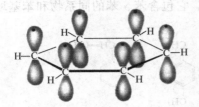

图 12-5　苯分子 p 轨道示意　　　　　　图 12-6　苯分子的 π 电子云

苯系芳烃中含有一个或多个苯环，它们都具有芳香性。有一些化合物，分子中没有苯环，但也具有芳香性。这类化合物称为非苯系芳烃。具有怎样结构特征的化合物才具有芳香性呢？1931 年，休克尔（E Hückel）提出在碳原子组成的平面闭合共轭体系中，如含有 $4n+2(n=0，1，2，\cdots)$ 个 π 电子，才显出芳香性。这种判断芳香性的规则称为休克尔规则，根据这个规则，可用来判断其他含碳环化合物如环状多烯的芳香性。

12.3.3.2　芳香烃的命名

（1）简单的烷基苯的命名是以苯环作为母体，烷基作为取代基来命名，称为某烷基苯，对于小于十个碳原子的烷基，常省略"烷基"二字。例如：

CH_3	CH_2CH_3	$CH(CH_3)_2$	$CH_2(CH)_{10}CH_3$
甲苯	乙苯	异丙苯	十二烷基苯

（2）苯环上有两个氢原子被烷基取代时，由于取代基的相对位置不同，有三种同分异构体，命名时可用邻、间、对来表示两个取代基的相对位置，或者用 ortho（邻）、mata（间）、para（对）的第一个字 $o\text{-}$、$m\text{-}$、$p\text{-}$ 来表示，还可以用阿拉伯数字来表示取代基的位置。例如：

邻二甲苯或1,2-二甲苯　　　间二甲苯或1,3-二甲苯　　　对二甲苯或1,4-二甲苯

不同的二元取代苯的命名是以苯作为母体，选择较小的烷基为 1 位，然后使取代基的编号最小。

1-甲基-2-乙苯或邻甲乙苯　　　　　1-甲基-3-异丙苯或邻甲异丙苯

（3）多元取代苯要用阿拉伯数字来表明取代基的位次，命名原则与二元取代苯相同。例如：

1,4-二甲基-2-乙苯　　　　　1-甲基-2-乙基-4-异丙苯

对于三个相同的烷基取代苯则可用连、偏、均字头表示。例如：

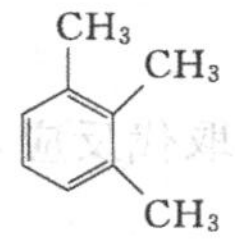

连三甲苯或 1,2,3-三甲苯 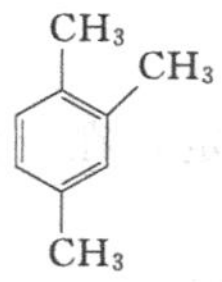　　　偏三甲苯或 1,2,4-三甲苯 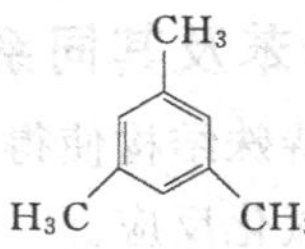　　　均三甲苯或 1,3,5-三甲苯

（4）当苯环上连接的脂肪烃基比较复杂，或烃链上有多个苯环时，以脂肪烃作为母体，苯作为取代基来命名。

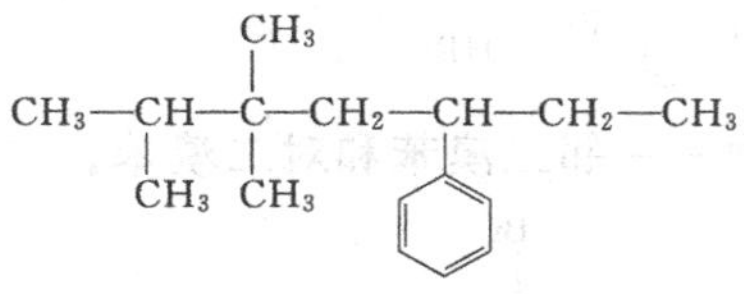

2,3,3-三甲基-5-苯基庚烷 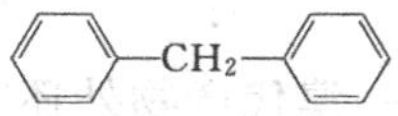　　　　　　　　　　　二苯甲烷

（5）取代基为烯或炔等不饱和基团时，一般作为取代烯或取代炔来命名，偶尔也作为取代苯来命名。例如：

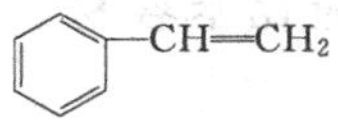

苯乙烯 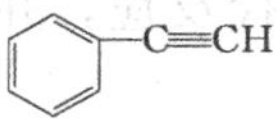　　　　　　　苯乙炔 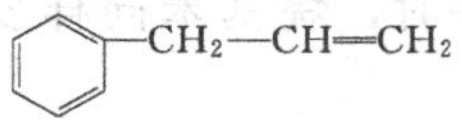　　　　　　　3-苯丙烯

（6）稠环芳香烃一般有特殊的名称。例如：

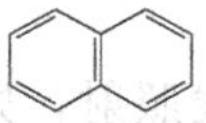

萘 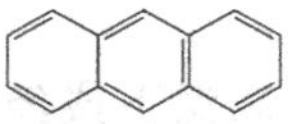　　　　　　　　蒽 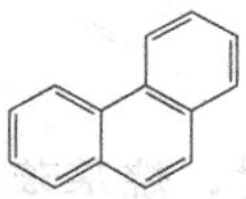　　　　　　　　菲

（7）芳香烃分子去掉一个氢原子后，剩下的原子团称为芳香基或芳基，用 Ar— 表示。

苯分子去掉一个氢原子后，余下的部分（⬡— 或 C_6H_5— ）称为苯基，常用 Ph 或 Φ 表示。

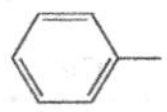

甲苯分子的苯环上去掉一个氢原子后，剩下的部分称为甲苯基。例如，邻甲

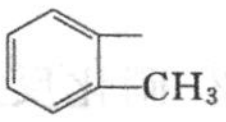

苯基、 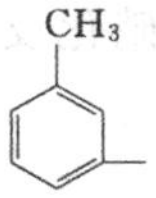　间甲苯基、H_3C—⬡— 对甲苯基。

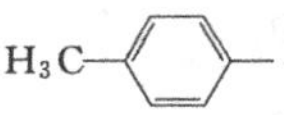

甲苯分子的侧链上去掉一个氢原子后，剩下的部分（⬡—CH_2— 或 $C_6H_5CH_2$— ）称为苄基（苯甲基），用 Bz 表示。

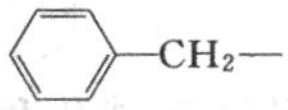

12.3.3.3　苯及其同系物的物理性质

苯及其同系物一般为无色、有芳香气味的液体，不溶于水，易溶于有机溶剂。单环芳烃相对密度小于 1，有毒，易燃，燃烧时有浓烟。表 12-5 列出了常见单环芳烃的物理常数。

表 12-5　几种常见单环芳烃的物理常数

化　合　物	熔点/℃	沸点/℃	密度/(g/cm³)
苯	5.5	80.1	0.8786
甲苯	−95.0	110.6	0.8669
乙苯	−95.0	136.2	0.8670
正丙苯	−99.5	159.2	0.8620
异丙苯	−96.0	152.4	0.8618
丁苯	−88.0	183.9	0.8601
邻二甲苯	−25.5	144.4	0.8802
间二甲苯	−47.9	139.1	0.8642
对二甲苯	13.3	138.2	0.8611
苯乙烯	−31.0	145.0	0.9074

12.3.3.4 苯及其同系物的化学性质

苯环的特殊结构使得苯环的化学性质稳定，在一定条件下可以发生取代反应，难以发生加成反应和氧化反应。

（1）取代反应

① 卤代反应 苯与氯或溴在一般情况下不发生取代反应，但在铁粉或卤化铁催化下，苯环上的氢可被氯或溴原子取代，生成相应的卤代苯，并放出卤化氢。

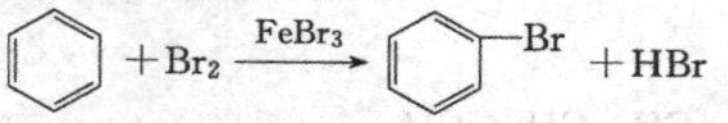

产物中除一溴代产物外还有少量二溴代产物——邻二溴苯和对二溴苯。

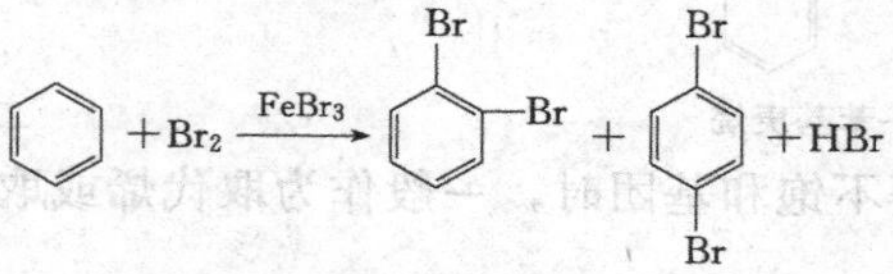

在卤化铁存在时，烷基苯同样发生取代反应，并且反应比苯容易，得到邻位和对位产物。

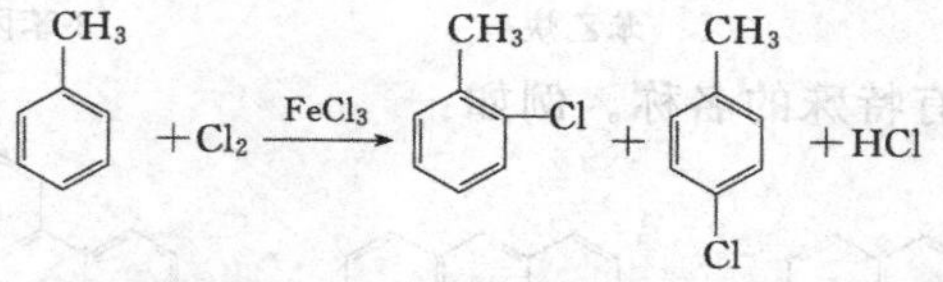

在没有卤化铁存在时，烷基苯与氯在高温下或经紫外线照射，则卤代反应发生在烷基侧链上，而不是发生在苯环上。例如：

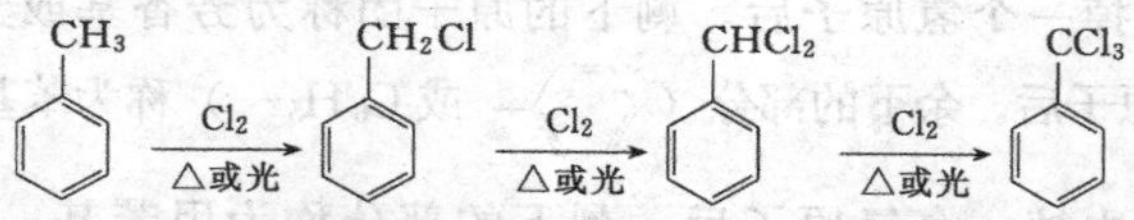

② 硝化反应 苯与浓硝酸和浓硫酸的混合物（也称为混酸）共热，苯环上的氢原子被硝基（—NO₂）取代，生成硝基苯，向有机化合物分子中引入硝基的反应称为硝化反应。

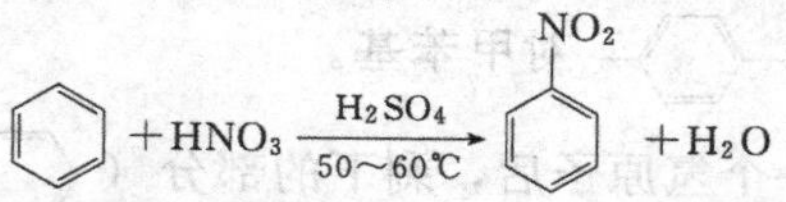

反应温度和酸的用量对硝化程度的影响很大，生成的硝基苯在过量的混酸存在下继续硝化时，生成间二硝基苯。

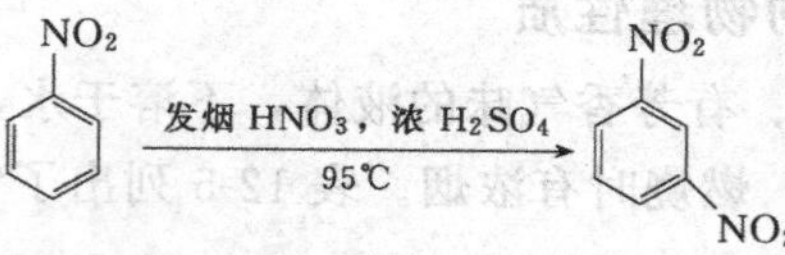

烷基苯比苯容易硝化，例如，甲苯在低于 50℃ 就可以硝化，主要生成邻硝基甲苯和对硝基甲苯。硝基甲苯进一步硝化可以得到 2,4,6-三硝基甲苯，即炸药 TNT。

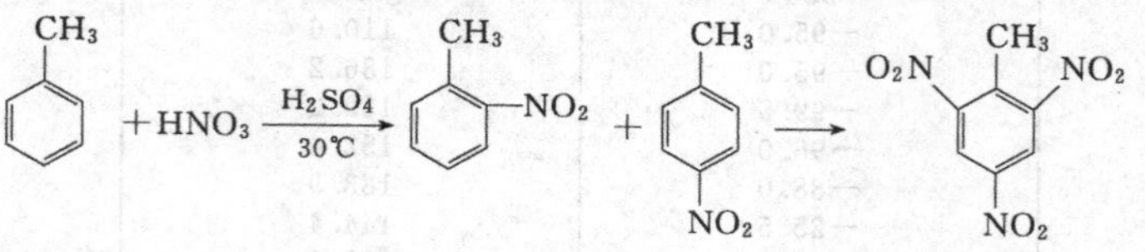

③ 磺化反应 苯与浓硫酸共热，苯环上的氢原子被磺酸基（—SO₃H）取代生成苯磺酸。有机

物分子中引入磺酸基的反应称为磺化反应。磺化反应是可逆反应，常用发烟硫酸进行磺化反应。

$$\text{苯} + H_2SO_4 \xrightarrow[\quad]{70\sim80℃} \text{苯磺酸}(SO_3H) + H_2O$$

$$\text{苯} + H_2SO_4, SO_3 \xrightarrow[\quad]{30\sim50℃} \text{苯磺酸}(SO_3H) + H_2SO_4$$

④ 烷基化反应和酰基化反应　在催化剂三氯化铝等存在下，苯与卤代烷（R—X）或酰氯（R—COCl）反应，苯环上的氢原子被烷基或酰基取代称为烷基化反应或酰基化反应。又称为弗里德尔-克拉夫茨（Friedel-Crafts）反应，简称为弗-克反应。被烷基取代的称为弗-克烷基化反应；被酰基取代的称为弗-克酰基化反应。

$$\text{苯} + CH_3CH_2Br \xrightarrow{AlCl_3} \text{苯}-CH_2CH_3 + HBr$$

$$\text{苯} + CH_3-\overset{O}{\underset{\|}{C}}-Cl \xrightarrow{AlCl_3} \text{苯}-\overset{O}{\underset{\|}{C}}-CH_3 + HCl$$

无水三氯化铝是烷基化常用的催化剂。此外如 $FeCl_3$、BF_3、HF、$SnCl_4$ 和路易斯酸都有催化作用。

在烷基化反应中，当使用三个或三个以上碳原子的直链卤代烷作烷基化试剂时，会发生碳链异构现象。例如，苯与1-氯丙苯反应：

$$\text{苯} + CH_3CH_2CH_2Cl \xrightarrow{AlCl_3} \text{苯}-CH_2CH_2CH_3 + \text{苯}-CH(CH_3)_2$$
$$(31\%\sim35\%) \qquad\qquad (65\%\sim69\%)$$

烷基化反应中能够提供烷基的试剂称为烷基化试剂，除卤代烃外，烯烃和醇也可作为烷基化试剂。

$$\text{苯} + CH_2=CH_2 \xrightarrow{AlCl_3} \text{苯}-CH_2CH_3$$

$$\text{苯} + CH_3-CH=CH_2 \xrightarrow{AlCl_3} \text{苯}-CH(CH_3)_2$$

当苯环上有较强的吸电子基团时，一般不发生烷基化反应。例如，硝基苯、苯磺酸不能发生烷基化反应。

（2）氧化反应　苯的性质稳定，在通常状态下，不能被高锰酸钾、重铬酸钾等强氧化剂氧化。但若苯环上连有侧链时，由于受苯环的影响，侧链中与苯环直接相连的碳原子上的氢，变得比较活泼，可以被强氧化剂氧化。由于氧化都发生在 α-位上，所以不论侧链的长短如何，只要与苯环相连的碳原子上有氢原子，就被氧化成羧基，生成苯甲酸。例如：

$$\text{甲苯}(CH_3) \xrightarrow{KMnO_4/H^+} \text{苯甲酸}(COOH)$$

苯甲酸

$$\text{对位取代苯}(CH_3-CH-CH_3, CH_2-CH_2-CH_3) \xrightarrow{KMnO_4/H^+} \text{对苯二甲酸}(COOH, COOH)$$

对苯二甲酸

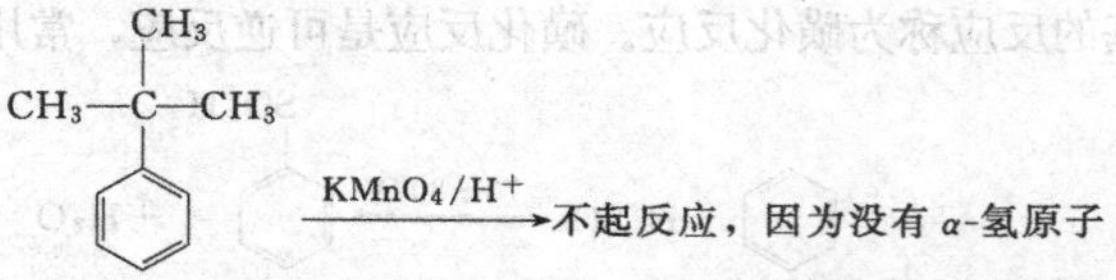

由于一个侧链氧化成一个羧基，因此根据氧化产物中羧基的数目和位置，可以推测原来化合物中烷基的数目和相对位置。

在激烈的条件下，苯环被氧化破坏生成丁烯二酸酐。

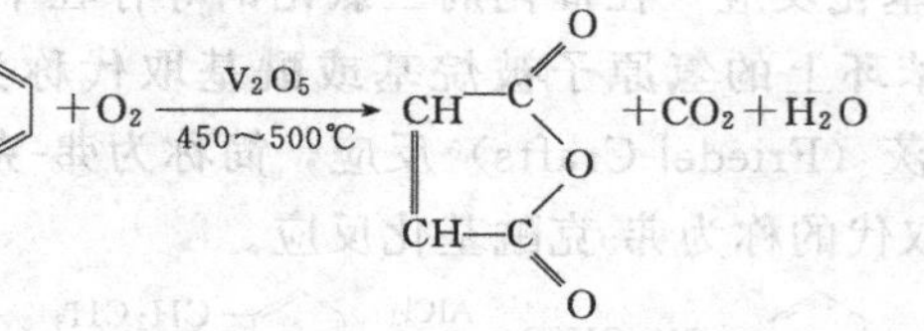

丁烯二酸酐

这是丁烯二酸的工业制法。

在激烈的条件下，若两个烷基处于邻位，氧化最后产物是酸酐。例如：

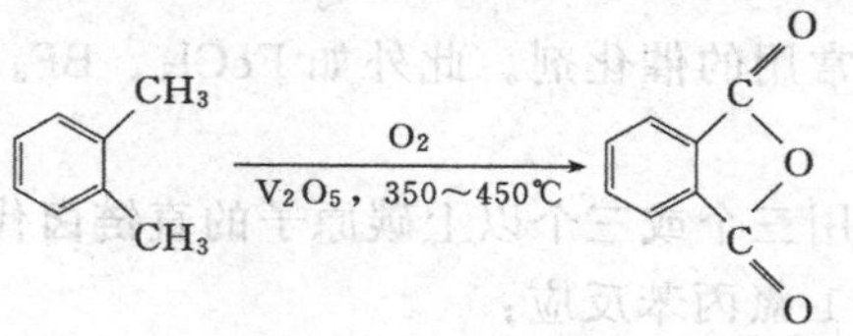

邻苯二酸酐

（3）加成反应　苯虽然难以发生加成反应，但在一定的条件下，也可以与氢、氯等发生加成反应。

① 加氢　在催化剂 Pt、Pd、雷尼镍等催化下，苯环能与氢加成。例如：

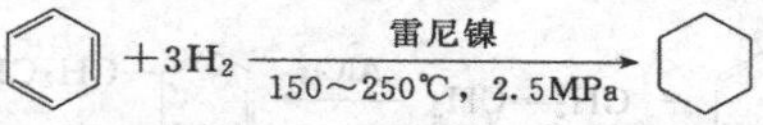

② 加卤素　在日光或紫外线的照射下，苯能与氯加成生成六氯环己烷，简称六六六。

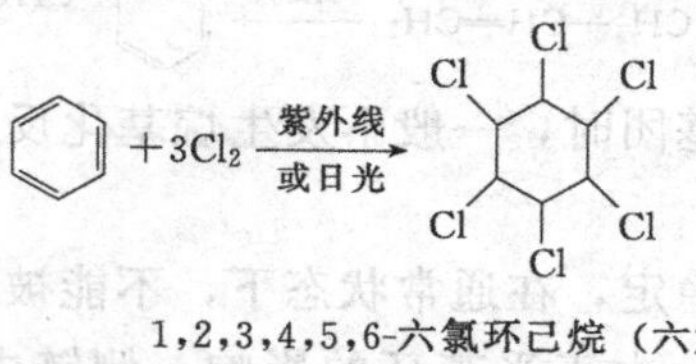

1,2,3,4,5,6-六氯环己烷（六六六）

六六六是过去曾大量使用的一种杀虫剂，由于它的残余毒性大及对环境的污染，现已禁止使用。

12.3.3.5　苯环上取代基的定位规律

（1）取代基定位规律　苯环上发生亲电取代反应时，如果苯环上已有一个取代基，那么原有的取代基除了对新引入的取代基进入苯环的位置有指定作用外，还影响着苯环的活性。取代基的这种作用称为定位效应。影响苯环发生取代反应的原有基团称为定位基。根据定位基的定位效应把定位基分成两类：邻对位定位基（第一类定位基）和间位定位基（第二类定位基）。

① 邻对位定位基　苯环上原有取代基指导新引入的取代基主要进入其邻位和对位，称为邻对位定位基。邻对位定位基除卤素原子、氯甲基等以外，一般都活化苯环。这类基

团有：

$$-N(CH_3)_2, -NHCH_3, -NH_2, -OH, -OCH_3, -CH_3, -R, -X(致钝)$$

② 间位定位基　苯环上原有取代基指导新引入的取代基主要进入其间位，称为间位定位基。间位定位基都钝化苯环。这类基团有：

$$-NO_2, -CN, -SO_3H, -CHO, -COCH_3, -COOH, -COOCH_3$$

取代基的定位效应是影响取代反应的主要因素，除此之外，还有反应试剂、反应条件及空间位阻的影响。

（2）取代基定位规律的应用

① 选择正确的合成路线

例如，由苯来合成邻氯苯甲酸和间氯苯甲酸。

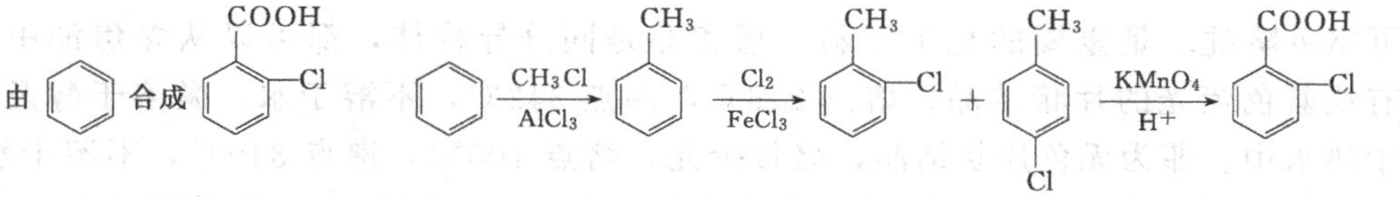

把邻氯甲苯和对氯甲苯分离、精制后氧化，得到邻氯苯甲酸。

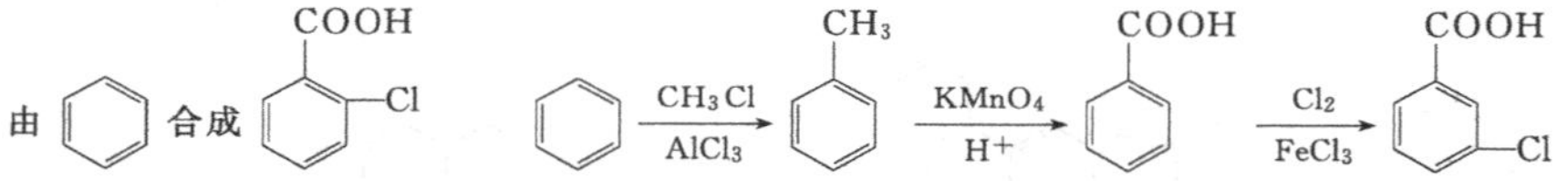

② 预测反应的主要产物　根据取代基的定位规律，还可以推测反应的主要产物。苯环上原有的两个取代基的定位效应一致时，产物容易确定。如下列化合物再引入一个基团时，取代基主要进入箭头所示的位置。

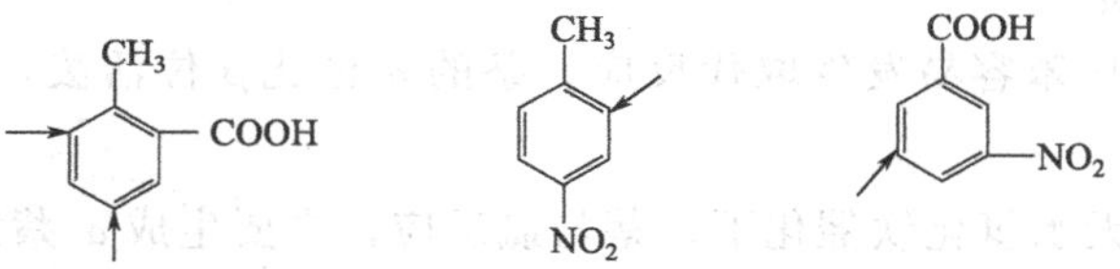

苯环上原有取代基的定位效应不一致时，新基团进入苯环的位置由定位能力强的决定。

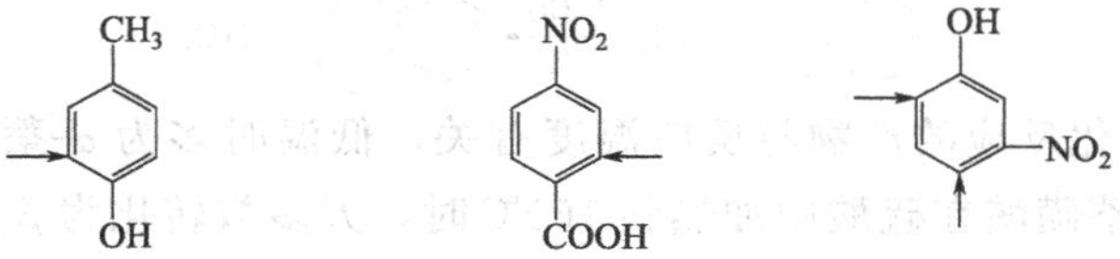

两个基团处于间位时，由于其空间位阻大，产物较少可以不写。

12.3.3.6　稠环芳香烃

（1）稠环芳香烃概述　稠环芳香烃是指两个或两个以上的苯环彼此共用两个相邻的碳原子结合而成的芳香烃。稠环芳香烃的母核以音译西文名，给予特定的名称。芳环位次也有固定的编号。例如：

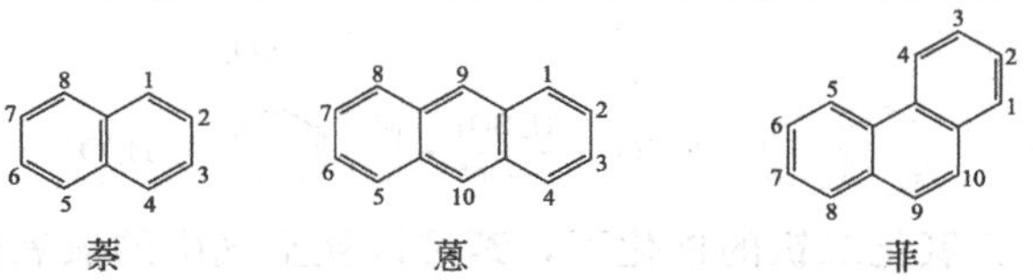

萘　　　蒽　　　菲

萘的 1、4、5、8 位相同，称为 α 位；2、3、6、7 位相同，称为 β 位。当萘环上只有一个取代基时，可用 α 或 β 表示。如：

1-甲基萘或 α-甲基萘

对于几个苯环通过两位或多位互相结合成一横排线状的苯稠环，除萘、蒽外，一般命名为并几苯。

并四苯

稠环芳香烃大量存在于煤焦油中，其中以萘、蒽、菲较为重要。萘是无色片状结晶，熔点 80℃，沸点 218℃，易升华，不溶于水，易溶于乙醇、乙醚、苯等有机溶剂。有特殊的气味，可驱虫防蛀。是重要的化工原料。蒽和菲是同分异构体，都可以从煤焦油中提取。蒽为有淡蓝色荧光的片状结晶，熔点 216℃，沸点 342℃，不溶于水，微溶于醇及醚中，易溶于热水中。菲为无色片状结晶，略带荧光，熔点 100℃，沸点 340℃，不溶于水，易溶于苯及苯的同系物中。一些稠环芳香烃具有致癌作用。例如 3,4-苯并芘、1,2,5,6-二苯并蒽等。

1,2,5,6-二苯并蒽   3,4-苯并芘

（2）萘的化学性质

① 取代反应　萘比苯容易发生取代反应，萘的 α 位比 β 位活泼，取代反应较容易发生在 α 位。

a. 卤化反应　在无水氯化铁催化下，萘与氯反应，主要生成 α-萘氯。

$$+Cl_2 \xrightarrow[\triangle]{FeCl_3} \quad +HCl$$

② 磺化反应　磺化反应的产物与反应温度有关，低温时多为 α-萘磺酸，较高温度时则主要是 β-萘磺酸，α-萘磺酸在硫酸中加热到 160℃时，大多数转化为 β-萘磺酸。

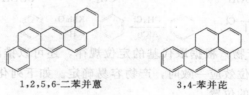

③ 硝化反应　萘与混酸在常温下就可以反应，生成的产物几乎都是 α-硝基萘。

$$+HNO_3 \xrightarrow[30\sim60℃]{H_2SO_4} \quad +H_2O$$

（3）氧化反应　在五氧化二钒的催化下，萘可以被空气中的氧氧化为邻苯二甲酸酐或称苯酐，苯酐是重要的化工原料。

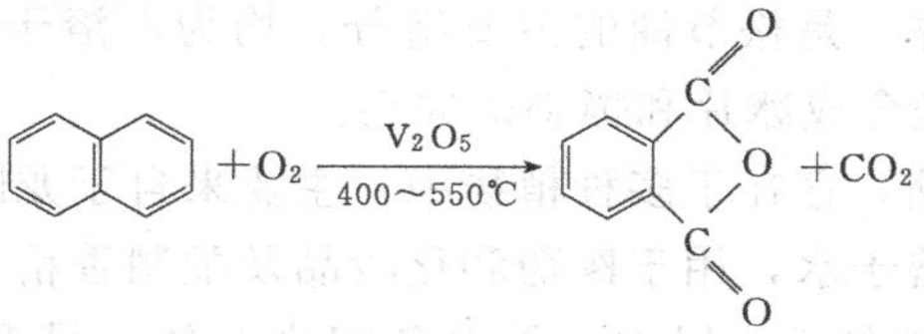

$$ \text{(naphthalene)} + O_2 \xrightarrow[400\sim550℃]{V_2O_5} \text{(phthalic anhydride)} + CO_2 $$

（4）加成反应　萘比苯容易加成，在不同的条件下可以发生部分加氢或全部加氢。

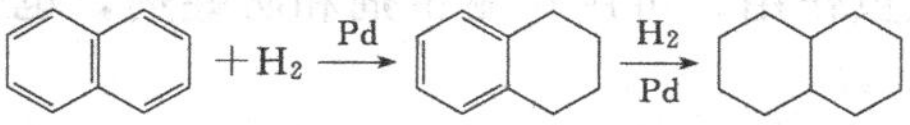

$$ \text{(naphthalene)} + H_2 \xrightarrow{Pd} \underset{\text{四氢化萘}}{\text{(tetralin)}} \xrightarrow{\frac{H_2}{Pd}} \underset{\text{十氢化萘}}{\text{(decalin)}} $$

蒽和菲也有芳香性，它们比苯更容易发生加成反应和氧化反应。

12.3.4　萜类化合物

萜类化合物广泛分布于自然界，大多数植物中都含有萜类，动物和微生物中也含有多种萜类化合物，萜类化合物是挥发油即香精油的主要成分。萜类化合物是由异戊二烯头尾相连而组成的。

根据萜类化合物分子中的碳架所含异戊二烯单位的数目，可分为单萜、倍半萜、二萜、三萜、四萜等。

（1）单萜化合物　单萜化合物分子中含有两个异戊二烯单位，是萜类中最简单的化合物。根据碳架的不同，单萜又可分为开链单萜、单环单萜和双环单萜。

① 开链单萜　开链单萜是由两个异戊二烯单位结合成的开链化合物，其中许多是重要的、珍贵的香料，如橙花醇、香叶醇、柠檬醛等。

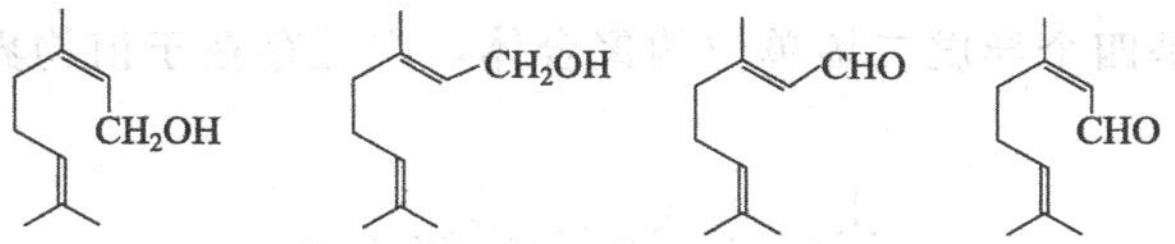

橙花醇　　香叶醇(牻牛儿醇)　　α-柠檬醛　　β-柠檬醛

橙花醇和香叶醇互为顺反异构体，存在于玫瑰油、橙花油、香茅油中，有玫瑰香味。也可以从香叶烯合成得到，是重要的化妆香料。

柠檬醛存在于许多香精油中，有很强的柠檬香气，用于配制柠檬香精或作合成维生素 A 原料。

② 单环单萜　单环单萜大多数是苧烷的衍生物，这类化合物的重要代表是苧烯和薄荷醇。

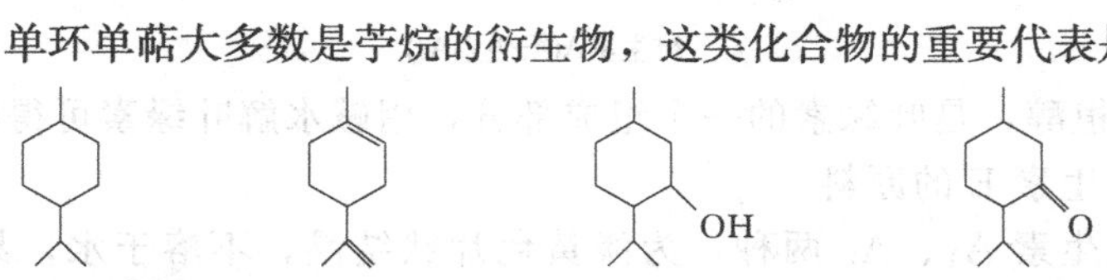

苧烷（对薄荷烷）　　苧烯　　薄荷醇　　薄荷酮

苧烯存在于松针油和柠檬油中，有柠檬香味，可作香料。

薄荷醇俗名薄荷脑，是薄荷油的主要组分，有芳香、清凉气味，有杀菌、防腐作用，并具有局部止痛止痒的功效，用于医药、化妆品和食品工业中。

③ 双环单萜　双环单萜的碳架可以看成对薄荷烷分子中的 C-8 分别与 C-1、C-2、C-3 相连或 C-4 与 C-2 相连形成的桥环化合物，自然界中重要的是蒎烯、莰醇和莰酮。

α-蒎烯　　β-蒎烯　　2-莰醇(菠醇)　　莰酮(樟脑)

蒎烯有两种同分异构体，是松节油的主要组分，均为不溶于水的油状液体，用于制药、造漆等工业中，α-蒎烯也是合成冰片和樟脑的原料。

莰醇又称为冰片或龙脑，存在于多种植物中，主要来自于龙脑香树的香精油，为无色片状晶体，有清凉气味，难溶于水，用于医药和化妆品及配制香精。

莰酮俗称樟脑，主要存在于樟树中，是白色闪光晶体，易升华，有愉快香味，难溶于水，易溶于有机溶剂。有驱虫作用，可用作驱虫剂和防蛀剂，也是重要的化工原料，还可用于医药及化妆品。

（2）倍半萜　倍半萜是三个异戊二烯单位组成的化合物。法尼醇、山道年以及脱落酸都属于倍半萜。

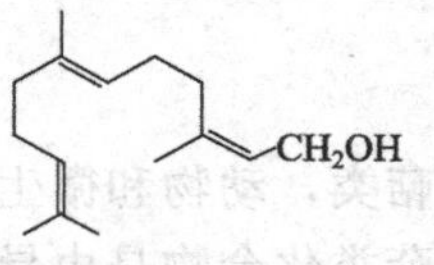

法尼醇 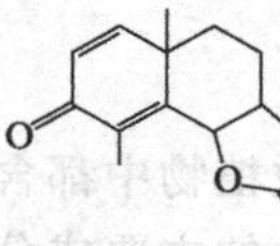　　　　　　山道年 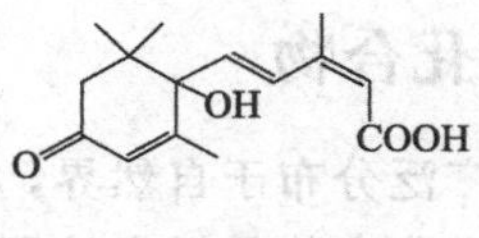　　　　　　脱落酸

法尼醇也称为金合欢醇，为无色黏稠液体，有铃兰香味，存在于茉莉油、金合欢油中，是一种珍贵的香料，用于配制高档香精。法尼醇还具有保幼激素活性，能抑制昆虫变态，使幼昆虫保持幼虫状态，可用于杀死害虫的幼虫。

山道年由幼山道年花蕾中得到，为无色结晶，不溶于水，易溶于有机溶剂，可用作驱蛔虫药。

脱落酸是植物生长调节剂，能抑制植物生长，促进芽和种子休眠，使植物叶和果实脱落。

（3）二萜　二萜是四个异戊二烯单位的聚合体，广泛存在于植物界。叶绿醇和维生素 A 是重要的二萜。

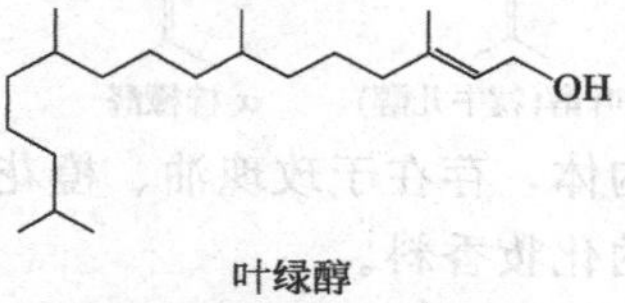

叶绿醇

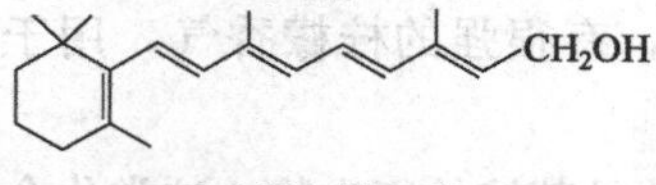

维生素A(维生素A₁)

叶绿醇又称为植醇，是叶绿素的一个组成部分，用碱水解叶绿素可得叶绿醇。叶绿醇是合成维生素 K 及维生素 E 的原料。

维生素 A 有维生素 A₁、A₂ 两种，为淡黄色片状结晶，不溶于水，易溶于油脂或有机溶剂，受紫外线照射后失去活性，在空气中易氧化。主要存在于鱼肝油、蛋黄、奶油及动物肝脏中。维生素 A 是哺乳动物正常生长发育所必需的物质，缺乏维生素 A 会造成夜盲、干眼病、角膜软化症等。

（4）三萜　三萜是六个异戊二烯单位的聚合体，角鲨烯是很重要的三萜，大量存在于鲨鱼的肝中，也存在于酵母、麦芽、橄榄油中，为不溶于水的油状液体，是生物体内羊毛甾醇生物合成的前体。

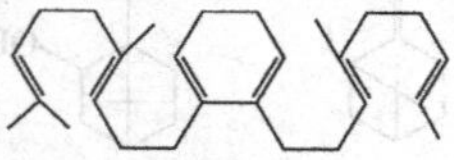

角鲨烯

（5）四萜 四萜是由八个异戊二烯单位组成的，这类化合物的分子中都含有一个较长的 C＝C 双键共轭体系，所以它们都是有颜色的物质，多数在黄至红的色区内，因此又称为多烯色素。这类化合物最早发现的一种是在胡萝卜中取得的，定名为胡萝卜素。以后又发现了许多结构与胡萝卜素类似的色素，所以这类物质又称为胡萝卜色素类化合物，如胡萝卜素、叶黄素、玉米黄质和番茄红素等。

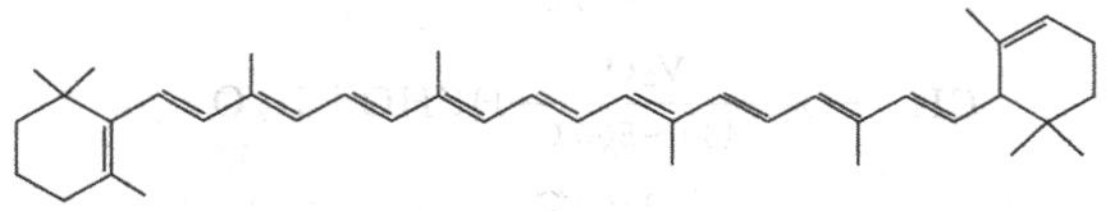

α-胡萝卜素

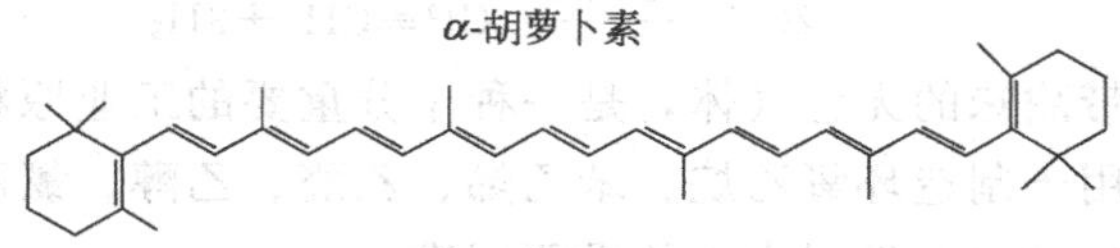

β-胡萝卜素

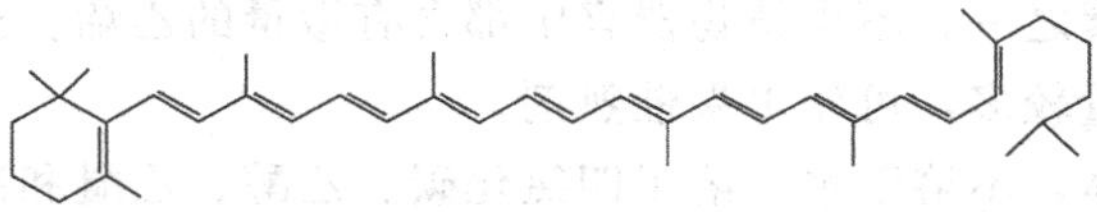

γ-胡萝卜素

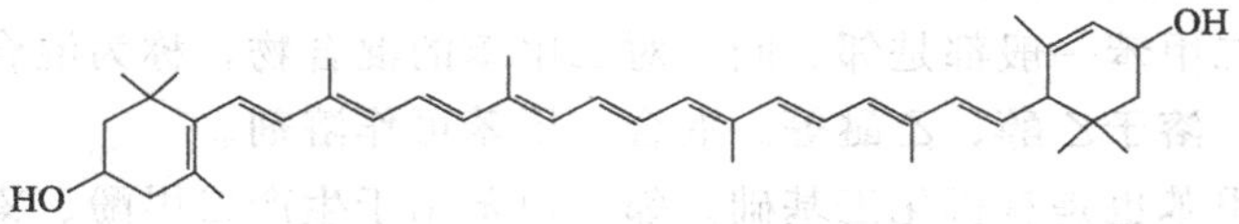

叶黄素

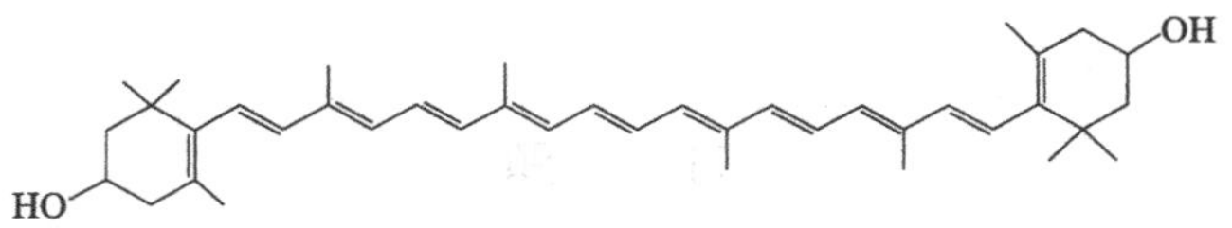

玉米黄质

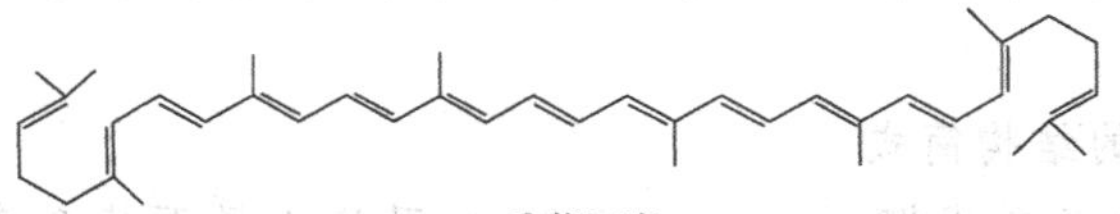

番茄红素

　　胡萝卜素是金黄色固体，不溶于水和乙醇，易溶于氯仿、丙酮等有机溶剂。胡萝卜素不仅存在于胡萝卜中，也广泛存在于植物的叶、花、果以及动物的乳汁和脂肪中，胡萝卜素有 α、β、γ 三种异构体，其中 α-胡萝卜素的含量最高，生理活性最强。胡萝卜素在动物体内可以转化为维生素 A。所以，称它为维生素 A 原。

　　叶黄素和玉米黄质分别是 α-、β-胡萝卜素的二羟基衍生物，都是黄色色素，主要存在于玉米、蛋黄中。

　　番茄红素是胡萝卜素的异构体，是开链萜，存在于番茄、西瓜等果实中，为洋红色结晶。

12.3.5　重要的烃

　　（1）甲烷 甲烷大量存在于自然界中，是石油、天然气、沼气以及煤矿内坑气的主要成分。常温常压下为无色、无味气体，微溶于水，易溶于酒精、乙醚等有机溶剂。甲烷不完全燃烧时，可生成炭黑。

$$CH_4 + O_2 \longrightarrow C + 2H_2O$$

这是生产炭黑的一种方法。炭黑是黑色染料，可用来制造油墨，也可用作橡胶的填料。

甲烷在催化剂等适当的条件下，可氧化为甲醇、甲醛，也可转化为 CO、 $CH\equiv CH$ 和 HCN 等重要的化工原料。

$$CH_4 + H_2O \xrightarrow[725℃]{Ni} CO + H_2$$

$$CH_4 + O_2 \xrightarrow[400\sim500℃]{V_2O_5} HCHO + H_2O$$

$$2CH_4 \xrightarrow{1500℃} CH\equiv CH + 3H_2$$

（2）乙烯　乙烯是稍带甜味的无色气体，是一种十分重要的工业原料。乙烯大量用于制造聚乙烯，除此之外，还用于制造环氧乙烷、苯乙烯、乙醛、乙醇、氯乙烯等。所以乙烯的产量是衡量一个国家石油化学工业发展水平的重要标准。

乙烯是植物的内源激素之一，不少植物器官中都含有微量的乙烯。没有成熟的果实中含量较少，成熟的果实中含量较多，可作水果催熟剂。

（3）苯　苯是无色液体，不溶于水，溶于四氯化碳、乙醇、乙醚和冰醋酸等，苯是有机化工原料，广泛地用于生产塑料、合成橡胶、合成纤维、染料、医药等。

（4）二甲苯　二甲苯一般都是邻、间、对二甲苯的混合物，称为混合二甲苯。为无色可燃液体，不溶于水，溶于乙醇、乙醚等。混合二甲苯可作溶剂。

邻、间、对二甲苯也是有机化工基础。邻二甲苯用于生产二甲酚、染料、药物等。对二甲苯是生产涤纶的原料。间二甲苯用于生产苯二甲酸、医药、香料等。

习　题

1. 写出 C_5H_{12} 所有同分异构体并用系统命名法命名。并标出伯、仲、叔、季碳原子。

2. 写出下列化合物的结构简式

（1）2,2,4-三甲基-3-乙基戊烷　　　　（2）2-甲基-4-异丙基-3-庚烯

（3）1,1,2-三甲基环丙烷　　　　　　　（4）2-甲基-4-苯基戊烷

（5）邻二甲苯　　　　　　　　　　　　（6）2-甲基-3-己炔

（7）溴苯　　　　　　　　　　　　　　（8）3-苯基丙烯

3. 命名下列化合物

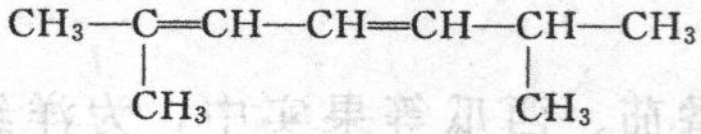

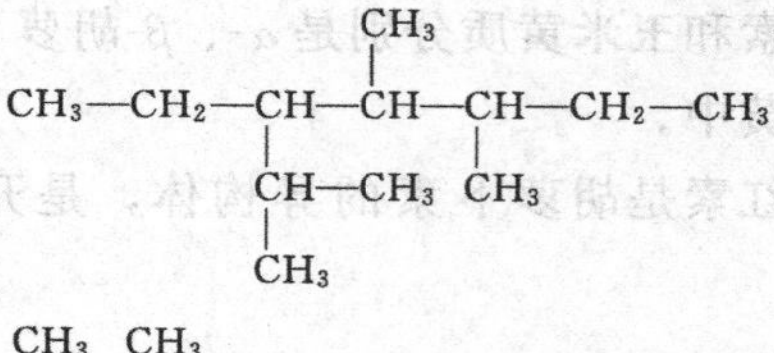

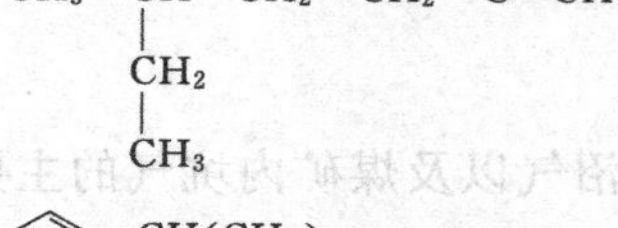

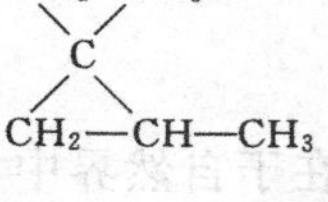

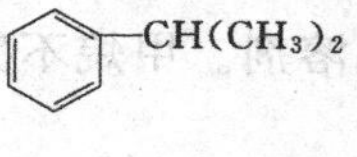

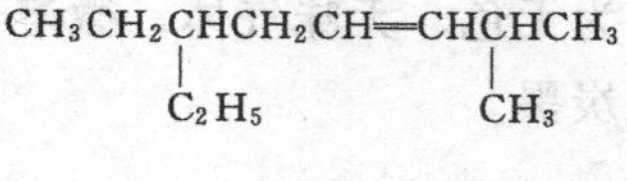

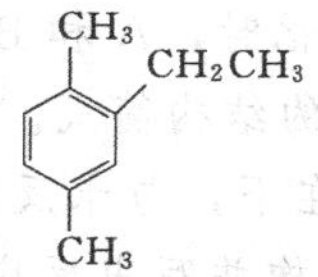

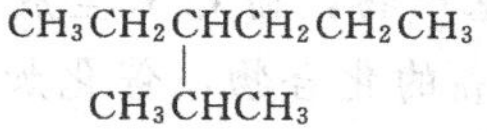

（苯环，取代基 CH_3、CH_2CH_3、CH_3）

$$CH_3CH_2CHCH_2CH_2CH_3$$
$$\qquad\quad CH_3CHCH_3$$

4. 完成下列反应

$$CH_3CH_2CH_3 + Cl_2 \xrightarrow[25℃]{光,CCl_4}$$

$$CH_2\!=\!CH\!-\!CH_3 + HBr \longrightarrow$$

$$CH_2\!=\!CH\!-\!CH\!=\!CH_2 + CH_2\!=\!CH_2 \longrightarrow$$

$$CH_3\!-\!CH\!=\!CH\!-\!CH\!=\!CH\!-\!CH_3 + Br_2 \longrightarrow$$

$$CH_3\!-\!CH\!=\!CH_2 + H_2O \xrightarrow{H^+}$$

$$CH_3C\!=\!CCH_3\ (CH_3取代)\ \xrightarrow[H^+]{KMnO_4}$$

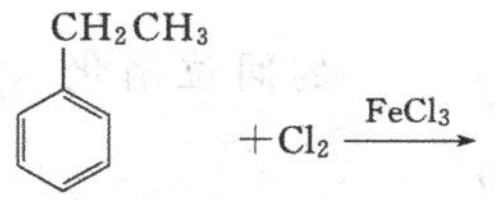

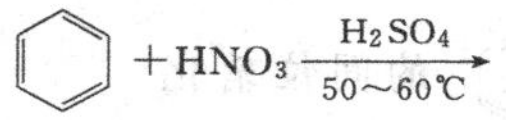

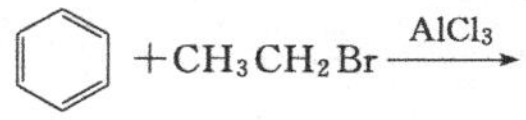

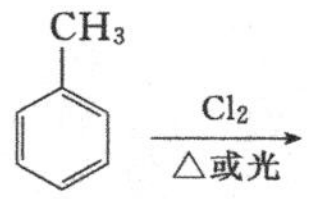

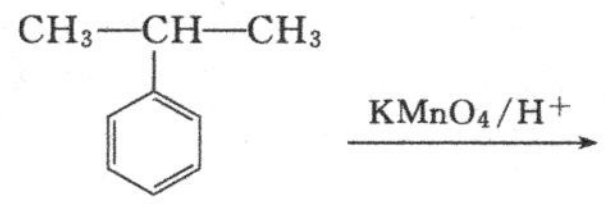

（苯环带 CH_2CH_3）$+ Cl_2 \xrightarrow{FeCl_3}$

（苯环）$+ HNO_3 \xrightarrow[50\sim60℃]{H_2SO_4}$

（苯环）$+ CH_3CH_2Br \xrightarrow{AlCl_3}$

（苯环带 CH_3）$\xrightarrow[\triangle 或光]{Cl_2}$

（苯环带 CH_3CHCH_3）$\xrightarrow{KMnO_4/H^+}$

$$CH_3CH\!=\!CCH_3\ (CH_3取代)\ \xrightarrow{O_3} ? \xrightarrow{Zn/H_2O} ?$$

（环丙烷带两个 CH_3）$+ HBr \longrightarrow$

（环戊二烯结构 CH_2／CH／CH／CH_2）$+ CH_2\!=\!CH_2 \longrightarrow$

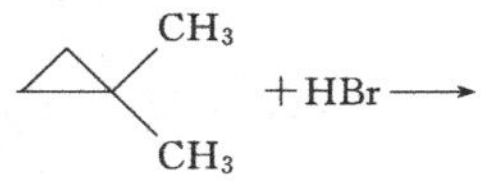

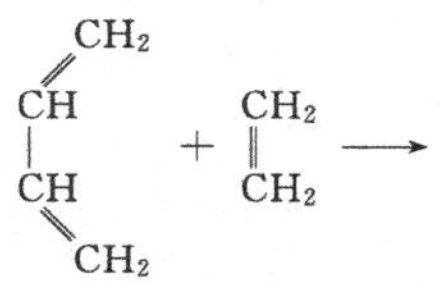

5. 用化学方法鉴别下列各组物质

（1）乙烷　乙烯　乙炔

（2）丙烷　丙烯　环丙烷

（3）苯　甲苯　己烯

（4）苯　甲苯　环丙烷

（5）甲苯　环己烯　环己烷

（6）1-戊炔　2-戊炔

6. A、B、C 三种芳香烃，分子式都是 C_9H_{12}。当用高锰酸钾酸性溶液氧化时，A 生成

159

一元羧酸，B 生成二元羧酸，而 C 生成三元羧酸。当 A、B、C 分别进行硝化时，A 和 B 分别生成两种主要的硝基产物，而 C 只生成一种硝基化合物。写出 A、B、C 的结构简式。

7. 分子式为 C_6H_{10} 的化合物，催化加氢生成 2-甲基戊烷，在硫酸汞存在下，与水反应，生成 $(CH_3)_2CHCH_2COCH_3$，与银氨溶液作用产生白色沉淀。试推测其结构并写出反应方程式。

8. 有三种化合物的分子式都是 C_5H_8，它们都能使溴的四氯化碳溶液褪色。A 与银氨溶液作用生成沉淀，B、C 则不能。但用高锰酸钾酸性溶液氧化时，A 得到丁酸和二氧化碳，B 得到乙酸和丙酸，C 得到戊二酸。写出 A、B、C 的结构简式。

9. 写出分子式 C_5H_{10} 烯烃的各种异构式，并用系统命名法命名。

10. 两种互为同分异构体的丁烯，它们与碘化氢加成得到同一种碘代丁烷，写出这两种丁烯的结构式。

11. 根据苯环上亲电取代定位规律，判断下列各组的反应难易程度

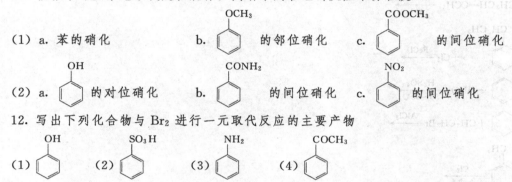

(1) a. 苯的硝化   b. 的邻位硝化   c. 的间位硝化

(2) a. 的对位硝化   b. 的间位硝化   c. 的间位硝化

12. 写出下列化合物与 Br_2 进行一元取代反应的主要产物

(1)   (2)   (3)   (4)

第13章 卤代烃

烃分子中的氢原子被卤原子取代后的化合物称为卤代烃。卤代烃是烃的卤素衍生物。卤原子（F、Cl、Br、I）是卤代烃的官能团。自然界中含卤素的有机物很少见，目前已经得到的天然有机卤代物大多来源于海洋生物。

卤代烃在生活和生产上应用广泛，许多卤代烃是合成农药、麻醉剂和防腐剂等的重要中间体和原料。例如，烯丙型卤代烃如 3-氯丙烯、氯化苄等，因为能刺激黏膜，所以有很强的催泪作用；3,3,3-三氯丙烯对神经有麻醉作用，对心脏传导系统影响而导致心律失常。

13.1 卤代烃的分类

根据卤代烃分子中烃基结构的不同，卤代烃可分为：脂肪卤代烃（饱和卤代烃与不饱和卤代烃）、脂环卤代烃和芳香卤代烃。不饱和卤代烃中，卤素与碳-碳双键（C═C）直接相连的（如氯乙烯和氯苯）称为乙烯型卤代烃；卤素与碳-碳双键（C═C）之间隔开一个饱和碳原子（α-碳原子）的（如 3-氯丙烯或卤化苄）称为烯丙型卤代烃。

CH_3CH_2Cl	$CH_2{=}CHCl$	$CH_2{=}CH{-}CH_2Cl$	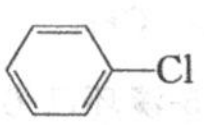	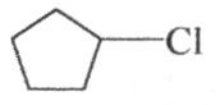
氯乙烷	氯乙烯	3-氯丙烯	氯苯	氯代环戊烷
（饱和卤代烃）	（不饱和卤代烃）	（烯丙型卤代烃）	（芳香卤代烃）	（脂环卤代烃）

根据卤代烃分子中卤原子所连碳原子类型不同，可分为伯卤代烃（一级卤代烃 1°）、仲卤代烃（二级卤代烃 2°）、叔卤代烃（三级卤代烃 3°）。

$CH_3{-}CH_2{-}CH_2{-}Cl$	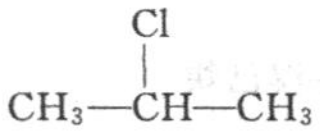 $CH_3{-}\underset{\underset{Cl}{\mid}}{CH}{-}CH_3$	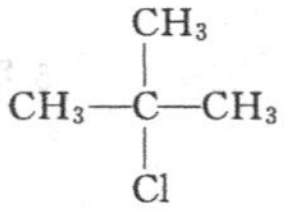 $CH_3{-}\underset{\underset{Cl}{\mid}}{\overset{\overset{CH_3}{\mid}}{C}}{-}CH_3$
1-氯丙烷	2-氯丙烷	2-甲基-2-氯丙烷
（伯卤代烃）	（仲卤代烃）	（叔卤代烃）

根据卤代烃分子中卤原子的种类不同，可分为氟代烃、氯代烃、溴代烃、碘代烃。

$CF_2{=}CF_2$	CH_3CH_2Cl	CH_3CH_2Br	CH_3CH_2I
四氟乙烯	氯乙烷	溴乙烷	碘乙烷

根据卤代烃分子中所含卤原子数目的不同，可分为一卤代烃、二卤代烃和多卤代烃。

 Br	CH_2Cl_2	CHI_3	CCl_2F_2
溴苯	二氯甲烷	三碘甲烷（碘仿）	二氟二氯甲烷

13.2 卤代烃的命名

13.2.1 习惯命名法

简单卤代烃根据卤原子所连的烃基的名称将其命名为"卤某烃"或"某烃基卤"。

$$CH_3CH_2Cl \qquad CH_2{=}CHBr \qquad CH_3CH{=}CHCl \qquad CH_2{=}CHCH_2Cl$$

氯乙烷　　　　　　溴乙烯　　　　　　丙烯基氯　　　　　　烯丙基氯

13.2.2 系统命名法

结构复杂的卤代烃要用系统命名法，卤原子为取代基，其命名原则与相应烃的命名原则相似。

（1）饱和卤代烃（卤代烷烃）

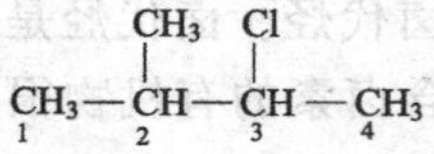

2-甲基-3-氯丁烷

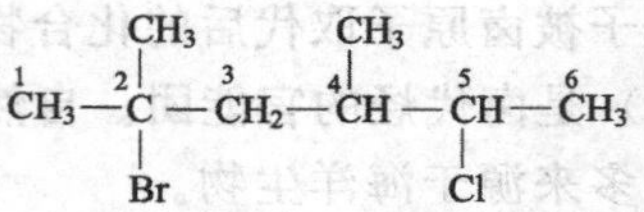

2,4-二甲基-5-氯-2-溴己烷

（2）不饱和卤代烃

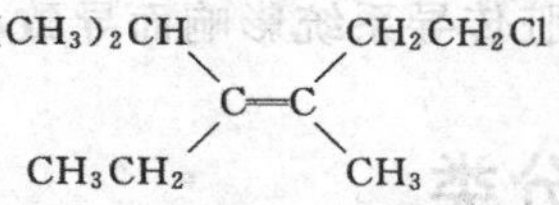

（Z）-3,5-二甲基-4-乙基-1-氯-3-己烯

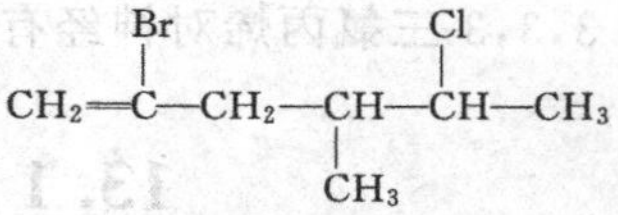

4-甲基-5-氯-2-溴-1-己烯

（3）卤代环烃/卤代芳香烃
当卤原子直接与芳香烃相连时，命名通常以芳香烃为母体，卤原子为取代基；当卤原子连在芳环侧链上时，命名则以脂肪烃为母体，芳基和卤原子都为取代基。

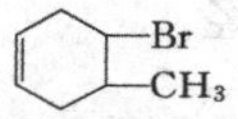

4-甲基-5-溴环己烯 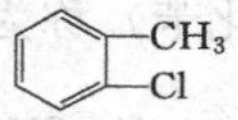　　　　　邻氯甲苯 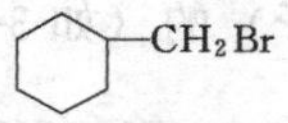　　　　　环己基溴甲烷

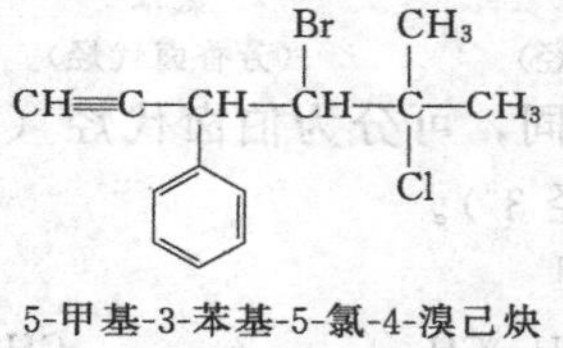

5-甲基-3-苯基-5-氯-4-溴己炔 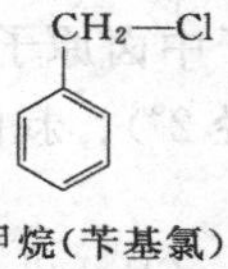　　　　　苯基氯甲烷（苄基氯）

13.3 卤代烃的物理性质

卤代烃的物理性质因烃基及卤原子的种类和数目的不同而异。在常温常压下，除氯甲烷、氯乙烷、溴甲烷、氯乙烯是气体外，其余多为液体，高级（含15个碳原子以上）或一些多元卤代烃为固体。多数卤代烃是无色的，但溴代烃和碘代烃对光较敏感，光照下能缓慢地分解出游离卤素而分别带棕黄色和紫色，因此储存需用棕色瓶装。不少卤代烃有香味，但其蒸气有毒，应防止吸入。

在卤原子相同的卤代烃中，熔点、沸点随着碳原子数的增加而升高。在烃基相同而卤素不同的卤代烃中，沸点变化规律是：$RI > RBr > RCl > RF$。在卤代烷异构体中，支链越多，沸点越低。卤代烷比相应的烷烃熔点、沸点高。

卤代烃都不溶于水，易溶于有机溶剂，并能与烃类以任意比混溶，常用氯仿、四氯化碳从水层中提取有机物，在萃取时一般水层在上，而大多数卤代烃在下。除少数一氯代烷烃外，其余溴代烃、碘代烃及多卤代烃的相对密度多数大于1。

表 13-1　卤代烃的物理性质

名　称	结　构　式	沸点/℃	相　对　密　度
氯甲烷	CH_3Cl	-24	0.920
溴甲烷	CH_3Br	3.5	1.732
碘甲烷	CH_3I	42.5	2.279
二氯甲烷	CH_2Cl_2	40	1.327
三氯甲烷	$CHCl_3$	61	1.483
四氯化碳	CCl_4	76.5	1.590
氯乙烷	CH_3CH_2Cl	12.2	0.910
溴乙烷	CH_3CH_2Br	38.4	1.430
碘乙烷	CH_3CH_2I	72.3	1.933
1-氯丙烷	$CH_3CH_2CH_2Cl$	46.6	0.891
2-氯丙烷	$CH_3\overset{\underset{\mid}{Cl}}{C}HCH_3$	35.7	0.862
1-氯丁烷	$CH_3CH_2CH_2CH_2Cl$	78.5	0.884
1-氯戊烷	$CH_3CH_2CH_2CH_2CH_2Cl$	108	0.883
氯乙烯	$CH_2{=}CHCl$	-13.4	0.912
氯苯	⬡—Cl	132	1.106
溴苯	⬡—Br	156	1.495

13.4　卤代烃的化学性质

卤原子是卤代烃的官能团。虽然在卤代烃中所有的键都是 σ 键，但由于卤原子电负性较强，在一定条件下 C—X(F、Cl、Br、I) 键易断裂。卤代烃的化学性质主要表现在卤原子上：①卤原子被其他原子或基团取代，生成其他类有机化合物——亲核取代反应；②从卤代烃分子中消去卤化氢生成 C═C 双键——消除反应；另外，卤代烃还可与活泼金属反应生成金属有机化合物。

当烃基相同时，卤代烃的反应活性是：RI＞RBr＞RCl＞RF。

13.4.1　取代反应

由于卤原子的强吸电子能力，使得卤代烃分子中 C—X 键的极性较大，它们之间的共用电子对偏向卤原子，碳原子带有部分正电荷，与卤素相连的碳原子就容易受到亲核试剂（如负离子或带有未共用电子对的分子等）的进攻，因而使卤素带着 C—X 键的共用电子对以负离子的形式离去。这种反应称为亲核取代反应。

在一定条件下，卤代烃可与许多试剂作用，分子中的卤原子被其他基团取代，生成醇、胺、醚等各类有机化合物。

$$R{-}X+{:}Nu^- \longrightarrow R{-}Nu+X^-$$

反应物　亲核试剂 产物 离去基团

（1）水解　卤代烃不溶于水，水解反应很慢，并且是一个可逆反应。为了加速反应并使反应进行到底，通常用卤代烃与氢氧化钠或氢氧化钾的稀水溶液共热，使卤原子被羟基（—OH）取代而生成醇。

$$CH_3CH_2Br+NaOH \xrightarrow[\triangle]{H_2O} CH_3CH_2OH+NaBr$$

乙醇

(2) 醇解　伯卤代烷与醇钠作用时，卤原子被烷氧基（RO—）取代生成醚。此反应称为威廉森（Williamson）反应，这是制备混合醚的一种常用方法。

$$CH_3CH_2CH_2CH_2Cl + C_2H_5ONa \xrightarrow[\triangle]{C_2H_5OH} CH_3CH_2CH_2CH_2OC_2H_5 + NaCl$$

乙丁醚

(3) 氨解　卤代烷与氨的乙醇溶液或液氨反应，卤原子被氨基（—NH$_2$）取代，得到伯、仲、叔胺的混合物。胺是一种有机碱，若卤代烷足量，最后生成季铵盐。

$$CH_3CH_2CH_2Cl + NH_3 \xrightarrow[\triangle]{C_2H_5OH} CH_3CH_2CH_2NH_2 + NH_4Cl$$

丙胺

(4) 氰解　卤代烷与氰化钠或氰化钾的乙醇溶液反应，生成腈。此反应是非常有用的一个反应，产物比反应物卤代烷分子中多了一个碳原子，这是有机合成中增长碳链的方法之一。

$$CH_3CH_2I + KCN \xrightarrow[\triangle]{H_2O/C_2H_5OH} CH_3CH_2CN + KCl$$

丙腈

产物腈还可转化为胺、酰胺和羧酸，在合成纤维工业中有重要的用途。

(5) 与 AgNO$_3$ 的反应　卤代烷与硝酸银的乙醇溶液反应，生成硝酸酯和卤化银沉淀。可用于卤代烷的定性鉴别。

$$RX + AgNO_3 \xrightarrow{C_2H_5OH} RONO_2 + AgX \downarrow$$

$$R—X + AgNO_3 \xrightarrow{乙醇} R—O—NO_2 + AgX \downarrow$$

硝基烷基酯

反应产物中有 AgX 沉淀产生，根据沉淀出现的时间及颜色可确定分子中是何种卤原子。不同的卤代烷与硝酸银反应的速率不同，卤原子不同的卤代烷反应活性是：RI＞RBr＞RCl。烃基不同的卤代烷反应活性是：烯丙基卤、苄基卤、叔卤代烃＞仲卤代烃＞伯卤代烃。

13.4.2　消除反应

伯卤代烷与浓氢氧化钠或氢氧化钾的醇溶液共热，分子中脱去一个小分子（如 X$_2$、HX、H$_2$O 等），生成不饱和化合物（如烯烃）的反应称为消除反应，用 E（Elimination）表示。

$$R—\overset{\beta}{C}H—\overset{\alpha}{C}H_2 \xrightarrow[\triangle]{KOH/醇} R—CH=CH_2 + HX$$

卤代烷发生消除时，总是在 β-碳原子上的 H 与 X 一起脱去，因此又称为 β-消除反应。卤代烷的反应活性是：叔卤代烃＞仲卤代烃＞伯卤代烃。

当 2-溴丁烷与浓氢氧化钠或氢氧化钾的乙醇溶液共热，消除一分子卤化氢时，可能生成两种产物。例如：

$$\underset{\underset{Br}{|}}{CH_3CH_2CHCH_3} \xrightarrow[乙醇溶液]{KOH,\triangle} \underset{19\%}{CH_3CH_2CH=CH_2} + \underset{81\%}{CH_3CH=CHCH_3}$$

不对称的仲卤代烃、叔卤代烃在发生消除反应时，总是消去含氢较少的 β-碳原子上的氢，主要产物是双键碳原子上连有较多烃基的烯烃，这一经验规律称为扎依采夫

（A. M. Saytzeff）规律。

消除反应与水解反应都是在碱的作用下进行的，只不过在稀碱水溶液及较低温度条件下，有利于发生取代反应；而在浓碱乙醇溶液及高温条件下，有利于发生消除反应。

13.4.3　与金属 Mg 的反应

卤代烷与金属镁在无水乙醚中反应，生成有机镁化合物 RMgX（烷基卤化镁），该反应是由法国化学家格利雅（Grignard）在 1900 年发现，于是 RMgX 就被人们命名为格利雅试剂，简称格氏试剂。RMgX 的性质非常活泼，可与水、CO_2、羰基化合物反应，通常需保存在无水乙醚中。

$$RX+Mg \xrightarrow{\text{无水乙醚}} RMgX（格氏试剂）$$

格氏试剂中 C—Mg 键的极性很强，性质非常活泼，能被许多含活泼氢的化合物（如水、醇、酚、氨、末端炔等）分解生成烃。格氏试剂可以与许多物质反应，生成其他有机物或其他金属化合物，它是一种非常有用的合成试剂。由于格氏试剂遇到含活泼氢的化合物会立即分解，所以制备时必须防止水蒸气、酸、醇、氨等物质，一般在无水乙醚作溶剂条件下进行制备，并直接使用其醚溶液。

$$RMgX+H—Y \longrightarrow RH+ Mg \underset{Y}{\overset{X}{\diagdown}}$$

$$（Y=OH,OR,CN,NH_2）$$

13.5　重要的卤代烃

（1）三氯甲烷　三氯甲烷（$CHCl_3$）俗称氯仿，是无色液体，沸点为 61.2℃，有强烈的麻醉作用，不易燃，微溶于水，能与乙醇、乙醚、苯等有机溶剂混溶，是良好的有机溶剂。三氯甲烷在光照下能被空气中的氧气氧化而产生毒性很强的光气（$COCl_2$）。光气吸入肺中会引起肺水肿。如每升空气中含 0.5mg 光气，吸入 10min 可致死。空气中最高允许浓度为 $50\mu g/g$，因此氯仿应保存在密封的棕色瓶中。

（2）四氯化碳　四氯化碳（CCl_4）也可称为四氯甲烷，是无色液体，沸点为 76.5℃，微溶于水，能溶解脂肪、油漆、树脂、橡胶等多种有机物（亦能溶解某些无机物，如硫、磷、卤素等），是良好的有机溶剂，主要用作溶剂、萃取剂和灭火剂，也可用作干洗剂。

四氯化碳的相对密度很大，容易挥发，它的蒸气比空气重，不导电，而且不燃烧。因其蒸气能把燃烧物体覆盖，使之隔绝空气而熄灭，所以特别适宜于扑灭油类着火以及电源附近的火灾，是一种常用的灭火剂。用四氯化碳作灭火剂时，也常会产生光气，因此要注意空气流通，以防止中毒。

（3）氯乙烯和聚氯乙烯　氯乙烯常温下是无色气体，具有微弱芳香气味，沸点-13.8℃。不溶于水，易溶于多种有机溶剂，易燃烧，与空气形成爆炸性混合物，爆炸极限为 4%～22%（体积分数）。空气中最高允许浓度为 $50\mu g/g$。长期高浓度接触可引起许多疾病，并可致癌。氯乙烯主要用途是制备聚氯乙烯。

聚氯乙烯是目前中国产量最大的塑料，简称 PVC，广泛用于农业、工业及日常生活中。但聚氯乙烯制品不耐热，不耐有机溶剂，而且在使用过程中由于其缓慢释放有毒物质而不可盛放食品。聚氯乙烯对酸、碱、盐、氧化剂、还原剂均稳定,对光和热的稳定性较差,电绝缘性和力学性能较好,具自熄性。

(4) 四氟乙烯和聚四氟乙烯　四氟乙烯为无色气体,沸点−76.3℃。不溶于水,可溶于多种有机溶剂。四氟乙烯主要用途是合成聚四氟乙烯。

聚四氟乙烯商品名称为特氟隆,是一种应用广泛、性能非常稳定的塑料。能耐360℃高温并具有耐寒性(−100℃),机械强度高,耐强酸强碱,无毒。其生物相容性也很好,是一种非常有用的工程和医用塑料,有"塑料王"之称。

(5) 全氟碳类血液代用品　全氟碳为一类氢原子全被氟原子所取代的环烃和链烃,用其制成的乳剂,由于能溶解大量的氧和二氧化碳,已被用作人类血液的代用品。这类商品最早由日本生产出来,商品名为 Fuoslo-DA。它是以全氟萘烷和全氟三丙胺为主体的一种乳剂,中国也有类似的化合物生产。

(6) 氟氯代烃　氟氯代烃是无色、无嗅、不燃的气体;无毒,200℃以下对金属无腐蚀性;溶于乙醇和乙醚;化学性质稳定;沸点低,易压缩成液体,解除压力后立即气化,同时吸收大量的热,因此是良好的制冷剂和气雾剂。

氟氯代烃的商品名为氟利昂(Freon)。实际上氟利昂是一类被氟及氯取代的烷烃的总称(CCl_2F_2、CCl_3F、$CClF_3$、CCl_2FCClF_2、$CClF_2CClF_2$)。它们都是优良的制冷剂。由于在使用和制造氟利昂时,逸入大气中的氟利昂受日光中紫外线辐射分解出氯原子,破坏大气高空能屏蔽紫外线的臭氧层,导致大量紫外线透射到地面,对人类的生存及动植物生长产生极大威胁,因而引起了世界各国的高度重视。

习　题

1. 用系统命名法命名下列化合物

(1) 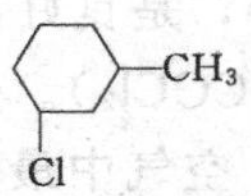 [环己烷结构,含CH_3和Cl]

(2) $CH_3-C\equiv C-\underset{\underset{CH_3}{|}}{CH}-CH_2Br$

(3) $CH_3-\underset{\underset{C_2H_5}{|}}{C}=CH-CH_2Br$

(4) 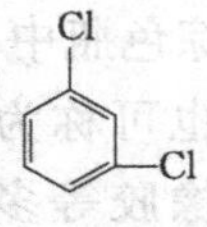 [苯环结构,含两个Cl]

(5) 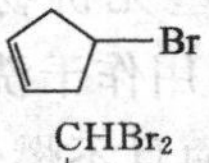 [环戊烷结构,含Br]

(6) $(CH_3)_2CHCH_2CH_2Cl$

(7) 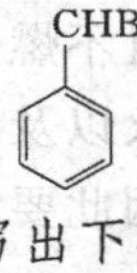 [苯环连$CHBr_2$]

(8) 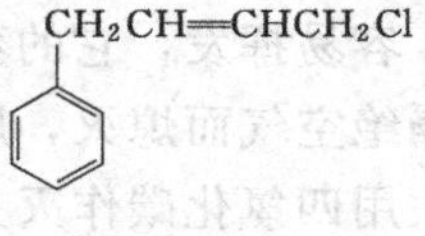 [苯环连$CH_2CH=CHCH_2Cl$]

2. 写出下列化合物的结构式

(1) 烯丙基氯

(2) 氯仿

(3) 2-甲基-2-氯丙烷

(4) 2,2-二甲基-1-碘丙烷

(5) 3-甲基-3-乙基-1-氯己烷

(6) 3-溴-1-丁炔

(7) 3-氯-2,4-己二烯

(8) 3-溴-1,4-环己二烯

3. 完成下列反应方程式

(1) $CH\equiv C-CH_2Br \xrightarrow[\text{H}_2\text{O}]{\text{NaOH}}$

(2) $CH_3CH_2CH_2Cl \xrightarrow[C_2H_5OH, \triangle]{NaOC_2H_5}$

(3) $CH_3-CH=CH_2 \xrightarrow{HCl} \xrightarrow{KCN}$

(4) $CH_3-CH_2-CH_2-CH_2Br + NH_3 \xrightarrow[\triangle]{C_2H_5OH}$

(5) 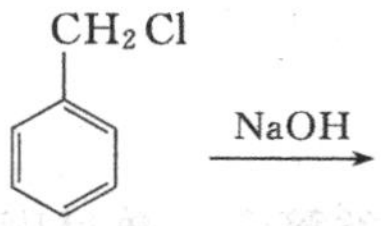 苯环-CH_2Cl $\xrightarrow{NaOH}$

(6) $CH_3CH_2CH_2Cl + AgNO_3 \xrightarrow[\triangle]{C_2H_5OH}$

(7) 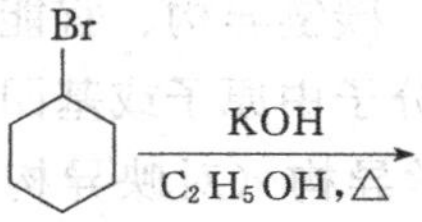 环己基-Br $\xrightarrow[C_2H_5OH, \triangle]{KOH}$

(8) 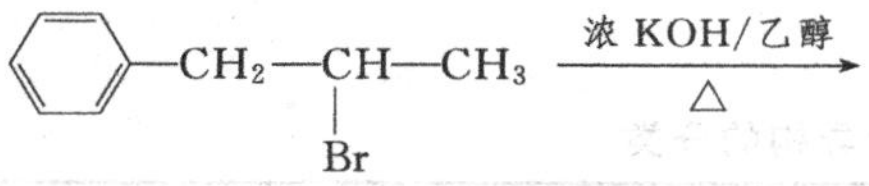 苯环-$CH_2-\underset{\underset{Br}{|}}{CH}-CH_3 \xrightarrow[\triangle]{浓 KOH/乙醇}$

4. 用化学方法区别下列各组化合物

(1) $CH_3CH=CHCl$，$CH_2=CHCH_2Cl$，$(CH_3)_2CHCl$，$CH_3(CH_2)_4CH_3$

(2) 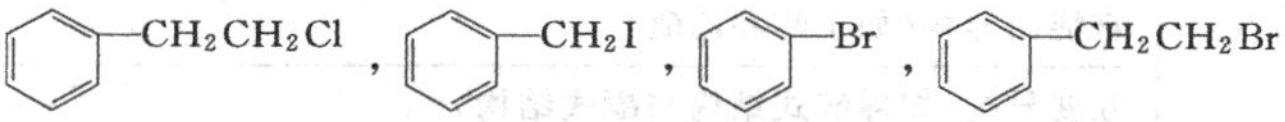 苯环-CH_2CH_2Cl，苯环-CH_2I，苯环-Br，苯环-CH_2CH_2Br

5. 2-溴戊烷与下列物质反应，其主要产物是什么？判断并标明产物属于哪一类化合物。

(1) $AgNO_3$（乙醇溶液）　　(2) Mg（无水乙醚）　　(3) NH_3

(4) KOH（水溶液共热）　　(5) KOH（乙醇溶液共热）

6. 卤代烃 A(C_3H_7Br) 与热浓 KOH 乙醇溶液作用生成烯烃 B(C_3H_6)。氧化 B 得两个碳的酸 C 和 CO_2。B 与 HBr 作用生成 A 的异构体 D。写出 A、B、C 和 D 的结构式。

第14章 立 体 异 构

同分异构现象在有机化学中极为普遍，这是构成有机化合物种类繁多、数目庞大的一个重要因素。有机化合物的异构现象可分为两大类：构造异构和立体异构。构造异构是指分子中原子相互连接的顺序和方式不同引起的异构，它包括四种类型：碳链异构、官能团位置异构、官能团异构和互变异构。立体异构是指分子的构造相同，但分子中原子或基团在空间的排列方式不同而引起的异构，它包括顺反异构（几何异构）、光学异构（对映异构）和构象异构三种（表14-1）。

表 14-1 同分异构的分类

同分异构	构造异构	碳链异构（如正丁烷和异丁烷）	
		官能团位置异构（如 1-丁烯和 2-丁烯）	
		官能团异构（如丁醇和乙醚）	
		互变异构（如烯醇式结构与酮式结构）	
	立体异构	构型异构	顺反异构（几何异构）
			对映异构（光学异构）
		构象异构	

14.1 顺 反 异 构

14.1.1 顺反异构现象

含有 4 个（或 4 个以上）碳原子的烯烃不仅有碳链异构和位置异构，而且由于烯烃分子中两个双键碳原子不能绕 σ 键轴自由旋转，因此当双键的两个碳原子上各连接两个不同的原子或基团时，4 个基团可以产生两种不同的空间排列方式。例如：

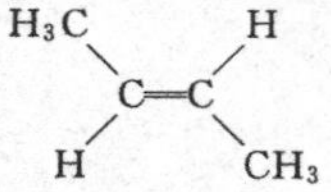

反-2-丁烯 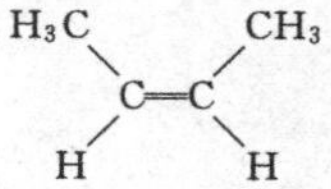   顺-2-丁烯

显然，上述两个异构体的差别在于它们的分子几何形状不同，即基团在空间的排列方式不同。两个相同的基团在双键的同侧，称为顺式异构体；两个相同的基团在双键的异侧，称为反式异构体。这种由于原子或基团位于分子中双键的同侧或异侧而引起的同分异构现象称为顺反异构。这两种异构体称为顺反异构体，也称几何异构体。分子中的原子或基团在空间的排列方式称为构型，因此顺反异构是一种构型异构。构型异构体具有不同的物理性质和化学性质。

2-丁烯的物理常数见表 14-2。

表 14-2　2-丁烯的物理常数

化 合 物	沸点/℃	熔点/℃	相对密度(d_4^{20})
反-2-丁烯	0.9	−105.5	0.6042
顺-2-丁烯	3.5	−139.3	0.6213

分子产生顺反异构现象，在结构上具备两个条件：

① 分子中必须存在限制旋转的因素（如 C=C、C=N、N=N 或环等）；

② 以双键相连的每个碳原子必须和两个不同的原子或基团相连。

14.1.2　顺反异构体的命名

（1）顺-反命名法　若两个双键碳原子上有相同的原子或基团时（如 abC=Cab、abC=Cac），可用顺-反命名法命名。相同的两个原子或基团分别位于 C=C 同侧，称为顺式；相同的两个原子或基团分别位于 C=C 两侧（异侧），称为反式。例如：

反-2-戊烯　　　　　　　　　　　　　　顺-2-戊烯

顺-反命名法有局限性，只适用于简单化合物，不适用于甚至不能用于命名 abC=Ccd 这类化合物的顺反异构体。命名顺反异构体普遍适用的方法是 Z-E 标记法。

（2）Z-E 标记法　若两个双键碳原子所连接的 4 个原子或基团都不相同时，必须确定原子或基团的排列次序，即用取代基"次序规则"来确定 Z、E 构型。次序规则是按照优先的次序排列原子或基团的规则，可概括为以下 3 个方面。

① 比较与双键碳原子直接相连的两个原子的原子序数，原子序数大的取代基排在前（称为"优先"基团），原子序数小的取代基排在后。

几种常见的原子按原子序数递减排列次序如下：

$$I>Br>Cl>S>P>O>N>C>D>H$$

其中，符号">"表示"优先于"。

② 如果两个基团与双键碳原子直接相连的第 1 个原子相同时，则需要比较由该原子外推至相邻的第二个原子的原子序数。比较时，按原子序数由大到小排列，先比较各组中最大者；若仍相同，再依次外推，直至比较出"优先"基团为止。例如：

$$\overset{CH_3}{\underset{CH_3}{-C-CH_3}} > -\overset{CH_3}{CH-CH_2-CH_3} > -\overset{CH_3}{CH-CH_3} > -CH_2-\overset{CH_3}{CH-CH_3}$$

$$>-CH_2CH_2CH_2CH_3>-CH_2CH_2CH_3>-CH_2CH_3>-CH_3$$

③ 当取代基是不饱和基团时，也就是含有双键或三键时，则把双键或三键看成是它以单键与两个或三个相同原子相连接。例如：

$$-CH=CH_2 \quad 相当于 \quad \begin{matrix} H & H \\ -C-C-H \\ (C) & (C) \end{matrix}$$

$$-C\equiv CH \quad 相当于 \quad \begin{matrix} (C) & (C) \\ -C-C-H \\ (C) & (C) \end{matrix}$$

由此推出：

$$—C{\equiv}CH > —CH{=}CH_2 > —CH_2CH_3$$

采用 Z-E 标记法命名时，根据次序规则比较出两个双键碳原子上所连接的两个原子或基团的优先次序，从而确定"较优"基团。如果两个双键碳原子上的"较优"原子或基团在双键的同侧，则称为 Z-型（Z 是德文 Zusammen 的字首，为同侧之意）；如果两个双键碳原子上的"较优"原子或基团在双键的异侧，则称为 E-型（E 是德文 Entgegen 的字首，为相反之意）。Z、E 写在括号里，放在相应烯烃名称之前，同时用半字线相连。

优 CH₃   Br 优

H   CH₂CH₃

(Z)-3-溴-2-戊烯

优 CH₃   CH₂CH₃

H   Br 优

(E)-3-溴-2-戊烯

如果每个双键上所连接的基团都有 Z、E 两种构型，则要逐个标明其构型。例如：

H₃C   CH₃

    CH₂—CH₃

H

H   CH₃

(2E,4Z)-3,5-二甲基-2,4-庚二烯

顺反异构体的化学性质基本相同，但其物理性质不同，生理活性也不一样，这是药物构型对药理作用的影响。

14.2 光 学 异 构

14.2.1 物质的光学活性

14.2.1.1 偏振光

光是一种电磁波，其振动方向与前进方向互相垂直。普通光的光波在垂直于其前进方向所有可能的平面上振动（图 14-1）。

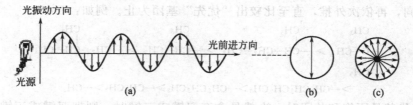

图 14-1 普通光的振动情况

(a) 光在纸面内振动振幅的周期性变化；(b) 光在纸面内振动振幅；
(c) 光在所有平面内振动振幅

当普通光通过一个由方解石制成的尼科耳（Nicol）棱镜（其作用像一个栅栏）的晶体时，只有在与棱镜晶轴平行的平面上振动的光能够通过，而把在其他平面内振动的光阻挡住，于是透过棱镜后射出的光就只在一个平面内振动了。这种透过尼科耳棱镜后只在一个平面内振动的光称为平面偏振光，简称偏振光（图 14-2）。

14.2.1.2　物质的旋光性

实验发现，当偏振光通过水、乙醇、丙酮、乙酸等物质时，其振动平面不发生改变，也就是说水、乙醇、丙酮、乙酸等物质对偏振光的振动平面没有影响（此类物质称为非旋光性物质或非光学活性物质）。而当偏振光通过葡萄糖、乳酸、氯霉素、酒石酸等物质

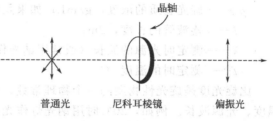

图 14-2　偏振光的产生

（液态或溶液）时，其振动平面就会发生一定角度的旋转。物质的这种使偏振光的振动平面发生旋转的性质称为旋光性；具有旋光性的物质称为旋光性物质或光学活性物质。

能使偏振光的振动平面向右（顺时针方向）旋转的物质称为右旋物质（简称右旋体），用（+）表示；能使偏振光的振动平面向左（逆时针方向）旋转的物质称为左旋物质（简称左旋体），用（-）表示。如从肌肉中提取的乳酸就是（+）乳酸，而由葡萄糖发酵得到的乳酸则是（-）乳酸。等量的左旋体和右旋体组成的混合体系，失去旋光性，称为外消旋体，用（±）表示。如酸牛奶中的乳酸就是（±）乳酸，外消旋体没有光学活性，但可以拆分为左旋体和右旋体两个有旋光活性的异构体。外消旋体的化学性质与对映体基本相同，但在生物体内，左、右旋体各自保持并发挥自己的功效。例如，氯霉素左旋体具有强杀菌药效，而右旋体几乎无效。

14.2.1.3　旋光度与比旋光度

旋光物质的旋光方向和旋转的角度可用旋光仪测定。旋光仪主要由光源、起偏镜、盛液管、检偏镜和目镜等几部分组成。光源发出的光通过起偏镜产生偏振光，偏振光通过盛液管，如果盛液管装的是乳酸等旋光性物质，则会使偏振光的振动平面发生转动，检偏镜需要向左或向右旋转一定角度才能看到光透过；如果盛液管中装的是水等非旋光性物质，检偏镜不需要旋转，只需与起偏镜保持平行，就可以看到光透过（图 14-3）。

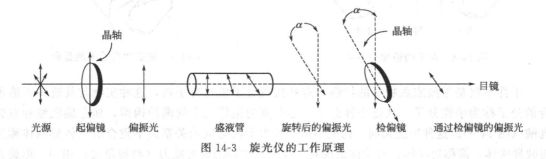

图 14-3　旋光仪的工作原理

偏振光通过旋光性物质时，其振动平面旋转的角度称为旋光度，用"α"表示。由旋光仪测得的旋光度与盛液管的长度、被测样品的浓度、所用溶剂及测定时的温度和光源的波长都有关。为了比较不同物质的旋光性，消除溶液浓度和盛液管长度对旋光度的影响，通常在光源波长和测定温度一定的条件下，把被测样品的浓度规定为 1g/mL，盛液管的长度规定为 1dm，这时测得的旋光度称为比旋光度，用 $[\alpha]$ 表示，比旋光度 $[\alpha]$ 与旋光度 α 的关系为：

$$[\alpha]_\lambda^t = \frac{\alpha}{\rho_B l}（溶剂）$$

式中　α——用旋光仪所测得的旋光度；

ρ_B——旋光物质的浓度，g/mL；如果是纯液体，ρ_B 则改为密度 ρ，g/cm；

l——盛液管的长度，dm；

λ——测定时光源的波长（通常用钠光作光源，波长为 589nm，用 D 表示）；

t——测定时的温度，℃。

比旋光度是旋光性物质的一个物理常数，应用时要注明所用溶剂（水溶剂可略）、测定温度、光源波长。例如，20℃时用钠光灯作光源，测得葡萄糖的水溶液是右旋的，其比旋光度为+52.5°，则表示为：

$$[\alpha]_D^{20} = +52.5°（水）$$

同样条件下，测得酒石酸的乙醇溶液是右旋的，其比旋光度为+3.79°，则表示为：

$$[\alpha]_D^{20} = +3.79°（乙醇）$$

制糖工业就是利用测定旋光度的方法来确定糖溶液的质量浓度。

14.2.2 含有一个手性碳原子的化合物

14.2.2.1 物质的旋光性与分子结构的关系

为什么有些物质具有旋光性，而有些物质没有旋光性？大量事实表明，这与物质的分子结构是否具有手性有关。

如果把左手放在一面镜子前，可以观察到镜子里的镜像与右手完全一样（图 14-4）。所以，左手和右手具有互为实物与镜像的关系，两者不能重合。因此，把这种物体与其镜像不能完全重合的性质称为手性（图 14-5）。

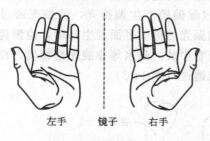

左手　镜子　右手

图 14-4　左手的镜像是右手

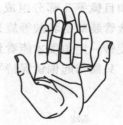

图 14-5　左手和右手不能重合

手性不仅是某些宏观物质的特性，有些微观分子也具有手性，这种实物与其镜像不能重合的分子称为手性分子。凡是手性分子，必有互为镜像关系的两种构型，如左旋乳酸和右旋乳酸（图 14-6）。这种构造相同，构型不同，互为实物与镜像关系而不重合的立体异构体称为对映异构体，简称对映体。对映体是成对存在的，它们的旋光能力（旋转角度）相同，但旋光方向相反，如（+）乳酸的 $[\alpha]_D^{20} = +3.28°$（水），（-）乳酸的 $[\alpha]_D^{20} = -3.28°$（水）。

重合操作如图 14-7 所示。

手性分子必然存在着对映异构现象。或者说，分子的手性是产生对映异构的充分必要条件。

凡具有手性的分子都具有旋光性质。分子的手性产生于分子的内部结构，与分子的对称性有关。判断一个分子是否具有手性，可通过分析分子中有无对称因素。不存在任何对称因素的分子称为不对称分子，不对称分子一定是手性分子，手性分子必然具有旋光性；具有旋光性的分子都是手性分子。分子的对称因素包括对称轴、对称面和对称中心。一般来讲，不存在对称面和对称中心的分子是手性分子，即具有旋光性。

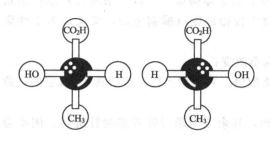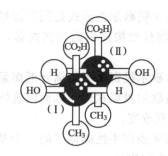

图 14-6　乳酸球棒模型　　　　　　　　　　图 14-7　重合操作

14.2.2.2　手性碳原子

在有机分子中，sp^3 杂化的碳原子是四面体结构。如果碳原子与四个不同的原子或基团相连接时，这样的饱和碳原子称为手性碳原子，简称手性碳，一般用（＊）标记。

$$CH_3-\overset{Cl}{\underset{}{C^*}}H-COOH \qquad CH_3-\overset{OH}{\underset{}{C^*}}H-CHO \qquad CH_3-CH_2-\overset{Br}{\underset{}{C^*}}H-CH_3$$

只含有一个手性碳原子的分子没有任何对称因素，所以是手性分子。

14.2.2.3　手性分子构型的表示方法

对映体在结构上的区别在于原子或基团在空间的相对位置不同，所以一般的平面表达式无法表示立体的分子构型，一般常用透视式和费歇尔投影式表示。

（1）透视式　透视式是将手性碳原子和另外两个基团放在纸面上，用细实线表示处于纸平面，用楔形实线表示伸向纸面前方，用楔形虚线表示伸向纸面后方（图 14-8）。

用透视式表示手性分子的构型清晰直观，但书写麻烦。

（2）费歇尔（E. Fischer）投影式　费歇尔投影式是采用投影的方法将手性分子的构型表示在纸面上。投影的规则是：

① 以手性碳原子为投影中心，画十字线，十字线的交叉点代表手性碳原子；

② 一般把分子中的碳链放在竖线上，且把氧化态较高的碳原子（或命名时编号最小的碳原子）放在上端，其他两个原子或基团放在横线上；

③ 竖线上的原子或基团表示指向纸平面后方，横线上的原子或基团表示指向纸平面前方。

乳酸的对映体如图 14-9 所示。

$$\overset{COOH}{\underset{OH}{H_3C\diagup C\diagdown H}} \quad \Big| \quad \overset{COOH}{\underset{CH_3}{H\diagdown C\diagup}}$$

（+）乳酸　　（−）乳酸

图 14-8　乳酸两种
构型的透视式

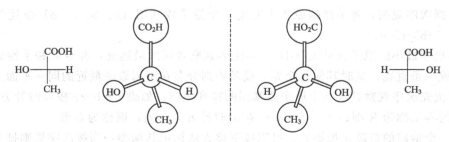

图 14-9　乳酸的对映体

使用费歇尔投影式应注意以下几点：

① 由于费歇尔投影式是用平面结构来表示分子的立体构型，所以在书写费歇尔投影式时，必须将模型按规定的方式投影，不能随意改变投影原则（横前竖后，交叉点为手性碳原子）；

② 费歇尔投影式不能离开纸面翻转，否则构型改变；

③ 费歇尔投影式可在纸面内旋转 180°或其整数倍，其构型不变；若旋转 90°或它的奇数倍，其构型改变。

④ 如果固定手性碳原子的一个基团位置不动，其余三个顺时针或逆时针旋转，则不会改变原化合物构型。

14.2.2.4 构型的标记法

（1）D、L 标记法 在 1951 年前还没有实验方法（X 射线衍射法尚未问世）来测定分子的构型，费歇尔选择甘油醛作为标准，按投影原则写出甘油醛的费歇尔投影式，并人为规定其构型如下：

$$
\begin{array}{cc}
\text{CHO} & \text{CHO} \\
\text{H}\!-\!\!-\!\!-\!\text{OH} & \text{HO}\!-\!\!-\!\!-\!\text{H} \\
\text{CH}_2\text{OH} & \text{CH}_2\text{OH} \\
\text{D-(+)-甘油醛} & \text{L-(-)-甘油醛}
\end{array}
$$

将其他分子的对映体构型与标准甘油醛通过各种直接或间接的方式相联系，来确定其构型。D、L 标记法有一定的局限性，它一般只能标记含一个手性碳原子的构型。但由于长期习惯，在糖类和氨基酸化合物中仍沿用 D、L 标记法。

D、L 标记法，是早期人们无法实际测出旋光性物质的绝对构型而与人为规定的标准物相联系得出的相对构型，它只表示构型，不表示旋光方向，旋光方向只能测定。

（2）R、S 标记法 为了表示旋光异构体的不同构型，需要对手性分子进行标记，R、S 标记法是普遍使用的一种构型标记方法（图 14-10）。该法是根据手性碳原子所连 4 个原子或基团在空间的排列来标记的，其具体方法如下：

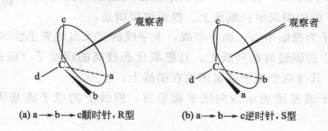

(a) a→b→c 顺时针，R 型   (b) a→b→c 逆时针，S 型

图 14-10 R、S 标记法

① 根据次序规则，将手性碳原子上所连 4 个原子或基团（a、b、c、d）按优先次序排列；并设 a＞b＞c＞d；

② 将次序最小的原子或基团（d）放在距离观察者视线最远处，并令其和手性碳原子及眼睛三者成一条直线，这时其他 3 个原子或基团则分布在距离眼睛最近的同一平面上；

③ 按优先次序观察其他 3 个原子或基团的排列顺序，如果 a→b→c 按顺时针方向排列，该化合物的构型称为 R 型；如果 a→b→c 按逆时针方向排列，则称为 S 型。

对于一个给定的费歇尔投影式，可以按下述方法标记其构型：当按次序规则排列最小的原子或基团 d 处于投影式的竖线上时，如果其他 3 个原子或基团 a→b→c 为顺时针方向排列，则此投影式代表的构型为 R 型；反之，a→b→c 为逆时针方向排列，则为 S 型。投影式的标记（a＞b＞c＞d）如图 14-11 所示。

图 14-11　投影式的标记（a＞b＞c＞d）

例如：

$$CH_3CH_2 \overset{\displaystyle H}{\underset{\displaystyle OH}{\rule{0pt}{0pt}|\!\!-\!\!|}} CH_3 \qquad CH_3CH_2 \overset{\displaystyle OH}{\underset{\displaystyle H}{\rule{0pt}{0pt}|\!\!-\!\!|}} CH_3$$

R-2-丁醇　　　　　　　　　　S-2-丁醇

当按次序规则排列最小的原子或基团 d 处于投影式的横线上时，如果其他 3 个原子或基团 a→b→c 为顺时针方向排列，则此投影式代表的构型为 S 型；反之，a→b→c 为逆时针方向排列，则为 R 型。

例如：

R-甘油醛　　　　　　　　　　S-甘油醛

需要说明的是，R、S 标记法只表示光学异构体的不同构型，与旋光方向无必然联系。

14.2.3　含有两个手性碳原子化合物的对映异构

含有两个手性碳原子的化合物的旋光异构问题，根据两个手性碳原子所连的 4 个原子或基团是否对映相同，可分两种情况讨论。

（1）含有两个不相同手性碳原子化合物的对映异构　含有两个不相同的手性碳原子的化合物有四个对映异构体（两对对映体）。如 2,3-二羟基丁酸（ $CH_3-\overset{\displaystyle OH}{\overset{\displaystyle |}{C}}{}^*H-\overset{\displaystyle OH}{\overset{\displaystyle |}{C}}{}^*H-COOH$ ）可形成以下 4 个对映异构体：

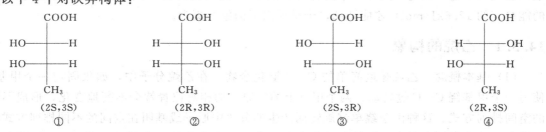

上述 4 个对映异构体中，①和②、③和④是一对对映异构体；①与③或④、②与③或④之间既不是同一种化合物，也不互为实物与镜像关系，这样的构型异构体称为非对映异构体。

一般情况下，对映异构体除旋光方向相反外，其他物理性质和化学性质相同；非对映异构体物理性质不同，化学性质基本相同。

（2）含有两个相同手性碳原子化合物的对映异构　2,3-二羟基丁二酸（ $HOOC-\overset{\displaystyle OH}{\overset{\displaystyle |}{C}}{}^*H-\overset{\displaystyle OH}{\overset{\displaystyle |}{C}}{}^*H-COOH$ ）即酒石酸，是含两个相同手性碳原子（即两个手性碳原子上连

有同样的 4 个不同原子或基团）的化合物，可以形成 4 个分子构型，即：

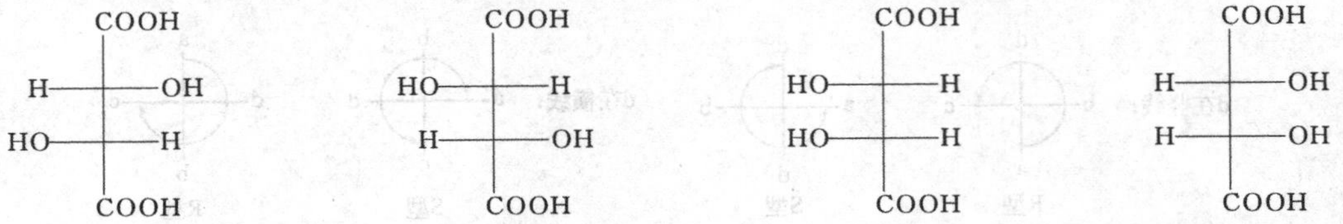

COOH	COOH	COOH	COOH
H——OH	HO——H	HO——H	H——OH
HO——H	H——OH	HO——H	H——OH
COOH	COOH	COOH	COOH
(2R,3R)	(2S,3S)	(2R,3S)	(2R,3S)
①	②	③	④

①与②互呈实物与镜像关系；将③在纸面内旋转 $180°$ 后，与④重合，因此③与④是同一种化合物。虽然③和④都含手性碳原子，但由于分子中存在一个对称面（C_2 和 C_3 之间，垂直于纸面），所以使整个分子不具有手性，也没有旋光性。这种由于分子中存在对称面而使分子内部旋光性相互抵消的化合物，称为内消旋体，用 meso 表示。因此，酒石酸分子有 3 个旋光异构体，即左旋体、右旋体和内消旋体，且左旋体或右旋体与内消旋体是非对映异构体关系。

在旋光异构体中，外消旋体与内消旋体都没有旋光性，但两者有本质上的区别。外消旋体是混合物，它是由等量的左旋体和右旋体组成的；而内消旋体是纯净物，它没有旋光性是由于分子内存在对称因素引起的。

手性碳原子是使分子具有手性的普遍因素，但含有手性碳原子并不是分子具有手性的充分和必要条件。

事实表明，如果分子中含有 n 个不相同的手性碳原子，理论上必然存在 2^n 个构型异构体。其中有 2^{n-1} 对对映体，组成 2^{n-1} 个外消旋体。若分子中有相同的手性碳原子，因为存在内消旋体，所以构型异构体数目少于 2^n 个。

14.3 构象异构

在有机化学的发展中，对分子结构的认识经历了一个较长的历史过程，最初认为单键可以自由旋转，不受任何阻碍。随着实验和理论研究的逐步深入，到了 1936 年才认识到，即便像乙烷（CH_3—CH_3）这样简单的分子，碳-碳单键的旋转也不是自由的，需要克服一定的能垒（约 $12.6kJ/mol$）才能转动，于是提出了构象的概念。

14.3.1 乙烷的构象

（1）基本概念　乙烷是最简单的 C—C 键化合物。在乙烷分子中，如果固定一个甲基，使另一个甲基绕 C—C 键转动，两个甲基上的氢原子的相对位置就会不断地变化，形成不同的空间排列方式。这种由于绕单键旋转而产生的分子中原子或基团在空间的不同排列方式称为构象。构造相同而具有不同构象的化合物互称为构象异构体。由于乙烷的 C—C 键可自由旋转，乙烷的构象异构体有无限多个。

（2）表示方法　常用来表示构象的方式有透视式和纽曼投影式（Newman）两种（图 14-12）。透视式又称为锯架式，它是从侧面观察分子，夸大键的长度，把所有原子和键都能画出来，但比较难画；纽曼投影式是沿 C—C 键的延长线上观察分子，用三线交点表示距眼睛近（前面）的碳原子（从圆心伸出），用圆圈表示距眼睛远（后面）的碳原子（从圆周伸出），每个碳原子上的 3 个 C—H 键互成 $120°$。

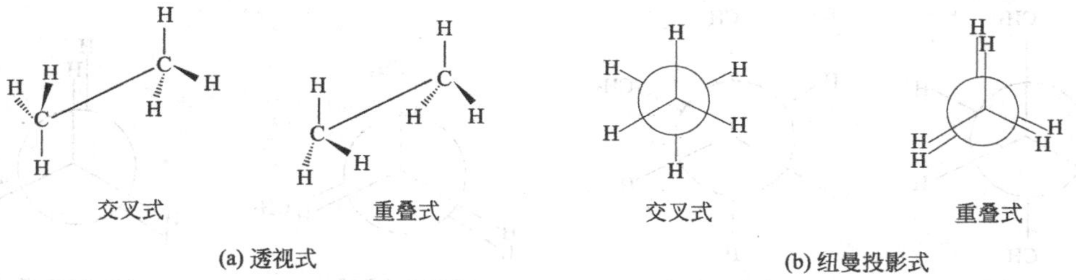

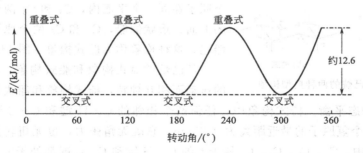

交叉式　重叠式　交叉式　重叠式

(a) 透视式　(b) 纽曼投影式

图 14-12　乙烷分子的构象

（3）乙烷的典型构象　在乙烷无穷多个构象中，两个甲基相互重叠，两个碳原子上氢原子彼此距离最近，相互间的排斥力最大，能量最高，最不稳定，这种构象称为重叠式（或顺叠式）构象。围绕 C—C 单键转动，当转到两个碳原子上的氢原子彼此相距最远，也就是两个甲基正好互相交叉，相互间的排斥力最小，因而能量最低，是最稳定的构象，这时的构象称为交叉式（或反叠式），也称为优势构象。重叠式和交叉式是乙烷的两种典型构象。

构象不同，分子能量不同，稳定性也不同。重叠式与交叉式构象之间的能量差为 12.6kJ/mol，其他构象的能量介于这两者之间（图 14-13）。乙烷从交叉式旋转到重叠式必须克服一个约 12.6kJ/mol 的能量，这个能量来自两个碳原子的 C—H 键的 σ 电子对的相互排斥力。这个能值较小，室温下的热能就足以使这两种构象之间以极快的速度互相转变，因此可以把乙烷看成是交叉式与重叠式以及介于二者之间的无限个构象异构体的平衡混合物。在室温下，不可能分离出某个构象异构体。

图 14-13　乙烷能量变化曲线

14.3.2　丁烷的构象

（1）丁烷的典型构象　丁烷的构象比乙烷复杂得多，围绕 C_2—C_3 单键为轴旋转，根据两个碳原子上所连接的两个甲基的空间相对位置，可以写出 4 种典型的构象式（图 14-14）。

（2）丁烷构象的能量变化　从图 14-15 中可以看出，在丁烷无穷多个构象中，能量高低变化为：对位交叉式＜邻位交叉式＜部分重叠式＜完全重叠式；稳定性高低变化为：对位交叉式＞邻位交叉式＞部分重叠式＞完全重叠式。因此丁烷的优势构象为能量最低、最稳定的对位交叉式。

14.3.3　环己烷的构象

（1）环己烷的船式构象和椅式构象　在环己烷分子中，碳原子是 sp^3 杂化，要保持 C—C 键角 109.5°，环己烷分子中的 6 个碳原子可以有两种典型的空间排列形式：一种是环中 C_1、C_2、C_4、C_5 都在同一个平面内，C_3 和 C_6 分别在平面的上面和下面，其形状就像一把

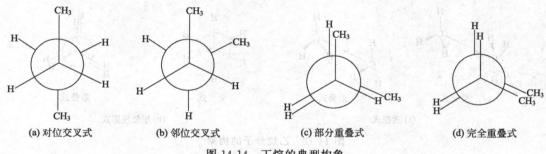

(a) 对位交叉式　　　(b) 邻位交叉式　　　(c) 部分重叠式　　　(d) 完全重叠式

图 14-14　丁烷的典型构象

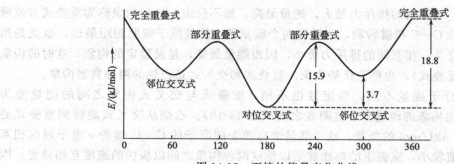

图 14-15　丁烷的能量变化曲线

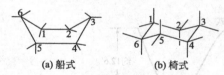

(a) 船式　　(b) 椅式

图 14-16　环己烷的两种典型构象

椅子，C_3 像椅背，C_6 像椅腿，这种构象称为椅式构象；另一种是环中 C_1、C_2、C_4、C_5 4 个原子在同一个平面内，C_3 和 C_6 两个原子都在平面的上面，形状像船，C_3 和 C_6 两个原子分别是船头和船尾，这种构象称为船式构象（图 14-16）。

环己烷的椅式构象和船式构象，可通过 C—C 键的扭动而相互翻转，椅式构象和船式构象在常温下处于相互翻转的动态平衡。椅式构象中，任何两个相邻的 C—H 键和 C—C 键都是邻位交叉的，非键合的两个氢原子的最近距离为 0.25nm，它既无角张力，也无扭转张力，是无张力环。在船式构象中，C_1、C_2、C_4、C_5 原子上的 C—H 键和 C—C 键都处于完全重叠构象，船头和船尾的 C_3 和 C_6 两原子各有一个 C—H 键，伸向船内，两个氢原子间的距离为 0.183nm，小于正常的非键合距离（0.24nm），互相排斥。船式构象既有扭转张力又有非键合张力，它的能量比椅式环己烷的能量高 29.7kJ/mol，所以椅式环己烷是稳定的优势构象（图 14-17）。

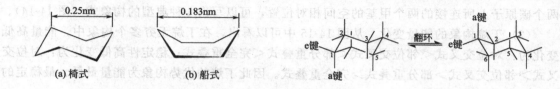

0.25nm　　　　0.183nm

(a) 椅式　　　　(b) 船式

图 14-17　环己烷的椅式和船式结构

a键　　e键　　翻环　　e键　　a键

图 14-18　环己烷 a 键和 e 键的转变

（2）椅式构型中的直立键和平伏键　在环己烷的椅式构象中，C_1、C_3、C_5 构成一个平面，C_2、C_4、C_6 构成一个平面，两个平面是平行的，实验证明这两个平面的距离为 0.05nm。在椅式构象中可以把 12 个 C—H 键分成两类：一类是垂直于 C_1、C_3、C_5 平面和 C_2、C_4、C_6 平面的 6 个 C—H 键（3 个方向朝上，3 个方向朝下，上下交替），称为直立键或 a 键；另一类是与 C_1、C_3、C_5 平面和 C_2、C_4、C_6 平面近似平行（呈 19.5°夹角或与 a 键成 109.5°）的 6 个 C—H 键（3 个向左，3 个向右），称为平伏键或 e 键（图 14-18）。

环己烷分子在不停地作热运动，它可以由一种椅式构象翻转成另一种椅式构象，在翻转过程中，原来的 a 键就变成了 e 键，原来的 e 键则变成了 a 键。

（3）环己烷衍生物的优势构象　以 a 键相连的氢原子之间的距离比以 e 键相连的氢原子之间的距离近，因此取代环己烷构象较复杂，一般以 e 键与环相连的为优势构象。如甲基环己烷中，甲基在 a 键时，受到同侧两个 a 键上的氢的排斥作用，内能较高，不太稳定；而甲基在 e 键时，没有上述情况，内能较低，比较稳定。因此，甲基以 e 键与环相连的为优势构象。取代基越大，在 e 键上的构象的比率越大（图 14-19）。

(a) a 型　　　　(b) e 型

图 14-19　甲基环己烷的两种构型

习　题

1. 区分下列名词。

(1) 普通光和偏振光　　　　　　(2) 旋光度和比旋光度

(3) 手性分子和手性碳原子　　　(4) 对映异构体和非对映异构体

(5) 内消旋体和外消旋体　　　　(6) 构象和构型

2. 下列化合物分子中有无手性碳原子（用 * 标出），写出可能有的旋光异构体的投影式，用 R、S 标记，并指出内消旋体和外消旋体。

(1) 2-溴丁烷　　　　　　　　　(2) 2,2-二甲基丁烷

(3) 2,3-二氯丁醛　　　　　　　(4) 2,3-二氯丁二酸

3. 写出符合下列条件的化合物的结构式。

(1) 含有一个手性碳原子的分子式为 C_7H_{16} 的烷烃。

(2) 含有两个手性碳原子的二氯丁烷。

4. 下列化合物哪些是对映异构体、非对映异构体、构造异构体或同一化合物。

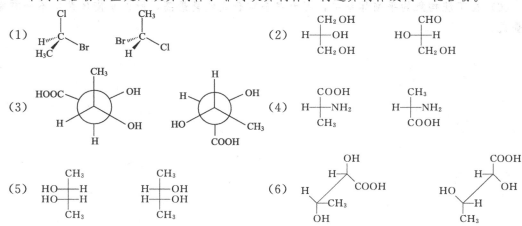

5. 标记下列化合物的构型并命名。

(1)

(2)

(3)
$$H \overset{\overset{\displaystyle Cl}{|}}{\underset{\underset{\displaystyle CH_3}{|}}{C}} Br$$

(4)
$$\overset{\displaystyle H}{\underset{\displaystyle CH_3CH_2}{}} C = C \overset{\displaystyle CH_2CH_2CH_3}{\underset{\displaystyle CH_3}{}}$$

(5)
$$\overset{\displaystyle H_3C}{\underset{\displaystyle CH_3CH_2}{}} C = C \overset{\displaystyle CH_2CH_3}{\underset{\displaystyle CH_3}{}}$$

(6)
$$H \overset{\overset{\displaystyle CH=CH_2}{|}}{\underset{\underset{\displaystyle C \equiv CH}{|}}{C}} CH_2CH_3$$

(7)
$$\begin{array}{c} CH_3 \\ H \!-\!\!-\! OH \\ H \!-\!\!-\! OH \\ CH_2CH_3 \end{array}$$

(8)
$$\overset{\overset{\displaystyle Br}{|}}{\underset{\underset{\displaystyle C_2H_5}{|}}{\overset{\displaystyle C}{}}} OH$$

6. 写出下列化合物的结构。

(1) (R)-2-溴丁烷 (2)(2Z,4E)-2,4-己二烯

(3) 反-2,3-二氯-2-丁烯 (4) (2S,3R)-2,3-二羟基丁二酸

(5) (E)-3,4-二甲基-3-庚烯 (6) (S)-2-甲基-3-氯丁烷

7. 判断下列化合物是否存在顺反异构体，若有，写出它们的构型式并标记出其构型。

(1) 2,3-二氯-2-丁烯 (2) 1,3-二溴环戊烷 (3) 2-甲基-2-戊烯

(4) 2,2,5-三甲基-3-己烯 (5) 1-苯基丙烯 (6) 异丁烯

8. 画出 1,2-二溴乙烷指定构象的纽曼投影式，并排列稳定性顺序。

(1) 完全重叠式构象 (2) 部分重叠式构象 (3) 两种不同的交叉式构象

9. 旋光化合物 A(C_6H_{10})，能与硝酸银氨溶液生成白色沉淀 B(C_6H_9Ag)。将 A 催化加氢生成 C(C_6H_{14})，C 没有旋光性。写出 A、B、C 的结构式。

10. 判断下列叙述哪些是正确的，哪些是错误的？

(1) 1,1-二溴环己烷的两个溴原子都连在 e 键上。

(2) 具有手性碳原子的化合物都是手性分子。

(3) 内消旋体和外消旋体都无旋光性，都是非手性分子。

(4) 对映异构体通过单键旋转可以变为非对映异构体。

(5) 一种异构体转变为其对映异构体时，必须断裂与手性碳相连的键。

(6) 在丁烷构象的平衡体系中，因为完全重叠式能量最高，所以平衡体系中不含有完全重叠式。

第15章 醇 酚 醚

醇、酚、醚是烃的含氧衍生物。

脂肪烃分子中的氢原子被羟基（—OH）取代后的衍生物称为醇（R—OH）；苯环上的氢原子被羟基取代后的衍生物称为酚（Ar—OH）；醇或酚中羟基氢原子被烃基取代的产物称为醚（R—O—Ar 或 R—O—R'）。

醇、酚的官能团都是羟基（—OH），醚的官能团是醚键（C—O—C）。

醚是醇或酚的同分异构体。

自然界含羟基的化合物极多，由极简单的乙醇（淀粉发酵产物）直至比较复杂的含多个官能团的化合物，如乳酸、某些氨基酸、糖等，它们是动植物代谢过程中的重要物质。

15.1 醇

醇中羟基（—OH）上的氧原子是 sp^3 杂化状态，其中，两个未共用的电子对占据两个 sp^3 杂化轨道，余下的两个 sp^3 杂化轨道上各有一个电子，分别与一个碳原子和一个氢原子形成两个 σ 键（图 15-1）。

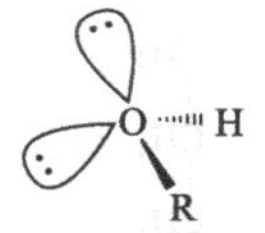

图 15-1 醇羟基中氧原子成键及未共用电子对示意

由于氧的电负性比碳强，所以在醇分子中，氧原子上的电子云密度较大，而与氧相连的碳原子和氢原子上电子云密度较小，分子呈现极性。

15.1.1 醇的分类

（1）根据烃基种类，醇分子可分为饱和醇、不饱和醇、脂环醇和芳香醇。

CH₃CH₂OH   CH₂=CH—CH₂OH   环戊醇结构—OH   苯甲醇结构—CH₂OH

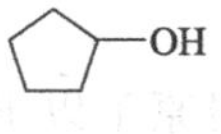

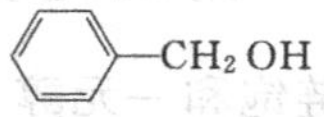

乙醇   烯丙醇   环戊醇   苯甲醇(苄醇)
（饱和醇）   （不饱和醇）   （脂环醇）   （芳香醇）

（2）根据羟基直接相连的碳原子，醇分子分为伯醇、仲醇和叔醇。

CH₃—CH₂—CH₂—CH₂—OH   CH₃—CH—CH₂—CH₃   CH₃—C—CH₃
                                        | |
                                        OH   CH₃ / OH

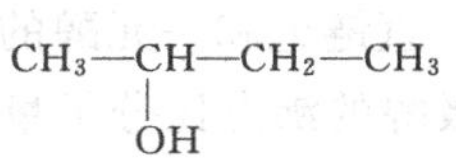

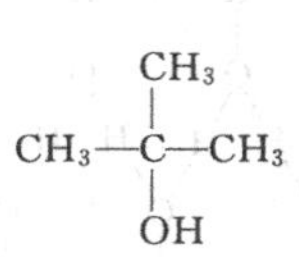

1-丁醇   2-丁醇   2-甲基-2-丙醇
[伯醇(正丁醇)]   [仲醇(仲丁醇)]   [叔醇(叔丁醇)]

（3）根据羟基的数目，醇分子分为一元醇、二元醇、多元醇。

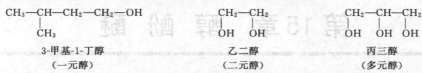

CH_3—CH—CH_2—CH_2—OH CH_2—CH_2 CH_2—CH—CH_2
    | | | | | |
    CH_3 OH OH OH OH OH

3-甲基-1-丁醇   乙二醇   丙三醇
（一元醇）   （二元醇）   （多元醇）

饱和一元醇的通式可表示为 $C_nH_{2n+1}OH$。醇中的羟基又称醇羟基。

从丙醇开始出现同分异构现象，醇由于存在碳链异构（如 2-丁醇与 2-甲基-2-丙醇）和官能团的位置异构（如 1-丁醇与 2-丁醇），所以醇的同分异构体比相应的烷烃多。

15.1.2 醇的命名

（1）普通命名法 适用于结构简单的一元醇命名，即根据与羟基相连的烃基命名为"某醇"。

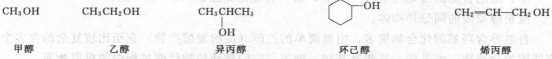

CH_3OH CH_3CH_2OH CH_3CHCH_3 ⬡—OH CH_2=CH—CH_2OH
                                           |
                                           OH

甲醇   乙醇   异丙醇   环己醇   烯丙醇

（2）系统命名法 用于结构比较复杂的醇命名，其原则如下。

① 选择主链。选择连有羟基的最长碳链为主链，不饱和醇应包含双键或三键，多元醇应连有尽可能多的羟基。

② 编号。从离羟基最近的一端给主链上碳原子编号，根据主链上碳原子的数目称为"某醇"，然后按次序规则标出取代基的位次、数目及名称，羟基的位次在"某醇"前面（羟基的位次用碳原子的号数来表示）。

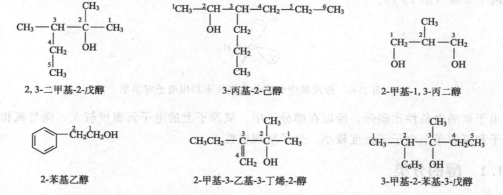

2,3-二甲基-2-戊醇   3-丙基-2-己醇   2-甲基-1,3-丙二醇

2-苯基乙醇   2-甲基-3-乙基-3-丁烯-2-醇   3-甲基-2-苯基-3-戊醇

15.1.3 醇的性质

直链饱和一元醇 12 个碳原子以下的是无色液体，高级醇是蜡状固体。某些存在于花或果实中的醇，有特殊的香味，如苯乙醇有玫瑰香，可用于配制香精。

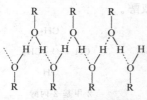

图 15-2 醇分子之间的氢键

醇分子之间能够形成氢键，如图 15-2 所示。醇分子与水分子之间也能形成氢键。

直链饱和一元醇的沸点随着碳原子的增加而有规律地上升。低级醇的沸点比分子量相近的烷烃高得多，例如，甲醇（分子量 32）的沸点 64.65℃，而乙烷（分子量 30）的沸点 -88.6℃。羟基的数目增加，多元醇的沸点也更高，例如，丙醇与乙二醇相对分子量接近，但沸点却相差很大。

低级醇（甲醇、乙醇、丙醇等）能与水混溶，从丁醇开始，溶解度显著减小；高级醇则不溶于水而溶于有机溶剂；多元醇的溶解度比一元醇大。一元醇的密度小于 $1g/cm^3$，多元醇和芳香醇的密度都大于 $1g/cm^3$。某些醇的物理性质见表 15-1。

表 15-1　某些醇的物理性质

名　称	结构式	熔点/℃	沸点/℃	相对密度	溶解度/(g/100g 水)
甲醇	CH_3OH	−93.9	65	0.7914	∞
乙醇	CH_3CH_2OH	−117.3	78.5	0.7893	∞
丙醇	$CH_3CH_2CH_2OH$	−126.5	97.4	0.8035	∞
异丙醇	$\begin{matrix}CH_3CHCH_3\\ \quad OH\end{matrix}$	−89.5	82.4	0.7855	∞
正丁醇	$CH_3CH_2CH_2CH_2OH$	−89.6	117.2	0.8098	7.9
正戊醇	$CH_3CH_2CH_2CH_2CH_2OH$	−79	137.3	0.8144	2.7
环己醇	—OH	−25.1	161.1	0.9624	3.6
苯甲醇	—CH_2OH	−15.3	205.3	1.0419	4
乙二醇	$\begin{matrix}CH_2—CH_2\\ OH\quad OH\end{matrix}$	−11.5	198	1.1088	∞
丙三醇	$\begin{matrix}CH_2—CH—CH_2\\ OH\quad OH\quad OH\end{matrix}$	20	290(分解)	1.2613	∞

醇的化学性质主要表现在官能团羟基及受羟基影响而比较活泼的 α-氢原子和 β-氢原子上。

$$R—\overset{\beta}{CH_2}—\overset{\alpha}{CH_2}—O—H \quad\begin{matrix}取代反应\\ 与活泼金属反应\end{matrix}$$

（1）与活泼金属的反应　醇与水相似，羟基上的氢原子比较活泼，能与活泼金属钠、钾、镁、铝等反应生成金属醇化物，并放出 H_2。

$$ROH+Na\longrightarrow RONa+H_2\uparrow$$
醇钠
$$CH_3CH_2OH+Na\longrightarrow CH_3CH_2ONa+H_2\uparrow$$
乙醇钠

此反应比水与金属钠（钾）的反应缓和，虽然低级醇反应仍然很剧烈，但不燃烧、不爆炸，表明羟基上氢原子的活泼性比水弱。各类醇的反应活性为：

甲醇＞伯醇＞仲醇＞叔醇

（2）与卤化氢（HX）反应　醇与氢卤酸作用，羟基被卤原子取代生成卤代烃和水，这是制备卤代烃的一种重要方法。

$$ROH+HX\xrightarrow{\triangle}RX+H_2O$$
卤代烃
$$CH_3CH_2CH_2OH+HBr\xrightarrow{\triangle}CH_3CH_2CH_2Br+H_2O$$
溴丙烷

此反应是卤代烃水解反应的逆反应。反应速率与氢卤酸的类型和醇的结构有关，活性次序分别是：

$$HX: HI > HBr > HCl$$
$$ROH: 叔醇 > 仲醇 > 伯醇 > 甲醇$$

利用醇和浓盐酸作用的快慢，可以鉴别低级的伯、仲、叔醇，所用试剂为浓盐酸和无水氯化锌配成的溶液，称为卢卡斯（H. J. Lucas）试剂。低级一元醇（C_6 以下）能溶于卢卡斯试剂中，而相应的氯代烃则不溶，溶液浑浊或分层表示有氯代烃生成。

$$\underset{R'}{\overset{R''}{R-\underset{|}{\overset{|}{C}}-OH}} + HCl \xrightarrow{ZnCl_2,室温} \underset{R'}{\overset{R''}{R-\underset{|}{\overset{|}{C}}-Cl}} + H_2O \quad （很快浑浊）$$

$$\underset{OH}{R-\overset{|}{C}H-R'} + HCl \xrightarrow{ZnCl_2,室温} \underset{Cl}{R-\overset{|}{C}H-R'} + H_2O \quad （数分钟后浑浊）$$

$$\underset{H}{\overset{H}{R-\underset{|}{\overset{|}{C}}-OH}} + HCl \xrightarrow{ZnCl_2,室温} 不反应 \quad （不浑浊）$$

（3）酯化反应　醇与酸反应失去一分子水后生成相应的酯。醇与有机酸作用生成有机酸酯（羧酸酯）。

$$\underset{羧酸}{R'-COOH} + HO-R \underset{}{\overset{浓 H_2SO_4}{\rightleftharpoons}} \underset{羧酸酯}{R'-COOR} + H_2O$$

醇与无机酸作用生成无机酸酯。醇与浓硝酸作用可得硝酸酯。

$$\underset{(HNO_3)}{\overset{CH_2OH}{\underset{CH_2OH}{\overset{|}{C}HOH}}} + 3HONO_2 \longrightarrow \underset{三硝酸甘油酯}{\overset{CH_2ONO_2}{\underset{CH_2ONO_2}{\overset{|}{C}HONO_2}}} + 3H_2O$$

醇与硫酸（二元酸）作用，它可以分别生成酸性酯或中性酯（类似酸性盐和中性盐）。

$$\underset{(H_2SO_4)}{C_2H_5-OH} + HOSO_3H \longrightarrow \underset{硫酸氢乙酯}{C_2H_5OS\overset{O}{\underset{O}{||}}OH} \xrightarrow{减压蒸馏} \underset{硫酸二乙酯}{C_2H_5OS\overset{O}{\underset{O}{||}}OC_2H_5} + H_2SO_4$$

醇与磷酸（三元酸）作用，就可以有三种类型的磷酸酯。

$$\underset{(H_3PO_4)}{ROH + HO-\overset{O}{\underset{OH}{\overset{||}{P}}}-OH} \xrightarrow{-H_2O} \underset{磷酸烷基酯}{RO-\overset{O}{\underset{OH}{\overset{||}{P}}}-OH} \xrightarrow[-H_2O]{ROH} \underset{磷酸二烷基酯}{RO-\overset{O}{\underset{OH}{\overset{||}{P}}}-OR} \xrightarrow[-H_2O]{ROH} \underset{磷酸三烷基酯}{RO-\overset{O}{\underset{OR}{\overset{||}{P}}}-OR}$$

磷酸酯有很强的生理作用，曾广泛用作杀虫剂；在遗传物质 DNA 分子中，连接单核苷酸构成核苷酸长链的化学键即为磷酸二酯键。在生物体内，醇与酸在酶的作用下生成酯。

（4）脱水反应　醇与浓硫酸共热可以发生脱水反应，脱水方式随反应温度而异。

① 分子内脱水　与卤代烃的消除反应一样，醇在浓硫酸存在下，加热至一定温度，脱水生成烯烃。

当醇分子中有不止一种 β-氢原子时，脱水过程同样遵守扎依切夫（Saytzeff）规律，即脱去羟基和含氢较少的 β-碳上的氢原子，生成的主要产物是双键碳上连有较多烃基的烯烃。

$$CH_3CH_2CHCH_3 \xrightarrow[\triangle]{\text{浓 } H_2SO_4} CH_3CH=CHCH_3 + H_2O$$

$$\underset{\text{OH}}{}$$

$$(65\% \sim 80\%)$$

② 分子间脱水 两分子醇在较低温度下发生分子间脱水，生成醚。

$$CH_3CH_2-OH + HO-CH_2CH_3 \xrightarrow[140℃]{\text{浓 } H_2SO_4} CH_3CH_2-O-CH_2CH_3 + H_2O$$

乙醚

仲醇和叔醇与浓硫酸共热的主要产物是烯。一般情况下，较高的温度有利于醇的分子内脱水成烯，较低的温度有利于醇的分子间脱水成醚。这说明控制反应条件的重要性和有机反应的复杂性。

(5) 氧化与脱氢反应 伯醇、仲醇分子中，与羟基直接相连的 α-碳原子上的氢原子，因受羟基的影响，α-氢比较活泼，能被重铬酸钾、高锰酸钾等氧化剂氧化或在催化剂（Cu）作用下脱氢。

$$R-CH_2-OH \xrightarrow{[O]} R-\overset{O}{\underset{}{C}}-H \xrightarrow{[O]} R-\overset{O}{\underset{}{C}}-OH$$

伯醇 醛 羧酸

$$R-\overset{OH}{\underset{}{CH}}-R' \xrightarrow{[O]} R-\overset{O}{\underset{}{C}}-R'$$

仲醇 酮

$$R-CH_2-OH \xrightarrow[Cu,\triangle]{-2H} R-\overset{O}{\underset{}{C}}-H$$

伯醇 醛

伯醇先被氧化成醛，醛很容易继续被氧化成羧酸；仲醇则被氧化成酮，叔醇分子中没有 α-氢，一般很难被氧化。

在上述反应中，一般没有电子得失，碳原子的价数也不改变，往往只是共用电子对发生偏移，因为经常用到常见的氧化剂或还原剂，因此，这些反应确实属于氧化还原反应。

生物体内的氧化还原反应是在酶的作用下常以脱氢或加氢的方式进行的。

15.1.4 重要的醇

(1) 甲醇（CH_3OH） 甲醇最初是由木材干馏得到的，因此又称木醇或木精。甲醇是无色、易燃的液体，沸点 64.65℃。甲醇有毒，服入或吸入其蒸气或经皮肤吸收，均可以引起中毒，损害视力以致失明，工业酒精中大约含有 4% 的甲醇，如果被不法分子当作食用酒精制作假酒，而被人饮用后，就会产生甲醇中毒。甲醇的致命剂量大约是 70mL。

甲醇是一种用途十分广泛的基本有机化工原料。除了作为溶剂外，在合成材料、农药、医药、染料和油漆等许多化工产品的生产中都需要甲醇作为原料。

(2) 乙醇（C_2H_5OH） 乙醇俗称酒精，是各类酒的主要成分。乙醇是无色液体，有特殊香味。密度 $0.7893g/cm^3$，沸点 78.4℃，易挥发，可与水混溶。市售医用乙醇体积分数一般不低于 94.58%。乙醇也有毒，服入较多或长期服用，可使肝、心、脑等器官发生病变。

乙醇是重要的化工原料，可用作消毒剂、溶剂、燃料等。工业上主要采用发酵法和乙烯水化法制取乙醇。例如，乙醇汽油中的乙醇主要是利用含淀粉的谷物、马铃薯或甘薯为原料发酵制得。

(3) 乙二醇（$HOCH_2CH_2OH$） 乙二醇是无色、黏稠、有甜味的液体，密度 1.1088g/

cm^3，沸点 197.2℃，是常用的高沸点溶剂。乙二醇能与水、乙醇、丙酮等混溶，不溶于乙醚。

乙二醇的水溶液凝固点很低，如 60％乙二醇水溶液的凝固点为－49℃，因此，可作发动机冷却液的防冻剂，如北方冬季汽车水箱的防冻。乙二醇与对苯二甲酸发生酯化反应（缩聚）能合成俗称涤纶的聚酯纤维。

（4）丙三醇（$HOCH_2CHOHCH_2OH$）　丙三醇俗称甘油，是无色、无嗅、带有甜味的黏稠液体，沸点 290℃（分解），可与水以任意比例混溶，其水溶液的凝固点很低。无水甘油具有强烈的吸湿性。甘油常用于制造化妆品、软化剂、抗生素发酵用营养剂、干燥剂等。

甘油是食品加工业中通常使用的甜味剂和保湿剂，大多出现在运动食品和代乳品中。食品中加入甘油，通常是作为一种甜味剂和保湿物质，使食品爽滑可口。

甘油具有微弱的酸性，能与新制的氢氧化铜反应，生成能溶于水的深蓝色甘油铜。

$$
\begin{array}{c}
CH_2OH \\
| \\
CHOH \\
| \\
CH_2OH
\end{array}
+ Cu(OH)_2 \longrightarrow
\begin{array}{c}
CH_2-O \\
| \quad\quad\ \ \diagdown \\
CH-O \quad\quad Cu \\
| \quad\quad\ \ \diagup \\
CH_2-OH
\end{array}
+ 2H_2O
$$

甘油铜（深蓝色）

乙二醇也具有类似的性质，这个反应常用来鉴别多元醇。

甘油的另一重要用途是制备三硝酸甘油酯。三硝酸甘油酯俗称硝化甘油，它是一种无色或淡黄色的黏稠液体，在临床上用作扩张血管和缓解心绞痛的药物。三硝酸甘油酯及多元硝酸酯遇热或者撞击会猛烈分解发生爆炸，因此可用作制造炸药。

（5）环己六醇［$(CHOH)_6$］　环己六醇最初是从动物肌肉中分离得到的，又称肌醇。

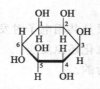

图 15-3　顺-1,2,3,5-反-4,6-环己六醇

肌醇是一种生物活素，是生物体中不可缺少的成分。环己六醇在自然界存在有多个顺、反异构体，但有价值的、天然存在的异构体为顺-1,2,3,5-反-4,6-环己六醇，结构式如图 15-3 所示。

在 80℃ 以上，从水或乙酸中得到的肌醇为白色晶体，熔点 253℃，密度 1.752g/cm³（15℃），味甜，溶于水和乙酸，无旋光性。可由玉米浸泡液中提取。主要用于治疗肝硬化、肝炎、脂肪肝、血液中胆固醇过高等病症。

肌醇的六磷酸酯（肌醇六磷酸）又称植酸，以钙、镁盐的形式广泛存在于植物体内，尤以种子中的含量较高，种子发芽时，它在酶的作用下水解，供给幼芽生长所需要的磷酸。

15.2　酚

酚是羟基直接连在芳环上的化合物，例如：

α-萘酚　　　　苯酚　　　　α-蒽酚

酚的官能团又称酚羟基。

在酚中，羟基所连接的是封闭共轭体系中的 sp^2 杂化碳原子，而且，酚中羟基氧原子的一对未共用电子以其 p 轨道参与了苯环的共轭，如图 15-4 所示。

由于酚羟基中氧原子上的未共用电子对参与了苯环的共轭，因此，酚羟基与醇羟基在性质上有所不同，醇与酚是两类不同的化合物。

15.2.1　酚的分类和命名

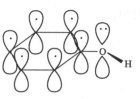

图 15-4　苯酚中 p-π
共轭示意

根据酚分子中芳环的不同，可分为苯酚、萘酚、蒽酚等；根据分子中羟基的数目又可分为一元酚、二元酚、多元酚等。一元酚的通式为 Ar—OH。

酚命名时一般是在酚字前面加上芳环的名称作母体，再加上其他取代基的位次、数目和名称。有时也把羟基当作取代基来命名。例如：

β-萘酚	邻苯二酚	间苯二酚	对苯二酚	邻甲苯酚
（2-萘酚）	（1,2-苯二酚）	（1,3-苯二酚）	（1,4-苯二酚）	（2-甲苯酚）

15.2.2　酚的性质

常温下，除少数烷基酚（如甲苯酚）是液体外，多数酚是固体。由于酚的分子间能形成氢键，所以酚的沸点都较高。酚在水中有一定的溶解度，分子中羟基数目越多，溶解度越大。纯净的酚是无色的，但因易被氧化而显不同程度的红或黄色。

酚羟基上的氧原子中未共用电子对与芳环形成 p-π 共轭体系，因此，酚羟基难被取代。

（1）酸性　羟基氧原子上的电子云向苯环偏移，导致 O—H 键极性增大，使得 O—H 键易断裂，而离解出氢离子，使苯酚显弱酸性。

$$\text{C}_6\text{H}_5\text{—OH} \rightleftharpoons \text{C}_6\text{H}_5\text{—O}^- + \text{H}^+ \quad pK_a \approx 10$$

苯酚能与氢氧化钠等强碱作用，生成苯酚钠而溶于水中。

$$\text{C}_6\text{H}_5\text{—OH} + \text{NaOH} \longrightarrow \text{C}_6\text{H}_5\text{—ONa} + \text{H}_2\text{O}$$
苯酚钠

在苯酚钠的水溶液中通入 CO_2，可使苯酚重新游离出来。说明苯酚的酸性比碳酸酸性强。

$$\text{C}_6\text{H}_5\text{—ONa} + \text{CO}_2 + \text{H}_2\text{O} \longrightarrow \text{C}_6\text{H}_5\text{—OH} + \text{NaHCO}_3$$

（2）酚醚的生成　酚钠与卤代烃作用，可以间接地制取酚醚。

$$\text{C}_6\text{H}_5\text{—ONa} + \text{CH}_3\text{I} \longrightarrow \text{C}_6\text{H}_5\text{—OCH}_3 + \text{NaI}$$
苯甲醚

（3）与 $FeCl_3$ 的显色反应　多数酚能与三氯化铁溶液反应生成紫、蓝、绿、棕等颜色的化合物。例如，苯酚与 $FeCl_3$ 溶液作用显紫色，邻苯二酚与对苯二酚显绿色，甲苯酚遇三氯化铁呈蓝色等。这种显色反应主要用来鉴别酚或烯醇式结构（ —C=C—OH ）的存在。

有些酚不与三氯化铁显色。此反应的机理以及生成的有色物质的组成目前尚不完全清楚。

（4）氧化反应　酚比醇更容易被氧化，空气中的氧就能将酚氧化而生成有色物质。

例如：

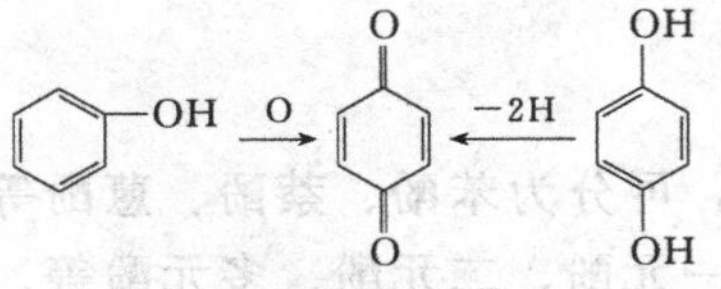

对苯醌(黄色)   对苯二酚

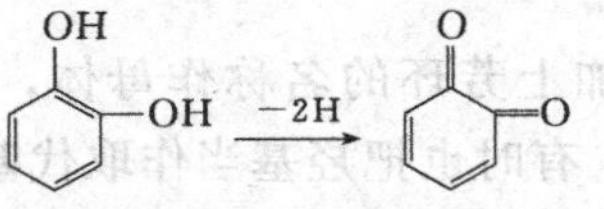

邻苯二酚   邻苯醌(红色)

具有对苯醌或邻苯醌结构的物质都是有颜色的。

（5）芳环上的取代反应　酚羟基是邻、对位定位基，对芳环具有活化作用，所以，酚比苯更容易进行亲电取代反应。

① 卤代　苯酚与溴水在常温下迅速反应，生成 2,4,6-三溴苯酚白色沉淀。

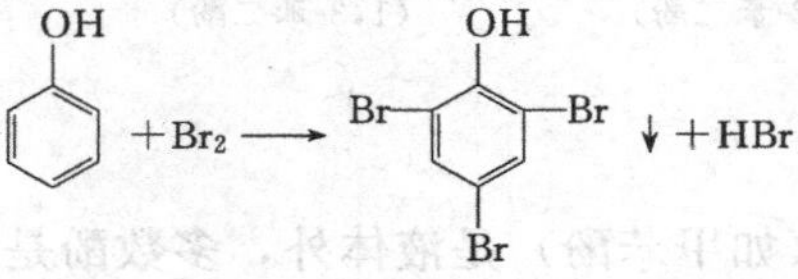

2,4,6-三溴苯酚

此反应极为灵敏，而且定量完成，常用于苯酚的定性或定量测定。

② 硝化　低温下苯酚与稀硝酸作用生成邻硝基苯酚和对硝基苯酚的混合物。

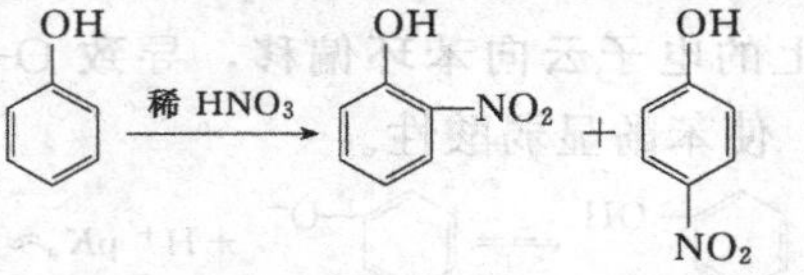

邻硝基苯酚   对硝基苯酚

苯酚与混酸作用，可生成 2,4,6-三硝基苯酚（俗称苦味酸）。

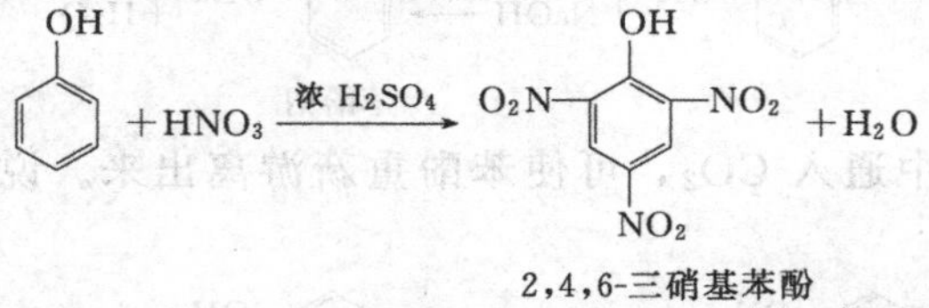

2,4,6-三硝基苯酚

苦味酸为黄色晶体，溶于乙醇、乙醚和热水中，其水溶液酸性很强。苦味酸及其盐类都易爆炸，可用于制造炸药和染料。

15.2.3　重要的酚

（1）苯酚　俗称石炭酸。分子式 C_6H_5OH，相对密度 1.071，熔点 43℃，沸点 182℃，燃点 79℃。无色结晶，具有特殊气味。暴露空气中或日光下被氧化，逐渐变成粉红色至红色，在潮湿空气中，吸湿后，由结晶变成液体。酸性极弱（弱于 H_2CO_3），有毒，有强腐蚀性。

第一次世界大战前，苯酚的唯一来源是从煤焦油中提取。现在绝大部分是通过合成方法得到。

苯酚室温微溶于水，能溶于苯及碱性溶液，易溶于乙醇、乙醚、氯仿、甘油等有机溶剂中，难溶于石油醚。

188

苯酚主要用于生产酚醛树脂、双酚 A、己二酸、苯胺、水杨酸等，此外还可用作溶剂、试剂和消毒剂等，在合成纤维、合成橡胶、塑料、医药、农药、香料、染料以及涂料等方面具有广泛的应用。苯酚能凝固蛋白质，具有很强的杀菌能力，其稀溶液可用作消毒剂和防腐剂，因其有毒，现已不用。其浓溶液对皮肤有强烈的腐蚀性，使用时要特别小心。

（2）甲苯酚　甲苯酚有邻甲苯酚、间甲苯酚、对甲苯酚 3 种异构体，都存在于煤焦油中。

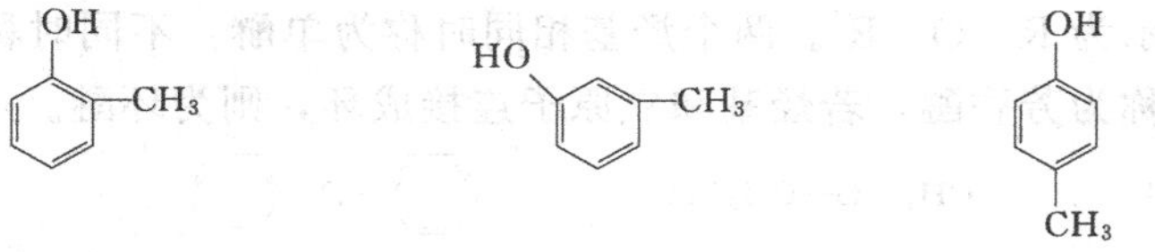

邻甲苯酚　　　　　　　　间甲苯酚　　　　　　　　对甲苯酚

三者沸点相近，难以分离。它们的杀菌能力比苯酚强，医药上常用的消毒药水"煤酚皂溶液"就是 47%～53% 的 3 种甲苯酚的肥皂水溶液，俗称来苏儿（Lysol）。它对人有一定的毒性，一般家庭消毒、畜舍消毒时可稀释至 3%～5% 使用。

对甲酚主要应用于医药、农药、香料、感光材料和染料行业等领域。

（3）苯二酚　有邻苯二酚、间苯二酚、对苯二酚 3 种异构体，都是晶体，能溶于水、乙醇和乙醚中。

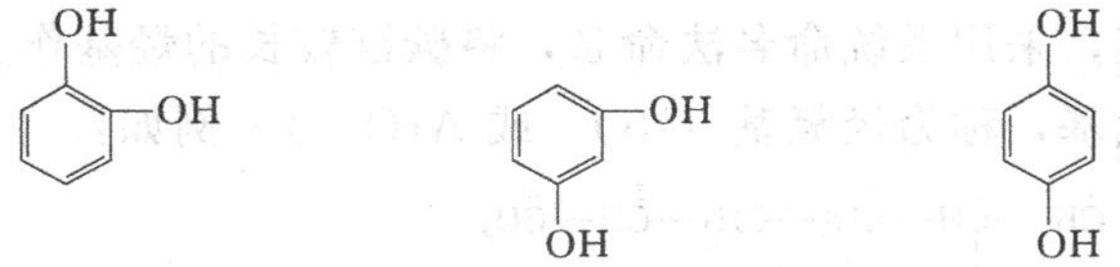

邻苯二酚　　　　　　　　间苯二酚　　　　　　　　对苯二酚

对苯二酚又称氢醌，可干扰黑色素形成，临床上对雀斑、老人斑、口服避孕药诱发之肝斑症，有消退淡化作用；同时也具有刺激性，局部使用会造成皮肤炎、红斑、灼伤及不规则皮肤去色素化等副作用，列为药品管理，化妆品中不准使用。

邻苯二酚又名儿茶酚，常以游离态或化合态存在于动植物体中，并具有强还原性，可用作显影剂。除间苯二酚外，都容易被氧化成醌。苯二酚重要的衍生物有：

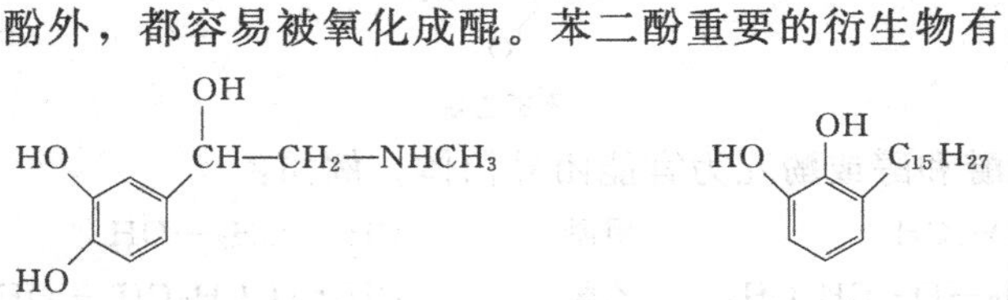

肾上腺素　　　　　　　　　　　　　　漆汁酚

肾上腺素是肾上腺髓质的主要激素，对交感神经有兴奋作用，有加速心脏跳动、收缩血管、增高血压、放大瞳孔的功能，也有使肝糖分解增加血糖的含量，以及使支气管平滑肌松弛的作用，一般用于支气管哮喘、过敏性休克及其他过敏性反应的急救。

（4）萘酚　萘酚有 α-萘酚及 β-萘酚两种异构体。二者都是易升华的结晶体。

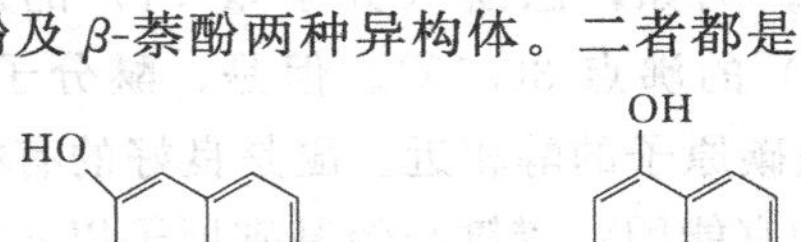

β-萘酚（2-萘酚）　　　　　　　α-萘酚（1-萘酚）

α-萘酚及 β-萘酚与 $FeCl_3$ 水溶液混合分别显紫色和绿色。它们都是合成染料的重要原料。

15.3 醚

两个烃基通过一个氧原子连接起来的化合物称为醚。

15.3.1 醚的分类与命名

醚的通式可表示为 $R-O-R'$。两个烃基相同时称为单醚，不同时称为混合醚，有一个或两个芳香烃基的称为芳香醚，若烃基和氧原子连接成环，则为环醚。

$$CH_3-O-CH_3 \qquad CH_3-O-CH_2CH_3$$

(二)甲醚	甲乙醚	二苯醚	环氧乙烷
(单醚)	(混合醚)	(芳香醚)	(环醚)

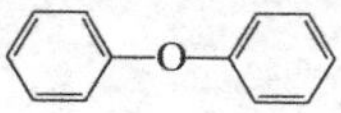

醚可根据醚键所连接的烃基来命名。脂肪单醚中的"二"字也可以省略。混合醚命名时，将较小的烃基放在前面；芳香醚则将芳香烃基放在前面。例如：

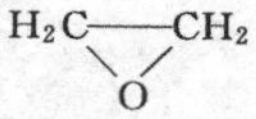

$$CH_3CH_2-O-CH_2CH_3 \qquad CH_3-O-\bigcirc \qquad CH_3-\underset{CH_3}{\overset{}{CH}}-O-CH_3$$

乙醚   苯甲醚(茴香醚) 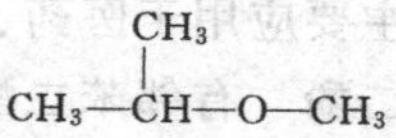   甲异丙醚

结构比较复杂的醚，采用系统命名法命名，将碳链较长的烃基作为母体，碳链较短的烃基或芳香烃基作为取代基，称为烃氧基（RO—或 ArO—）。例如：

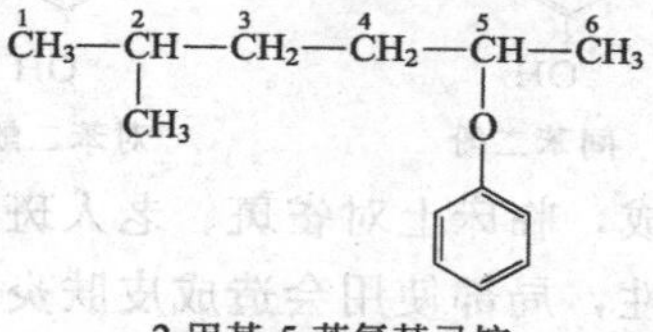

$$\overset{1}{C}H_3-\overset{2}{C}H-\overset{3}{C}H_2-\overset{4}{C}H_2-\overset{5}{C}H-\overset{6}{C}H_3$$

2-甲基-5-苯氧基己烷 $CH_3OCH_2CH=CH_2$ 3-甲氧基-1-丙烯

环醚称为环氧某烷。例如：

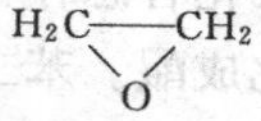

环氧乙烷

分子组成相同的醚和醇或酚互为官能团异构体。例如：

$$CH_3-O-CH_3 \qquad \text{甲醚} \qquad CH_3-CH_2-OH \qquad \text{乙醇}$$
$$CH_3CH_2-O-CH_2CH_3 \qquad \text{乙醚} \qquad CH_3CH_2CH_2CH_2-OH \qquad \text{1-丁醇}$$

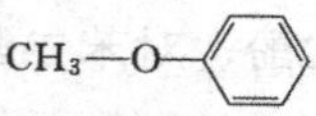

15.3.2 醚的性质

大多数醚在室温下为液体，有香味。醚分子间不能形成氢键，沸点比相应的醇或酚低，与分子量相当的烷烃很接近。例如，乙醚（分子量 74）的沸点 34.5℃，正丁醇的沸点 117.2℃，正戊烷（分子量 72）的沸点 36.1℃。但是，醚分子与水分子间能形成氢键，所以，醚在水中的溶解度与同数碳原子的醇相近。醚是良好的有机溶剂。

醚键（C—O—C）为醚的官能团。醚键与烃基碳原子以 σ 键结合，键较牢固，除某些环醚外，一般情况下与氧化剂、还原剂、活泼金属、碱、稀酸等不起反应，但与强酸性物质可以发生某些化学反应。

（1）锌盐的生成　醚键氧原子有未共用电子对，可以作为提供电子的试剂与浓的强酸（浓硫酸、浓盐酸等）形成锌盐。

$$R-\overset{..}{\underset{..}{O}}-R'+HCl \longrightarrow \left[R-\overset{\overset{H}{|}}{\underset{..}{O}}-R' \right]^{+} Cl^{-}$$

盐仅溶于冷的浓酸中，温度稍高或遇水就会分解。

$$\left[R-\overset{\overset{H}{|}}{\underset{..}{O}}-R' \right]^{+} Cl^{-} \xrightarrow{H_2O} R-\overset{..}{\underset{..}{O}}-R'+HCl$$

（2）醚键的断裂　醚与浓的氢碘酸或氢溴酸共热，醚键断裂，生成醇和卤代烃（通常是混合醚中较小烷基生成卤代烃）。

$$R-O-R'+HI \xrightarrow{\triangle} ROH+R'I$$
$$\Big\downarrow \text{过量 HI}$$
$$RI+H_2O$$

芳香醚中芳环与氧相连接的键比较牢固，与 HX 反应时，一般是烷基与氧相连接的键断裂，生成酚和卤代烃。

$$R-O-\text{〇} +HX \xrightarrow{\triangle} RX+ HO-\text{〇}$$

HX 使醚键断裂的能力依次为：$HI > HBr > HCl$，以氢碘酸的作用最强。

15.3.3　过氧化物的生成

烷基醚在空气中久置，能被缓慢氧化，生成过氧化物，反应通常发生在 α-氢原子上。

$$CH_3CH_2-O-CH_2CH_3 \xrightarrow{O_2} CH_3\underset{\underset{O-OH}{|}}{CH}-O-CH_2CH_3$$

过氧化物的挥发性低，不稳定，在受热或受到摩擦时，易分解而发生强烈的爆炸。因此，醚类应尽量避免暴露在空气中，一般应放在棕色瓶中避光保存。还可加入微量的抗氧剂（如对苯二酚）以防止过氧化物的生成。

久置的醚在使用前，特别是用作溶剂进行蒸馏操作前，必须检验是否含有过氧化物，如果有应设法除去。常用的检验方法是用碘化钾淀粉试纸（或溶液），如有过氧化物，则试纸（或溶液）呈深蓝色。要除去这些过氧化物，可用还原剂硫酸亚铁或亚硫酸氢钠溶液与醚混合，充分振荡和洗涤，可破坏过氧化物。

15.3.4　重要的醚

（1）乙醚（$CH_3CH_2-O-CH_2CH_3$）　乙醚是无色、易挥发、有芳香刺激性气味的液体，沸点 34.5℃，蒸气相对密度 2.56，微溶于水，易溶于有机溶剂。乙醚蒸气易燃、易爆，爆炸极限 1.9%～36%。使用时必须特别小心，远离火源。

乙醚可用作溶剂、麻醉剂、试剂、萃取剂。乙醚蒸气对人体有麻醉性能，当吸入含量为3.5%时，30～40min 就可失去知觉，所以，纯乙醚可用作外科手术时的麻醉剂。大牲畜进行外科手术也可用乙醚麻醉。当浓度达 7%～10%时，能引起呼吸系统和循环系统的麻痹，最后致死。

（2）除草醚　除草醚的学名是 2,4-二氯-4'-硝基二苯醚，可由 2,4-二氯苯酚与对硝基氯苯反应制得。

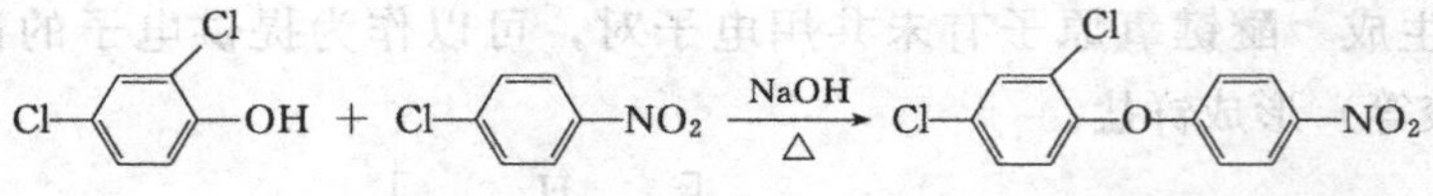

$$\text{（2,4-二氯苯酚）} \quad + \quad \text{（对氯硝基苯）} \quad \xrightarrow[\triangle]{\text{NaOH}} \quad \text{（2,4-二氯-4'-硝基二苯醚）}$$

2,4-二氯-4'-硝基二苯醚

除草醚为浅黄色针状晶体，熔点 70～71℃，难溶于水，易溶于乙醇等有机溶剂，在空气中稳定，对金属无腐蚀性，对人、畜安全。它对水田一年生杂草有触杀性作用，是一种常用的除草剂。

习　题

1. 用系统命名法命名

(1)

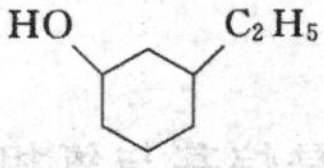

(2)

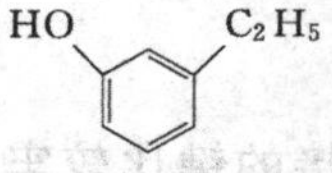

(3) $CH_3-O-CH_2CH_2CH_3$

(4)

(5)

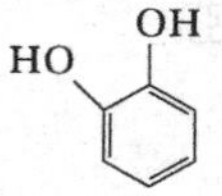

(6)

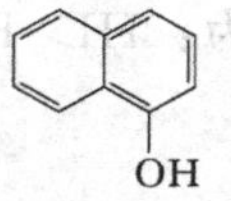

(7)

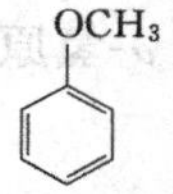

(8)

2. 写出下列化合物的结构式

(1) 2-甲基-1,3-丁二醇　　　　(2) 环丁醇　　　　　　　(3) 叔丁醇

(4) 乙醚　　　　　　　　　　(5) 3-苯基丙醇　　　　　(6) 2-乙氧基戊烷

(7) 对苯二酚　　　　　　　　(8) 间甲苯酚　　　　　　(9) 2-萘酚

3. 一种物质 A 分子式为 C_2H_6O，将其与 KOH 的醇溶液共热后生成物质 B，B 为无色易挥发液体，微溶于水，分子式为 $C_4H_{10}O$，在医学上可用作麻醉剂。请写出 A、B 的结构式、名称，列出其所有的同分异构体，并按系统命名法命名，指出其中的伯、仲、叔醇。

4. 判断下列化合物所属种类并命名

(1) $C_6H_5OC_2H_5$

(2) $C_6H_{13}C(CH_3)(OH)C_2H_5$

5. 完成下列各反应方程式

(1) $CH_3CH_2\underset{\underset{OH}{|}}{\overset{\overset{CH_3}{|}}{C}}HCHCH_3 \xrightarrow[\triangle]{\text{浓 } H_2SO_4}$

(2) $C_2H_5OH \xrightarrow[140℃]{\text{浓 } H_2SO_4}$

(3) $CH_3\underset{\underset{OH}{|}}{C}HCH_2CH_3 + HBr \xrightarrow{\triangle}$

(4) $CH_3\underset{\underset{OH}{|}}{C}HCH_3 \xrightarrow{KMnO_4}$

(5) 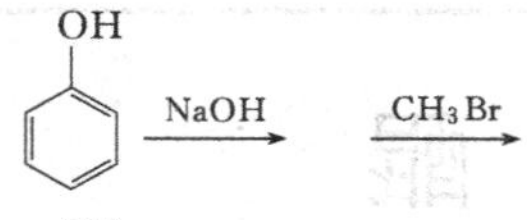 [OH-苯酚结构] $\xrightarrow{\text{NaOH}}$ $\xrightarrow{\text{CH}_3\text{Br}}$

(6) 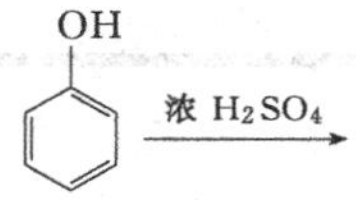 [OH-苯酚结构] $\xrightarrow{\text{浓 H}_2\text{SO}_4}$

(7) 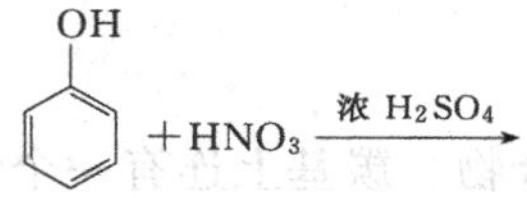 [OH-苯酚结构] $+\text{HNO}_3$ $\xrightarrow{\text{浓 H}_2\text{SO}_4}$

(8) $\text{CH}_3\text{—O—CH}_2\text{CH}_2\text{CH}_3$ $\xrightarrow[\triangle]{\text{HI}}$ $\xrightarrow[\triangle]{\text{HI 过量}}$

(9) $\text{C}_2\text{H}_5\text{—O—C}_2\text{H}_5$ $\xrightarrow{\text{O}_2}$

6. 用简易化学方法鉴别下列各组化合物

(1) a. 1-丁醇　　　　　　b. 2-丁醇　　　　　c. 2-甲基-2-丙醇

(2) a. 乙醚　　　　　　　b. 正丁醇

(3) a. 邻甲苯酚　　　　　b. 苯甲醇

7. 完成下列转化，写出相应的反应式

(1) 以卤代烃转化生成 $\text{CH}_3\text{CH(OH)CH}_3$

(2) 以环己醇转化生成环己酮

(3) 以醇脱水制备丙烯

第16章 醛 酮 醌

醛、酮、醌分子结构中都含有羰基，它们统称为羰基化合物。羰基上连有一个氢原子的化合物为醛（甲醛除外）；羰基上连有的两个基团都是烃基的化合物为酮。醛和酮的结构相似，因此化学性质相似，例如都能发生亲核加成反应、还原反应、α-H 的取代反应等；醌是一类特殊的不饱和环二酮，它兼有烯烃和酮的典型性质。

16.1 醛酮的分类和命名

（1）醛酮的分类　按照烃基的不同，醛酮可分为脂肪族醛酮和芳香族醛酮；按照烃基是否含有双键，可分为饱和醛酮和不饱和醛酮；按照分子中含有的羰基数，又可分为一元醛酮和二元醛酮及多元醛酮等。

（2）醛酮的命名　醛酮系统命名法命名原则：以包括羰基碳原子在内的最长碳链为主链，按照主链碳原子数称为"某醛"或"某酮"。主链碳原子的编号，醛是以羰基碳原子为 1，酮则以离羰基近的一端碳原子为 1。与官能团相连的碳也称为 α-碳，其余依次为 β、γ 等。例如，脂肪族醛酮。

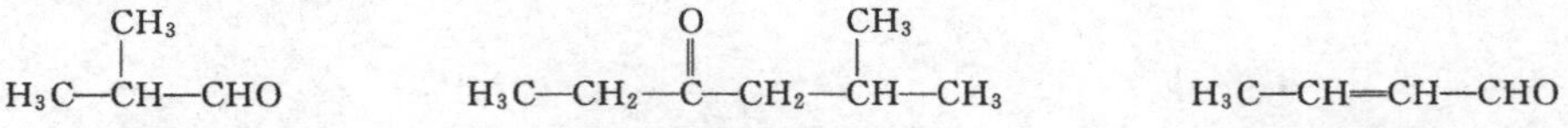

$$H_3C-\overset{\displaystyle CH_3}{\underset{\displaystyle |}{C}H}-CHO$$
2-甲基丙醛
（α-甲基丙醛）

$$H_3C-CH_2-\overset{\displaystyle O}{\overset{\displaystyle \|}{C}}-CH_2-\overset{\displaystyle CH_3}{\underset{\displaystyle |}{C}H}-CH_3$$
5-甲基-3-己酮

$$H_3C-CH=CH-CHO$$
2-丁烯醛

芳香族醛酮通常将芳香基作为取代基来命名。例如：

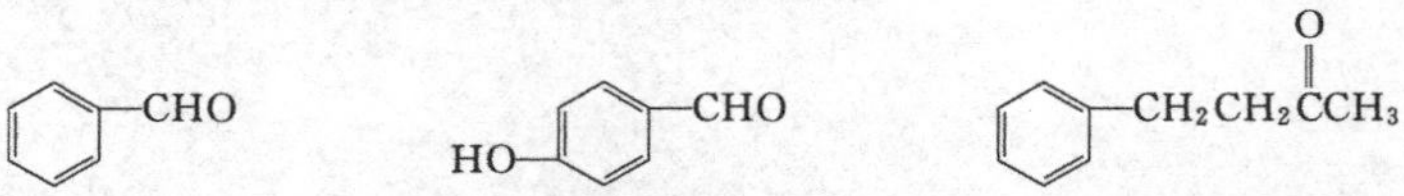

苯甲醛　　　对羟基苯甲醛　　　4-苯基丁酮

醛酮的普通命名法：脂肪醛与醇（或烷烃）相似，按所含碳原子数称为"某醛"。一元酮按照羰基所连的两个烃基来命名，称为"某某酮"。例如：

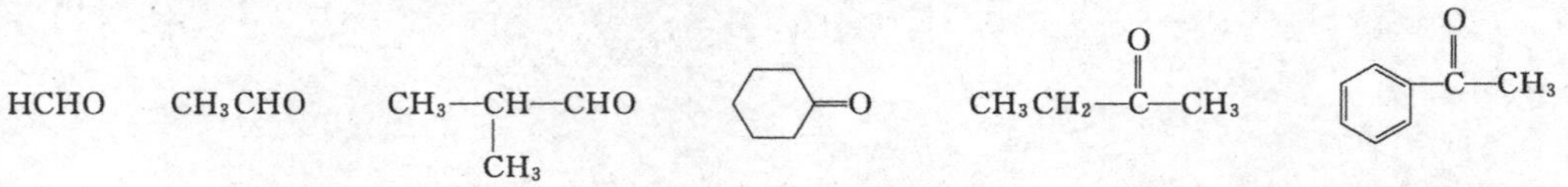

HCHO　　CH₃CHO　　$$CH_3-\overset{\displaystyle CH_3}{\underset{\displaystyle |}{C}H}-CHO$$　环己酮　　$$CH_3CH_2-\overset{O}{\overset{\|}{C}}-CH_3$$　苯甲酮

甲醛　　乙醛　　　　异丁醛　　　　环己酮　　　甲乙酮　　苯甲酮（苯乙酮）

16.2 醛酮的结构和性质

16.2.1 醛酮的分子结构

醛和酮的官能团都是羰基（〉C=O）。羰基是由碳、氧以双键结合的，碳原子采取的是

194

sp^2 杂化，每个 sp^2 杂化轨道分别与氧原子和其他 2 个原子形成 3 个 σ 键，这 3 个 σ 键在同一个平面上。碳原子未参与杂化的 p 轨道与氧原子的 1 个 p 轨道侧面重叠形成 1 个 π 键。因此，羰基碳-氧双键是由 1 个 σ 键和 1 个 π 键组成的。由于氧原子的电负性较强，所以碳氧之间的电子云偏向于氧原子，而使氧原子上的电子云密度增大，碳原子上的电子云密度显著减小，所以碳-氧双键（C=O）与碳-碳双键（C=C）相比是一个极性不饱和键。

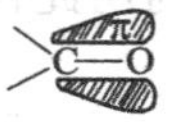

π电子云偏向氧原子 　　　　极性双键

羰基上连有氢原子的是醛；连有两个烃基的是酮。

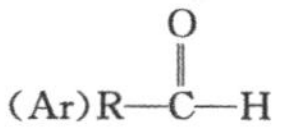

(Ar)R—C—H　　　　　　　(Ar)R—C—R′(Ar′)
醛 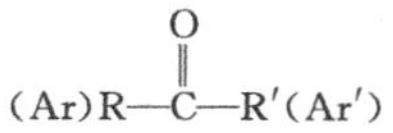　　　　　　　　　　　　酮

在醛的分子中，羰基处在链端称为醛基（—CHO）；在酮的分子中，羰基处在链中间也称为酮基（>C=O）。

16.2.2　醛酮的物理性质

常温下，除甲醛是气体外，其他含 12 个碳原子以下的脂肪醛、酮均为液体，含 12 个碳原子以上的醛、酮和芳香醛、酮为固体（13 个碳的醛是液体）。

低级醛具有强烈刺激性臭味；低级酮具有愉快的气味；中级醛、酮和一些芳香醛有特殊的香气，可用于化妆品和食品香精。

羰基是亲水基，所以低级醛酮能溶于水，含 5 个碳以上的醛酮难溶于水；醛酮都溶于有机溶剂。

除少数例外，脂肪族醛酮相对密度小于 1，芳香族醛酮相对密度大于 1。

16.2.3　醛酮的化学性质

醛和酮的官能团是羰基，羰基的碳原子和氧原子之间的碳-氧双键与碳-碳双键一样，也是由一个 σ 键和一个 π 键组成的，所以羰基较活泼，容易发生加成反应。又由于羰基中的碳-氧双键具有极性，α-C 碳原子上的氢原子较活泼，所以 α-H 上也易发生一些反应。

（1）加成反应

① 与氢氰酸加成　醛与氢氰酸反应生成既含有羟基又含有氰基的化合物（α-羟腈）。多数脂肪酮也能发生此反应。

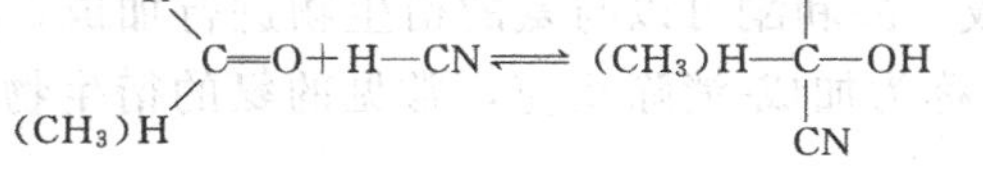

R　　　　　　　　　　　　　R
|　　　　　　　　　　　　　|
C=O+H—CN ⇌ (CH₃)H—C—OH
(CH₃)H　　　　　　　　　　CN
（酮）醛　　　　　　　　α-羟腈

羟腈经水解反应可得到比原来的醛或酮多一个碳原子的羟基酸。

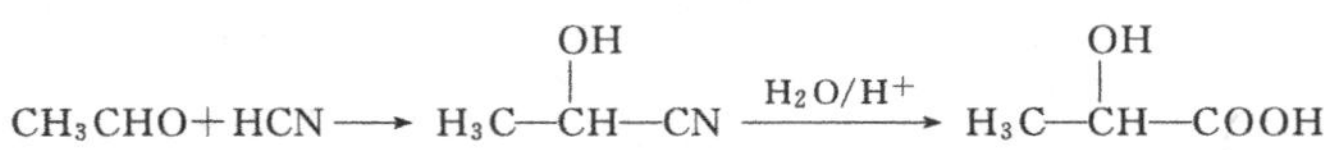

$$CH_3CHO + HCN \longrightarrow H_3C-\overset{OH}{\underset{}{CH}}-CN \xrightarrow{H_2O/H^+} H_3C-\overset{OH}{\underset{}{CH}}-COOH$$

② 与亚硫酸氢钠加成　醛、脂肪族甲基酮和八个碳以下的环酮与过量的亚硫酸氢钠饱和溶液作用，生成羟基磺酸盐白色结晶。

$$R \overset{HO}{\underset{(CH_3)H}{C=O}} + \overset{OH}{\underset{NaO}{S=O}} \rightleftharpoons R \overset{OH}{\underset{SO_3Na}{C-H(CH_3)}} \downarrow$$

α-羟基磺酸钠

羟基磺酸盐不溶于亚硫酸氢钠的饱和溶液中，所以生成后即可分离出来。但羟基磺酸盐遇稀酸或稀碱又重新分解成原来的醛或酮。所以利用此性质可以从混合物中分离提纯醛和甲基酮。

$$R \overset{H(CH_3)}{\underset{OH}{C-SO_3Na}} + HCl \longrightarrow R \overset{O}{C-H(CH_3)} + H_2O + SO_2\uparrow + NaCl$$

$$R \overset{H(CH_3)}{\underset{OH}{C-SO_3Na}} + Na_2CO_3 \longrightarrow R \overset{O}{C-H(CH_3)} + H_2O + CO_2\uparrow + Na_2SO_3$$

③ 与醇的加成　醛在微量的盐酸催化下与醇发生加成反应生成半缩醛。半缩醛还可与另一分子醇进一步加成为缩醛。

$$R \overset{R}{\underset{H}{C=O}} + HO-R' \underset{HCl}{\rightleftharpoons} R \overset{R}{\underset{H}{\overset{OH}{\underset{OR'}{C}}}}$$

$$\overset{R}{\underset{H}{\overset{OH}{\underset{OR'}{C}}}} + HO-R' \underset{HCl}{\rightleftharpoons} \overset{R}{\underset{H}{\overset{OR'}{\underset{OR'}{C}}}} + H_2O$$

缩醛在碱性条件下是比较稳定的，但遇酸则容易水解成原来的醇和醛。

④ 与格氏试剂加成　格氏试剂 RMgX，能与醛酮发生加成反应，生成物经水解可得到醇。

$$C=O + RMgX \longrightarrow \overset{OMgX}{\underset{R}{C}} \overset{H_2O}{\longrightarrow} \overset{OH}{\underset{R}{C}} + Mg\overset{X}{\underset{OH}{}}$$

$$H_3C-CH_2MgBr + H-CHO \xrightarrow[\text{② } H^+ + H_2O]{\text{① 无水乙醚}} H_3C-CH_2CH_2OH$$

$$H_3C-CH_2MgBr + H_3C-CHO \xrightarrow[\text{② } H^+ + H_2O]{\text{① 无水乙醚}} H_3C-CH_2-\overset{H}{\underset{CH_3}{C}}-OH$$

$$H_3C-CH_2MgBr + H_3C-\overset{O}{C}-CH_3 \xrightarrow[\text{② } H^+ + H_2O]{\text{① 无水乙醚}} H_3C-CH_2-\overset{CH_3}{\underset{CH_3}{C}}-OH$$

⑤ 与氨的衍生物加成　醛和酮可以与氨的衍生物进行加成，产物再经脱水生成含有碳-氮双键的化合物，该反应称为加成-消除反应，常见的氨的衍生物有伯胺（R—NH₂）、羟胺

（HO—NH₂）、肼（H₂N—NH₂）、苯肼 $\left(\right)$、2,4-二硝基苯肼 $\left(\right)$、氨

基脲 $\left(H_2N-NH-\overset{O}{C}-NH_2\right)$ 等。它们的分子中都含有（—NH₂），可用通式 G—NH₂ 来表示。它们与醛酮反应过程：

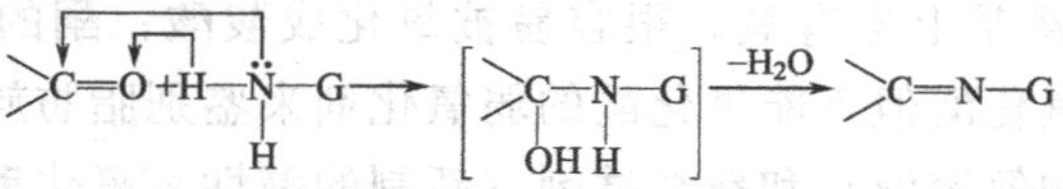

$$>\!C\!=\!O + H\!-\!\underset{H}{\overset{}{N}}\!-\!G \longrightarrow \left[\,>\!\underset{OH}{\overset{}{C}}\!-\!\underset{H}{\overset{}{N}}\!-\!G\,\right] \xrightarrow{-H_2O} >\!C\!=\!N\!-\!G$$

　　醛酮与羟氨反应生成肟，醛酮与苯肼、2,4-二硝基苯肼反应生成苯腙，醛酮与氨基脲反应生成缩氨脲，肟、苯腙、缩氨脲多为白色或黄色结晶，具有固定的晶型和熔点，在稀酸的作用下，又分解成为原来的醛或酮，所以这些反应可用来鉴定、分离或提纯醛和酮。例如：

$$H_3C\!-\!CHO + H_2N\!-\!OH \longrightarrow H_3C\!-\!CH\!=\!N\!-\!OH$$
乙醛肟

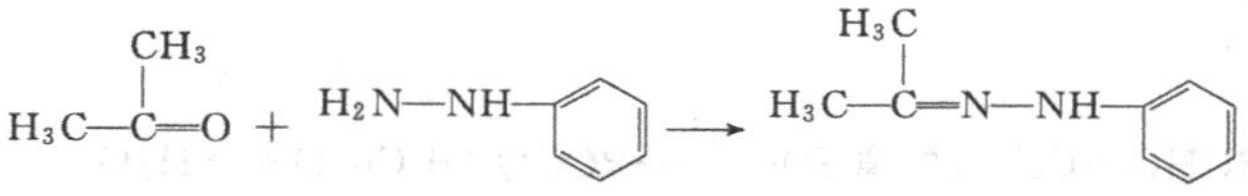

丙酮苯肼（丙酮苯腙）

　　（2）α-氢的反应　醛酮分子中的 α-H 较活泼，具有 α-H 的醛酮可发生羟醛缩合反应和卤代反应。

　　① 羟醛缩合反应　在稀酸或稀碱的作用下，两分子的醛或酮结合生成 β-羟基醛或 β-羟基酮，该反应称为羟醛缩合反应。例如：

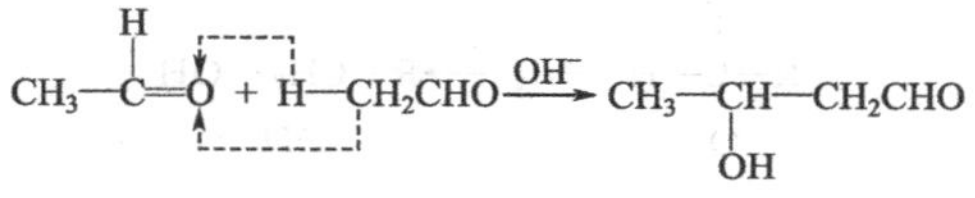

β-羟基丁醛

　　酮分子中羰基碳原子的正电性比醛弱，所以酮发生此反应只能得到少量的 β-羟基酮。

　　β-羟基醛（酮）中的 α-H 更活泼，在稍微受热或酸的作用下，即失去一分子水生成 α, β-不饱和醛（酮）。

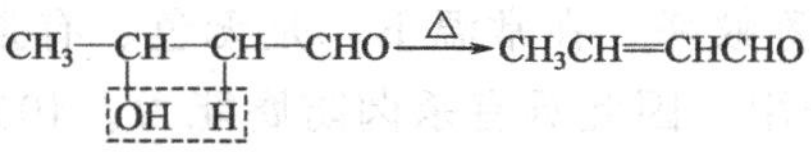

$$CH_3\!-\!\underset{\boxed{OH\ \ H}}{CH\!-\!CH}\!-\!CHO \xrightarrow{\triangle} CH_3CH\!=\!CHCHO$$

　　不含 α-H 的醛，不能发生分子间的羟醛缩合反应。但可与另一个含有 α-H 的醛发生不同分子间的羟醛缩合反应。例如：

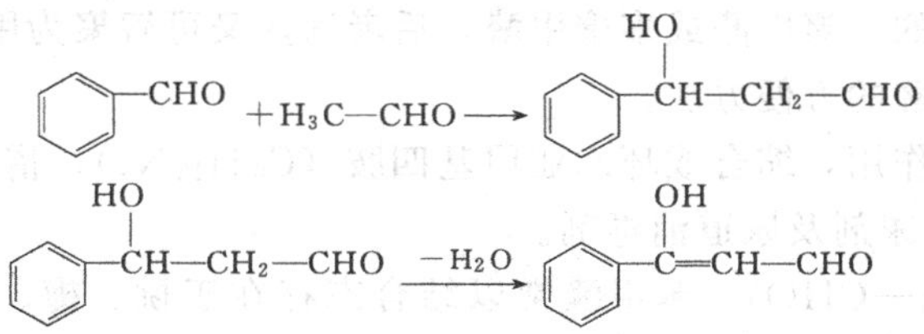

　　② 卤代反应　在碱性溶液中，乙醛或甲基酮能与卤素的碱溶液作用，生成三卤代物。三卤代物在碱性条件下容易分解，形成三卤甲烷（卤仿），因此该反应又称为卤仿反应。在卤仿反应中若使用的卤素是碘，则称为碘仿反应。产物碘仿，是不溶于水的黄色固体，并有特殊气味，易于观察识别。因此常用碘和氢氧化钠溶液来鉴别乙醛或甲基酮。

$$CH_3\!-\!\overset{O}{\overset{\|}{C}}\!-\!H(R) + I_2 + NaOH \longrightarrow CHI_3\!\downarrow + (R)H\!-\!\overset{O}{\overset{\|}{C}}\!-\!ONa + NaI + H_2O$$

　　由于 I_2 与 NaOH 歧化生成的 NaIO 具有氧化性，能将乙醇和具有 $CH_3\!-\!CH(OH)\!-$ 结构的醇氧化成相应的乙醛和甲基酮，所以它们也可以发生碘仿反应。碘仿反应也可作为乙醇和具有 $CH_3\!-\!CH(OH)\!-$ 结构的醇的鉴别反应。

　　（3）氧化还原反应

① 氧化反应　醛类羰基上连有氢，很容易被氧化成羧酸；酮的羰基上没有氢，很难被氧化。因此可用一些能氧化醛但不能氧化酮的弱氧化剂来鉴别脂肪族醛和酮。常用的弱氧化剂有托伦试剂（硝酸银的氨溶液）和费林试剂（新制的碱性氢氧化铜）。

醛与托伦试剂作用被氧化生成羧酸盐，银离子被还原成金属银附着在容器壁上，形成光亮的银镜，因此该反应也称为银镜反应。

$$(Ar)R—CHO+[Ag(NH_3)_2]^+ \xrightarrow[\triangle]{OH^-} (Ar)R—COONH_4+Ag\downarrow+H_2O$$

醛与新制的氢氧化铜作用时，醛也被氧化成羧酸盐，而铜离子被还原成砖红色的氧化亚铜沉淀。

$$RCHO+Cu^{2+}(配离子) \xrightarrow[\triangle]{OH^-} RCOO^-+Cu_2O\downarrow+H_2O$$

芳香醛能发生银镜反应，但不能被新制的氢氧化铜氧化，因此，可用此性质来鉴别脂肪醛与芳香醛。

② 还原反应　在铂、钯、镍等催化剂存在下，醛可被氢还原成伯醇，酮可被还原成仲醇。这个反应的实质也是氢在羰基上的加成。

$$\underset{\overset{\|}{O}}{R—C—H}+H_2 \longrightarrow R—CH_2—OH$$

$$\underset{\overset{\|}{O}}{R—C—R'}+H_2 \longrightarrow \underset{\overset{|}{OH}}{R—CH—R'}$$

16.3　重要的醛和酮

（1）甲醛（HCHO）　俗称蚁醛。在常温下，是无色、有强烈刺激性气味的气体，易溶于水。甲醛有凝固蛋白质的作用，因此具有杀菌防腐能力。40%的甲醛水溶液称为福尔马林（Formalin），是常用的消毒剂和浸制生物标本的防腐剂。

甲醛化学性质比其他醛活泼，容易被氧化，又极易发生聚合反应，在常温下即能自动聚合，生成具有环状结构的三聚甲醛或多聚甲醛，后者遇热又可解聚为甲醛。因此将甲醛制成聚合体，是一种储存甲醛的方便方法。

甲醛易与氨或铵盐作用，缩合成环六亚甲基四胺（$C_6H_{12}N_4$），俗称乌洛托品（Urotropine），在医药上用作利尿剂及尿道消毒剂。

（2）苯甲醛（C_6H_5—CHO）　苯甲醛常以结合态存在于桃、梅、杏等的核仁中，尤以苦杏仁中含量较高，所以俗称苦杏仁油。它是具有苦杏仁味的无色液体，有毒，沸点 79℃，微溶于水，易溶于乙醇、乙醚和氯仿中。

苯甲醛很容易被空气氧化成白色的苯甲酸晶体，因此在保存苯甲醛时常要加入少量的对苯二酚作为抗氧剂。

苯甲醛在工业上是一种重要的化工原料，用于制备药物、染料、香料等产品。

（3）丙酮（CH_3—CO—CH_3）　丙酮是具有特殊气味的无色液体，易挥发、易燃烧，沸点为 56℃。可与水、乙醇、乙醚等任意混溶，因此它是一种很重要的、良好的有机溶剂，广泛用于油漆和人造纤维工业。

丙酮是重要的化工原料，可用来制造有机玻璃、树脂等。在生物代谢中，丙酮是油脂的分解产物，代谢不正常的糖尿病患者的尿中含有较多的丙酮。

16.4　醌

16.4.1　醌的结构、性质和命名

醌是一类分子中含有环己二烯二酮结构的共轭体系化合物。常见的有苯醌、萘醌、蒽醌以及它们的衍生物。结构有对位和邻位两种，醌类一般都是有颜色的晶体，对醌大多呈黄色，邻醌大多呈红色或橙色。

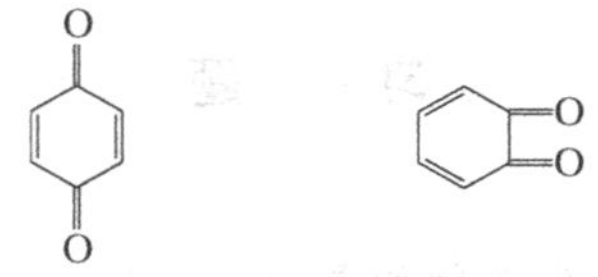

对醌　　　　　邻醌

醌既然是一种不饱和的环状二元酮，它就兼具有烯烃和羰基化合物的典型性质，其中以醌的还原反应最重要。例如：对苯醌在亚硫酸水溶液中很容易在对位氧原子上加氢而还原成对苯二酚；而对苯二酚也容易被氧化成对苯醌。

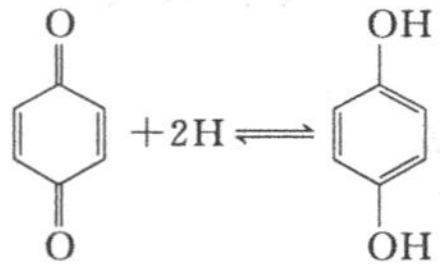

对苯醌　　　　　对苯二酚

醌类的命名一般是在"醌"字前面加上芳基的名称，并注明羰基的位次。例如：

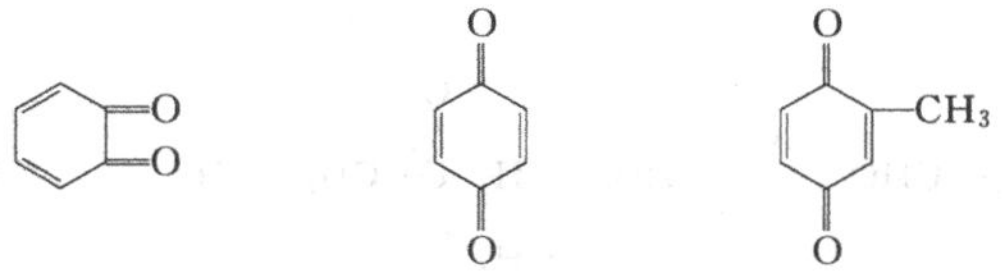

1,2-苯醌　　　1,4-苯醌　　　2-甲基-1,4-苯醌
（邻苯醌）　　（对苯醌）

16.4.2　重要的醌及其衍生物

（1）苯醌　苯醌包括对苯醌和邻苯醌。对苯醌为黄色结晶，有刺激性气味，易升华，易溶于热水、乙醇、乙醚中，熔点 117℃。邻苯醌为红色结晶，无固定熔点，在 60～70℃分解。

在电化学中，利用对苯二酚和对苯醌之间的氧化还原关系制成的氢醌电极（对苯二酚也称为氢醌），可用于氢离子浓度的测定。

（2）1,4-萘醌　1,4-萘醌为黄色固体，熔点 126～128℃。萘醌的衍生物中不少是生理活性物质。例如，维生素 K_1 和维生素 K_2，维生素 K 有促进凝血酶原生成的作用。

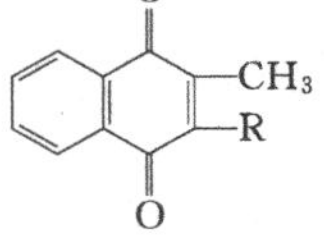

维生素 K

K_1 和 K_2 所连的侧链基团（—R）不同。

（3）泛醌　也称为辅酶 Q，是一类脂溶性醌类化合物，因广泛存在于动植物体内而得名。是生物体内氧化还原过程中极为重要的物质。

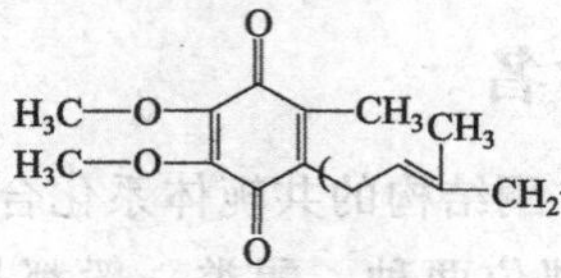

泛醌

习　题

1. 选择题

（1）下列化合物中，属于醛类化合物的是（　　）

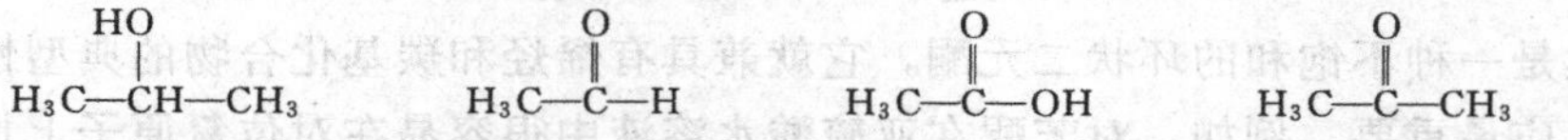

（2）能与乙醛溶液发生银镜反应的试剂是（　　）

A. 溴水　　　　　B. 托伦试剂　　　　　C. 费林试剂　　　　　D. $KMnO_4$ 溶液

（3）下列说法正确的是（　　）

A. 含有羟基的化合物不一定是醇

B. 醛的官能团是—COOH

C. CH_3CH_2OH 能与银氨溶液发生银镜反应

D. 丙酮与费林试剂反应，生成红色的 Cu_2O

2. 命名下列化合物

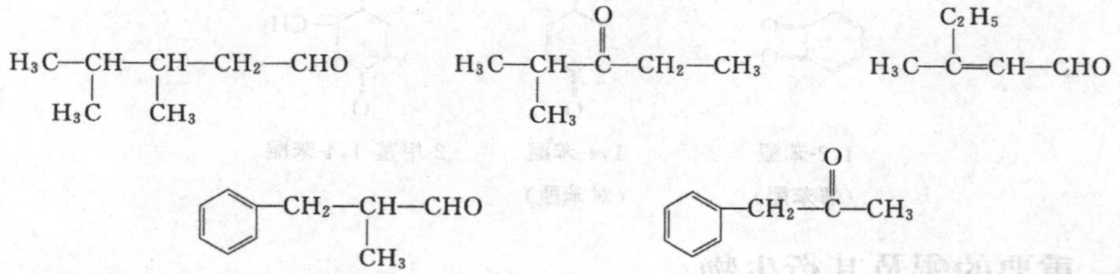

3. 写出下列化合物的结构简式

（1）苯乙酮　　　　（2）3-甲基-2-戊酮　　　　（3）α-氯代丙醛　　　　（4）1,4-苯醌

（5）对甲氧基苯甲醛　　（6）4,5-二甲基-3-己酮

4. 写出下列反应的主要产物

（1）$CH_3CHO \xrightarrow[\triangle]{\text{稀 } OH^-}$

（2）$H_3C—CHO + H_3C—OH \xrightarrow{\text{干燥 HCl}} \xrightarrow[H_2O]{H^+}$

（3）$CH_3CHO + CH_3CH_2MgBr \xrightarrow{\text{无水乙醚}} \xrightarrow{H_3O^+}$

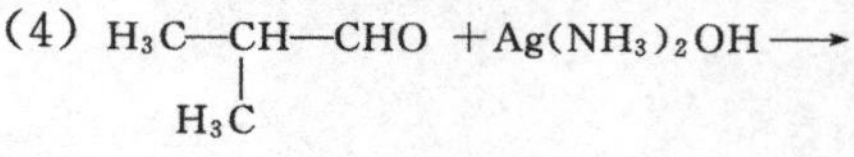

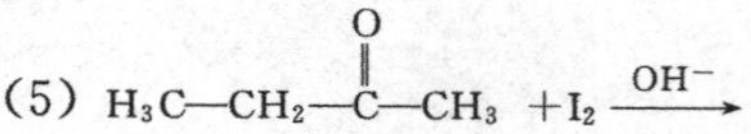

（4） $+ Ag(NH_3)_2OH \longrightarrow$

（5） $+ I_2 \xrightarrow{OH^-}$

（6）$H_3C-CHO+HCN\longrightarrow$

5. 用化学方法鉴别下列各组化合物

（1）甲醛、乙醛　　　（2）苯甲醛、乙醛　　　（3）丙醛、丙酮、丙醇、异丙醇

6. 某化合物 A 分子式为 C_3H_6O，能与氢氰酸发生加成反应，并能发生银镜反应。经还原后得一分子式为 C_3H_8O 的化合物 B，B 经浓硫酸脱水后得碳氢化合物 C，分子式为 C_3H_6，C 可与氢溴酸作用生成 2-溴丙烷。试写出 A、B、C 的结构简式和反应方程式。

第 17 章 羧酸及其衍生物和取代酸

分子中含有羧基（—COOH）的有机化合物称为羧酸，可用通式 RCOOH 和 ArCOOH 表示。羧基中的羟基被其他的原子或基团取代后的化合物称为羧酸衍生物。例如，酰卤、酸酐、酯、酰胺等。羧酸分子中烃基上的氢原子被其他原子或基团取代的产物称为取代酸。羧酸、羧酸衍生物及取代酸广泛存在于自然界，是生物体的重要代谢物质，在工业、农业、医药和人们的日常生活中有着广泛的应用。

17.1 羧 酸

17.1.1 羧酸的分类和命名

17.1.1.1 羧酸的分类

羧酸按照与羧基所连烃基的种类不同，可分为脂肪族羧酸、脂环族羧酸和芳香族羧酸；按照分子中所含羧基的数目，分为一元羧酸、二元羧酸和多元羧酸；还可按照烃基是否饱和，分为饱和羧酸和不饱和羧酸。

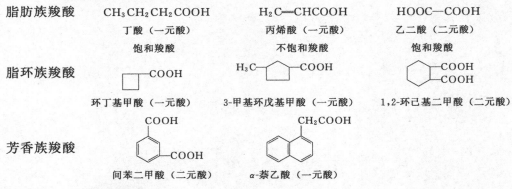

脂肪族羧酸

$CH_3CH_2CH_2COOH$
丁酸（一元酸）
饱和羧酸

$H_2C{=}CHCOOH$
丙烯酸（一元酸）
不饱和羧酸

$HOOC—COOH$
乙二酸（二元酸）
饱和羧酸

脂环族羧酸

环丁基甲酸（一元酸）

3-甲基环戊基甲酸（一元酸）

1,2-环己基二甲酸（二元酸）

芳香族羧酸

间苯二甲酸（二元酸）

α-萘乙酸（一元酸）

17.1.1.2 羧酸的命名

（1）俗名 许多羧酸都有俗名，这些俗名大多是根据其来源或生理功能等而定的。例如，甲酸来自蚂蚁，称为蚁酸；乙酸存在于食醋中，称为醋酸；丁酸存在于奶油中，称为酪酸；苯甲酸存在于安息香胶中，称为安息香酸。常见羧酸的名称和物理常数见表17-1。

（2）系统命名法 羧酸的系统命名原则与醛相似，即选择含有羧基的最长碳链为主链，根据主链碳原子数目称为"某酸"；编号从羧基碳原子开始，用阿拉伯数字（或从羧基相邻的碳原子开始用希腊字母）标明取代基的位次，并将取代基位次、数目、名称写于母体酸的名称之前。

表 17-1　常见羧酸的名称和物理常数

结 构 式	名　称		熔点/℃	沸点/℃	相对密度(d_4^{20})
	系统名称	俗　名			
HCOOH	甲酸	蚁酸	8.6	100.5	1.220
CH₃COOH	乙酸	醋酸	16.7	118.0	1.049
CH₃CH₂COOH	丙酸	初油酸	−20.8	140.7	0.993
CH₃(CH₂)₂COOH	丁酸	酪酸	−7.9	163.5	0.959
CH₃(CH₂)₃COOH	戊酸	缬草酸	−34.0	185.4	0.939
CH₃(CH₂)₄COOH	己酸	羊油酸	−3.0	205.0	0.929
CH₃(CH₂)₅COOH	庚酸	葡萄花酸	−11	233.0	0.920
CH₃(CH₂)₆COOH	辛酸	亚羊脂酸	16.0	237.5	0.911
CH₃(CH₂)₇COOH	壬酸	天竺葵酸(风吕草酸)	12.5	253.0	0.906
CH₃(CH₂)₈COOH	癸酸	羊蜡酸	31.5	270	0.887
CH₃(CH₂)₁₀COOH	十二酸	月桂酸	44	225	0.868(50℃)
CH₃(CH₂)₁₂COOH	十四酸	肉豆蔻酸	58	250.5(13.3kPa)	0.844(80℃)
CH₃(CH₂)₁₄COOH	十六酸	软脂酸(棕榈酸)	63	271.5(13.3kPa)	0.849(70℃)
CH₃(CH₂)₁₆COOH	十八酸	硬脂酸	71.5	383	0.941
CH₂=CHCOOH	丙烯酸	败脂酸	14	140.9	1.051
CH₃CH=CHCOOH	2-丁烯酸	巴豆酸	72	185	1.018
HOOC—COOH	乙二酸	草酸	189.5	157(升华)	1.90
HOOCCH₂COOH	丙二酸	胡萝卜酸	135.6	140(升华)	1.63
HOOC(CH₂)₄COOH	己二酸	肥酸	152	330.5	1.366

　　不饱和酸的命名，选取含有不饱和键和羧基的最长碳链为主链，称为"某烯酸"或"某炔酸"，并标明不饱和键的位次。

$$CH_3-\underset{\underset{CH_3}{|}}{CH}-\underset{\underset{CH_3}{|}}{CH}-COOH$$

2,3-二甲基丁酸

$$\overset{\delta}{\underset{5}{Cl}}CH_2-\overset{\gamma}{\underset{4}{CH}}=\overset{\beta}{\underset{3}{CH}}-\overset{\alpha}{\underset{2}{CH_2}}-\overset{}{\underset{1}{COOH}}$$

5-氯-3-戊烯酸(δ-氯-β-戊烯酸)

$$CH_3-C\equiv C-CH_2-COOH$$

3-戊炔酸

$$CH_3-CH=CH-COOH$$

2-丁烯酸

　　对于二元脂肪酸的命名，则应选择含两个羧基的最长碳链作主链，称为"某二酸"，主链两端必须是羧基。

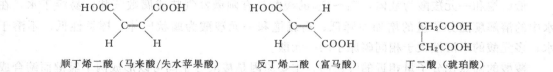

顺丁烯二酸（马来酸/失水苹果酸）　　反丁烯二酸（富马酸）　　丁二酸（琥珀酸）

　　芳香族羧酸的命名分两类：一类是羧基连在芳环上，以芳香酸为母体，环上其他基团作为取代基来命名；另一类是羧基连在侧链上，以脂肪酸为母体，芳基作为取代基来命名。

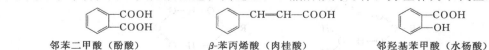

邻苯二甲酸（酚酸）　　　　β-苯丙烯酸（肉桂酸）　　　　邻羟基苯甲酸（水杨酸）

　　羧酸分子中去掉羟基留下的部分称为酰基；去掉羟基氢原子留下的部分称为酰氧基；电离出氢离子留下的部分称为羧酸根离子。

羧酸　　　　　　　酰基　　　　　　　酰氧基　　　　　　　羧酸根

多官能团的化合物命名时，究竟以哪个官能团为主体决定母体的名称，通常是按表17-2中的官能团优先次序来确定母体和取代基，最优基团作为母体，其他官能团作为取代基。

表 17-2　一些重要官能团的优先次序

官能团名称	官能团结构	官能团名称	官能团结构	官能团名称	官能团结构
羧基	—COOH	醛基	—CHO	三键	—C≡C—
磺酸基	—SO₃H	酮基	C=O	双键	—C=C—
酯基	—COOR	醇羟基	—OH	烷氧基	—O—R
酰卤基	—COCl	酚羟基	—OH	烷基	—R
酰氨基	—CONH₂	巯基	—SH	卤原子	—X
氰基	—C≡N	氨基	—NH₂	硝基	—NO₂

17.1.2　羧酸的结构和性质

17.1.2.1　羧酸的结构

羧基（—COOH）是羧酸的官能团。羧基中的碳原子是 sp² 杂化，3 个 sp² 杂化轨道分别与烃基中的碳原子、羟基的氧原子、羰基的氧原子形成 3 个 σ 键，且处在同一平面上。羰基碳原子上未参与杂化的 p 轨道与氧原子的 p 轨道平行相互重叠形成一个 π 键。羟基氧原子上的未共用电子对与羰基上的 π 键形成 p-π 共轭体系。

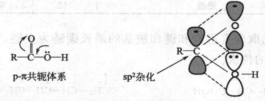

在共轭体系中，羟基氧原子的电子云密度降低，增强了 O—H 键的极性，有利于离解出 H⁺，从而使羧酸的酸性比醇的酸性强；同时羰基碳原子电子云密度升高，不利于亲核试剂的进攻，使碳-氧双键不发生醛、酮那样的亲核加成反应。由于羧基中 p-π 共轭体系的存在，使羧酸表现出不同于醛、酮和醇的一些特殊性质。

17.1.2.2　羧酸的物理性质

低级饱和一元羧酸为液体，C₄～C₁₀ 的羧酸具有刺激性气味或腐败气味，易溶于水，在水中的溶解度随分子量的增加而降低；高级饱和一元羧酸为蜡状固体，挥发性低，不溶于水；多元酸的水溶性大于相同碳原子的一元酸。

羧酸的沸点比分子量相近的醇还高，主要原因是羧酸分子间可以形成两个氢键而缔合成较稳定的二聚体和多聚体。另外，羧酸分子中羧基是亲水基，也可与水形成氢键。

饱和一元羧酸的熔点随原子数增加而呈锯齿状上升，即含偶数碳原子的羧酸的熔点比相邻两个奇数碳原子的羧酸的熔点高。

17.1.2.3　羧酸的化学性质

羧酸的化学性质从结构上分析如下：

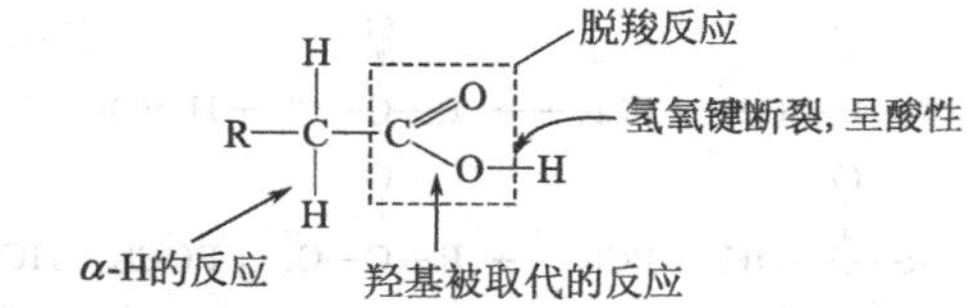

（1）酸性　羧酸在水溶液中能够离解出氢离子而呈弱酸性，能使蓝色石蕊试纸变红。

$$RCOOH \Longrightarrow RCOO^- + H^+$$

一般羧酸的 pK_a 值在 $3 \sim 5$ 之间，比碳酸（$pK_a = 6.38$）和苯酚（$pK_a = 9.98$）的酸性强。羧酸可与 NaOH 作用生成羧酸盐；与 Na_2CO_3、$NaHCO_3$ 作用生成二氧化碳，利用这个性质可用于鉴别、分离、精制羧酸类化合物。

$$RCOOH + NaOH \longrightarrow RCOONa + H_2O$$

$$RCOOH + \begin{array}{c} Na_2CO_3 \\ NaHCO_3 \end{array} \longrightarrow RCOONa + CO_2 \uparrow + H_2O$$
$$\Big\downarrow H^+$$
$$\longrightarrow RCOOH$$

某些羧酸盐有抑制细菌生长的作用，用于食品加工中作为防腐剂，常用的食品防腐剂有苯甲酸钠、乙酸钙和山梨酸钾等。

不同构造的羧酸的酸性强弱各不相同。烃基上若连有吸电子基团，由于吸电子诱导效应（因某一原子或基团的电负性而引起电子云沿着分子链向某一方向移动的效应称为诱导效应，吸电子诱导效应记为 $-I$，供电子诱导效应记为 $+I$），羧基中 O—H 键的极性加大，更易离解出 H^+，酸性增强。基团的电负性愈大，取代基数目愈多，距羧基的位置愈近，吸电子诱导效应就愈强，则使羧酸的酸性愈强。相反，烃基上若连有供电子基团，供电子效应就使酸性减弱。

	FCH_2COOH	$ClCH_2COOH$	$BrCH_2COOH$	ICH_2COOH	CH_3COOH
pK_a	2.66	2.86	2.89	3.16	4.76

	Cl_3CCOOH	$Cl_2CHCOOH$	$ClCH_2COOH$
pK_a	0.08	1.29	2.81

取代基对芳香酸酸性的影响也有同样的规律。对位上连有吸电子基团时，酸性增强；连有供电子基团时，酸性减弱。邻位取代基的影响因受位阻影响比较复杂，间位取代基的影响不能在共轭体系内传递，影响较小。

	对硝基苯甲酸	对氯苯甲酸	对甲基苯甲酸	对甲氧基苯甲酸
pK_a	3.42	3.97	4.38	4.47

（2）羧基上的羟基（—OH）被取代的反应　羧基中的—OH 可被其他原子或基团取代，生成羧酸的衍生物。

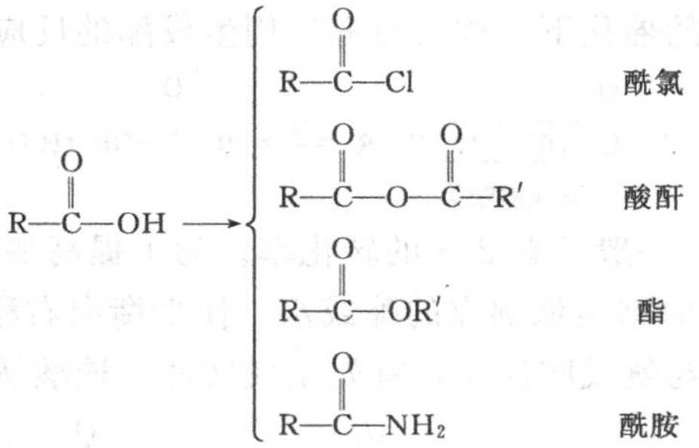

① 酰氯的生成　羧酸（除甲酸外）与 PX_3、PX_5、$SOCl_2$ 发生作用，生成酰卤。

$$R-\overset{\overset{\displaystyle O}{\|}}{C}-OH + PCl_3 \longrightarrow R-\overset{\overset{\displaystyle O}{\|}}{C}-Cl + H_3PO_3$$

$$R-\overset{\overset{\displaystyle O}{\|}}{C}-OH + PCl_5 \longrightarrow R-\overset{\overset{\displaystyle O}{\|}}{C}-Cl + POCl_3 + HCl$$

$$R-\overset{\overset{\displaystyle O}{\|}}{C}-OH + SOCl_2 \longrightarrow R-\overset{\overset{\displaystyle O}{\|}}{C}-Cl + SO_2 + HCl$$

酰氯很容易水解，在分离提纯时，应采用蒸馏的方法。实验室制备酰氯，常用羧酸与亚硫酰氯反应，因为该反应的副产物都是气体，容易与反应体系分离，产率高达 90％以上，而且亚硫酰氯的价格较低；生成的二氧化硫和氯化氢要回收和吸收，避免对环境造成污染。

酰卤是一类具有高度反应活性的化合物，在有机合成、制药工业中常用作提供酰基的试剂，即作为酰化剂来使用。

② 酸酐的生成　羧酸（除甲酸外）在脱水剂 $[P_2O_5$、$(CH_3CO)_2O]$ 作用下，加热发生分子间脱水，生成酸酐。

$$R-\overset{\overset{\displaystyle O}{\|}}{C}-OH + HO-\overset{\overset{\displaystyle O}{\|}}{C}-R \xrightarrow[\triangle]{P_2O_5} R-\overset{\overset{\displaystyle O}{\|}}{C}-O-\overset{\overset{\displaystyle O}{\|}}{C}-R + H_2O$$

由于乙酸酐能较迅速地与水反应，价格又较低廉，且与水反应生成沸点较低的乙酸可通过分馏除去，因此常用乙酸酐作为制备其他酸酐时的脱水剂。

两个羧基相隔 2～3 个碳原子的二元酸，不需要任何脱水剂，加热就能脱水生成五元或六元环酸酐。

顺丁烯二酸酐（95％）

邻苯二甲酸酐（约 100％）

③ 酯的生成　在强酸的催化下，羧酸与醇作用生成酯的反应称为酯化反应。

$$R-\overset{\overset{\displaystyle O}{\|}}{C}-\boxed{OH+H}-O-R' \xrightleftharpoons{H^+} R-\overset{\overset{\displaystyle O}{\|}}{C}-OR' + H_2O$$

酰氧键断裂

酯化反应是可逆反应，一般只有 2/3 的转化率。为了提高酯的产率可增加反应物的浓度（一般是加过量的醇）或及时移走低沸点的酯或水，使平衡向右移动。

④ 酰胺的生成　羧酸与氨或胺反应，首先生成铵盐，羧酸铵受热脱水后生成酰胺。

$$R-\overset{\overset{\displaystyle O}{\|}}{C}-OH + NH_3 \longrightarrow R-\overset{\overset{\displaystyle O}{\|}}{C}-ONH_4 \longrightarrow R-\overset{\overset{\displaystyle O}{\|}}{C}-NH_2 + H_2O$$

对氨基苯酚与乙酸作用，加热后脱水的产物是对羟基乙酰苯胺（扑热息痛）。

$$CH_3-\overset{O}{\overset{\|}{C}}-OH \ + \ NH_2-\text{〇}-OH \xrightarrow[\triangle]{-H_2O} CH_3-\overset{O}{\overset{\|}{C}}-NH-\text{〇}-OH$$

（3）脱羧反应 羧酸分子在一定条件下受热可脱去羧基放出二氧化碳的反应称为脱羧反应。饱和一元酸一般比较稳定，不易脱羧，但羧酸的碱金属盐与碱石灰混合后加热则可发生脱羧反应。若一元羧酸的 α-C 上连有强吸电子基团时，易发生脱羧。

$$CH_3COONa+NaOH(CaO)\xrightarrow{\triangle} CH_4+Na_2CO_3$$

（实验室制甲烷的方法）

$$Cl_3CCOOH\xrightarrow{\triangle}CHCl_3+CO_2$$

乙二酸、丙二酸受热脱羧生成一元酸。

$$\begin{array}{c}COOH\\|\\COOH\end{array}\xrightarrow{\triangle}HCOOH+CO_2\uparrow$$

$$\begin{array}{c}COOH\\|\\CH_2\\|\\COOH\end{array}\xrightarrow{\triangle}CH_3COOH+CO_2\uparrow$$

丁二酸、戊二酸受热脱水（不脱羧）生成环状酸酐。

$$\begin{array}{c}CH_2-\overset{O}{\overset{\|}{C}}-OH\\|\\CH_2-\overset{O}{\overset{\|}{C}}-OH\end{array}\xrightarrow{\triangle}\begin{array}{c}CH_2-\overset{O}{\overset{\|}{C}}\\|\qquad\qquad O\\CH_2-\overset{O}{\overset{\|}{C}}\end{array}+H_2O$$

$$\begin{array}{c}CH_2-\overset{O}{\overset{\|}{C}}-OH\\|\\CH_2\\|\\CH_2-\overset{O}{\overset{\|}{C}}-OH\end{array}\xrightarrow{\triangle}\begin{array}{c}CH_2-\overset{O}{\overset{\|}{C}}\\|\qquad\qquad\\CH_2\qquad\quad O\\|\qquad\qquad\\CH_2-\overset{O}{\overset{\|}{C}}\end{array}+H_2O$$

己二酸、庚二酸受热既脱水又脱羧，生成环酮。

$$\begin{array}{c}CH_2-CH_2-COOH\\|\\CH_2-CH_2-COOH\end{array}\xrightarrow{\triangle}\begin{array}{c}CH_2-CH_2\\|\qquad\qquad C=O\\CH_2-CH_2\end{array}+CO_2+H_2O$$

$$\begin{array}{c}CH_2-CH_2-COOH\\|\\CH_2\\|\\CH_2-CH_2-COOH\end{array}\xrightarrow{\triangle}\begin{array}{c}CH_2-CH_2\\|\qquad\qquad\\CH_2\qquad C=O\\|\qquad\qquad\\CH_2-CH_2\end{array}+CO_2+H_2O$$

（4）α-H 的卤代反应 羧基的吸电子作用，使 α-H 活化，在少量红磷、碘或硫等催化下被氯或溴取代，生成 α-卤代酸。α-卤代酸很活泼，常用来制备 α-羟基酸和 α-氨基酸。

$$CH_3COOH\xrightarrow[P]{Cl_2}\begin{array}{c}CH_2COOH\\|\\Cl\end{array}\xrightarrow[P]{Cl_2}\begin{array}{c}Cl\\|\\CHCOOH\\|\\Cl\end{array}\xrightarrow[P]{Cl_2}\begin{array}{c}Cl\\|\\Cl-C-COOH\\|\\Cl\end{array}$$

若控制条件和卤素用量，反应可停留在一取代阶段。一氯乙酸是染料、医药、农药及其他有机合成的重要中间体，可用于制备乐果、植物生长激素和增产灵。三氯乙酸主要用于生化药品的提取剂，如三磷酸腺苷（ATP）、细胞色素丙和胎盘多糖等高效生化药品的提取。

（5）羧酸的还原 羧酸很难被还原，只能用强还原剂氢化铝锂（$LiAlH_4$）才能将其还原为相应的伯醇。H_2/Ni、$NaBH_4$ 等都不能使羧酸还原。氢化铝锂可还原羧基而不能还原

C=C双键，所以氢化铝锂可将不饱和酸还原为不饱和醇。

$$CH_2=CHCH_2COOH \xrightarrow{LiAlH_4} CH_2=CHCH_2CH_2OH$$

17.1.3 重要的羧酸

(1) 甲酸　甲酸俗名蚁酸，存在于蚂蚁等昆虫体和荨麻中，也是蜂毒的主要成分。甲酸是无色、有刺激性气味的液体，酸性（$pK_a=3076$）和腐蚀性均较强，易溶于水。甲酸有腐蚀性，能刺激皮肤起泡。甲酸的结构特殊，羧基与氢原子相连，既有羧基结构，又有醛基结构，因而表现出与其他同系物不同的某些性质，如易脱水、脱羧及还原性等。

甲酸能使高锰酸钾褪色，也能发生银镜反应，利用这些反应常用于鉴定甲酸。甲酸在工业上可用作还原剂和橡胶的凝聚剂，也可用作消毒剂和防腐剂。

(2) 乙酸　乙酸俗名醋酸，是食醋的主要成分，一般食醋中约含 6%～8% 的乙酸。乙酸广泛存在于自然界，它常以盐的形式存在于植物果实和汁液中。

乙酸是无色、有刺激性气味的液体，沸点为 118℃，熔点为 16.6℃，由于乙酸在 16℃以下能结成冰状固体，因此纯乙酸又称为冰醋酸。乙酸能与水按任何比例混溶，也可溶于乙醇、乙醚和其他有机溶剂。

乙酸是人类最早使用的食品调料，同时也是重要的化工原料。在照相材料、合成纤维、香料、食品、制药等行业具有广泛应用，它可以用来制成乙酸酐、乙酸酯等，又可用于生产醋酸纤维、胶卷、喷漆溶剂、香料等。乙酸还具有杀菌能力。用食醋熏蒸室内，可预防流感。用食醋佐餐可防治肠胃炎等疾病。

(3) 乙二酸　乙二酸常存在于许多草本植物及藻类中，因而俗称草酸。草酸是无色柱状结晶，常含两分子结晶水，加热到 100℃ 就失去结晶水得到无水草酸。

草酸易溶于水而不溶于乙醚等有机溶剂。

草酸加热至 150℃ 以上，即分解脱羧生成二氧化碳和甲酸。

$$HOOC-COOH \xrightarrow[\triangle]{150℃} HCOOH+CO_2\uparrow$$

草酸除具有一般羧酸的性质外，还具有还原性，易被氧化。例如，草酸能与高锰酸钾反应，在分析中常用草酸钠来标定高锰酸钾溶液的浓度。

$$5NaOOC-COONa+2KMnO_4+8H_2SO_4 \longrightarrow K_2SO_4+2MnSO_4+10CO_2\uparrow+8H_2O+5Na_2SO_4$$

草酸能把高价铁还原成易溶于水的低价铁盐，因而可用来洗涤铁锈或蓝墨水的污渍。此外，在分析中常用草酸钠来标定高锰酸钾溶液的浓度。

(4) 苯甲酸　苯甲酸存在于安息香胶及其他一些树脂中，俗称安息香酸。是白色晶体，熔点 121.7℃，受热易升华，微溶于热水、乙醇和乙醚中。

苯甲酸的工业制法主要是甲苯氧化法和甲苯氯代水解法。

苯甲酸是重要的有机合成原料，可用于制备染料、香料、药物等。苯甲酸及其钠盐有杀菌防腐作用，所以常用作食品和药液的防腐剂。

(5) 山梨酸　化学名称为反式，反式-2,4-己二烯酸，天然存在于花椒树籽中，也称为花椒酸。结构式如下：

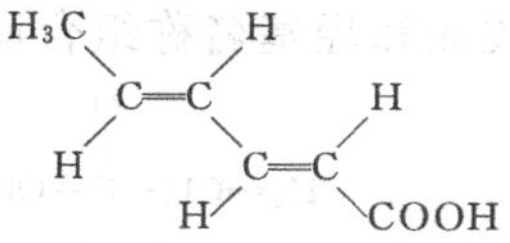

$$H_3C-CH=CH-CH=CH-COOH$$

山梨酸是白色针状晶体，溶于醇、醚等多种有机溶剂，微溶于热水。沸点 228℃（分解）。

山梨酸在人体内可参加正常代谢，因此，它是一种营养素。同时山梨酸又是安全性很高的防腐剂，人们将山梨酸誉为营养型防腐剂，它是一种新型食品添加剂。

（6）丁二酸 丁二酸存在于琥珀中，又称为琥珀酸。它还广泛存在于多种植物及人和动物的组织中，例如，未成熟的葡萄、甜菜、人的血液和肌肉。丁二酸是无色晶体，能溶于水，微溶于乙醇、乙醚和丙酮中。

丁二酸在医药中有抗痉挛、祛痰和利尿作用。丁二酸受热失水生成的丁二酸酐，是制造药物、染料和醇酸树脂的原料。

（7）当归酸 化学名称为（Z）-2-甲基-2-丁烯酸。其结构式如下：

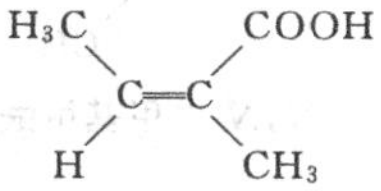

$$H_3C-C(COOH)=CH-CH_3$$

当归酸为单斜形棒状或针状晶体，有香辣气味，熔点 45℃，沸点 185℃。当归酸具有活血补血、调经止痛、润燥滑肠作用，其酯类能细润皮肤。

17.2 羧酸衍生物

17.2.1 羧酸衍生物的结构和命名

17.2.1.1 羧酸衍生物的结构

羧酸衍生物是羧基中羟基被取代后的产物，重要的有酰卤、酸酐、酯和酰胺。羧酸衍生物在结构上的共同特点是都含有酰基 $Ar-\overset{O}{\underset{||}{C}}-$ 或 $R-\overset{O}{\underset{||}{C}}-$，因此统称为酰基化合物。

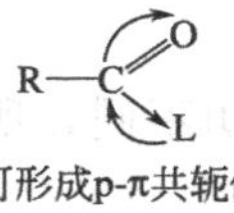

可形成 p-π 共轭体系

17.2.1.2 羧酸衍生物的命名

（1）酰卤 酰卤是以相应的酰基和卤素的名称来命名，称为"某酰卤"。

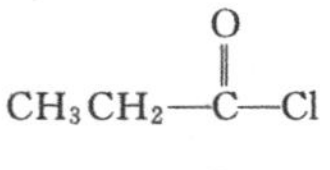

$$CH_3CH_2-\overset{O}{\underset{||}{C}}-Cl$$
丙酰氯

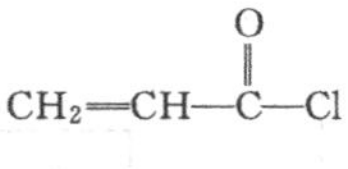

$$CH_2=CH-\overset{O}{\underset{||}{C}}-Cl$$
丙烯酰氯

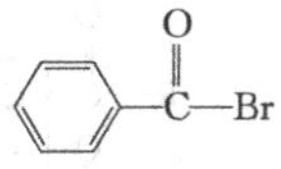

苯甲酰溴

（2）酸酐 酸酐是由相应羧酸的名称加"酐"字组成。二元羧酸分子内失水形成环状酸酐称为环酐或内酐。

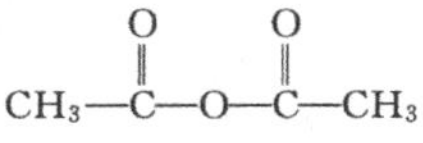

$$CH_3-\overset{O}{\underset{||}{C}}-O-\overset{O}{\underset{||}{C}}-CH_3$$
乙酸酐

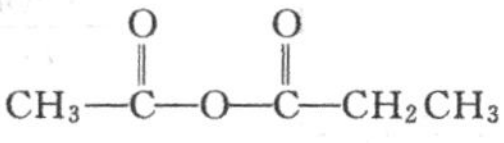

$$CH_3-\overset{O}{\underset{||}{C}}-O-\overset{O}{\underset{||}{C}}-CH_2CH_3$$
乙丙酐

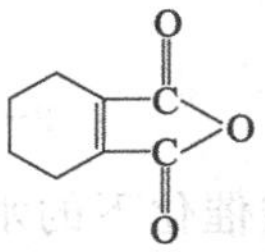

1,2-环己烯二甲酸酐

（3）酯　酯的命名是由相应的羧酸和烃基名称组合而成的，称为"某酸某酯"。

$$CH_3-\overset{\overset{\displaystyle O}{\|}}{C}-O-CH_2CH=CH_2 \qquad CH_2=CH-\overset{\overset{\displaystyle O}{\|}}{C}-OCH_3 \qquad \underset{COOCH_3}{\overset{COOCH_3}{\bigcirc}}$$

乙酸烯丙酯　　　　　　　丙烯酸甲酯　　　　　　邻苯二甲酸二甲酯

（4）酰胺　酰胺是根据酰基来命名，称为"某酰胺"。

$$CH_3-\overset{\overset{\displaystyle O}{\|}}{C}-NH_2 \qquad \bigcirc-\overset{\overset{\displaystyle O}{\|}}{C}-NH_2 \qquad CH_2=CH-\overset{\overset{\displaystyle O}{\|}}{C}-NH_2$$

乙酰胺　　　　　　　　苯甲酰胺　　　　　　　丙烯酰胺

酰胺分子中含有取代氨基时，把氮原子上所连的烃基作为取代基，写名称时用"N"表示其位次。

$$CH_3-\overset{\overset{\displaystyle O}{\|}}{C}-NHCH_2CH_3 \qquad H-\overset{\overset{\displaystyle O}{\|}}{C}-N\overset{\displaystyle CH_3}{\underset{\displaystyle CH_3}{<}} \qquad \bigcirc-\overset{\overset{\displaystyle O}{\|}}{C}-N\overset{\displaystyle CH_3}{\underset{\displaystyle CH_2CH_3}{<}}$$

N-乙基乙酰胺　　　　　N,N-二甲基甲酰胺　　　N-甲基-N-乙基苯甲酰胺

17.2.2　羧酸衍生物的性质

17.2.2.1　羧酸衍生物的物理性质

室温时，酰卤、酸酐和酯大多是无色液体。低级酰卤具有刺激性气味，对黏膜有刺激性，不溶于水；低级酸酐有不愉快的气味，难溶于水；低级酯常有果香味，广泛存在于水果和花草中，微溶于水。如香蕉和梨中含有乙酸异戊酯，茉莉花中含有苯甲酸甲酯。

除甲酰胺是液体外，其余酰胺均为固体。低级酰胺溶于水，随分子量增大，在水中溶解度逐渐降低。

酰卤、酸酐、酯分子间不能通过氢键缔合，它们的沸点比相应的羧酸低。酰胺由于分子间的缔合作用较强，沸点比相应的羧酸、醇都高。

17.2.2.2　羧酸衍生物的化学性质

羧酸衍生物中酰基所连接的原子和基团不同，所以化学反应活性存在差异：

$$R-\overset{\overset{\displaystyle O}{\|}}{C}-Cl > R-\overset{\overset{\displaystyle O}{\|}}{C}-O-\overset{\overset{\displaystyle O}{\|}}{C}-R' > R-\overset{\overset{\displaystyle O}{\|}}{C}-OR' > R-\overset{\overset{\displaystyle O}{\|}}{C}-NH_2$$

（1）水解　羧酸衍生物都能发生水解反应生成相应的羧酸。

酯在酸催化下的水解是酯化反应的逆反应，水解不完全；在足够碱的存在下，水解可进行到底。

$$R-\overset{\overset{O}{\|}}{C}-OR' + H_2O \begin{cases} \xrightarrow[\triangle]{\overset{H^+}{\rightleftharpoons}} R-\overset{\overset{O}{\|}}{C}-OH + R'OH \\ \xrightarrow[\triangle]{NaOH} R-\overset{\overset{O}{\|}}{C}-ONa + R'OH \end{cases}$$

皂化反应

（2）醇解　酰卤、酸酐和酯与醇作用生成酯的反应称为醇解。

$$\left.\begin{array}{l} R-\overset{\overset{O}{\|}}{C}-Cl \\ R-\overset{\overset{O}{\|}}{C}-O-\overset{\overset{O}{\|}}{C}-R' \\ R-\overset{\overset{O}{\|}}{C}-OR' \end{array}\right\} + H-OH \longrightarrow \begin{cases} \longrightarrow HCl \\ \xrightarrow{\triangle} R'COOH + R-\overset{\overset{O}{\|}}{C}-OH \\ \xrightarrow[\triangle]{H^+/OH^-} R'OH \end{cases}$$

酯的醇解反应生成另外的一种酯和醇称为酯交换反应。酯交换反应通常是"以大换小"，在有机合成中可用于从低级醇酯制取高级醇酯（反应后蒸出低级酯）。

生物体内也存在类似的酯交换反应。例如，乙酰辅酶 A 与胆碱形成乙酰胆碱：

$$CH_3\overset{\overset{O}{\|}}{C}-S-CoA + HOCH_2CH_2\overset{+}{N}(CH_3)_3OH^- \longrightarrow CH_3\overset{\overset{O}{\|}}{C}-OCH_2CH_2\overset{+}{N}(CH_3)_3OH^- + HSCoA$$

乙酰辅酶 A　　　　　　　胆碱　　　　　　　　　　乙酰胆碱　　　　　　　　　辅酶 A

（3）氨解　酰卤、酸酐和酯与氨或胺作用生成酰胺的反应称为氨解。

$$\left.\begin{array}{l} R-\overset{\overset{O}{\|}}{C}-Cl \\ R-\overset{\overset{O}{\|}}{C}-O-\overset{\overset{O}{\|}}{C}-R' \\ R-\overset{\overset{O}{\|}}{C}-OR' \end{array}\right\} + H-NH_2 \longrightarrow \begin{cases} \longrightarrow HCl \\ \longrightarrow R'COOH + R-\overset{\overset{O}{\|}}{C}-NH_2 \\ \longrightarrow R'OH \end{cases}$$

羧酸衍生物的水解、醇解和氨解反应相当于在水、醇、氨分子中引入酰基。这种向化合物分子中引入酰基的反应称为酰化反应。提供酰基的试剂称为酰基化试剂。

酰化反应可应用于药物的合成，如在药物分子中引入酰基，可降低毒性，提高药效。有机合成中，为保护反应物分子中的羟基、氨基等基团在反应中免遭破坏，可先把它们酰化，待反应结束后，再水解恢复成原来的羟基和氨基。在人体代谢过程中，有些变化也属于酰化反应。

（4）酰胺的特性

① 酸碱性　氨呈碱性，当氨分子中的氢原子被酰基取代，生成的酰胺则是中性化合物，不能使石蕊变色。若氨分子中两个氢原子都被酰基取代，生成的酰亚胺化合物可与强碱生成盐，表现出弱酸性。

$$CH_3-\overset{\overset{O}{\|}}{C}-NH_2 + HCl \xrightarrow{(CH_3CH_2)_2O} CH_3-\overset{\overset{O}{\|}}{C}-NH_3^+Cl^-$$

遇水即分解

邻苯二甲酰亚胺　　　　　　　　　邻苯二甲酰亚胺钾

② 脱水反应 酰胺在脱水剂 [如 P_2O_5、PCl_5、$SOCl_2$、$(CH_3CO)_2O$] 作用下发生分子内脱水生成腈。

$$(CH_3)_2CH-\overset{\overset{\displaystyle O}{\|}}{C}-NH_2 \xrightarrow[\triangle]{P_2O_5} (CH_3)_2CH-C\equiv N + H_2O$$

③ 与亚硝酸的反应 酰胺与亚硝酸反应，氨基被羟基取代，生成相应的羧酸，同时放出氮气。

$$R-\overset{\overset{\displaystyle O}{\|}}{C}-NH_2 + HONO \longrightarrow R-\overset{\overset{\displaystyle O}{\|}}{C}-OH + N_2\uparrow + H_2O$$

④ 霍夫曼（Hofmann）降解反应 酰胺与次氯酸钠或次溴酸钠作用，失去羰基生成比原来少一个碳的伯胺的反应称为霍夫曼降解反应。该反应是制备纯伯胺的一个好方法。

$$R-\overset{\overset{\displaystyle O}{\|}}{C}-NH_2 \xrightarrow{Br_2+NaOH} R-NH_2$$

17.2.3 重要的羧酸衍生物

(1) 乙酰氯 乙酰氯是无色、有刺激性气味的液体，沸点为52℃，遇水即剧烈水解，并放出大量的热，空气中的水分能使它水解生成氯化氢而冒白烟。乙酰氯是常用的乙酰基化试剂。

(2) 乙酰乙酸乙酯 乙酰乙酸乙酯为无色液体，有令人愉快的香味，稍溶于水，易溶于有机溶剂。乙酰乙酸乙酯是由酮式和烯醇式互变异构体的混合物组成的平衡体系，其中酮式占92.5%，烯醇式占7.5%。

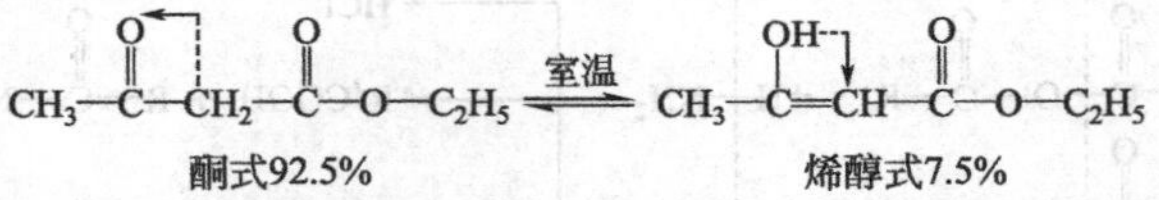

$$CH_3-\overset{\overset{\displaystyle O}{\|}}{C}-CH_2-\overset{\overset{\displaystyle O}{\|}}{C}-O-C_2H_5 \underset{室温}{\rightleftharpoons} CH_3-\overset{\overset{\displaystyle OH}{|}}{C}=CH-\overset{\overset{\displaystyle O}{\|}}{C}-O-C_2H_5$$

酮式92.5%　　　　　　　　　烯醇式7.5%

所谓互变异构现象是指两种或两种以上异构体之间相互转变，并以动态平衡而同时存在的现象，具有这种关系的异构体称为互变异构体。

乙酰乙酸乙酯与三氯化铁反应显紫色，说明分子中具有烯醇型结构；可使溴水褪色，说明分子中含有碳-碳双键。向刚滴过溴水的乙酰乙酸乙酯中，再加入三氯化铁试液不会显色，但片刻后会出现紫色，证明有一部分酮式转变为烯醇式，两者之间存在动态平衡。

(3) 除虫菊酯 除虫菊酯存在于天然植物除虫菊的花中。其结构为：

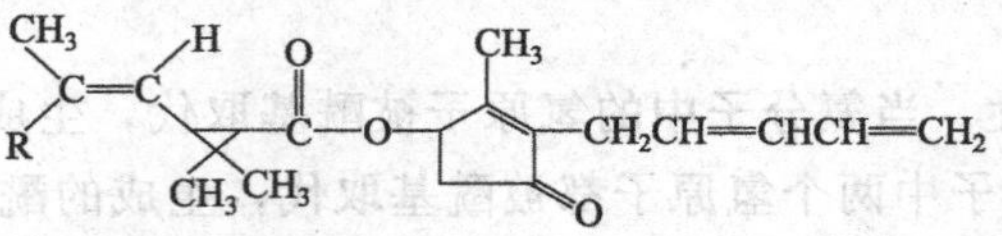

除虫菊酯具有麻痹昆虫中枢神经作用，为触杀性杀虫剂，昆虫不易产生抗药性，同时也是广谱性杀虫剂。天然除虫菊酯见光分解成无毒成分，是国际上公认的最安全无害杀虫剂。

(4) 青霉素 青霉素是霉菌属的青霉菌所产生的一类结构相似的抗生素。从发酵液中可得结构十分相似的七种物质。其中以青霉素 G（苄青霉素）含量最高，作用最强。临床上常用青霉素 G 的钠盐、钾盐或普鲁卡因盐。青霉素 G 的结构如下：

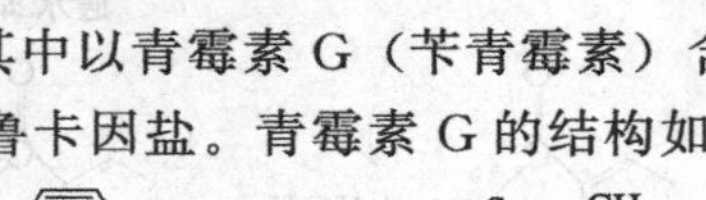

分子中含有一个游离羧基和酰胺侧链，青霉素有相当强的酸性，能与无机碱或某些有机

碱作用成盐。干燥纯净的青霉素盐稳定。青霉素的水溶液很不稳定，微量的水分易引起水解。

（5）脲　脲也叫尿素，最初由尿中取得，是哺乳动物体内蛋白质代谢的最终产物。成人每天可随尿排出约 30g 脲。尿素是白色结晶，熔点为 132℃，易溶于水和乙醇，强热时分解成氨和二氧化碳。它除可用作肥料外，还用于合成药物、农药、塑料等。

尿素是碳酸的二酰胺，由于含两个氨基，所以显碱性，但碱性很弱，不能用石蕊试纸检验。尿素能与硝酸或草酸生成不溶性盐，利用这种性质可从尿液中分离尿素。

尿素在化学性质上与酰胺相似，如在酸、碱或脲酶作用下，可水解为氨和二氧化碳。

$$H_2N-\overset{\displaystyle O}{\overset{\|}{C}}-NH_2 + H_2O \longrightarrow 2NH_3 + CO_2$$

尿素与亚硝酸作用定量放出氮气，可从氮气体积测定尿素含量。

$$H_2N-\overset{\displaystyle O}{\overset{\|}{C}}-NH_2 + 2HNO_2 \longrightarrow H_2CO_3 + 2N_2\uparrow + 2H_2O$$

将尿素缓慢加热至熔点以上，则两分子尿素间失去一分子氨，生成缩二脲。

$$H_2N-\overset{\displaystyle O}{\overset{\|}{C}}-NH_2 + H_2N-\overset{\displaystyle O}{\overset{\|}{C}}-NH_2 \xrightarrow{150\sim160℃} H_2N-\overset{\displaystyle O}{\overset{\|}{C}}-NH-\overset{\displaystyle O}{\overset{\|}{C}}-NH_2$$

缩二脲在碱性溶液中与稀硫酸铜溶液作用，呈现紫红色，这种颜色反应称为缩二脲反应。凡分子中含有两个以上肽键的化合物，如多肽、蛋白质等都有缩二脲反应。

17.3　取 代 酸

按照取代基的种类不同，取代酸可分为卤代酸、羟基酸、氨基酸、羰基酸等。本节只讨论羟基酸和羰基酸。

17.3.1　羟基酸

17.3.1.1　羟基酸的分类和命名

分子中含有羧基和羟基的化合物称为羟基酸。羟基酸包括醇酸和酚酸两类。羟基连在脂肪烃基上的称为醇酸；羟基直接连在芳环上的称为酚酸。根据羟基与羧基的相对位置不同，醇酸又可分为 α-醇酸、β-醇酸、γ-醇酸等。

醇酸是以羧酸为母体，羟基为取代基来命名，母体主链碳原子的编号可用阿拉伯数字或希腊字母表示。酚酸是以芳香酸为母体，羟基为取代基来命名。自然界存在的羟基酸常按其来源而采用俗名。

$$\underset{OH}{CH_3\overset{|}{C}HCOOH} \qquad \underset{OH}{HOOCCH_2\overset{|}{C}HCOOH}$$

α-羟基丙酸　　　　　　　α-丁二酸

2-羟基丙酸（乳酸）　　　2-羟基丁二酸（苹果酸）

$$\begin{array}{c} CH_2COOH \\ | \\ HO-C-COOH \\ | \\ CH_2COOH \end{array} \qquad \begin{array}{c} HO-CH-COOH \\ | \\ CH-COOH \\ | \\ CH_2-COOH \end{array}$$

3-羟基-3-羧基戊二酸（柠檬酸）　　2-羟基-3-羧基戊二酸（异柠檬酸）

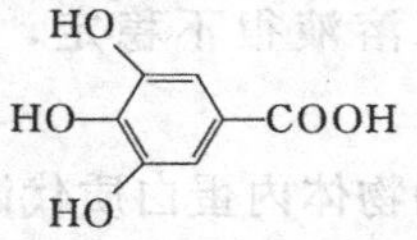

3,4,5-三羟基苯甲酸（没食子酸） 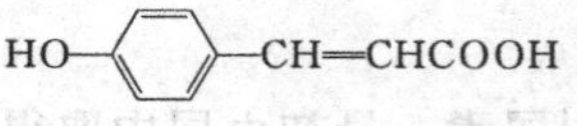　　　对羟基苯丙烯酸（香豆酸）

17.3.1.2 羟基酸的性质

醇酸一般为结晶固体或黏稠的液体。由于羟基和羧基都能与水形成氢键，所以醇酸在水中的溶解度比相应的醇或羧酸都大。醇酸的熔点比相应的羧酸高。

（1）**酸性**　羟基连在脂肪烃基上时，由于羟基是吸电子基团，因此醇酸的酸性比相应的羧酸强。羟基距羧基越近，对酸性的影响就越大。

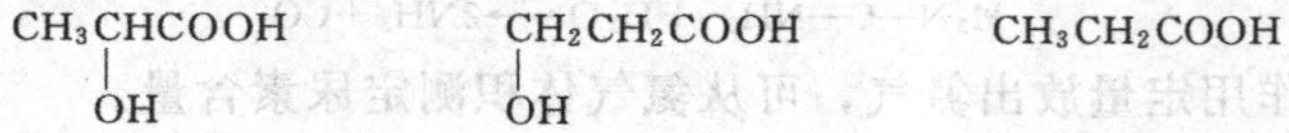

$$CH_3CHCOOH \qquad CH_2CH_2COOH \qquad CH_3CH_2COOH$$
$$\qquad | \qquad\qquad\qquad |$$
$$\quad OH \qquad\qquad\qquad OH$$

pK_a　　　　3.87　　　　　　　　4.51　　　　　　　　4.88

在酚酸中，由于羟基与芳环之间既有吸电子诱导效应又有供电子共轭效应，所以几种酚酸异构体的酸性强弱有所不同。

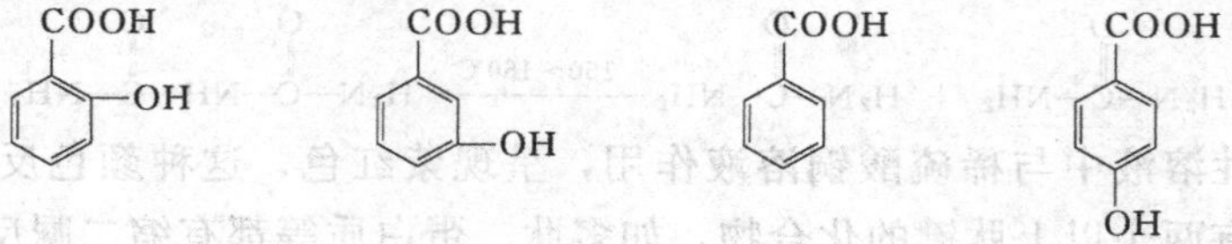

pK_a　　　3.00　　　　　　4.12　　　　　　4.17　　　　　　4.54

（2）**α-醇酸的分解反应**　α-羟基酸与稀硫酸共热，则分解为醛（或酮）和甲酸。

$$RCHCOOH \xrightarrow{\text{稀硫酸}} RCHO + HCOOH$$
$$\quad |$$
$$\quad OH$$

（3）**醇酸的脱水反应**　醇酸受热或与脱水剂共热时，易发生脱水反应。脱水产物由于羟基和羧基的相对位置不同，脱水产物也不同。

① α-醇酸脱水生成交酯

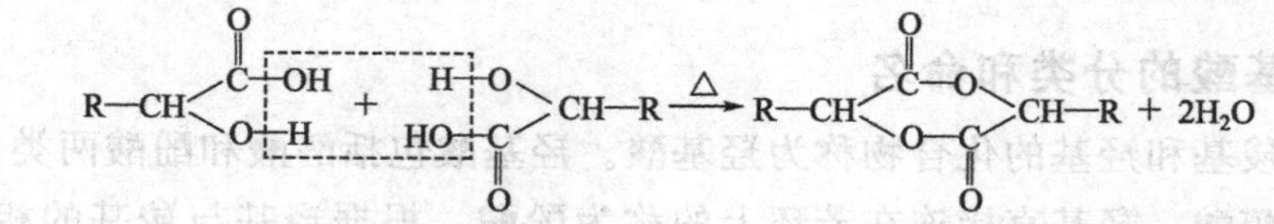

交酯

② β-醇酸脱水生成 α,β-不饱和羧酸

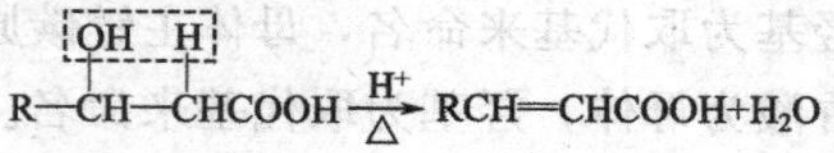

$$R\text{-}CH\text{-}CHCOOH \xrightarrow[\triangle]{H^+} RCH=CHCOOH + H_2O$$
$$\quad OH\ H$$

③ γ-和 δ-醇酸脱水生成内酯

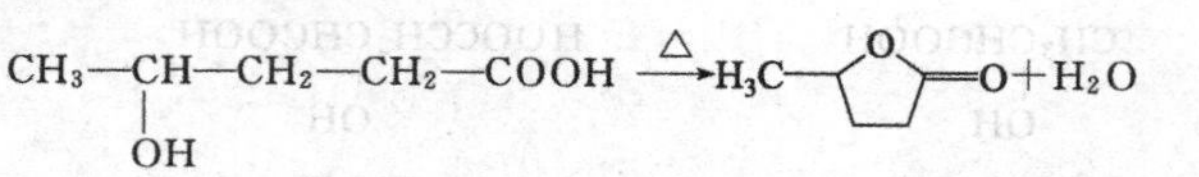

γ-戊内酯

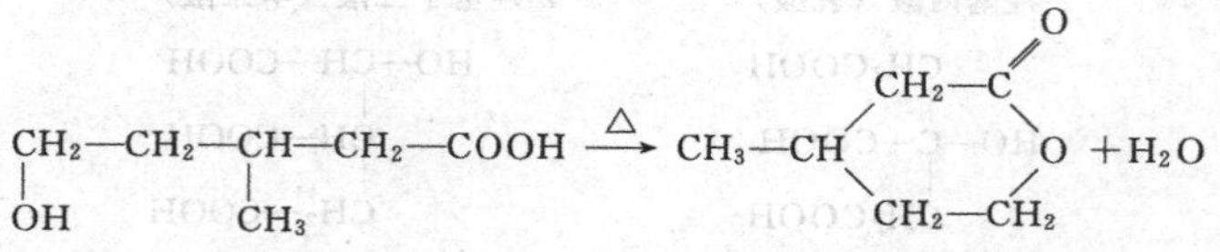

3-甲基-δ-戊内酯

羟基与羧基间距离 4 个碳原子时，受热则生成长链的高分子聚酯。α-和 β-羟基酸还有羟基被氧化后再脱羧的性质。

(4) 酚酸的脱羧反应　羟基处于邻对位的酚酸，对热不稳定，当加热到熔点以上时，则脱去羧基生成相应的酚。

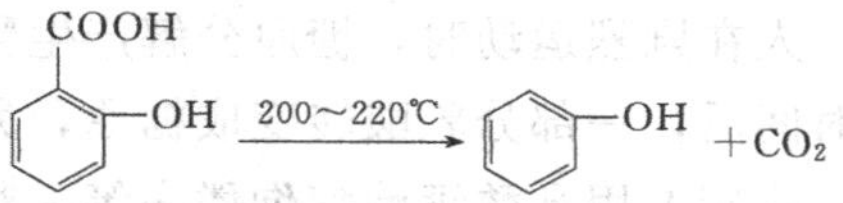

17.3.2 羰基酸

17.3.2.1 羰基酸的分类和命名

分子中既含有羰基又含有羧基的化合物称为羰基酸。根据所含的是醛基还是酮基，分为醛酸和酮酸；还可根据羰基和羧基的相对位置，分为 α-、β-、γ-…羰基酸。

羰基酸的命名也是以羧酸为母体，羰基的位次用阿拉伯数字或希腊字母表示。

$H-\overset{\overset{O}{\|}}{C}-COOH$
乙醛酸

$H-\overset{\overset{O}{\|}}{C}-CH_2COOH$
丙醛酸

$CH_3\overset{\overset{O}{\|}}{C}COOH$
丙酮酸

$CH_3\overset{\overset{O}{\|}}{C}CH_2COOH$
3-丁酮酸（β-丁酮酸）

$CH_3\overset{\overset{O}{\|}}{C}CH_2\overset{\overset{CH_3}{|}}{C}HCH_2COOH$
3-甲基-5-己酮酸（β-甲基-δ-己酮酸）

$HOOC\overset{\overset{O}{\|}}{C}CH_2CH_2COOH$
2-戊酮二酸（α-戊酮二酸）

3-环己酮羧酸

17.3.2.2 羰基酸的性质

α-酮酸与稀硫酸共热时，脱羧基生成醛；与浓硫酸共热时，脱羰基生成少一个碳原子的羧酸。

$$R-\overset{\overset{O}{\|}}{C}-COOH \xrightarrow[\triangle]{\text{稀硫酸}} RCHO+CO_2\uparrow$$

$$R-\overset{\overset{O}{\|}}{C}-COOH \xrightarrow[\triangle]{\text{浓硫酸}} RCOOH+CO\uparrow$$

β-酮酸在高于室温的情况下，即脱去羧基生成酮，此反应称为酮式分解。

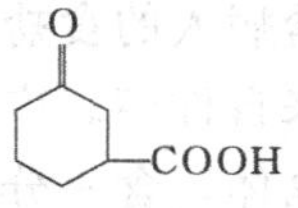

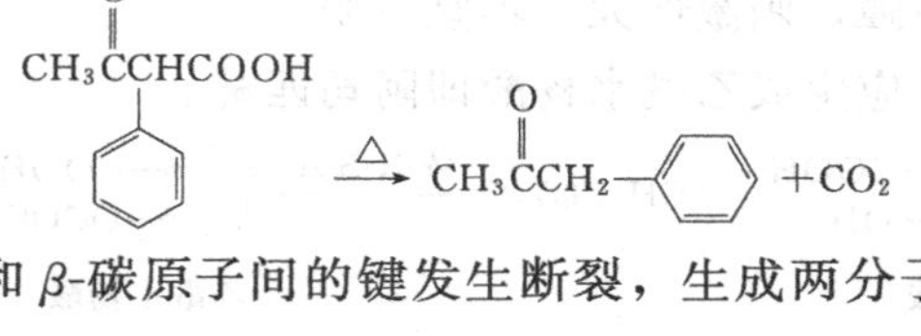

$$CH_3\overset{\overset{O}{\|}}{C}CH_2COOH \xrightarrow{\triangle} CH_3\overset{\overset{O}{\|}}{C}CH_3 + CO_2$$

β-酮酸与浓碱共热时，α-和 β-碳原子间的键发生断裂，生成两分子羧酸盐，此反应称为酸式分解。

$$R-\overset{\overset{O}{\|}}{C}-CH_2COOH \xrightarrow[\triangle]{NaOH} RCOONa+CH_3COONa+H_2O$$

17.3.3　重要的取代酸

(1) 乳酸　最初发现于酸牛奶中。纯品为无色黏性液体，溶于水、乙醇、丙酮、乙醚等，不溶于氯仿、油脂和石油醚中。

乳酸是糖原的代谢产物。人在剧烈运动时，糖原分解产生乳酸，当肌肉中乳酸含量增多时，会感到酸胀，恢复一段时间后，一部分乳酸转变成糖原，另一部分则被氧化成丙酮酸。

乳酸具有消毒防腐作用。临床上用乳酸钙治疗佝偻病等一些缺钙症，乳酸钠用作酸中毒的解毒剂。工业上用乳酸作除钙剂，印染上用作媒染剂，医药上用作腐蚀剂。此外在食品及饮料工业中也大量使用乳酸。

(2) 酒石酸　最初来自葡萄酿酒产生的酒石（酒石酸氢钾）中。酒石酸或其盐存在于植物体中，尤以葡萄中含量最多。

酒石酸纯品为无色半透明结晶，溶于水和乙醇，微溶于乙醚，而难溶于苯。酒石酸常用于配制饮料；酒石酸氢钾是发酵粉的原料；酒石酸锑钾俗称吐酒石，用作催吐剂和治疗血吸虫病的药物；酒石酸钾钠用作泻药，也用来配制费林试剂。

(3) 苹果酸　最初从苹果中获得。苹果酸广泛存在于未成熟的果实中，如山楂、杨梅、葡萄、番茄中都含苹果酸。苹果酸有两种对映异构体，天然的苹果酸为左旋体，针状结晶，易溶于水和乙醇，微溶于乙醚，难溶于苯。

苹果酸是生物体代谢的中间产物。常用于制药和食品工业。苹果酸用作食品中的酸味剂；苹果酸钠可作为禁盐病人的食盐代用品。

(4) 柠檬酸　最初来自柠檬。广泛存在于多种水果中，其中柑橘、柠檬中含量最多。

柠檬酸纯品为无色晶体，含一分子结晶水，易溶于水和乙醇，有爽口的酸味，在食品工业中常作为糖果和清凉饮料的调味剂。柠檬酸钠在医药上用作抗凝血剂，钾盐为祛痰剂和利尿剂，镁盐是温和的泻药，柠檬酸铁铵用作补血剂。

柠檬酸也是动物体内糖、脂肪和蛋白质代谢的中间产物。加热至180℃可发生分子内脱水生成顺乌头酸，顺乌头酸加水可生成柠檬酸和异柠檬酸。在生物体内，上述反应在酶催化下进行。

(5) 水杨酸和阿司匹林　水杨酸存在于多种植物中，在柳树皮及水杨树的树皮、叶内的含量最高，因而又名柳酸。

水杨酸为无色针状结晶，熔点159℃，易升华，微溶于冷水，易溶于乙醇、乙醚、氯仿和沸水中。它具有酚和羧酸的一般性质，如易被氧化，遇三氯化铁显紫色等，加热到200～220℃时易脱羧生成苯酚。

水杨酸具有杀菌能力、解热镇痛和抗风湿作用，常用作抗风湿病和霉菌感染引起的皮肤病的外用药。但其酸性强，刺激性大，不宜口服。

水杨酸与乙酸酐反应生成乙酰水杨酸即阿司匹林。

$$\underset{\text{水杨酸}}{\begin{array}{c}\text{COOH}\\\text{OH}\end{array}} + (CH_3CO)_2O \xrightarrow{\text{浓 } H_2SO_4} \underset{\text{乙酰水杨酸}}{\begin{array}{c}\text{COOH}\\\text{OCOCH}_3\end{array}} + CH_3COOH$$

阿司匹林具有解热、镇痛、抗风湿的作用，是常用的解热镇痛药。复方阿司匹林又称APC，主要由阿司匹林、非那西汀和咖啡因组成。

(6) 五倍子酸和单宁　五倍子酸又称没食子酸，是植物中分布最广的一种酚酸。以游离态或结合成单宁存在于植物的叶子中，特别是大量存在于五倍子——一种寄生昆虫的虫瘿中。

　　五倍子酸纯品为白色结晶粉末，熔点 253℃（分解），难溶于冷水，易溶于热水、乙醇和乙醚中，它有强还原性，在空气中迅速氧化成褐色，可作抗氧剂和照片显影剂。五倍子酸与三氯化铁反应产生蓝黑色沉淀，是墨水的原料之一。

　　单宁是五倍子酸的衍生物。因具有鞣革功能，又称鞣酸。单宁广泛存在于植物中，因来源和提取方法不同，有不同的组成和结构。单宁的种类很多，结构各异，但具有相似的性质。例如，它是一种生物碱试剂，能使许多生物碱和蛋白质沉淀或凝结，水溶液遇三氯化铁产生蓝黑色沉淀；有还原性，易被氧化成黑色物质。

习　题

1. 命名下列化合物。

(1) $HOOC-COOH$

(2) $BrCH_2CH_2COOH$

(3)

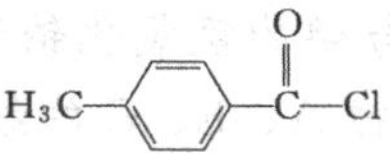

(4)

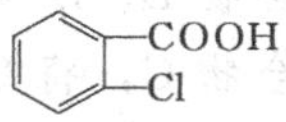

(5) $CH_3-\overset{O}{\underset{}{C}}-CH_2-\overset{O}{\underset{}{C}}-OC_2H_5$

(6) $CH_3CH_2CH_2CONH_2$

(7)

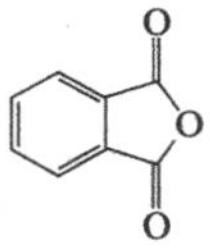

(8) $CH_2=\overset{CH_3}{\underset{}{C}}CH_2COOH$

2. 写出下列化合物的结构式。

(1) ($3R$)-3-羟基丁醛酸

(2) 乙二酸二乙酯

(3) (Z)-2-甲基-3-乙基丁烯二酸

(4) 反-3-苯丙烯酸

(5) 2,2-二甲基戊酸

(6) 邻苯二甲酸酐

(7) 苯甲酰胺

(8) 乙酸异戊酯

3. 写出下列反应方程式的主要产物。

(1) $CH_3COOH+CH_3CH_2CH_2OH \xrightarrow[\triangle]{H_2SO_4}$

(2) $CH_3\overset{}{\underset{OH}{C}}HCH_2COOH \xrightarrow{\triangle}$

(3) 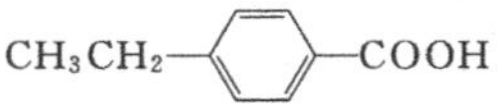 $CH_3CH_2-\bigcirc-COOH +NaHCO_3 \longrightarrow$

(4) $2CH_3CH_2COOH \xrightarrow[\triangle]{P_2O_5}$

(5) 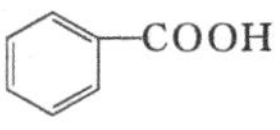 $\bigcirc-COOH +SOCl_2 \longrightarrow$

(6) $CH_3\overset{}{\underset{CH_3}{C}}HCH_2COOH \xrightarrow{NH_3} \xrightarrow[\triangle]{-H_2O}$

4. 将下列各组化合物按其酸性由强至弱的顺序排列。

(1) CH_3COOH，H_2O，C_2H_5OH，NH_3，H_2CO_3，$HCOOH$，C_6H_5OH

(2) FCH₂COOH，ClCH₂COOH，BrCH₂COOH，ICH₂COOH，CH₃COOH

(3) 苯酚，苯甲醇，苯甲酸，2,4,6-三硝基苯酚

5. 用化学方法鉴别下列各组化合物。

(1) 甲酸，乙酸，乙醛，丙酮

(2) 苯甲酸，水杨酸，丁醛，丁酸

(3) 苯酚，苯甲酸，苯甲醛，苯乙酮

(4) 乙醇，乙醚，乙醛，乙酸

6. 化合物 A 分子式为 $C_6H_8O_4$，能使溴水褪色，用臭氧氧化后在锌粉存在下水解得到唯一的产物 B（$C_3H_4O_3$），B 能与碳酸氢钠反应放出二氧化碳，也能与碘的氢氧化钠溶液发生碘仿反应。A 受热即失水生成化合物 C（$C_6H_6O_3$）。写出 A、B、C 的结构式。

7. 化合物 A、B、C 的分子式都是 $C_3H_6O_2$，只有 A 能与碳酸钠作用放出 CO_2；B 和 C 可在 NaOH 溶液中水解；B 的水解产物之一能起碘仿反应，而 C 的不能。试推测 A、B、C 的结构并写出相应反应方程式。

8. 化合物 A 分子式为 $C_8H_{14}O$，能使溴水褪色，与托伦试剂反应有银镜产生，被高锰酸钾氧化生成丙酮和化合物 B。B 与碳酸氢钠反应放出二氧化碳，与碘的氢氧化钠溶液反应生成碘仿并同时生成化合物 C，将 C 加热得到丁二酸酐。写出化合物 A、B、C 的结构式。

第18章　含氮含磷化合物

含氮化合物的种类很多，比含氧化合物多得多，其中主要是指含有碳-氮键的有机化合物，如胺、硝基化合物、酰胺、腈、重氮化合物、偶氮化合物等。含氮化合物在生理过程中具有重要的作用。例如，蛋白质、核酸是生物细胞的重要组成部分，是生命活动的物质基础。临床上含氮的药物有许多，在各类药物中几乎都有含氮的药物，例如，居急性农药中毒首位，含 C—N—P 键的有机磷化合物，在不同的药物中氮原子可以胺、酰胺、含氮杂环、硝基化合物等形式存在。如巴比妥类、磺胺类药物。

本章主要讨论硝基化合物、胺。

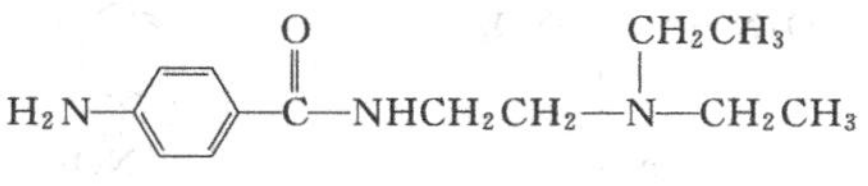

$$H_2N-\!\!\!\!\bigcirc\!\!\!\!-\overset{\overset{O}{\|}}{C}-NHCH_2CH_2-\overset{\overset{CH_2CH_3}{|}}{N}-CH_2CH_3$$

普鲁卡因胺（抗心律失常药）

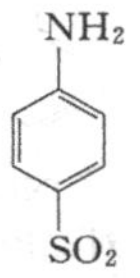

$$\underset{SO_2}{\overset{NH_2}{\bigcirc}}$$

磺胺

18.1　硝基化合物

18.1.1　硝基化合物的分类、结构和命名

烃分子中的氢原子被硝基取代后所形成的化合物称为硝基化合物。相当于烃分子中的氢原子被硝基取代而得到的衍生物。

注意：在硝基化合物中碳原子是和氮原子直接相连的。由于直接相连和间接相连的构造不同，其化学性质也不相同。

其通式为：$R—NO_2$ 或 $Ar—NO_2$。

（1）硝基化合物的分类　根据分子中烃基的种类不同，硝基化合物分为脂肪族硝基化合物和芳香族硝基化合物。根据分子中含硝基的数目，可分为一元（一硝基）、二元（二硝基）和多元硝基化合物。

（2）硝基化合物的结构　硝基化合物的官能团是硝基，硝基通常用 $-N\overset{\nearrow O}{\searrow_O}$ 来表示，但它并没有真实地反映硝基的成键方式。现代物理学方法测定的结果表明，硝基中 2 个氮-氧键是等同的，而不是所表示的那样 1 个单键、1 个双键。杂化理论认为，硝基中的氮原子为 sp^2 杂化，3 个 sp^2 杂化轨道分别与 2 个氧原子和 1 个碳原子形成 3 个 σ 键，氮原子上没有参加杂化的 p 轨道上的一对未成键的电子，与 2 个氧原子的另一轨道形成具有 4 个离域电子的共轭体系。由于形成了 p-π 共轭体系，氮-氧键的键长出现了平均化，2 个氮-氧键是等同的。硝基的结构为：

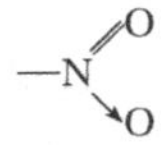

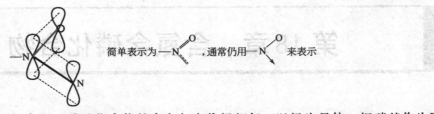

（3）硝基化合物的命名　硝基化合物的命名与卤代烃相似。以烃为母体，把硝基作为取代基，称为硝基某烷。硝基编号时应使硝基的位次保持最小。例如：

$$CH_3—NO_2 \qquad CH_3—CH_2—NO_2 \qquad CH_3CH_2CH_2CHCH_3$$

硝基甲烷　　　　　　　硝基乙烷　　　　　　　　2-硝基戊烷

2-硝基-3-甲基丁烷　　　2-硝基丁烷　　　　　　α-硝基萘

对二硝基苯　　　2,4,6-三硝基甲苯　　　4-甲氧基硝基苯

18.1.2　硝基化合物的性质

硝基化合物是极性分子，因为它的特征官能团——"硝基"是一个极性官能团（$\mu = 4.3D$），有较高的沸点，脂肪族硝基化合物多数是油状液体，芳香族硝基化合物除了硝基苯是高沸点液体外，其余都是无色或淡黄色固体，味道苦，密度都比水大，不溶于水，溶于有机溶剂和浓硫酸。硝基化合物有毒，它的蒸气能透过皮肤被机体吸收而引起中毒。多硝基化合物有的具有香味且具有爆炸性。在使用时一定要注意！

硝基化合物的性质主要同硝基有关，可发生如下反应。

（1）硝基化合物的还原反应　硝基化合物容易被还原，可生成第一胺。芳香族硝基化合物在不同的还原条件下得到不同的还原产物。例如：在酸性介质中用金属（如 Fe、Sn、Zn 等）还原、催化氢化（如 Ni、Pt 和作催化剂加 H_2），生成芳香族伯胺；在碱性介质中用锌粉还原，得到氢化偶氮化合物，氢化偶氮苯再进行酸性还原也生成苯胺。前者是单分子还原，后者为双分子还原。例如：

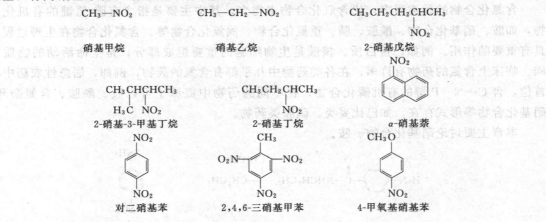

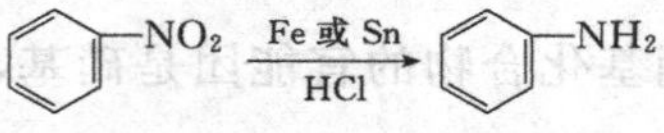

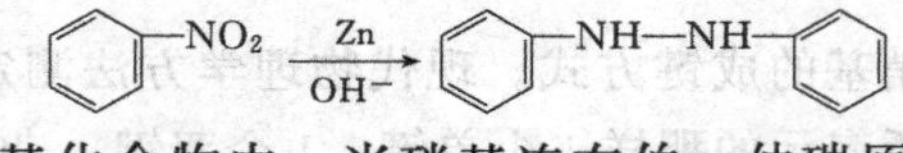

（2）硝基化合物的酸性　硝基化合物中，当硝基连在伯、仲碳原子上时，由于共轭效应，使 α-氢原子活性增强，能产生类似酮-烯醇互变异构现象。

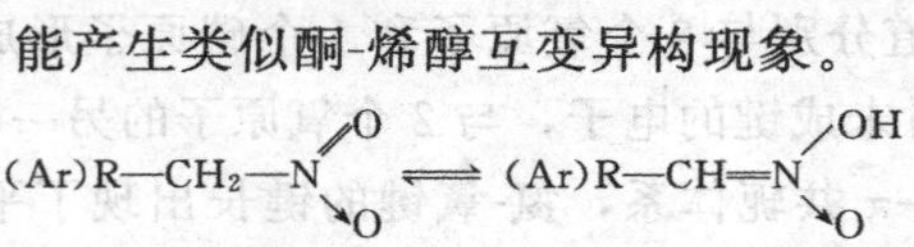

$$(Ar)R—CH_2—N \rightleftharpoons (Ar)R—CH—N$$

酮式（硝基式）　　　　　烯醇式（假酸式）

烯醇式中氧原子上的氢较活泼，有质子化倾向，能与强碱反应，称为假酸式，所以含有 α-H 的硝基化合物可溶于氢氧化钠溶液中，因为这类硝基化合物的重要化学性质是显酸性。其 pK_a 值在 8.5 左右，显示足够的酸性，产生相应的共轭碱。无 α-H 的硝基化合物则不溶于氢氧化钠溶液。这个性质可用于 2 种结构硝基化合物的分离。

与羰基化合物类似，含有 α-H 的硝基化合物，在强碱性的条件下，可与醛或酮发生缩合反应。

18.2　胺

18.2.1　胺的结构

胺是氨的烃基衍生物，即氨分子中的氢原子被烃基取代后的产物。胺的结构与氨相似，即氮原子采取不等性 sp^3 杂化，其中 3 个 sp^3 杂化轨道与氢原子或碳原子形成 σ 键，键角应当是 $90°$，形成棱锥形结构，氮上还有一对孤电子占据另一个 sp^3 轨道处在棱锥体顶端，键角接近 $109°$。所以说氮原子是不等性 sp^3 杂化。在芳香胺中，氮上孤电子对的 p 轨道和苯环 π 电子轨道重叠，形成氮和苯环在内的 p-π 共轭体系。在季铵盐中，四个烷基以共价键与氮原子相连，氮的四个 sp^3 杂化轨道全部用于成键，形成四面体（棱锥形）结构。

18.2.2　胺的分类

根据氮原子所连烃基的种类不同，胺可分为脂肪族胺和芳香族胺。芳香族胺的氮原子是与芳环直接相连的，如果氮原子与芳环侧链相连，则称为芳脂胺。根据氮原子上所连烃基的数目不同可分为伯、仲、叔胺：

$$RNH_2 \qquad\qquad R_2NH \qquad\qquad R_3N$$

伯胺（1°胺）　　　　　仲胺（2°胺）　　　　　叔胺（3°胺）

（第一胺）　　　　　　（第二胺）　　　　　　（第三胺）

此处的伯、仲、叔胺与伯、仲、叔醇的概念不同。如叔醇是指羟基与碳原子相连，而叔胺则是指氮原子上连有 3 个烃基。即氨分子中的氢被一个、两个或三个烃基取代。例如：

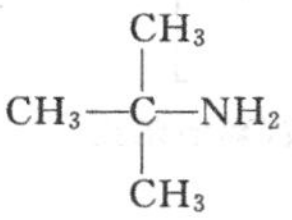

伯胺 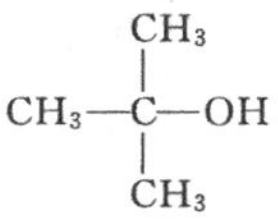　　　　　　　　　　叔醇

铵盐（NH_4^+）或氢氧化铵分子中的四个氢原子被烃基取代而生成的化合物，就称为季铵盐和季铵碱。

$$[R_4N]^+X^- \qquad\qquad\qquad [R_4N]^+OH^-$$

季铵盐　　　　　　　　　　　　季铵碱

R 代表烃基，既可以是脂肪烃基也可以是芳香烃基，从而可以分为脂肪胺和芳香胺。

—NH₂ 称为氨基，＼NH₂ 称为亚氨基，＼N— 称为次氨基（叔氮原子），还可根据分子中氨基的数目将胺分为一元胺、二元胺、三元胺和多元胺。

18.2.3　胺的命名

（1）对于简单的胺，根据与氮原子相连的烃基的名称，称为"某胺"。例如：

$$CH_3NH_2 \qquad CH_3CH_2NH_2 \qquad C_6H_5NH_2 \qquad CH_3CH_2CH_2NCH_3$$
$$\underset{CH_3}{|}$$

甲胺　　　　　　乙胺　　　　　　苯胺　　　　　　甲乙丙胺

$$CH_3NHCH_2CH_3 \qquad\qquad CH_3CH_2NHCH_2CH_2CH_3$$

甲乙胺　　　　　　　　　　　　乙丙胺

当烃基相同时，在烃基名称之前加上词头"二"或"三"。例如：

$$(CH_3)_2NH \qquad\qquad (CH_3)_3N \qquad\qquad (C_6H_5)_2NH$$

二甲胺　　　　　　　三甲胺　　　　　　二苯胺

（2）氮原子上连有烃基的芳香族仲胺和叔胺，可用"N"来标记，以便与连在芳环上的烃基区分，也是为了标明连在氮原子上的取代基。例如：

—NHCH₃　　　　　—N(CH₃)₂　　　　　—N—CH₂CH₃
CH₃

N-甲基苯胺　　　　　　N,N-二甲基苯胺　　　　　N-甲基-N-乙基苯胺

（3）对于复杂胺，当以胺为母体不便命名时，则以烃基为母体，氨基作为取代基。例如：

$$CH_3CHCH_2CHCH_3 \qquad\qquad CH_3CH_2CHCH_2CH_2CH_3$$
$$\underset{CH_3}{|}\quad\underset{NH_2}{|} \qquad\qquad\qquad \underset{H_3C—N—CH_3}{|}$$

4-甲基-2-氨基戊烷　　　　　　　3-(N,N-二甲基) 己烷

（4）对于多元胺，类似于多元醇的命名。例如：

$$H_2NCH_2CH_2CH_2CH_2NH_2 \qquad\qquad H_2NCH_2CH_2CH_2CH_2CH_2NH_2$$

1,4-丁二胺（尸胺）　　　　　　　　1,5-戊二胺（腐胺）

（5）对于季铵盐和季铵碱，如四个烃基相同时，称为四某基卤化铵和四某基氢氧化铵，若烃基不同时烃基名称由简单到复杂依次排列，胺的盐也可直接称为某胺某盐。例如：

$$(CH_3)_4N^+Cl^- \qquad\quad (CH_3)_4N^+OH^- \qquad\quad [(CH_3)_3N^+CH_2CH_2OH]OH^-$$

四甲基氯化铵　　　　　四甲基氢氧化铵　　　　三甲基-2-羟乙基氢氧化铵
（氯化四甲铵）　　　　（氢氧化四甲基铵）　　　　　　（胆碱）

$$\left[\underset{CH_3}{\overset{CH_3}{\underset{|}{\overset{|}{—CH_2—N^+—C_{12}H_{25}}}}} \right] Br^-$$

二甲基十二烷基苄基溴化铵(新洁尔灭)

18.2.4　胺的性质

胺是极性化合物，甲胺、二甲胺、三甲胺等低级脂肪胺常温下为气体，其他低级胺为液体，低级胺的气味与氨相似，有鱼腥味（如三甲胺），丁二胺和戊二胺等有动物尸体腐败后的气味，合称为尸毒。伯胺、仲胺都可形成分子间氢键，沸点较相应的烷烃高，比相应的醇低。芳香胺是无色液体或固体，有特殊臭味，一般有毒，若被吸食或接触皮肤，则会引起中毒。

胺的化学性质主要取决于氨基氮上的未共用电子对，它可以接受质子显碱性；能够作为

亲核试剂，与酰基化试剂反应。芳胺还可以与亚硝酸及氧化剂反应，其现象是由无色被氧化而带有颜色。

18.2.4.1　碱性及成盐反应

胺分子中氮原子上的未共用电子对，溶于水时能接受质子呈碱性，发生离解反应。例如：

$$RNH_2 + H_2O \underset{}{\overset{K_b}{\rightleftharpoons}} RNH_3^+ + OH^-$$

$$CH_3-NH_2 + HOH \rightleftharpoons CH_3-\overset{+}{N}H_3 + OH^-$$

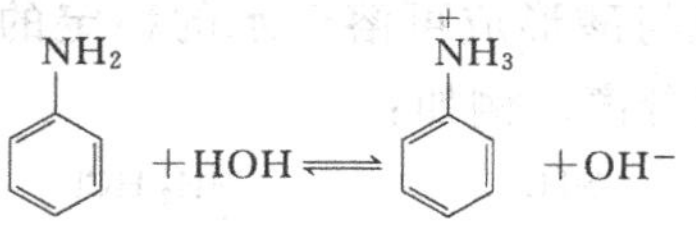

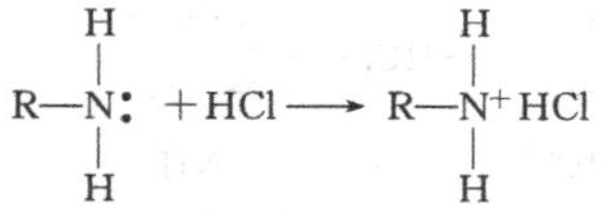

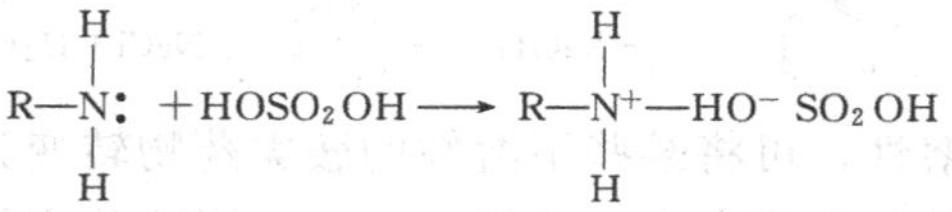

胺的碱性大小受两个方面因素的影响，即电子效应和空间效应。氮原子上的电子云密度越大，接受质子的能力越强，胺的碱性越强；氮原子周围空间位阻越大，氮原子结合质子越困难，胺的碱性越小。由于胺是弱碱，它们的盐遇到强碱则立即释放出胺。

$$R-NH_3^+ X^- + NaOH \longrightarrow R-NH_2 + NaX + H_2O$$

（1）脂肪族胺　脂肪基是供电子基团。供电子诱导效应的结果，使脂肪族胺氮原子上的电子云密度增大，接受质子的能力增强，所以脂肪族胺的碱性比氨强。氮原子上所连的脂肪基越多，氮原子上的电子云密度越大，导致脂肪族仲胺碱性大于脂肪族伯胺，这是电子效应起主导作用。当氮原子上连有 3 个脂肪基时，氮原子上的电子云密度增大，其空间位阻相应增大。而且，此时空间效应比电子效应更加显著，使质子难与氮原子相结合。所以叔胺的碱性比伯胺还要弱。

甲胺、二甲胺、三甲胺的碱性强弱为：

二甲胺＞甲胺＞三甲胺＞氨

$$pK_b \quad\quad 3.27 \quad 3.36 \quad 4.24 \quad 4.76$$

伯胺、仲胺、叔胺的碱性强弱为：

仲胺＞伯胺＞叔胺

	NH$_3$	CH$_3$CH$_2$NH$_2$	(CH$_3$CH$_2$)$_2$NH	(CH$_3$CH$_2$)$_3$N
pK$_b$	4.76	3.36	3.06	3.25

（2）芳香族胺　由于苯环可与氨基氮原子发生吸电子共轭效应，使氮原子电子云密度降低，同时阻碍氮原子接受质子的空间效应增大。电子效应和空间效应两种作用都使氨基接受质子的能力减弱，而且随着氮原子上所连接的苯基的数目增多，两种效应都在增强，芳香族胺的碱性将逐步减弱。因此芳香族胺的碱性比氨弱，且苯胺＞二苯胺＞三苯胺。

在芳香族胺中以第一胺最强，第二胺次之，第三胺最弱，接近于中性。

（3）芳脂胺　芳脂胺的氨基不与苯环直接相连，氮原子上未共用电子对不能和苯环发生共轭，所以碱性一般比苯胺强些。例如：

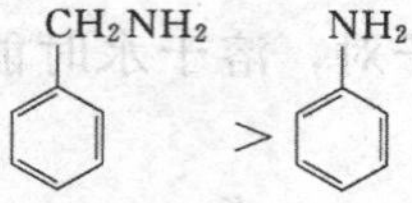

$$\underset{4.6}{\text{苯甲胺}} > \underset{9.4}{\text{苯胺}}$$

pK_b　　　4.6　　　9.4

（4）季铵碱　季铵碱因在水中可完全电离，因此是强碱，其碱性与氢氧化钾相当。

综上所述，胺类属弱碱，能与酸形成可溶于水的稳定的盐，这些盐遇强碱可被游离出来，利用这些性质，可用于胺的分离。例如：

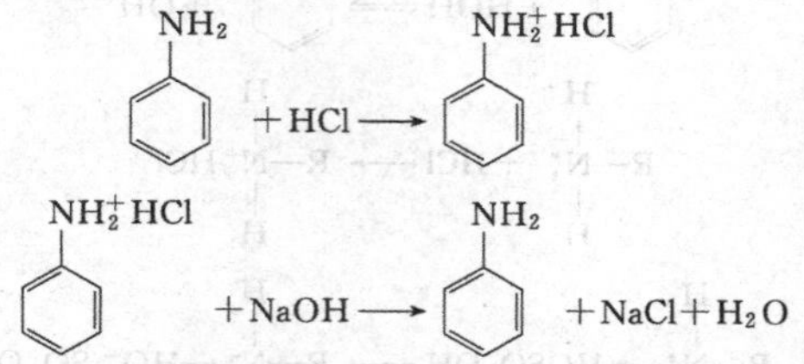

苯胺 + HCl ⟶ 苯胺·HCl

苯胺·HCl + NaOH ⟶ 苯胺 + NaCl + H₂O

另外，利用胺盐的水溶性，可将某些不溶性的胺类药物转变为相应的强酸盐，增加其水溶性。例如，局部麻醉药普鲁卡因在水中溶解度较小，影响临床使用。但利用分子中含有氨基，可将其制成水溶性的盐酸盐，做成针剂，用于临床。

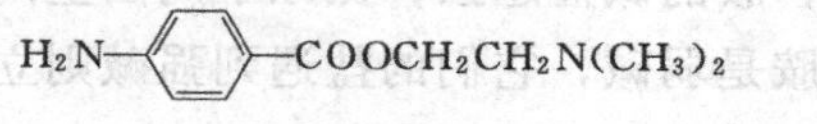

$$H_2N-\!\!\!\!\bigcirc\!\!\!\!-COOCH_2CH_2N(CH_3)_2$$

普鲁卡因

18.2.4.2 酰化反应

伯胺或仲胺氮原子上的氢原子，可被酰基（RCO⁻）取代生成酰胺，此反应称为酰化反应。叔胺的氮原子上因无氢原子，不能发生此类反应。常用的酰化剂为酰卤、酸酐等。例如：

$$CH_3NH_2 + (CH_3CO)_2O \longrightarrow CH_3CONHCH_3 + CH_3COOH$$
$$(CH_3)_2NH + (CH_3CO)_2O \longrightarrow CH_3CON(CH_3)_2 + CH_3COOH$$

酰化反应有许多重要应用。大多数胺是液体，经酰化后生成的酰胺均为固体，有固定熔点，易水解为原来的胺。因此酰化反应可用于胺类的分离、提纯和鉴定。在有机合成上酰化反应还可用于保护芳环上的氨基。待反应结束后再水解释出氨基。

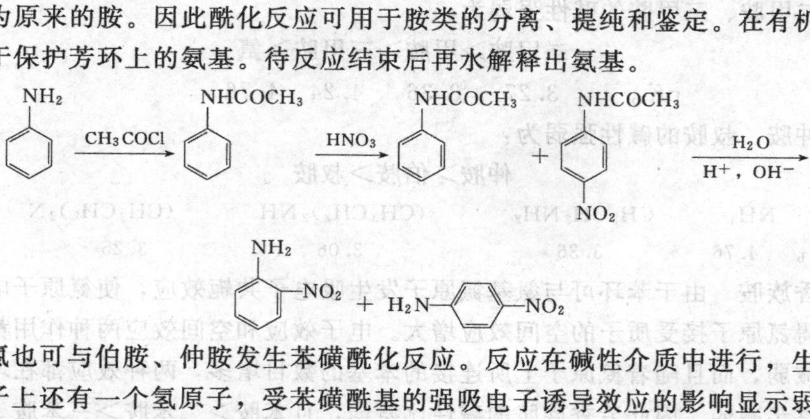

苯磺酰氯也可与伯胺、仲胺发生苯磺酰化反应。反应在碱性介质中进行，生成的苯磺酰伯胺的氮原子上还有一个氢原子，受苯磺酰基的强吸电子诱导效应的影响显示弱酸性，可在反应体系的碱性溶液中溶解而生成盐。而苯磺酰仲胺的氮原子上没有氢原子，不能溶于碱性溶液而析出固体。利用这些性质可以鉴别和分离三种胺的混合物，此反应称为兴斯堡（Hinsberg）实验反应。

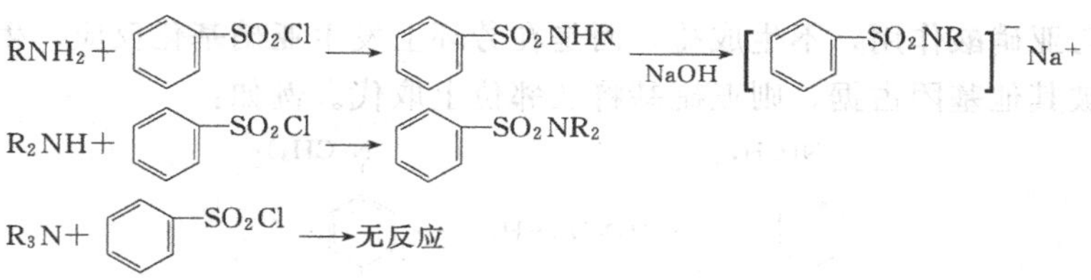

$$RNH_2 + \text{C}_6\text{H}_4\text{—}SO_2Cl \longrightarrow \text{C}_6\text{H}_4\text{—}SO_2NHR \xrightarrow{NaOH} [\text{C}_6\text{H}_4\text{—}SO_2NR]^- Na^+$$

$$R_2NH + \text{C}_6\text{H}_4\text{—}SO_2Cl \longrightarrow \text{C}_6\text{H}_4\text{—}SO_2NR_2$$

$$R_3N + \text{C}_6\text{H}_4\text{—}SO_2Cl \longrightarrow 无反应$$

结论：

① 胺的氨基上有一对未共用电子，胺作为亲核试剂很容易与亲电的卤代烃发生反应。这个反应称为氨或胺的烃基化反应，又称为霍夫曼烃基化反应。工业上用于生产胺类。

② 芳香胺由于碱性弱，脂肪胺＞氨＞芳香胺，所以伯、仲芳香胺的酰化反应慢。

18.2.4.3 与亚硝酸的反应

胺可以与亚硝酸反应，不同类型的胺，如伯胺、仲胺、叔胺以及脂肪胺与芳香胺与亚硝酸反应，各有不同的反应产物和现象。亚硝酸不稳定，HNO_2 在反应中用亚硝酸钠和盐酸或硫酸的混合物作用而生成代替亚硝酸。

（1）脂肪胺与亚硝酸的反应

① 脂肪伯胺与亚硝酸反应生成醇，并定量放出氮气（由生成的不稳定重氮盐自动分解），通过氮气的量又可以进行脂肪伯胺的定量分析，同时生成正碳离子。例如：

$$CH_3CH_2NH_2 + HNO_2 \longrightarrow CH_3CH_2OH + N_2\uparrow + H_2O$$

② 脂肪仲胺与亚硝酸反应生成 N-亚硝基胺（是致癌物质），该类物质为不溶于水的黄色油状物或固体物质。例如：

$$(CH_3)_2NH_2 + HO\text{—}NO \xrightarrow{-H_2O} (CH_3)_2N\text{—}NO$$

可以利用这个反应来分离或提纯仲胺。

③ 脂肪叔胺氮原子上没有氢原子，不能亚硝基化，只能形成不稳定的水溶性亚硝酸盐。例如：

$$(CH_3)_3N + HNO_2 \longrightarrow [(CH_3)_3NH]^+ NO_2^-$$

此盐用碱中和处理，又重新得到游离的脂肪叔胺。

$$[(CH_3)_3NH]^+ NO_2^- + NaOH \longrightarrow (CH_3)_3N + NaNO_2 + H_2O$$

由于三类胺与亚硝酸的反应不同，所以也可以这个反应来区别伯、仲、叔胺。

（2）芳香胺与亚硝酸的反应

① 芳香伯胺与亚硝酸在过量无机酸和低温下变为芳香重氮盐，此反应称为重氮化反应。

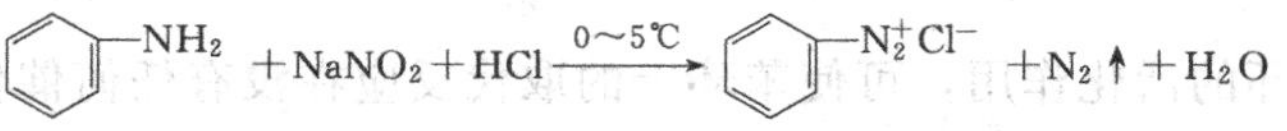

$$\text{C}_6\text{H}_5\text{—}NH_2 + NaNO_2 + HCl \xrightarrow{0\sim5℃} \text{C}_6\text{H}_5\text{—}N_2^+Cl^- + N_2\uparrow + H_2O$$

② 重氮盐不稳定，温度升高（超过 5℃），重氮盐即分解成酚和氮气。干燥的重氮盐受热或撞击则容易爆炸。因此，一般不把重氮盐分离出来，而是保存在水中，在低于 5℃ 下使用。例如：

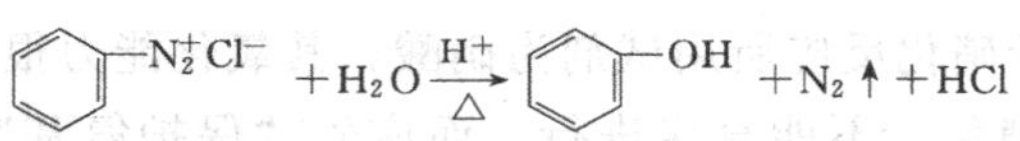

$$\text{C}_6\text{H}_5\text{—}N_2^+Cl^- + H_2O \xrightarrow[\triangle]{H^+} \text{C}_6\text{H}_5\text{—}OH + N_2\uparrow + HCl$$

③ 芳香仲胺与亚硝酸反应，也生成 N-亚硝基胺的黄色油状物。

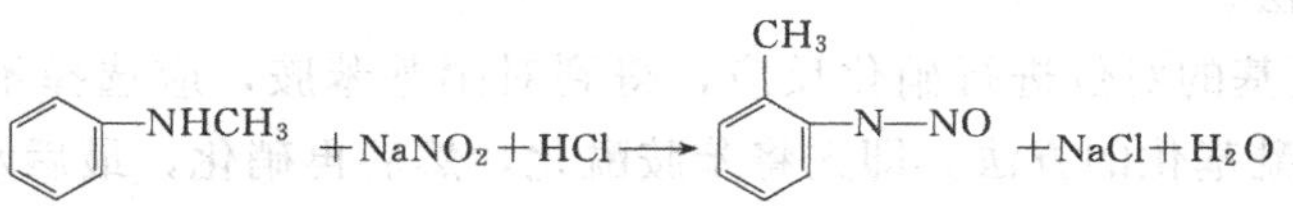

$$\text{C}_6\text{H}_5\text{—}NHCH_3 + NaNO_2 + HCl \longrightarrow \text{C}_6\text{H}_4(CH_3)\text{—}N\text{—}NO + NaCl + H_2O$$

N-亚硝基-N-甲基苯胺

基础化学

芳香叔胺与亚硝酸作用，不生成盐，而是在芳环上发生亚硝基化反应，生成亚硝基芳香叔胺，如对位被其他基团占据，则亚硝基将在邻位上取代。例如：

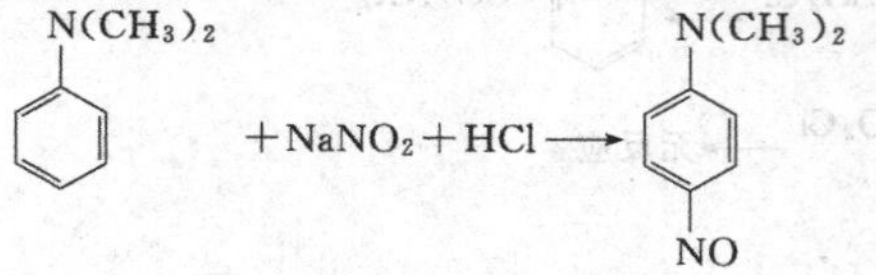

对亚硝基-N,N-二甲基苯胺（绿色晶体）

亚硝基芳香叔胺在碱性溶液中呈翠绿色，在酸性溶液中由于互变成醌式盐而呈橘黄色。

④ 根据不同胺类与亚硝基酸反应的不同现象和不同产物，可用来鉴别脂肪族或芳香族伯、仲、叔胺。

18.2.4.4 氧化反应

胺有还原性，易被氧化，但氧化物很复杂，实用价值不大。芳香族胺更易被氧化，在储藏过程中就逐渐被空气中的氧所氧化，使颜色变深。纯苯胺氧化过程的颜色变化和产物：液体无色→黄色→红棕色→氧化生成对苯醌。因此在有机合成中，如果要氧化芳胺环上其他基团，必须首先要保护氨基。

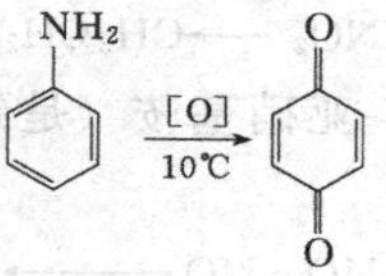

18.2.4.5 亲电取代反应

芳香族胺的氮原子上未共用电子对与苯环发生供电子共轭效应，使苯环电子云密度增加，特别是氨基的邻、对位增加更为显著。因此苯环上的氨基（—NHR、—NR$_2$）能活化苯环，使芳香族胺比苯更易发生亲电取代反应，取代位置为氨基的邻、对位。

（1）卤代反应　苯胺与卤素（Cl$_2$、Br$_2$）能迅速反应，非常容易。例如，苯胺与溴水作用，立即生成2,4,6-三溴苯胺白色沉淀。此反应可用于苯胺的定性、定量分析。

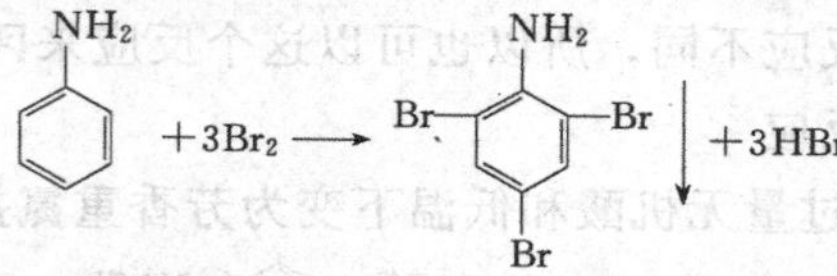

由于氨基对苯环的活化作用，可使苯环上的取代反应在没有任何催化剂的条件下顺利进行，而且反应直接生成三取代产物。如果只需要一取代产物，可先将氨基酰基化，转变为酰氨基，降低取代基对苯环的亲电取代反应活性的致活作用。此时再进行的溴代反应，主要是在酰氨基对位上的一取代产物，然后再水解即可得到一取代的对溴苯胺。

（2）硝化反应　由于硝化反应所用试剂为硝酸，其氧化能力很强，会使胺氧化，所以芳香族胺要发生苯环上的硝化，不能直接进行，而应先"保护氨基"。根据产物的不同要求，选择不同的保护方法。

① 如果要在氨基的对位进行硝化反应，得到对硝基苯胺，应选择不改变定位效应的保护方法。一般采用酰基化的方法。即先将苯胺酰化，然后再硝化，最后水解除去酰基得到对硝基苯胺。

226

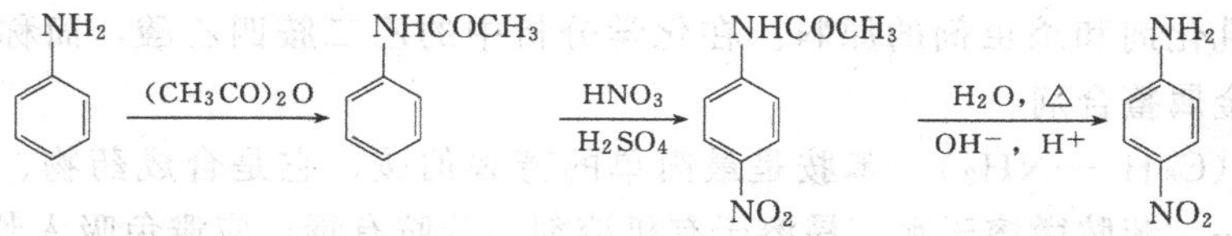

② 如果要在氨基的间位进行硝化反应，得到间硝基苯胺，选择的保护方法应改变定位效应，使取代反应发生在间位。可先将苯胺溶于浓硫酸中，使之形成苯胺硫酸盐，然后进行硝化。因铵正离子是间位定位基，取代反应发生在其间位，最后再用碱液处理游离出氨基，得到最终的产物。

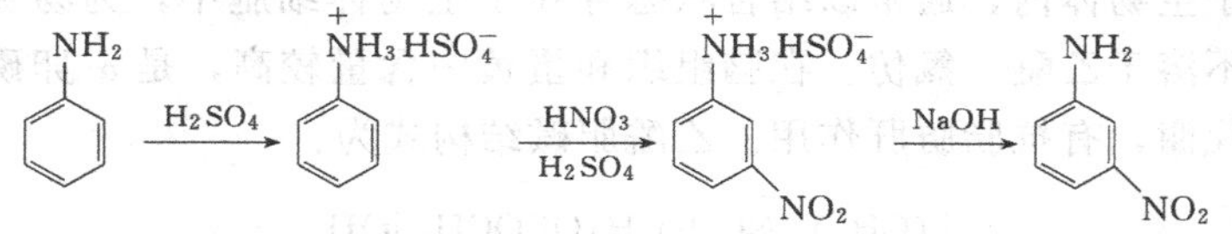

（3）磺化反应　将苯胺溶于浓硫酸中，首先生成苯胺硫酸盐，此盐在高温（200℃）下加热脱水发生分子重排，即生成对氨基苯磺酸。

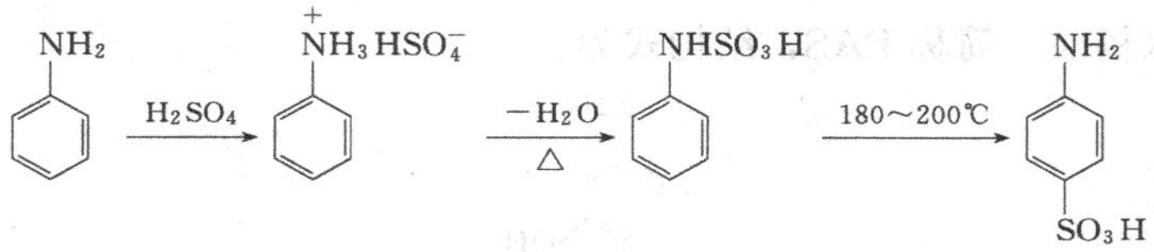

对氨基苯磺酸是白色固体，分子内同时存在的碱性氨基—NH_2 和酸性磺酸基—SO_3H，可发生质子的转移形成盐，称为内盐。

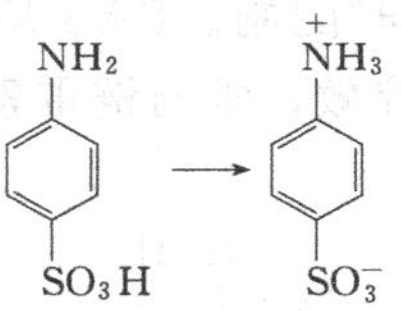

对氨基苯磺酸的酰胺，是一类重要的化学合成抗菌药——磺胺类药物的母体，也是最简单的磺胺药物。磺胺类药物是一系列对氨基苯磺酰胺的衍生物，其中对氨基苯磺酰胺是抑菌的必需结构。

18.2.5　季铵盐和季铵碱

季铵盐是一白色结晶性固体，为离子型化合物，具有盐的性质，易溶于水，属于水溶性盐，不溶于有机溶剂。对热不稳定，加热后易分解成叔胺和卤代烃。

$$[R_4\overset{+}{N}]X^- \xrightarrow{\triangle} R_3N + RX$$

季铵碱在水溶液中可完全电离，这表明季铵碱的碱性与氢氧化钠相当，属于强碱。季铵碱对热不稳定，当加热到 100℃ 时，发生分解，生成叔胺。

$$[R_4\overset{+}{N}]OH^- \xrightarrow[\triangle]{100\sim150℃} R_3N + ROH$$

18.2.6　重要的胺

（1）乙二胺（$H_2NCH_2CH_2NH_2$）　乙二胺为无色透明液体，有类似氨的臭味，沸点为 117℃，溶于水和乙醇，具有扩张血管作用，乙二胺的正酸盐可用于治疗动脉硬化。乙二胺是制备药物、乳化剂和杀虫剂的原料。在化学分析中的乙二胺四乙酸，简称 EDTA，是一种应用较广的金属螯合剂。

（2）苯胺（$C_6H_5-NH_2$）　苯胺是最简单的芳香伯胺，它是合成药物、染料、炸药等的主要原料之一。苯胺微溶于水，易溶于有机溶剂。苯胺有毒，应避免吸入苯胺蒸气，操作时还应注意不能使皮肤接触苯胺和大量吸入其蒸气。

（3）胆碱　胆碱的结构式为：

$$[(CH_3)_3 \overset{+}{N}CH_2CH_2OH]OH^-$$

它广泛分布于生物体内，通常以结合状态存在于生物体细胞中，为易吸湿的白色结晶，易溶于水和醇，不溶于乙醚、氯仿。在脑组织和蛋黄中含量较高，是 α-卵磷脂的组成部分，在体内参加脂肪代谢，有抗脂肪肝作用。乙酰胆碱结构式为：

$$[(CH_3)_3 \overset{+}{N}CH_2CH_2OCOCH_3]OH^-$$

它存在于相邻的神经细胞之间，它通过神经节传导神经刺激，是一种重要的传递神经冲动的化学物质，亦称为神经递质。

（4）对氨基水杨酸　简称 PAS，结构式为：

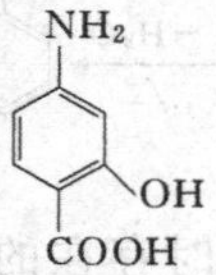

对氨基水杨酸为白色粉末，微溶于水，显酸性，与 $NaHCO_3$ 作用生成钠盐作针剂使用，但稳定性差，易变质，故在使用时临时配制。PAS 是抗结核药物，用于治疗各种结核病，对肠结核、肺结核疗效较好。为增强疗效，常与链霉素、异烟肼等抗结核药并用。

（5）麻黄素　结构式为：

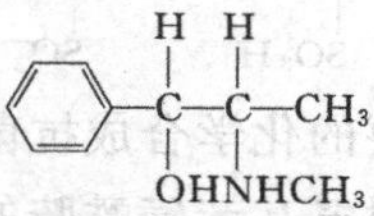

它是从植物中提取的一种生物碱。分子中含有 2 个手性碳原子，有 4 个旋光异构体，其有效成分是左旋麻黄素。麻黄素在临床上主治支气管哮喘及鼻黏膜肿胀等，作用和肾上腺素类似。

18.3　有机含磷化合物

有机含磷化合物是一类化合物的总称，因其化学结构中包含有 C—P 键（膦），或含有 C—O—P、C—S—P、C—N—P 键等，所以称为有机含磷化合物，简称有机磷。虽然研究它的历史悠久，但开始生产和使用才始于 20 世纪 30 年代。

近年来，人们对有机含磷化合物的研究和应用愈来愈广，在许多方面显示出它的重要性。在生物中，某些磷酸衍生物作为核酸、辅酶的组成部分，成为维持生命所不可欠缺的物质。而另一些农用有机磷杀虫剂、杀菌剂和除草剂，又是目前最重要的一类农药。因此对这些化合物的结构、性质、制备等方面的知识，需要有所认识和了解。

由于氮和磷原子的价电子层结构相同，所以它们形成类似的共价化合物。但磷原子的电子层比较多，因而体积较大，电负性却较小，价电子层离核较远，受核束缚力较小，具有强烈的生理活性，所以氮和磷的相应化合物，虽然在形式上相似，但化学性质上却有明显差别。

18.3.1　有机含磷化合物的分类和名称

18.3.1.1　分类

根据化学结构不同或毒性大小可以对有机磷进行分类。

（1）三价磷　磷原子可以形成与氮、胺类似的三价磷共价化合物——膦。但化合物的化学性质又有明显区别。例如：

氨　　亚硝酸　　硝酸

磷化氢　　亚磷酸　　磷酸

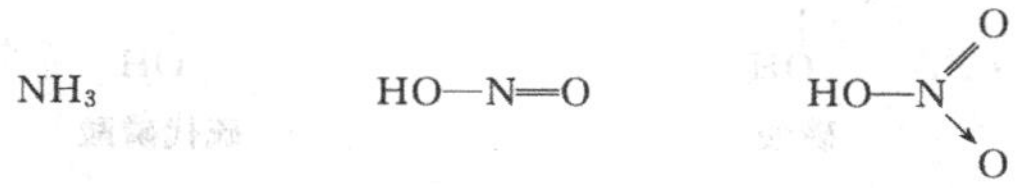

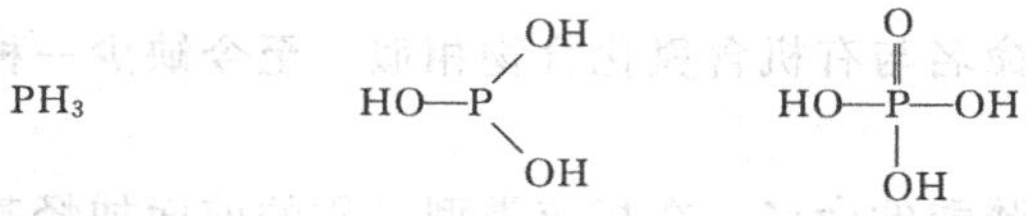

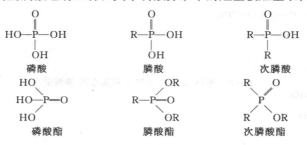

磷化氢分子中的氢原子被烃基取代后的衍生物称为膦。根据膦分子中烃基数目分为伯、仲、叔膦。“膦”表示含有 C—P 键的化合物。

RPH_2　　R_2PH　　R_3P

伯膦　　仲膦　　叔膦

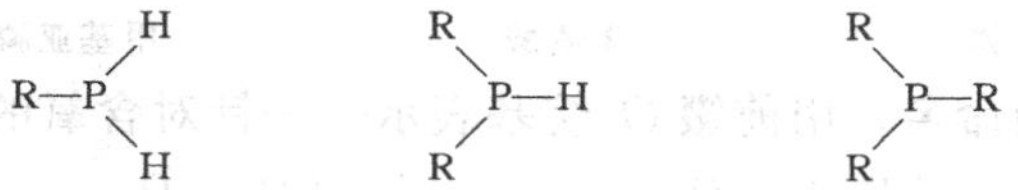

叔膦也像叔胺那样，与卤代烷也能形成季鏻盐 $R_4P^+X^-$。

三价的磷酸有三种，亚磷酸［$(HO)_3P$］、亚膦酸［phosphonous，$RP(OH)_2$］、次亚膦酸（phosphinous，R_2POH），亚磷酸分子中的羟基被烃基取代的衍生物称为亚膦酸。

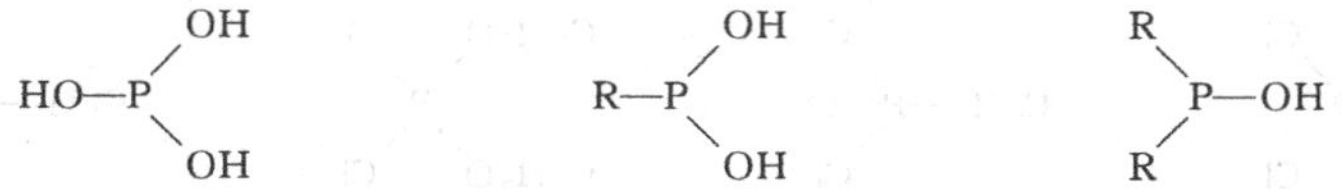

亚磷酸［(HO)］$_3$P　　烃基亚膦酸［$RP(OH)_2$］　　二烃基次亚膦酸（R_2POH）

这三种酸都有它们各自的衍生物——酯类。

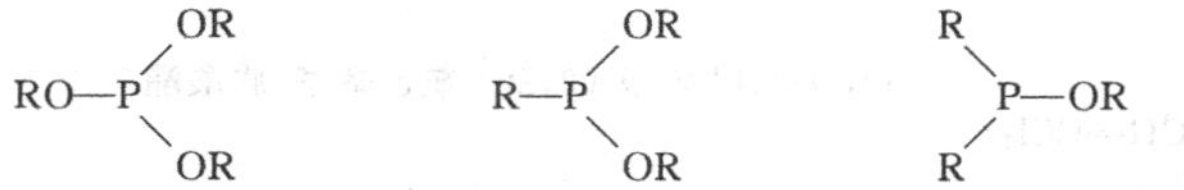

亚磷酸酯　　烃基亚膦酸酯　　二烃基次亚膦酸酯

（2）五价磷　五价的磷酸也有三种，其中磷酸分子中的羟基被烃基取代的衍生物称为膦酸。

磷酸　　膦酸　　次膦酸

磷酸酯　　膦酸酯　　次膦酸酯

五价的磷化物还有一类称为膦烷（phosphoyanes），其中有相当于五卤化磷的五苯膦和亚甲基三烃基膦。

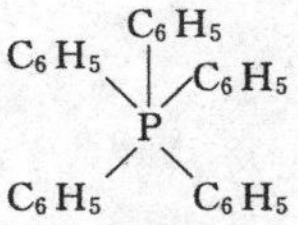

五苯膦 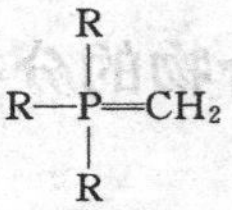   亚甲基三烃基膦

磷酸分子中 P=O 键的氧被硫取代的衍生物称为硫代磷酸。

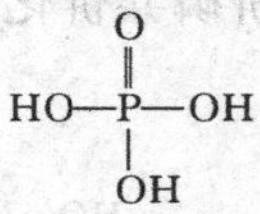

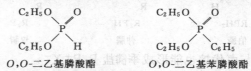

磷酸 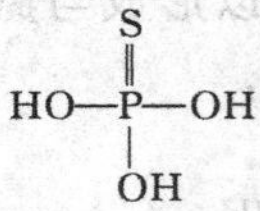   硫代磷酸

18.3.1.2 命名

有机含磷化合物的命名与有机含氮化合物相似。至今缺少一种简明、合乎逻辑而得到国际上公认的命名方法。

（1）膦、亚膦酸和膦酸的命名，在相应类型名称的前面加烃基的名称。例如：

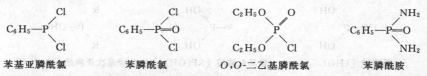

三苯膦   苯膦酸   甲基亚膦酸

（2）含磷的酯化合物命名，用前缀 O-烷基表示——针对含氧的酯基。例如：

C_2H_5O、C_2H_5O—P(=O)—H
O,O-二乙基膦酸酯

C_2H_5O、C_2H_5O—P(=O)—C_6H_5
O,O-二乙基苯膦酸酯

（3）膦酸或磷酸中羟基被氨基取代称为酰胺，被卤原子取代称为酰卤——适用于含 P—X 或 P—N 键的化合物。例如：

C_6H_5—P(Cl)—Cl
苯基亚膦酰氯

C_6H_5—P(=O)(Cl)—Cl
苯膦酰氯

C_2H_5O—P(=O)(C_2H_5O)—Cl
O,O-二乙基膦酰氯

C_6H_5—P(=O)(NH_2)—NH_2
苯膦酰胺

（4）有机磷农药命名比较复杂，习惯上常使用商品名称。例如：

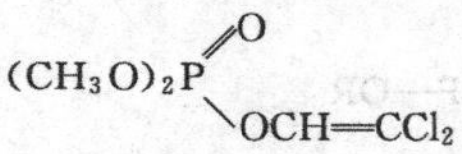

$(CH_3O)_2$P(=O)—OCH=CCl$_2$
敌敌畏
O,O-二甲基-O-(2,2-二氯乙烯基)膦酸酯

$(CH_3O)_2$P(=O)—O—C(CH$_3$)=CHCONHCH$_3$
久效磷
O,O-二甲基-O-[1-甲基-2-(甲氨基甲酰)乙基]膦酸酯

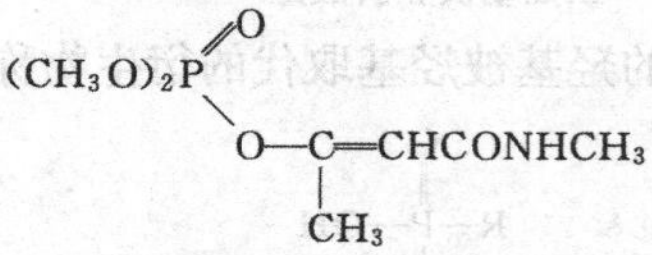

$(CH_3O)_2$P(=O)—CHCCl$_3$(OH)
敌百虫
O,O-二甲基-(2,2,2-三氯-1-羟基乙基)膦酸酯

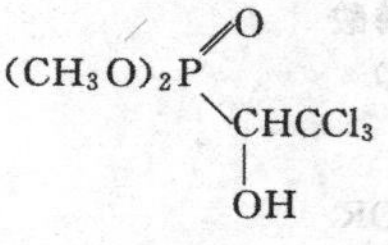

(CH₃O)₂P

O,O-二甲基-O-对硝基苯基硫代膦酸酯

1605

(CH₃O)₂P

S—CH—COOC₂H₅

   CH₂—COOC₂H₅

O,O-二甲基-S-(1,2-二乙氧甲酰乙基)二硫代膦酸酯

马拉硫磷

(CH₃O)₂P

S—CH₂—C—NHCH₃

O,O-二甲基-S-(N-甲氨甲酰甲基)二硫代膦酸酯

乐果

18.3.2　有机含磷化合物的结构和性质

18.3.2.1　结构

　　膦和胺分子都呈棱锥形，成键杂化轨道都是 sp³，都有一对未成键电子对处于 sp³ 杂化轨道上，分子中 C—P—C 键角为 100°而 C—N—C 键角为 108°，磷原子上未成键电子对比较暴露，易于接近电子中心，显示较强的给电子性，具有四面体构型。胺和膦的结构如图 18-1 所示。

　　但它们还是有差别。C—P—C 键角比 C—N—C 键角小。这是因为磷原子体积较大，而且，磷原子的 sp³ 轨道比氮原子的 sp³ 轨道更加扩散，因而在三甲膦分子中，对甲基的空间挤压作用比三甲胺显著。由于 C—P—C 键较小，导致磷原子未成键电子对更加暴露，因而膦显示较强的亲核性。

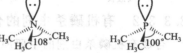

图 18-1　胺和膦的结构

　　氮和氧易形成 p-pπ 键，而磷和氧易形成 d-pπ 键，而难以形成稳定的 p-pπ 键。其原因还是由于磷原子体积较大，3p 轨道又比较扩散，因而磷的 3p 轨道和氧的 2p 轨道的相互重叠远不如 2p 轨道之间的重叠那样有效。由于磷原子的 3d 轨道能量与 3p 轨道能量接近，磷原子的一对未成键电子与氧原子相结合首先形成 σ 配键，同时由氧原子提供一对未成键电子进入磷原子的空的 3d 轨道，从而形成 d-pπ 键。

18.3.2.2　性质

　　(1) 氧化反应　低级烷基膦如三甲膦在空气中易氧化自燃，三苯膦却较稳定，可溶于有机溶剂，熔点为 80℃。但三苯膦在过氧化氢的作用下，可被氧化成氧化三苯膦（白色结晶固体）。磷原子的化合价由三价转变为五价。

$$(C_6H_5)_3P : \xrightarrow[\text{[O]}]{H_2O_2} (C_6H_5)_3P{=}O$$

　　叔胺虽也能在同样条件下氧化，但氮氧之间是依靠氮原子提供的未成键电子对形成 σ 配键，它比 P=O 键弱得多。所以氧化三甲胺可被三苯膦还原。正是由于叔胺有较强的给电子性，还突出表现在与过渡金属的配位能力上，要比胺强得多。

　　(2) 亲核取代反应　膦和胺都可以看成亲核反应试剂，但膦的亲核性比较强，极易与卤代烃、质子酸或路易斯酸发生亲核取代反应，形成季镁盐。Wittig 试剂就是由季镁盐在碱的

作用下，脱去一个 α-氢原子而形成的。

$$RPH_2 \xrightarrow{RX} R_2PH \xrightarrow{RX} R_3P \xrightarrow{RX} R_4P^+X^-$$

$$R_3P + HCl \longrightarrow R_3P^+HCl^-$$

$$R_3P + BF_3 \longrightarrow R_3P^+BF_3^-$$

18.3.3　有机磷农药

1944 年德国化学家施拉德尔（G. Schrader）首次发现对硫磷（1605）具有强烈的杀虫性能后，推动了人们开始研究合成有机杀虫剂，在全世界合成了数以万计的有机磷化合物，其中约有数十种有较好的杀虫效果，有的有机磷化合物，还可作为杀菌剂和除草剂。

18.3.3.1　重要的有机磷杀虫剂的结构类型

有机磷杀虫剂品种繁多，但从结构上看绝大多数属于磷酸酯、硫代磷酸酯，少数属于膦酸酯和膦酰胺酯。常见的重要的有机磷杀虫剂按结构类型来看，主要有五种。

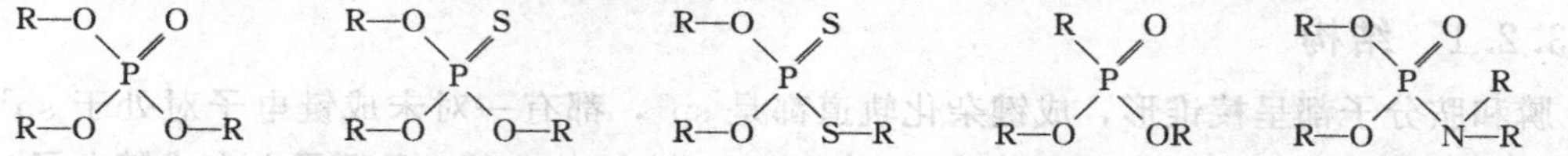

磷酸酯　　硫代磷酸酯　　二硫代磷酸酯　　膦酸酯　　膦酰胺酯
敌敌畏　　对硫磷　　马拉硫磷　　敌百虫　　甲胺磷

18.3.3.2　有机磷杀虫剂的合成举例

合成有机磷杀虫剂的主要原料是五硫化磷、三氯硫磷、三氯氧磷及三氯化磷等，由它们合成各种重要的有机磷中间体，如二硫代磷酸 $[(RO)_2P(S)SH]$、硫代磷酰氯 $[(RO)_2P(S)Cl]$、二烷基磷酸酯、$[(RO)_2P(S)H]$ 及亚磷酸酯 $[(RO)_3P]$，进而合成各种重要的有机磷杀虫剂。举两例说明如下。

（1）马拉硫磷和乐果　用五硫化磷为原料与醇反应，制得二硫代磷酸。

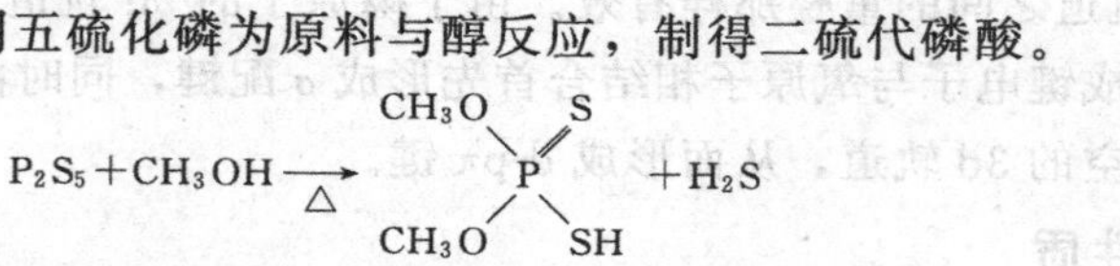

$$P_2S_5 + CH_3OH \xrightarrow{\triangle} (CH_3O)_2P(S)SH + H_2S$$

利用 O,O-二甲基二硫代磷酸或其钠盐合成得乐果和马拉硫磷。

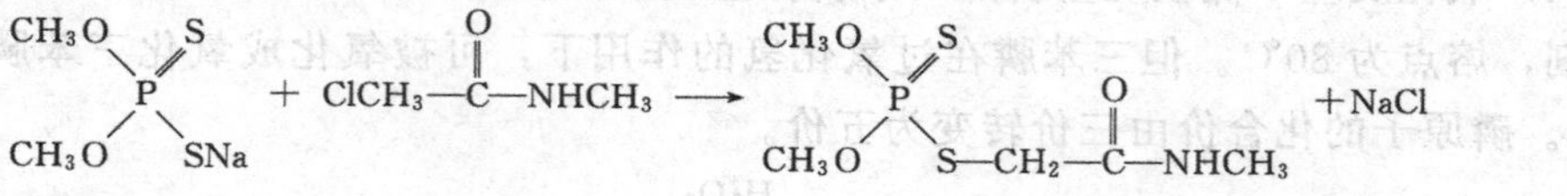

乐果

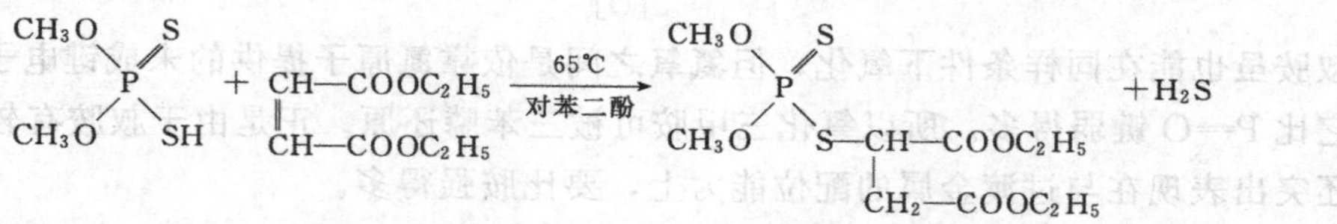

马拉硫磷

（2）敌敌畏和敌百虫　由三氯化磷可以合成亚磷酸酯和二烷基膦酸酯，利用亚磷酸三甲酯与三氯乙醛反应，制得敌敌畏。

$$\underset{CH_3O}{\overset{CH_3O}{>}}P-OCH_3 + Cl_3C-CHO \xrightarrow{50℃} \underset{CH_3O}{\overset{CH_3O}{>}}\overset{O}{\underset{\parallel}{P}}-O-CH=CCl_2 + CH_3Cl$$

敌敌畏

如果用二烷基膦酸酯（O,O-二甲基膦酸酯）与三氯乙醛进行反应，则制得敌百虫。

$$\underset{CH_3O}{\overset{CH_3O}{>}}\overset{O}{\underset{\parallel}{P}}H \;+\; \underset{H}{\overset{O=C-CCl_3}{}} \xrightarrow{115℃} \underset{CH_3O}{\overset{CH_3O}{>}}\overset{O}{\underset{\parallel}{P}}-\underset{OH}{\overset{CH-CCl_3}{\underset{\mid}{}}}$$

敌百虫

18.3.3.3 有机磷杀虫剂的特点和使用

有机磷杀虫剂的特点是杀虫力强，残留性低，大多不溶于水，易溶于有机溶剂，使用时一般制成乳液。有机磷杀虫剂的杀虫机理，是破坏动物体内胆碱酯酶的正常生理活性，使得乙酰胆碱不能水解成胆碱和乙酸而蓄积，造成中枢神经、植物神经和运动神经中毒，直至死亡。

有机磷杀虫剂乳液喷洒于农作物上，对虫害毒杀作用方式有胃毒（入胃）、触杀（由表皮侵入虫体）、熏蒸（通过呼吸道进入虫体），还有内吸，即害虫食用了吸收了杀虫剂的植物而中毒死亡。有些杀虫剂毒害方式数种兼有。

有机磷杀虫剂对人畜毒害很大，虽然敌百虫、马拉硫磷、乐果等可在哺乳动物体内迅速分解失效，但大量进入体内仍是很危险的，使用时应特别注意。近年来，农户及农药市场普遍长年储存有机磷杀虫剂，致使有机磷毒物中毒屡屡发生，甚至造成伤亡事故，给家庭带来痛苦和不幸。特别值得注意的是，有些因病人家属不能及时提供农药名称而延误抢救时机，造成不可挽回的损失。所以要加强宣传教育，使广大医务人员，尤其是基层医务人员及农民掌握有机磷农药的名称、别名及理化特性等，以便及时弄清毒物，为抢救生命争得时间。

习 题

1. 命名下列化合物

(1) $CH_3NHCH_2CH_3$ (2) $[(CH_3)_3N^+CH(CH_3)_2]I^-$ (3) $CH_3NHCH(CH_3)_2$

(4) 对位取代苯：苯环对位 $N(CH_3)_2$ 和 CH_3

(5) 苯基-$CH(CH_3)$-$NHCH_3$

(6) 苯基-$N(CH_2CH_3)(CH_3)$

(7) 苯基-$N_2^+ HSO_4^-$

(8) $[(CH_3CH_2)_4N^+]OH^-$

(9) $[$苯基-$CH_2-N^+(CH_3)_2-C_{12}H_{25}]Br^-$

2. 写出下列化合物的结构

(1) 对苯二胺   (2) 邻甲基苯胺   (3) N-甲基-2-萘胺

(4) 对氨基苯甲酸　　　(5) 甲基乙基正丙基氯化铵　　　(6) 四丁基氢氧化铵

3. 完成以下反应式

(1) 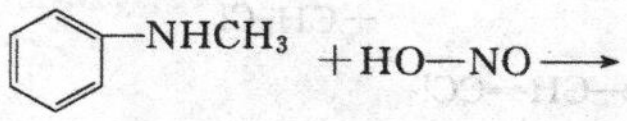 ⬡—NHCH$_3$ + HO—NO ⟶

(2) ⬡—NH$_2$ + NaNO$_2$ + HCl $\xrightarrow{0\sim5℃}$

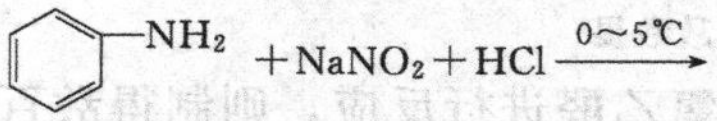

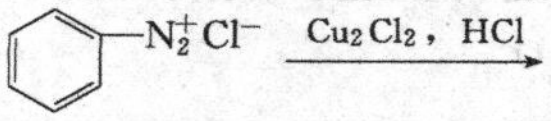

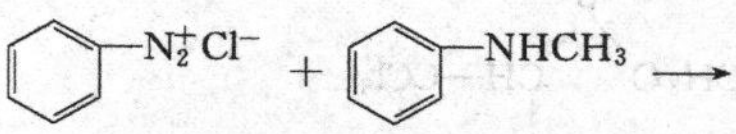

(3) ⬡—N$_2^+$Cl$^-$ $\xrightarrow{Cu_2Cl_2,\ HCl}$

(4) ⬡—N$_2^+$Cl$^-$ + ⬡—NHCH$_3$ ⟶

(5) ⬡—N$_2^+$HSO$_4^-$ $\xrightarrow{H_3PO_2,\ H_2O}$

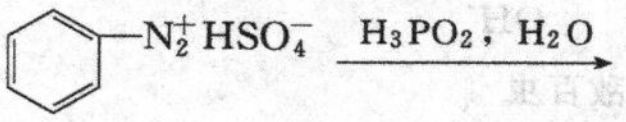

(6) 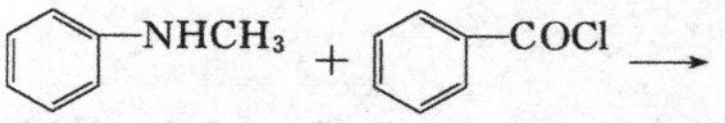 ⬡—NHCH$_3$ + ⬡—COCl ⟶

4. 用化学方法鉴别下列各组化合物

(1) 甲胺、二甲胺、三甲胺　　　　(2) 苯胺和三甲胺

5. 分离下列各组化合物

(1) 对甲苯胺和 N,N-二甲苯胺　　　(2) 苯胺和三苯胺

6. 比较下列各组化合物的碱性，并按碱性由强到弱排列

(1) 甲胺、二甲胺、苯胺、苄胺

(2) N-甲基苯胺、苯胺、四甲基氢氧化铵

7. 一化合物分子式为 C$_7$H$_9$N，有碱性。将其盐酸盐与 HNO$_3$ 作用，加热后能放出 N$_2$，生成对甲苯酚。试推出其结构简式。

第 19 章　杂环化合物

　　分子中含有碳原子和其他原子共同参与成环的环状化合物称为杂环化合物。杂环化合物是一大类有机物，占已知有机物的 1/3。杂环化合物在自然界分布很广，用途很多。例如，中草药的有效成分生物碱大多是杂环化合物，动植物体内起重要生理作用的血红素、叶绿素、核酸的碱基都是含氮杂环，部分维生素、抗生素，一些植物色素、植物染料、合成染料都含有杂环。总之，杂环化合物与人类的生活密切相关，因此无论是在理论研究还是在实际应用中，杂环化合物都是非常重要和不可忽视的。

19.1　杂环化合物

　　杂环化合物是指组成环的原子中含有除碳以外的原子（杂原子——常见的是 N、O、S 等）的环状化合物。

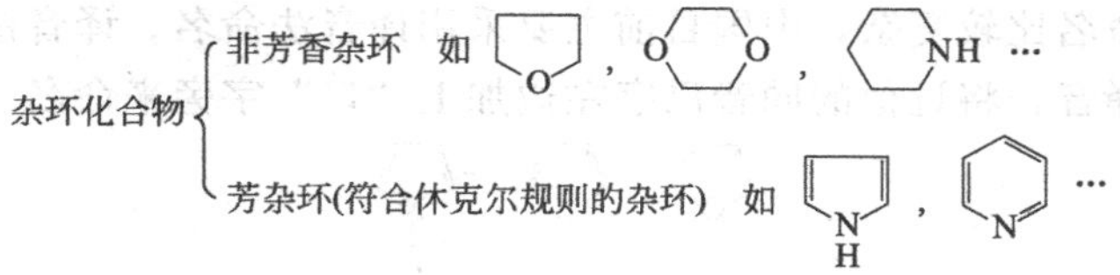

　　杂环化合物不包括极易开环的含杂原子的环状化合物，例如：

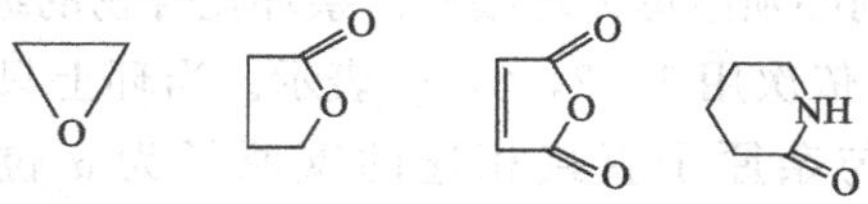

　　本章只讨论芳杂环化合物。

　　杂环化合物是一大类有机物，占已知有机物的 1/3。杂环化合物在自然界分布很广，功用很多。例如，中草药的有效成分生物碱大多是杂环化合物；动植物体内起重要生理作用的血红素、叶绿素、核酸的碱基都是含氮杂环；部分维生素、抗生素；一些植物色素、植物染料、合成染料都含有杂环。

19.1.1　杂环化合物的分类

　　根据杂环的大小，杂环化合物主要可分为四元杂环、五元杂环和六元杂环等；根据杂环数，可分为单杂环和稠杂环（含多个环）；根据所含杂原子的种类和数目，又可分为若干类型。

　　一些常见的杂环化合物的结构和名称如下所示。

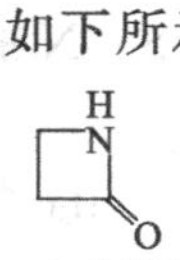

β-内酰胺

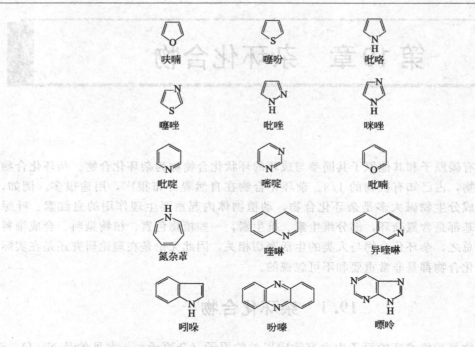

呋喃　　　　　　噻吩　　　　　　吡咯

噻唑　　　　　　　吡唑　　　　　　咪唑

吡啶　　　　　　　嘧啶　　　　　　吡喃

氮杂䓬　　　　　　喹啉　　　　　　异喹啉

吲哚　　　　　　　吩嗪　　　　　　嘌呤

19.1.2　杂环化合物的命名

杂环化合物的命名比较复杂，中国目前主要采用译音法命名。译音法是将杂环化合物的名称用英文名称的译音，将近似的同音汉字左边加上"口"字旁来命名。例如：

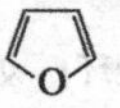

呋喃 　　　噻吩 　　　吡咯

若环上连有取代基时，则必须给母体环编号。杂环化合物的编号一般是从杂原子开始，杂原子位数为 1，顺着环编号，依次用 1，2，3，…表示。当环上只有一个杂原子时，也可用希腊字母 α，β，γ，…编号，与杂原子直接相连的碳原子为 α 位，其次为 β 位，依此类推。例如：

2-甲基呋喃　　　4-溴吡啶　　　α,α'-二甲基呋喃　　　吲哚

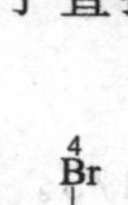

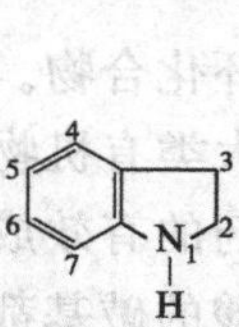

若环上含有两个或两个以上相同的杂原子时，则从连有氢原子或取代基的那个杂原子开始编号，并使其他杂原子的位次尽可能最小。例如：

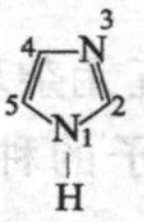

咪唑 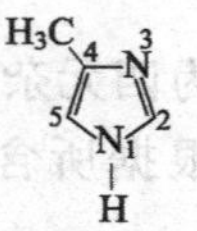　　　　4-甲基咪唑 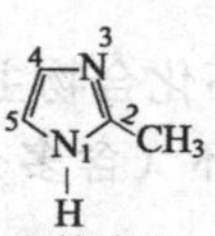　　　2-甲基咪唑

如果环上含有不同的杂原子，则按 O、S、N 的顺序编号。例如：

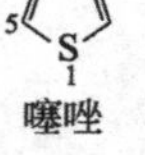

噻唑 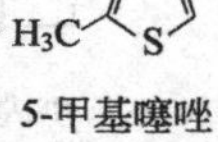　　　　5-甲基噻唑

某些稠环化合物，具有特定的编号。例如：

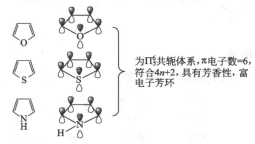

嘌呤

若取代基是醛基、磺酸基、羧基等，则把杂环当作取代基。例如：

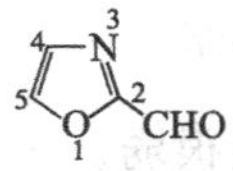

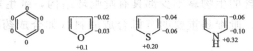

2-呋喃甲醛　　　　　　3-吡啶磺酸　　　　　　　3-吲哚乙酸
（α-呋喃甲醛）　　　　（β-吡啶磺酸）　　　　　（β-吲哚乙酸）

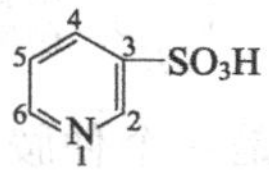

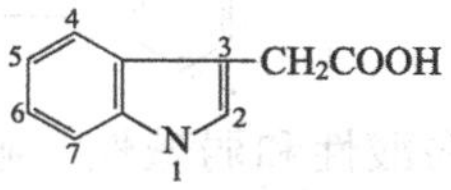

19.1.3　杂环化合物的性质

19.1.3.1　五元杂环化合物

含一个杂原子的典型五元杂环化合物是呋喃、噻吩和吡咯。含两个杂原子的有噻唑、咪唑和吡唑。本节重点讨论呋喃、噻吩和吡咯，简单介绍一下噻唑、咪唑和吡唑。

（1）呋喃、噻吩、吡咯杂环的结构　　呋喃、噻吩、吡咯在结构上具有共同点，即构成环的五个原子都为 sp^2 杂化，故成环的五个原子处在同一平面，杂原子上的孤对电子参与共轭形成共轭体系，其 π 电子数符合休克尔规则（π 电子数＝$4n+2$），所以，它们都具有芳香性。

为 Π_5^6 共轭体系，π电子数=6，符合4n+2，具有芳香性，富电子芳环

（2）呋喃、噻吩、吡咯的性质

① 亲电取代反应　　从结构上分析，五元杂环为 Π_5^6 共轭体系，电荷密度比苯大，如以苯环上碳原子的电荷密度为标准（作为 0），则五元杂环化合物的有效电荷分布为：

五元杂环有芳香性，但其芳香性不如苯环，因环上的 π 电子云密度比苯环大，且分布不均匀，它们在亲电取代反应中的速率也要比苯快得多。

亲电取代反应的活性为：吡咯＞呋喃＞噻吩＞苯，主要进入 α 位。

说明：吡咯、呋喃、噻吩的亲电取代反应，对试剂及反应条件必须有所选择和控制。

a. 卤代反应　　不需要催化剂，要在较低温度下进行。

b. 硝化反应　　不能用混酸硝化，一般是用乙酰基硝酸酯（CH_3COONO_2）作硝化试剂，在低温下进行。

c. 磺化反应　　呋喃、吡咯不能用浓硫酸磺化，要用特殊的磺化试剂——吡啶三氧化硫的络合物，噻吩可直接用浓硫酸磺化。

② 加氢反应

H₂、Ni或Pd
四氢呋喃(THF)
H₂、Ni或Pd
四氢吡咯
H₂、Ni
不能用Pd催化
因噻吩能使Pd中毒

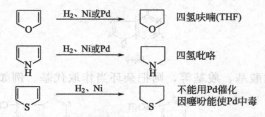

（3）吡咯的弱酸性和弱碱性　吡咯虽然是一个仲胺，但碱性很弱。

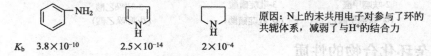

原因：N上的未共用电子对参与了环的共轭体系，减弱了与H⁺的结合力
Kb 3.8×10⁻¹⁰
2.5×10⁻¹⁴
2×10⁻⁴

吡咯具有弱酸性（其酸性介于乙醇和苯酚之间）。

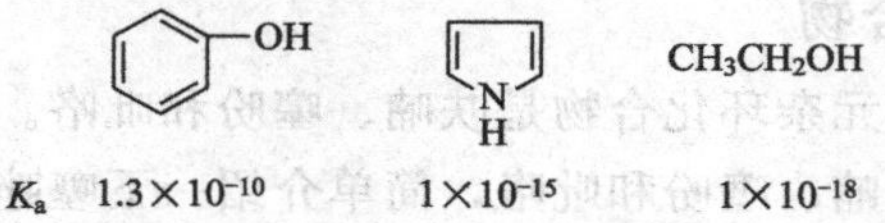

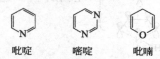

CH₃CH₂OH
Ka 1.3×10⁻¹⁰
1×10⁻¹⁵
1×10⁻¹⁸

故吡咯能与固体氢氧化钾加热成为钾盐，与格氏试剂作用放出 RH 而生成吡咯卤化镁。

+ KOH
热
固体
+ H₂O
+ RMgX
干乙醚
MgX
+ H₂O

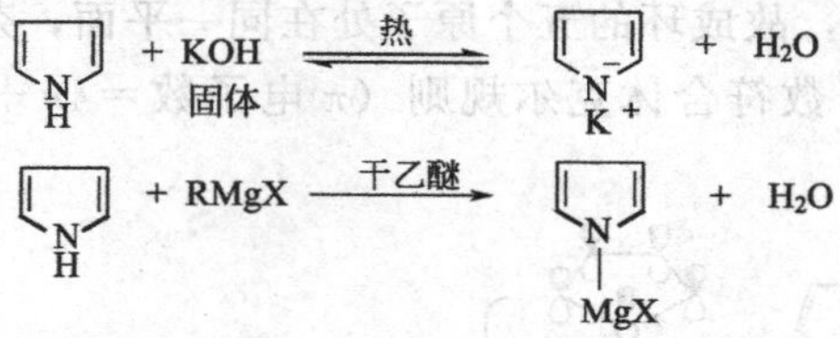

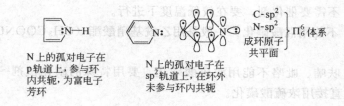

19.1.3.2　六元杂环化合物

六元杂环化合物中最重要的有吡啶、嘧啶等。

吡啶　　嘧啶　　吡喃

吡啶是重要的有机碱试剂，嘧啶是组成核糖核酸的重要生物碱母体。

（1）来源、制法和应用　吡啶存在于煤焦油、页岩油和骨焦油中，吡啶衍生物广泛存在于自然界，例如，植物所含的生物碱不少都具有吡啶环结构，维生素 PP、维生素 B_6、辅酶Ⅰ及辅酶Ⅱ也含有吡啶环。吡啶是重要的有机合成原料（如合成药物）、良好的有机溶剂和有机合成催化剂。

吡啶的工业制法可由糠醇与氨共热（500℃）制得，也可从乙炔制备。

吡啶为有特殊臭味的无色液体，沸点 115.5℃，相对密度 0.982，可与水、乙醇、乙醚等任意混合。

（2）吡啶的结构

N上的孤对电子在p轨道上，参与环内共轭，为富电子芳环
N上的孤对电子在sp²轨道上，在环外未参与环内共轭
C-sp²
N-sp²
成环原子共平面
Π⁶₆体系

由于吡啶环的 N 上在环外有一孤对电子，故吡啶环上的电荷分布不均匀。

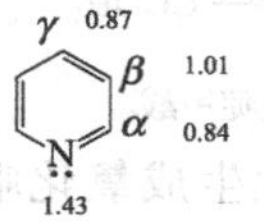
γ 0.87
β 1.01
α 0.84
1.43

电荷分布　N>β>α>γ

亲电取代　β 位

亲核取代　α 位，γ 位

（3）吡啶的性质

① 碱性与成盐　吡啶的环外有一对未作用的孤对电子，具有碱性，易接受亲电试剂而成盐。

吡啶的碱性小于氨大于苯胺。

	CH_3NH_2	NH_3	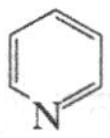	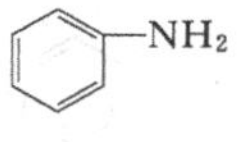
pK_b	3.38	4.76	8.80	9.42

吡啶易与酸和活泼的卤代物成盐。

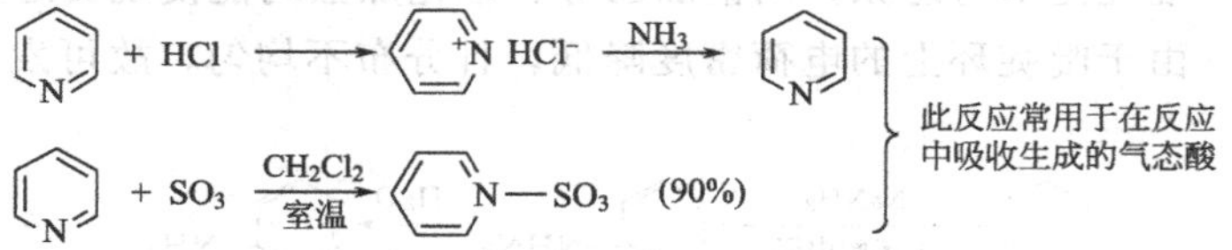
+ HCl
HCl⁻
NH₃
+ SO₃
CH₂Cl₂
室温
(90%)
此反应常用于在反应
中吸收生成的气态酸

吡啶三氧化硫络合物
是常用的缓和磺化剂

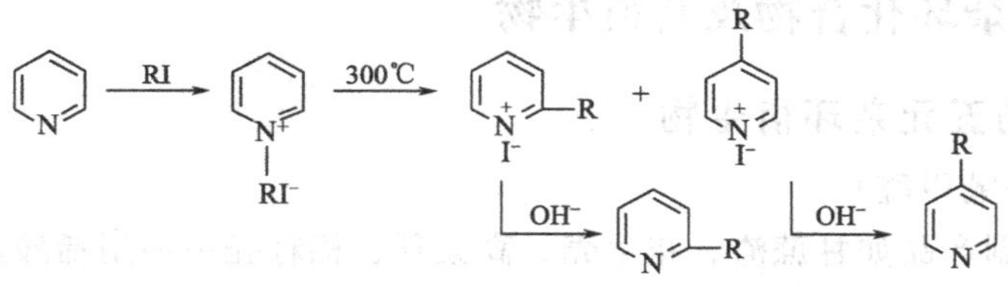
RI
300℃
RI⁻
R
I⁻
OH⁻

制取烷基吡啶的一种方法

② 亲电取代反应　吡啶环上氮原子为吸电子基团，故吡啶环属于缺电子的芳杂环，和硝基苯相似。其亲电取代反应很不活泼，反应条件要求很高，不起弗-克烷基化和酰基化反应。亲电取代反应主要发生在 β 位上。

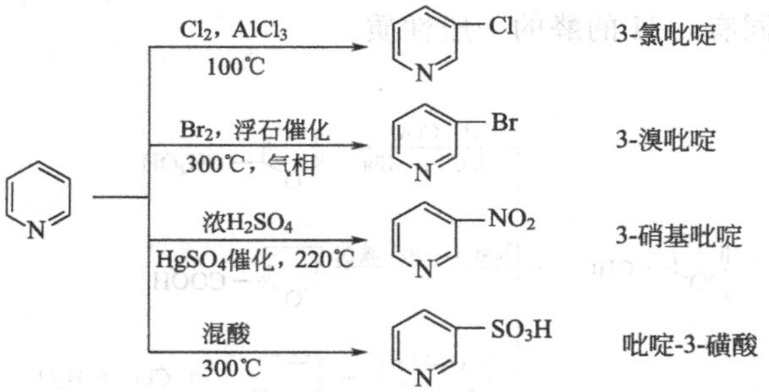
Cl₂，AlCl₃
100℃
3-氯吡啶
Br₂，浮石催化
300℃，气相
3-溴吡啶
浓H₂SO₄
HgSO₄催化，220℃
3-硝基吡啶
混酸
300℃
吡啶-3-磺酸

③ 氧化还原反应

a. 氧化反应　吡啶环对氧化剂稳定，一般不被酸性高锰酸钾、酸性重铬酸钾氧化，通常是侧链烃基被氧化成羧酸。

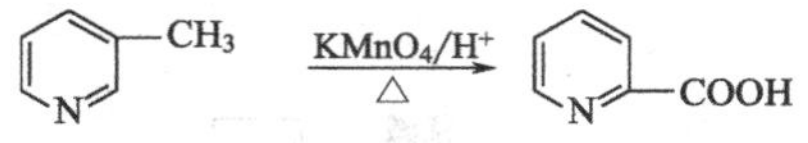
CH₃
KMnO₄/H⁺
△
COOH

β-吡啶甲酸(烟酸)

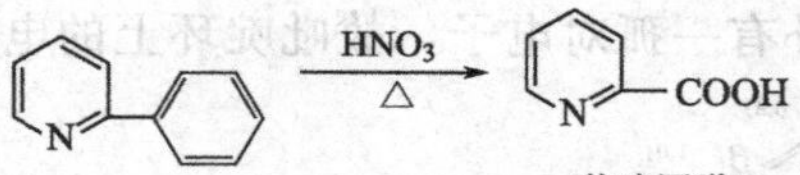

α-吡啶甲酸

吡啶易被过氧化物（过氧乙酸、过氧化氢等）氧化生成氧化吡啶。

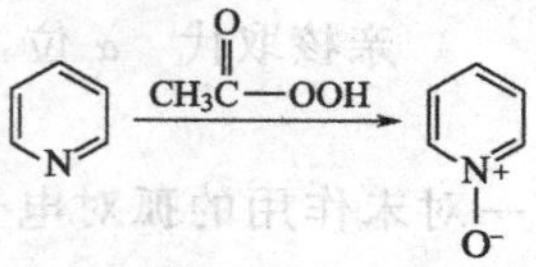

氧化吡啶在有机合成中用于合成 4-取代吡啶化合物。

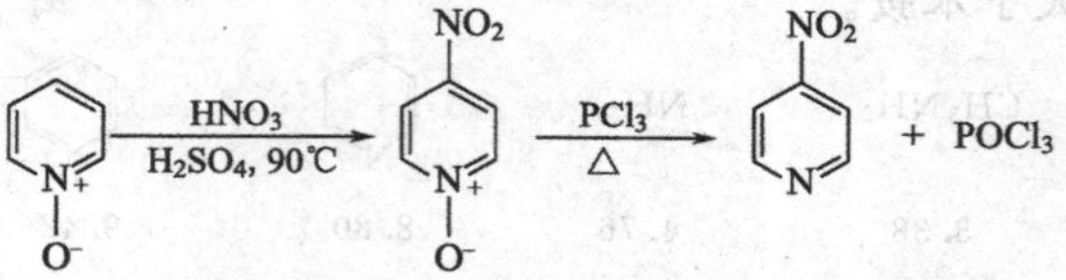

b. 还原反应 吡啶比苯易还原，用钠加乙醇、催化加氢均能使吡啶还原为六氢吡啶。

④ 亲核取代 由于吡啶环上的电荷密度降低，且分布不均匀，故可发生亲核取代反应。例如：

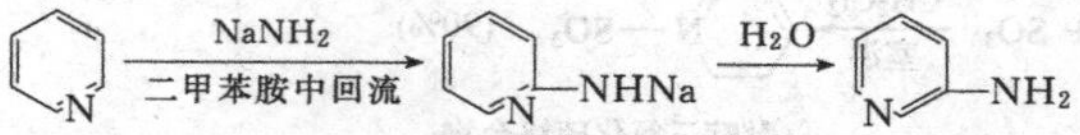

19.1.4 重要的杂环化合物及其衍生物

19.1.4.1 重要的五元杂环衍生物

（1）糠醛（α-呋喃甲醛）

① 制备 由农副产品如甘蔗渣、花生壳、高粱秆、棉籽壳……用稀酸加热蒸煮制取。

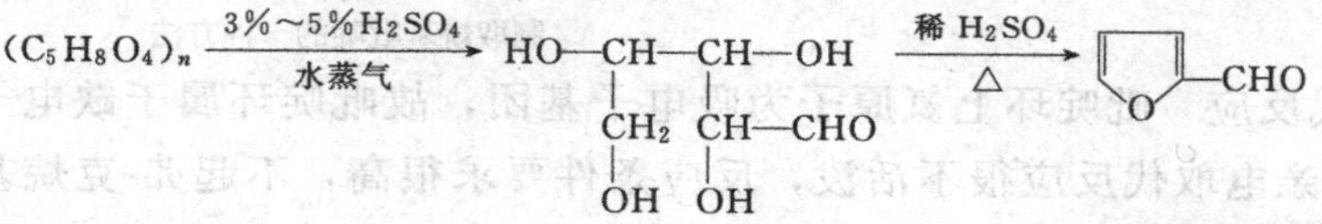

多聚戊糖   戊糖   呋喃甲醛

② 糠醛的性质 同有 α-H 的醛的一般性质。

a. 氧化还原反应

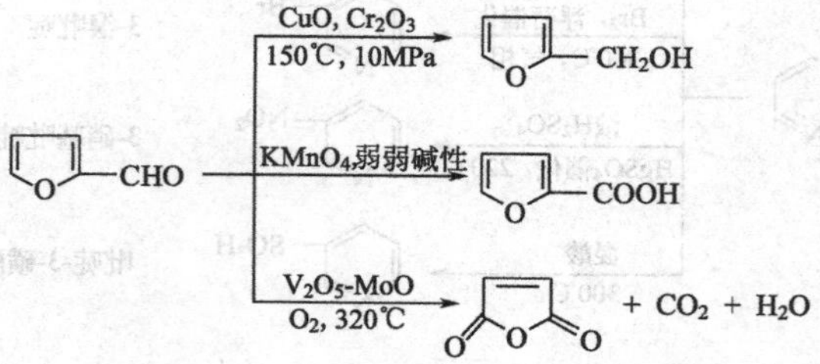

b. 歧化反应

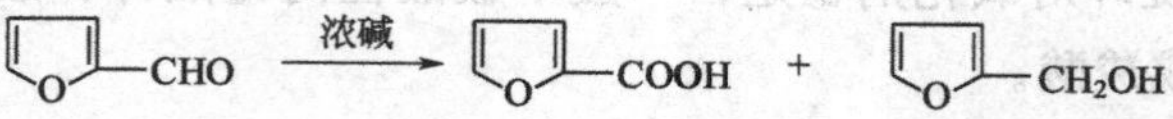

c. 羟醛缩合反应

d. 安息香缩合反应

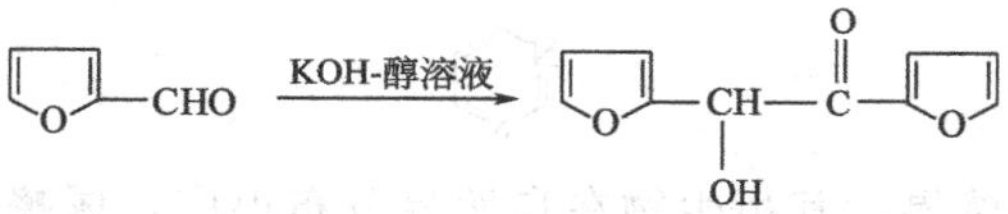

③ 糠醛的用途　糠醛是良好的溶剂，常用作精炼石油的溶剂，以溶解含硫物质及环烷烃等。可用于精制松香，脱除色素，溶解硝酸纤维素等。糠醛广泛用于油漆及树脂工业。

（2）吡咯的重要衍生物　最重要的吡咯衍生物是含有四个吡咯环和四个次甲基（—CH═）交替相连组成的大环化合物。其取代物称为卟啉族化合物。

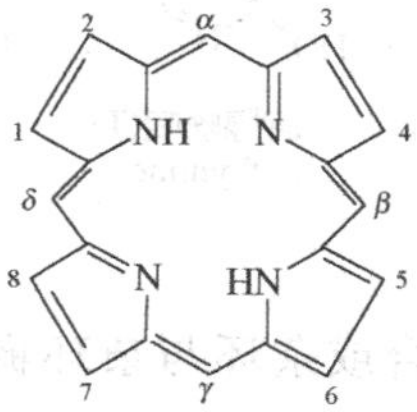

卟啉族化合物广泛分布于自然界。血红素、叶绿素都是含大环的卟啉族化合物。在血红素中，大环络合的是 Fe；在叶绿素中，大环络合的是 Mg。

血红素的功能是运载输送氧气，叶绿素是植物光合作用的能源。

1964 年，Woodward 用 55 步合成了叶绿素。1965 年接着合成维生素 B_{12}，用 11 年时间完成了合成。Woodward 一生人工合成了二十多种结构复杂的有机化合物，是当之无愧的有机合成大师。

（3）噻唑

① 噻唑　噻唑是含一个硫原子和一个氮原子的五元杂环，无色，有吡啶臭味的液体，沸点 117℃，与水互溶，有弱碱性。是稳定的化合物。

一些重要的天然药物及合成药物含有噻唑结构，如青霉素、维生素 B_1 等。

青霉素是一类抗生素的总称，已知的青霉素有一百多种，它们的结构很相似，均具有稠合在一起的四氢噻唑环和 β-内酰胺环。

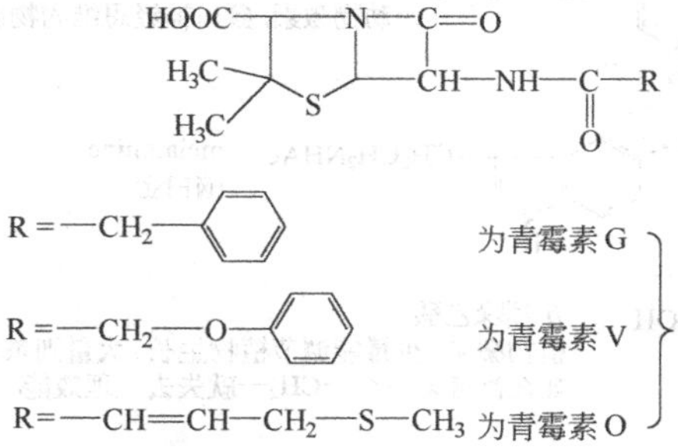

$R = —CH_2—$〈苯基〉　为青霉素 G

$R = —CH_2—O—$〈苯基〉　为青霉素 V　〉常用青霉素

$R = —CH=CH—CH_2—S—CH_3$　为青霉素 O

青霉素具有强酸性（$pK_a \approx 2.7$），在游离状态下不稳定（青霉素 O 例外），故常将它们变成钠盐、钾盐或有机碱盐用于临床。

维生素 B_1 结构式为：

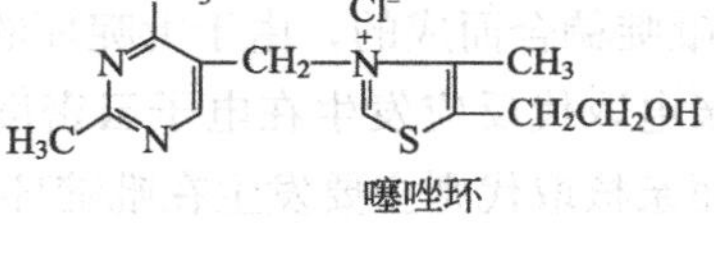

对糖类的新陈代谢有显著的影响，人体缺乏时可以引起脚气病

噻唑环

19.1.4.2 重要的六元杂环衍生物

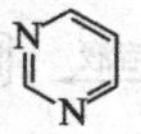

嘧啶本身不存在于自然界，其衍生物在自然界分布很广，尿嘧啶、胞嘧啶、胸腺嘧啶是遗传物质核酸的重要组成部分，维生素 B_1 也含有嘧啶环。合成药物的磺胺嘧啶也含有这种结构。

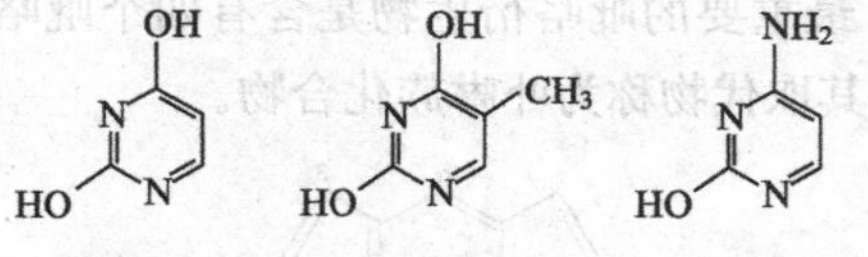

尿嘧啶(U)　　　胸腺嘧啶(T)　　　胞嘧啶(C)
uracil　　　　thymine　　　　cytosine

19.1.4.3 稠杂环化合物

稠杂环化合物是指苯环与杂环稠合或杂环与杂环稠合在一起的化合物。常见的有喹啉、吲哚和嘌呤。

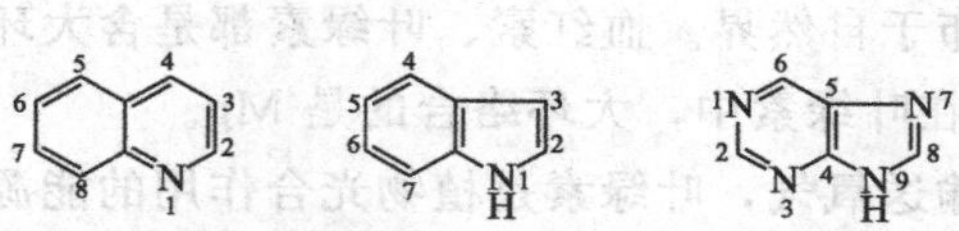

喹啉(quioline)　　　吲哚(indole)　　　嘌呤(purine)

（1）吲哚　吲哚是白色结晶，熔点 52.5℃。极稀溶液有香味，可用作香料，浓的吲哚溶液有粪臭味。素馨花、柑橘花中含有吲哚。吲哚环的衍生物广泛存在于动植物体内，与人类的生命、生活有密切的关系。

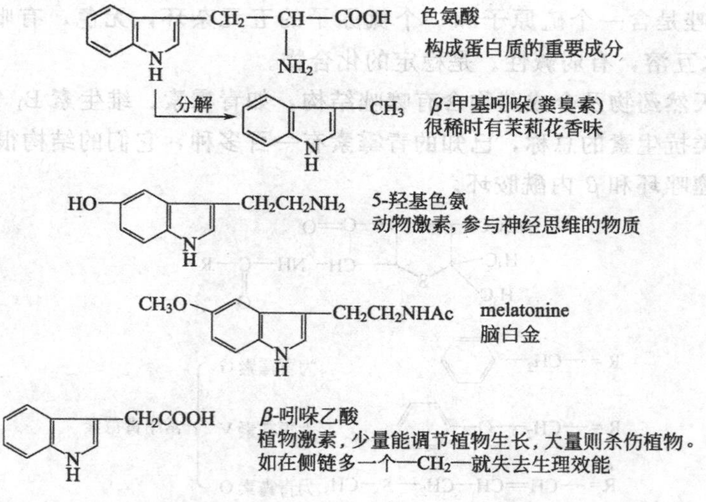

CH_2—CH—COOH　色氨酸
　　　　｜　　　　构成蛋白质的重要成分
　　　　NH_2

分解

—CH_3　β-甲基吲哚(粪臭素)
　　　　很稀时有茉莉花香味

$CH_2CH_2NH_2$　5-羟基色氨
　　　　动物激素,参与神经思维的物质

CH_2CH_2NHAc　melatonine
　　　　脑白金

CH_2COOH　β-吲哚乙酸
　　　　植物激素,少量能调节植物生长,大量则杀伤植物。
　　　　如在侧链多一个—CH_2—就失去生理效能

吲哚的性质与吡咯相似，也可发生亲电取代反应，取代基进入 β 位。

（2）喹啉　喹啉存在于煤焦油中，为无色油状液体，放置时逐渐变成黄色，沸点238.05℃，有恶臭味，难溶于水。能与大多数有机溶剂混溶，是一种高沸点溶剂。

① 喹啉的性质

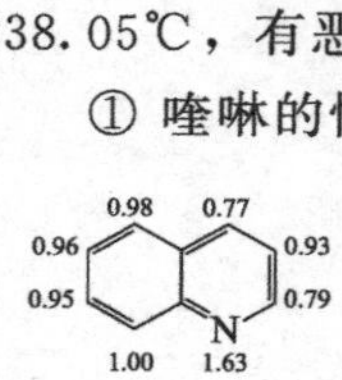

　　　a. 取代反应　喹啉是由吡啶稠合而成的，由于吡啶环的电子云密度低于与之并联的苯环，所以喹啉的亲电取代反应发生在电子云密度较大的苯环上，取代基主要进入 5 位或 8 位。而亲核取代则主要发生在吡啶环的 2 位或 4 位。

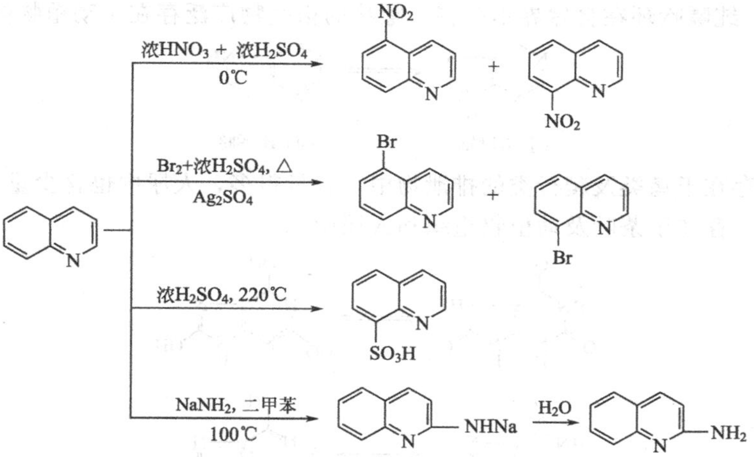

b. 氧化还原反应　喹啉用高锰酸钾氧化时，苯环发生破裂，用钠和乙醇还原使其吡啶环被还原，这说明在喹啉分子中吡啶环比苯环难氧化，易还原。

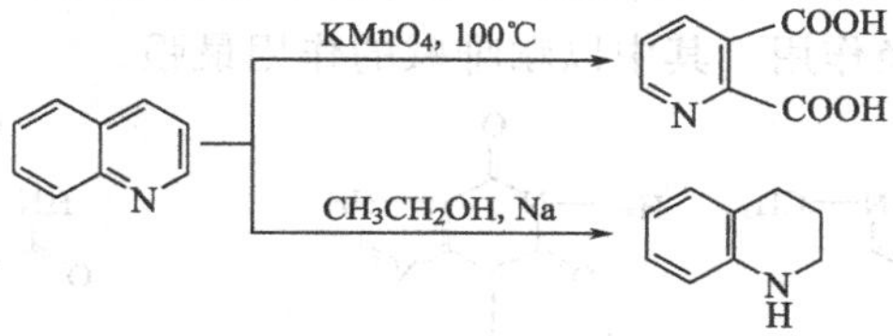

② 喹啉环的合成法——斯克劳普（Skraup）法　喹啉的合成方法有多种，常用的是斯克劳普法。是用苯胺与甘油、浓硫酸及一种氧化剂如硝基苯共热而生成。

③ 喹啉的衍生物　喹啉的衍生物在自然界存在很多，如奎宁、氯喹、罂粟碱、吗啡等。

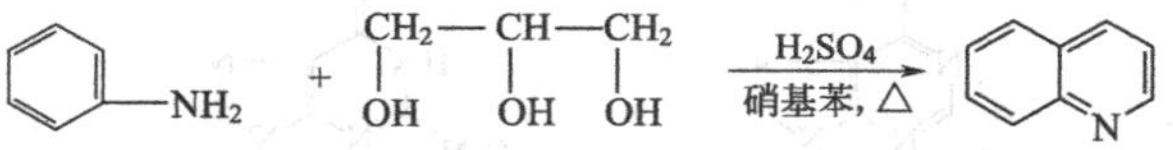

84%~91%

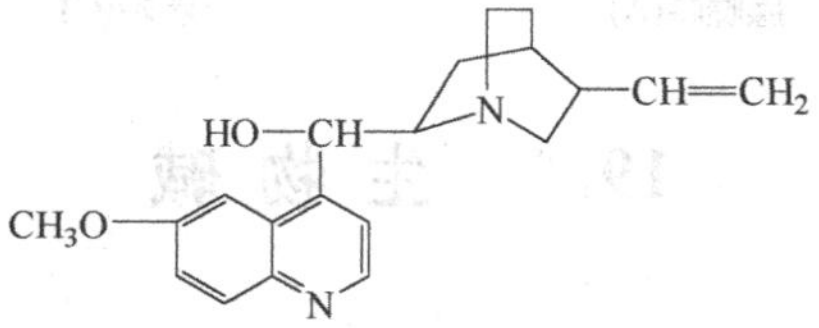

奎宁（金鸡纳碱）存在于金鸡纳树皮中，有抗疟疾疗效。

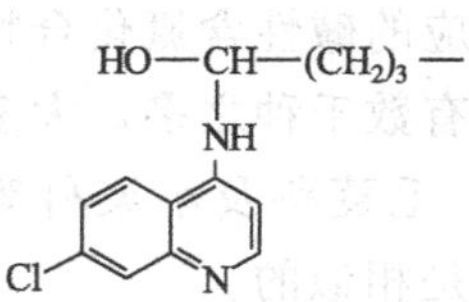

氯喹(合成抗疟疾药) 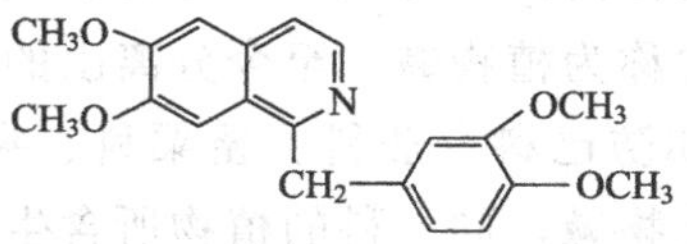　　　　罂粟碱 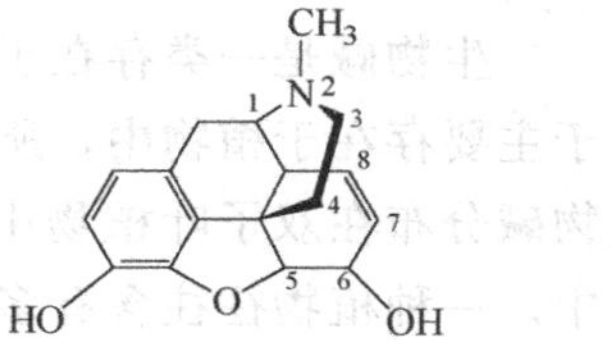　　　　吗啡

含一个被还原了的异喹啉环，是从鸦片中提取出来的。

吗啡的盐酸盐是很强的镇痛药，能持续 6h，也能镇咳，但易上瘾。

将羟基上的氢换成乙酰基，即为海洛因，不存在于自然界。海洛因比吗啡更易上瘾，可用来解除晚期癌症患者的痛苦。

（3）嘌呤　嘌呤为无色晶体，熔点为 216～217℃，易溶于水，其水溶液呈中性，但能与酸或碱成盐。纯嘌呤环在自然界不存在，嘌呤的衍生物广泛存在于动植物体内。

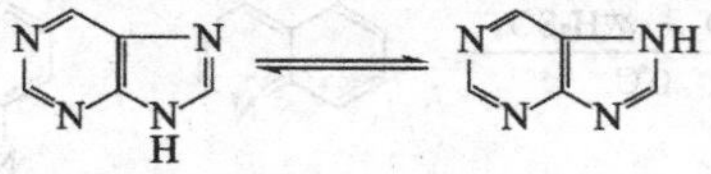

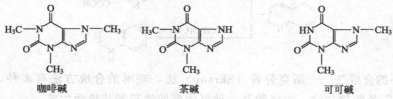

（Ⅰ）9H-嘌呤　　　　　　（Ⅱ）7H-嘌呤

① 尿酸　存在于鸟类及爬行类的排泄物中，含量很多，人尿中也含少量。

② 黄嘌呤　存在于茶叶及动植物组织和人尿中。

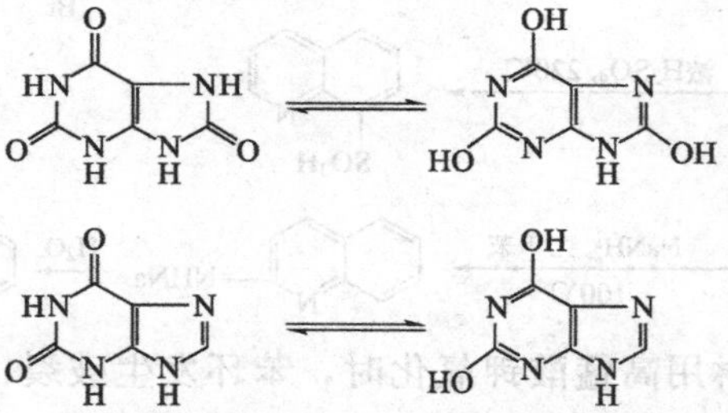

③ 咖啡碱、茶碱和可可碱　三者都是黄嘌呤的甲基衍生物，存在于咖啡、茶叶和可可豆中，它们有兴奋中枢神经作用，其中以咖啡碱的作用最强。

咖啡碱　　　　　　　茶碱　　　　　　　可可碱

④ 腺嘌呤和鸟嘌呤　是核蛋白中的两种重要碱基。

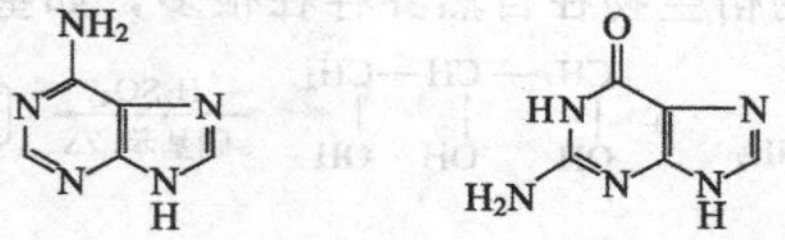

腺嘌呤(A)　　　　　　　鸟嘌呤(G)

19.2　生物碱

19.2.1　生物碱的概念及一般性质

生物碱是一类存在于生物体内的，对人和动物有强烈的生理效应的碱性含氮化合物，由于主要存在于植物中，所以常称为植物碱。至今分离出的生物碱已有数千种之多，大多数生物碱分布在双子叶植物中，如防己科、茄科、罂粟科、夹竹桃科、毛茛科及小檗科等植物中。一种植物往往含有多种生物碱，同一科的植物所含生物碱结构是相似的。

许多生物碱对人畜有很强的生理作用。例如，当归、麻黄、黄连、贝母、常山、洋金花等多种草药的有效成分是生物碱。对生物碱的结构与性质的研究为寻找优良药物开辟了新途径。

在生物体内，生物碱大都与草酸、乳酸、苹果酸、柠檬酸、酒石酸、琥珀酸、乙酸等有机酸或磷酸、硫酸等无机酸结合成盐而存在于植物的不同器官中，也有少数以游离碱或以糖苷、酯、酰胺等形式存在。

244

生物碱一般都是按照它们的来源命名的。例如，从烟草提取出来的生物碱就称为烟碱。有时也用外文音译名称，例如，烟碱亦称尼古丁。

绝大多数生物碱是无色有苦味的晶体，少数为液体，难溶于水，易溶于乙醇、磷钼酸、氯仿、丙酮等有机溶剂，但生物碱与酸结合成盐后，则易溶于水而难溶于有机溶剂。

大多数生物碱具有旋光性，自然界存在的多为左旋体，而左旋体和右旋体的生理效应往往差别很大。

生物碱在中性或酸性溶液中，能同一些试剂发生沉淀或显色反应，这些试剂称为生物碱试剂。生物碱试剂可分为两类。

(1) 沉淀试剂 它们大多数是重要的金属盐或分子量大的复盐化合物。例如，碘-碘化钾、碘化汞钾、磷钼酸、硅钨酸、苦味酸等。某些生物碱与碘-碘化钾溶液生成棕红色沉淀；与磷钼酸试剂生成黄褐色沉淀或蓝色沉淀；与硅钨酸试剂生成白色沉淀。

(2) 显色试剂 它们大多数是氧化剂或脱水剂。例如，高锰酸钾、重铬酸钾、浓硝酸、浓硫酸、钒酸铵或甲醛的浓硫酸溶液等。重铬酸钾的浓硫酸溶液使吗啡显绿色；浓硫酸使秋水仙碱显黄色，钒酸铵的浓硫酸溶液使吗啡显棕色，而使奎宁显淡橙色。这些显色试剂在色谱分析上常作为生物碱的鉴定试剂。

19.2.2 生物碱的提取方法

(1) 有机溶剂提取法 首先将含有生物碱的植物干燥，然后切碎或研磨成细粉，与碱液 [稀氨水、Na_2CO_3 或 $Ca(OH)_2$ 水溶液等] 拌匀研磨，使生物碱游离析出，再选用合适的有机溶剂浸泡，使生物碱溶于有机溶剂，将提取液进行浓缩，蒸馏回收有机溶剂，冷却后即得生物碱结晶。也可把有机溶剂提取液用稀盐酸处理，使生物碱变成盐而溶于水，浓缩盐的水溶液后，再加入碱液使生物碱游离析出，然后再用有机溶剂提取，浓缩提取液后就得生物碱结晶。

(2) 稀酸提取法 将含有生物碱的植物切碎，用稀酸浸泡或加热回流，则生物碱生成盐而溶于水。将水溶液流经阳离子交换树脂柱进行交换分离，生物碱阳离子与离子交换树脂阴离子结合而留在交换树脂上，用稀氢氧化钠溶液洗脱生物碱，再用有机溶剂抽提，即得生物碱结晶。

用上述方法提取的往往是多种生物碱的混合物，需进一步分离和精制，以便获得更纯的成分。

19.2.3 重要的生物碱

(1) 烟碱 烟碱又名尼古丁，是烟草中所含 12 种生物碱中含量最多的一种。烟碱为无色液体，沸点 247℃，呈左旋性。

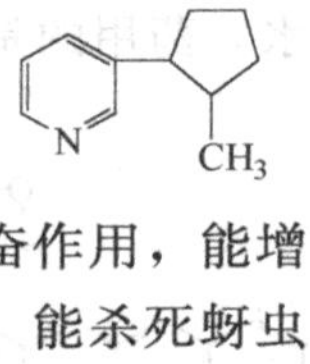

烟碱有剧毒，少量对中枢神经有兴奋作用，能增高血压，大量时可抑制中枢神经，使心脏麻痹而死亡。烟碱可用作农业杀虫剂，能杀死蚜虫、蓟马、木虱等。

(2) 麻黄碱 麻黄碱是含于麻黄中的一种生物碱，俗称麻黄素。是一种不含杂环的生物碱，属仲胺。

麻黄碱为无色结晶，易溶于水和氯仿、乙醇、乙醚等有机溶剂。麻黄碱有兴奋交感神经、增高血压、扩张器官作用，用于治疗支气管哮喘病。

（3）颠茄碱 颠茄碱存在于颠茄、莨菪、曼陀罗、天仙子的植物中。

颠茄碱在医药上称为阿托品，是白色结晶，易溶于乙醇、氯仿，难溶于水，有苦味，医药上用作抗胆碱药，能抑制汗腺、唾液、泪腺、胃液等多种腺体的分泌，并能扩散瞳孔，用于平滑肌痉挛、胃和十二指肠溃疡病等。

（4）蓖麻碱 蓖麻碱与蛋白质结合存在于蓖麻植株的各个部分，尤以蓖麻仁中含量较多，属于吡啶类生物碱。

蓖麻碱是晶体，溶于水，其水溶液呈中性。蓖麻碱有剧毒，用于防治蚜虫、螟虫等。

（5）喜树碱 喜树碱是从中国的喜树中提取的喹啉族生物碱。

喜树碱为黄色结晶，在紫外线照射下显蓝色荧光，有抗白血病及抗癌作用。

（6）吗啡碱 罂粟科植物鸦片中含有 20 余种生物碱，其中含量最多的是吗啡碱，吗啡碱是 1803 年被提纯的第一个生物碱，但它的结构直到 1952 年才被确定。

吗啡碱属于异喹啉族生物碱，是微溶于水的结晶，有苦味。吗啡碱对中枢神经有麻醉作用，有极快的镇痛效力，是医药上常用的局部麻醉剂。但它是一种成瘾药物，因此必须严格控制使用。

（7）小檗碱 小檗碱是存在于黄柏、黄连中的异喹啉族生物碱，又名黄连素。

黄连素为黄色结晶，味苦，易溶于水，药用的是黄连素的盐酸盐，是抑制痢疾杆菌、链球菌及葡萄球菌的抗菌药物。

（8）秋水仙碱 秋水仙碱是灰黄色针状结晶，可溶于水或稀酒精中，易溶于氯仿。

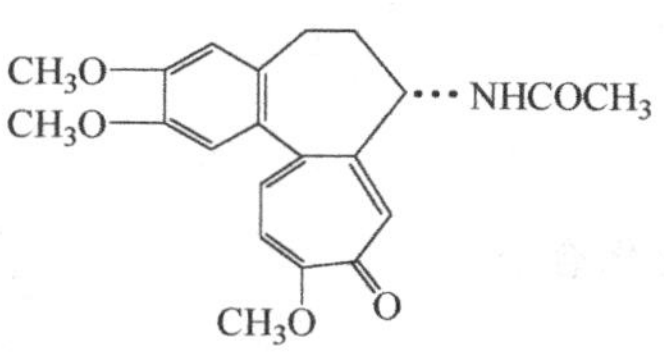

秋水仙碱的毒性较大，是人工诱发单倍体的有效化学药剂，具有抗癌作用，临床上常用于治疗乳腺癌、皮肤癌等。

（9）可可碱、茶碱和咖啡碱 它们存在于可可豆、茶叶以及咖啡中，属于嘌呤类生物碱，是黄嘌呤的甲基衍生物。

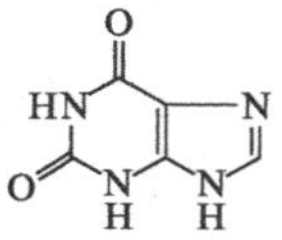

黄嘌呤

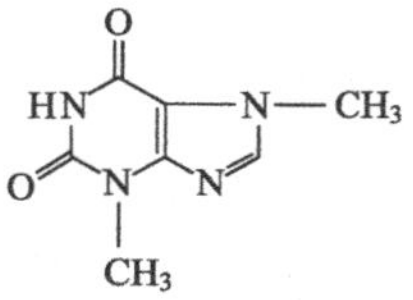

可可碱(3,7-二甲基黄嘌呤)

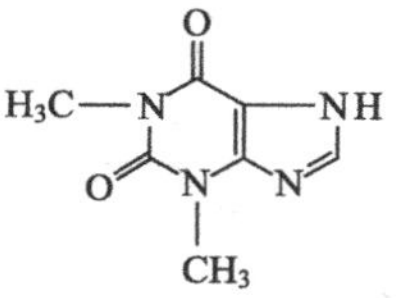

茶碱(1,3-二甲基黄嘌呤)

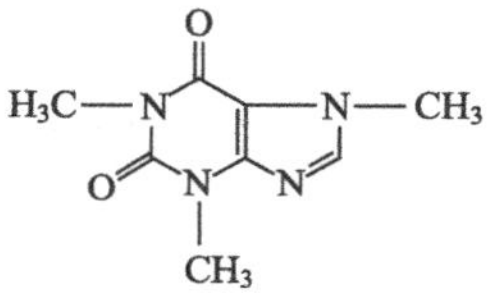

咖啡碱(1,3,7-三甲基黄嘌呤)

可可碱是白色晶体，溶于水和乙醇，有很弱的碱性。能抑制胃小管再吸收和具有利尿作用。

茶碱是白色结晶，易溶于热水，显弱碱性。有较强的利尿作用和松弛平滑肌的作用。

咖啡碱又名咖啡因，它是白色针状结晶，味苦，易溶于热水，显弱碱性。它的利尿作用不如前两者，但它有兴奋中枢神经和止痛作用。

习 题

1. 命名下列化合物

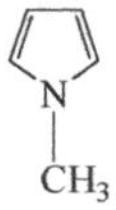 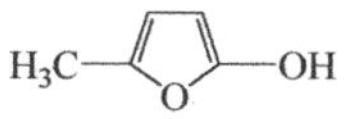 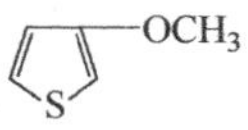 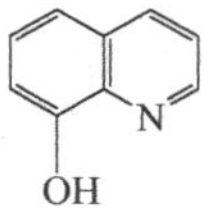

2. 写出下列物质的结构式

α-呋喃甲醛	2,8-二溴喹啉
嘌呤	3-吡啶磺酸
噻唑	2,5-二氯噻吩
2-甲基咪唑	吲哚

3. 完成下列反应

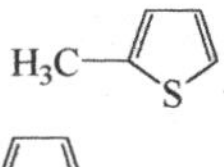 $+HNO_3[(CH_3CO)_2O] \longrightarrow$

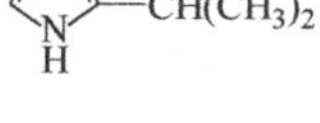 $+SO_3 \xrightarrow{\text{吡啶}}$

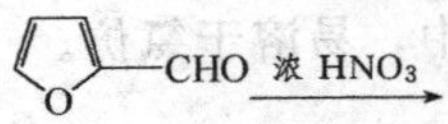

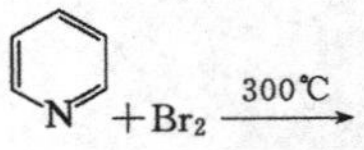

4. 用化学方法区别下列各组化合物

(1) 呋喃和噻吩

(2) 呋喃和糠醛

(3) 吡咯和吡啶

5. 分子式为 C_7H_8NBr 的含氮杂环，氧化后生成 5-溴吡啶-2,3-二羧酸，问该杂环化合物应有怎样的结构？

第20章 糖、脂和蛋白质

糖类、脂类和蛋白质是人类所必需的三大营养物质，广泛存在于自然界中，糖是自然界分布最广的有机化合物，植物中含糖可达植物干重的 80%。动物体含糖较少，如在人体中糖约占干重的 2%。糖是植物通过光合作用形成的主要储能物质，也是人和动物的主要能源。脂类和蛋白质也广泛存在于动植物体中，脂类是动物体中的重要储能物质，而蛋白质与生命息息相关，可以说没有蛋白质就没有生命。

20.1 糖类化合物

从分子结构上看，糖是多羟基醛或多羟基酮以及它们脱水缩合的产物。从元素组成上看，糖由 C、H、O 三种元素组成。由于最初发现糖的 H 与 O 元素之比为 2:1，分子式可以写成 $C_n(H_2O)_m$ 的形式，所以将糖称为碳水化合物。现在已经知道有些化合物如乙酸、乳酸等 H、O 元素之比为 2:1，但不是糖，有些化合物如鼠李糖（$C_6H_{12}O_5$）、2-脱氧核糖（$C_5H_{10}O_4$）等 H、O 元素之比不是 2:1，但它们是糖。所以"碳水化合物"这一名词不十分确切。

根据能否水解及水解生成的产物将糖分为单糖、低聚糖（也称寡糖）和多糖。单糖是不能水解的多羟基醛或多羟基酮；低聚糖是由少量单糖缩合而成的糖，其中较重要的是二糖；多糖是由几百至几千个单糖结合而成的糖。

20.1.1 单糖

20.1.1.1 单糖的结构

单糖分子中含有多个手性碳原子，它们的结构常用费歇尔投影式表示。常见单糖的费歇尔投影式如下：

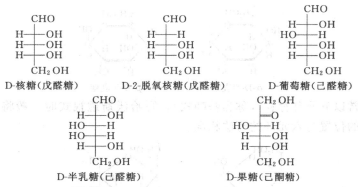

人们在研究 D-葡萄糖的旋光性时，发现葡萄糖在不同条件下得到的结晶具有不同的比旋光度。室温时从乙醇溶液中结晶出的葡萄糖比旋光度为 +112°，用吡啶作溶剂结晶出的葡

萄糖比旋光度为+18.7°。当将两种葡萄糖分别溶于水后，经过一段时间它们的比旋光度都会发生改变，前者比旋光度降低，后者升高，最后两种葡萄糖溶液的比旋光度都变为+52.7°，这种现象称为变旋现象。根据变旋现象和其他性质，人们推测葡萄糖在水溶液中不是以链式结构存在的，而是通过形成半缩醛变成环式结构。

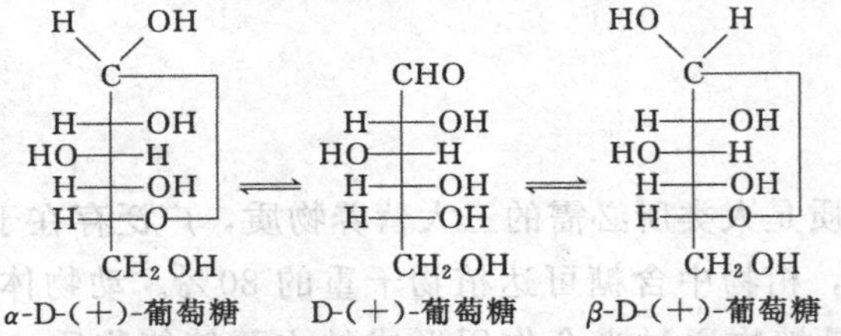

葡萄糖第 1 个碳原子的醛基与分子中第 5 个碳原子的羟基可以形成半缩醛，变为环式结构。在环式结构中，第 1 个碳原子变为手性碳原子，它有两种构型。新生成的半缩醛羟基与决定构型的羟基（第 5 个碳原子的羟基）在同侧的为 α 型，不同侧的为 β 型。

葡萄糖在溶液中可以呈三种状态存在，即比旋光度为+112°的 α-D-葡萄糖、比旋光度为+18.7°的 β-D-葡萄糖和链式结构，它们之间可以相互转化达成平衡。在平衡体系中，α-D-葡萄糖占 36.4%，β-D-葡萄糖占 63.6%，链式结构极少，小于 0.01%。无论是在水溶液中还是自然界中，葡萄糖都以环式结构存在。

葡萄糖的环式结构中，原子的空间关系可以用哈沃斯（Haworth）透视式表示，如图 20-1 所示。

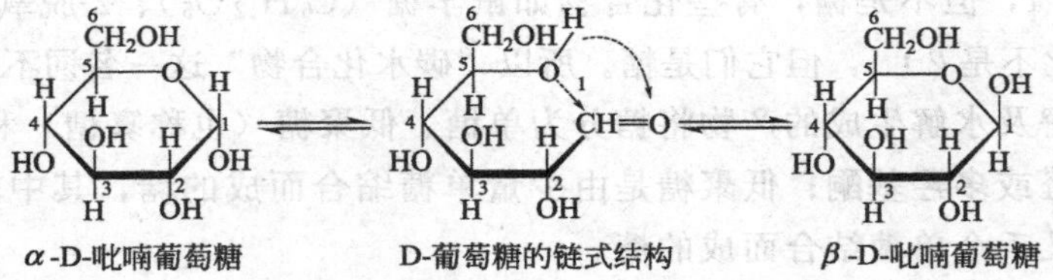

图 20-1　葡萄糖的哈沃斯透视式

含有 6 个碳原子的醛糖一般以六元环存在，在写哈沃斯透视式时先写出六元环，习惯将环上的氧原子写在右上角，碳链按顺时针排列。在链式结构中右侧的原子或基团写在环的下方，左侧的原子或基团写在环的上方，最后一个碳原子（CH_2OH）写在环的上方。新生成的手性碳原子上的半缩醛羟基在环的下方为 α 型，在环的上方为 β 型。半乳糖的哈沃斯透视式为：

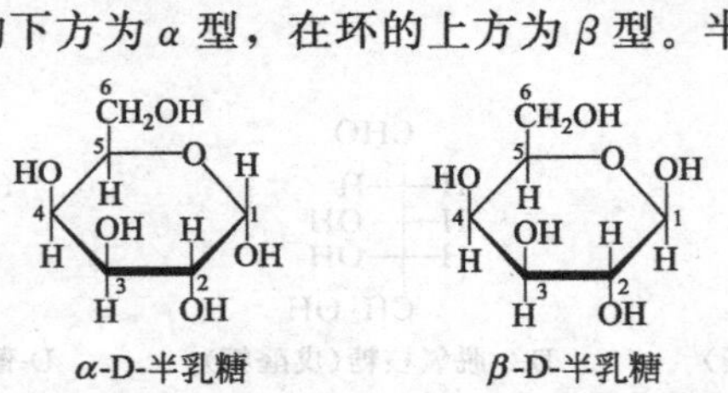

果糖和核糖常以五元环存在（称为呋喃式），写哈沃斯透视式时一般将氧原子写在右上角，原子或基团的位置与六元环的写法相同。

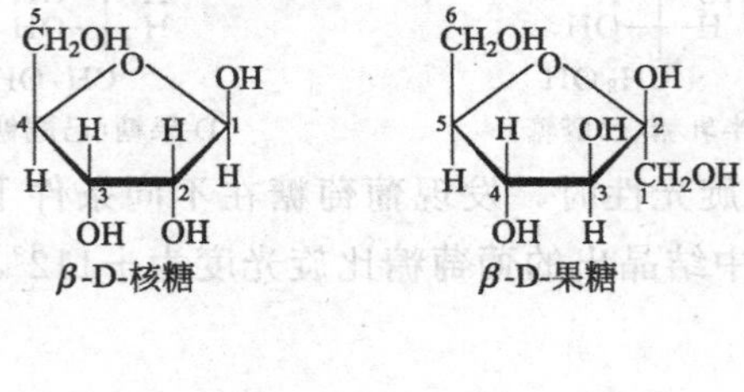

在写哈沃斯透视式时，环上碳链一般以顺时针排列，也可以按逆时针排列，碳链逆时针排列时，所有的原子或基团上下交换位置。

20.1.1.2　单糖的性质

单糖都是无色晶体，易溶于水，难溶于乙醚、丙酮等有机溶剂。单糖分子中都含有手性碳原子，因此单糖都有旋光性。单糖都有甜味，但不同的单糖甜度相差很大，一般人为规定蔗糖的甜度为 100，其他糖的甜度与其相比，葡萄糖的甜度为 74，果糖的甜度为 173。

单糖分子中既含有醛基或酮基又有羟基，所以，单糖具有醛基（或酮基）和羟基的性质。由于羟基的影响，单糖中的醛基和酮基还有与醛酮不同的性质。

（1）糖的还原性　单糖无论是醛糖还是酮糖都容易被氧化，不同的氧化剂氧化产物不同。在酸性溶液中单糖的氧化产物比较简单，溴水只氧化醛基生成羧基，因此，可以利用溴水区别醛糖和酮糖。硝酸可将醛基和碳链末端的羟甲基氧化为羧基。

$$
\begin{array}{c}
\text{CHO}\\
\text{H}\text{—OH}\\
\text{HO}\text{—H}\\
\text{H}\text{—OH}\\
\text{H}\text{—OH}\\
\text{CH}_2\text{OH}
\end{array}
\xrightarrow[\;H_2O\;]{+Br_2}
\begin{array}{c}
\text{COOH}\\
\text{H}\text{—OH}\\
\text{HO}\text{—H}\\
\text{H}\text{—OH}\\
\text{H}\text{—OH}\\
\text{CH}_2\text{OH}
\end{array}
$$

$$
\begin{array}{c}
\text{CHO}\\
\text{H}\text{—OH}\\
\text{HO}\text{—H}\\
\text{H}\text{—OH}\\
\text{H}\text{—OH}\\
\text{CH}_2\text{OH}
\end{array}
\xrightarrow{+HNO_3}
\begin{array}{c}
\text{COOH}\\
\text{H}\text{—OH}\\
\text{HO}\text{—H}\\
\text{H}\text{—OH}\\
\text{H}\text{—OH}\\
\text{COOH}
\end{array}
$$

单糖在碱性溶液中氧化比较复杂，生成的产物随溶液碱性强弱不同而不同。弱氧化剂费林试剂（Fehling）和托伦试剂（Tollens）都能将醛糖和酮糖氧化，费林试剂和托伦试剂分别生成银和氧化亚铜，单糖被氧化为小分子羧酸的混合物。习惯上将能被费林试剂和托伦试剂这样的弱氧化剂氧化的糖称为还原性糖，单糖都是还原性糖。

在植物体内单糖可以在酶的催化下末端羟甲基（CH_2OH）被氧化为羧基，称为糖醛酸。糖醛酸在生物体内有重要的生理功能。

D-葡萄糖醛酸　　α-D-葡萄糖醛酸　　D-半乳糖醛酸　　α-D-半乳糖醛酸

（2）成酯反应　单糖分子中的羟基，包括半缩醛羟基都能与酸发生酯化反应生成酯。在生物体中糖可以与无机磷酸发生酯化反应生成磷酸酯，生物体中单糖重要的磷酸酯有 3-磷酸甘油醛、磷酸二羟丙酮、6-磷酸葡萄糖、6-磷酸果糖、1,6-二磷酸果糖等。糖的磷酸酯命名时，也可以将糖写在前面，例如，3-磷酸甘油醛也可称为甘油醛-3-磷酸。

$$
\begin{array}{c}
\text{CHO}\\
\text{H}\text{—OH}\\
\text{CH}_2\text{OPO}_3\text{H}_2
\end{array}
\qquad\qquad
\begin{array}{c}
\text{CH}_2\text{OH}\\
\text{H}\text{—OH}\\
\text{CH}_2\text{OPO}_3\text{H}_2
\end{array}
$$

3-磷酸甘油醛　　　　　磷酸二羟丙酮

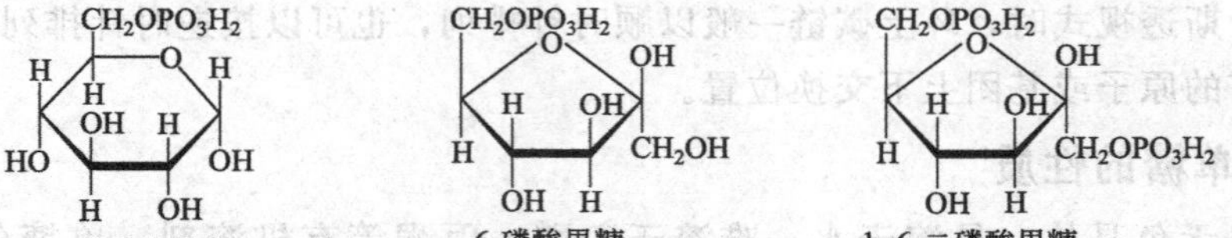

6-磷酸葡萄糖   6-磷酸果糖   1,6-二磷酸果糖

（3）成苷反应　糖的半缩醛羟基与其他物质（一般含有羟基或与氮原子相连的氢原子）脱水缩合的反应称为成苷反应，生成的缩醛型产物称为糖苷，新生成的共价键称为糖苷键。糖苷一般由糖和非糖物质两部分组成，非糖物质也称为配基。例如，葡萄糖与甲醇在干燥 HCl 中可以形成糖苷。

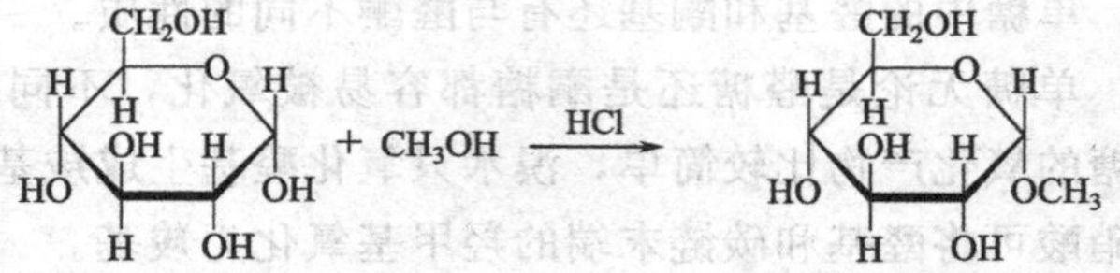

α-D-葡萄糖   甲基-α-D-葡萄糖苷

糖苷没有游离的半缩醛羟基，不能开环变为醛式结构，所以糖苷没有还原性，也没有变旋现象。糖苷在碱性溶液中稳定，可以在酸催化下水解生成糖和非糖物质。糖苷命名时将非糖物质和糖的名称后加"苷"字。

20.1.1.3　重要的单糖

（1）葡萄糖　葡萄糖是自然界中存在最多的糖，植物通过光合作用合成葡萄糖并以多糖的形式储存于种子、根、茎中，葡萄等水果中也存在葡萄糖。动物的血液中存在游离的葡萄糖，肝脏和肌肉组织中葡萄糖以糖原存在。葡萄糖是动物的主要能源之一，人体的某些组织和器官如大脑、红细胞等主要以葡萄糖为能源，因此，葡萄糖对这些组织有特殊的意义。

在食品工业中葡萄糖用于制造糖浆，在医药工业上葡萄糖用作营养剂，并有强心、利尿、解毒等作用。

（2）核糖和 D-2-脱氧核糖　核糖和 D-2-脱氧核糖是所有生物体内存在的最重要的戊糖，它是构成核糖核酸（RNA）和脱氧核糖核酸（DNA）的成分。DNA 是遗传信息的储存物质，它与蛋白质结合成核蛋白存在于细胞核中。

（3）果糖　果糖存在于水果和蜂蜜中，是最甜的糖。存在于菊科植物根部的菊粉是果糖的高聚体，可用于水解制取果糖。果糖是无色结晶，易溶于水，可溶于乙醇和乙醚中，它是左旋糖。果糖可形成五元环或六元环，游离的果糖一般以六元环存在，结合状态或果糖的衍生物都以五元环存在。

（4）半乳糖　半乳糖是无色结晶，能溶于水和乙醇中。它是许多低聚糖的组成成分，如乳糖、棉籽糖等含有半乳糖，半乳糖也是组成脑髓质的重要物质之一。半乳糖的衍生物广泛存在于植物中，例如，半乳糖醛酸及其衍生物是果胶的主要成分，琼脂中也含有半乳糖的衍生物。

20.1.2　二糖

（1）麦芽糖　麦芽糖是由两分子 α-D-葡萄糖结合而成的，其中一分子 α-D-葡萄糖第 1 个碳原子上的半缩醛羟基与另一分子 α-D-葡萄糖第 4 个碳原子上的羟基脱水缩合，形成糖苷键，称为 α-1,4-糖苷键。它的结构如下：

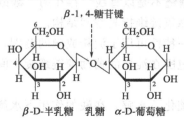

α-1,4-糖苷键

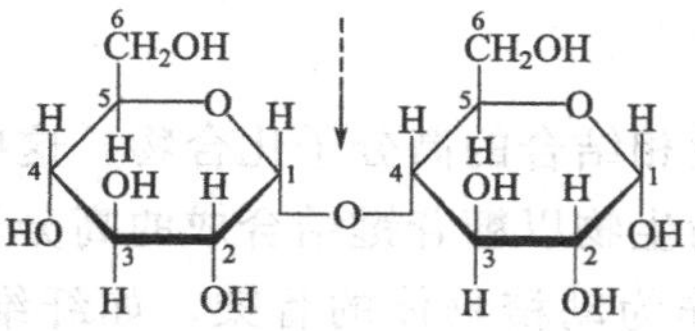

麦芽糖

麦芽糖在自然界中不以游离状态存在，它是淀粉水解的产物。麦芽糖是白色粉末，易溶于水，它的甜度为 40，是饴糖的主要成分。麦芽糖由于有半缩醛羟基，可以变为链式结构，所以它有变旋现象，是还原性糖。麦芽糖在酸或酶的催化下，水解生成两分子葡萄糖。

（2）纤维二糖　纤维二糖也是由两分子葡萄糖组成的，与麦芽糖不同，它是由两分子 β-D-葡萄糖通过 β-1,4-糖苷键结合而成的。纤维二糖是纤维素的基本组成单位，它也可以水解生成两分子葡萄糖，也具有变旋现象，是还原性糖。

β-1,4-糖苷键

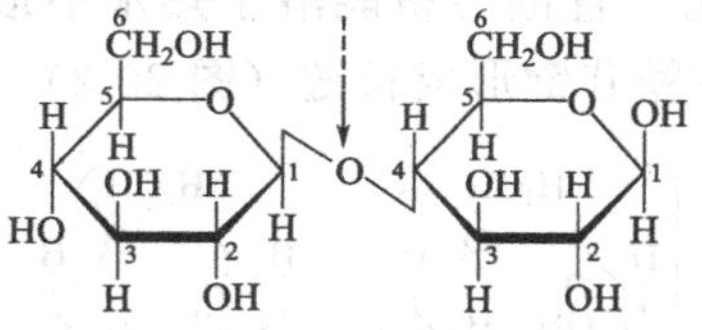

纤维二糖

（3）乳糖　乳糖是由半乳糖和葡萄糖形成的二糖，它是由 β-D-半乳糖的半缩醛羟基与 α-D-葡萄糖第 4 个碳原子上的羟基脱水缩合，形成糖苷键，即由 β-1,4-糖苷键结合而成的。乳糖存在于哺乳动物的乳汁中，人乳中含乳糖 5%～8%，牛奶中含乳糖 4%～5%。乳糖甜度为 70，在水中溶解度较小，没有吸湿性，用于食品及医药工业。

β-1,4-糖苷键

β-D-半乳糖　乳糖　α-D-葡萄糖

（4）蔗糖　蔗糖是自然界中存在最广的非还原性二糖，它由一分子 α-D-葡萄糖第 1 个碳原子上的半缩醛羟基和一分子 β-D-果糖第 2 个碳原子上的半缩醛羟基通过 1,2-糖苷键结合而成。

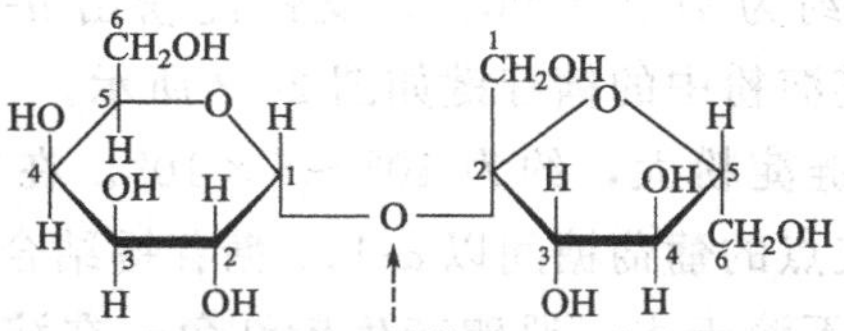

α-D-葡萄糖　1,2-糖苷键　β-D-果糖

蔗糖

蔗糖是与人们日常生活密切相关的糖，它是人们使用最多的天然甜味剂。蔗糖存在于植物的种子、果实中，甘蔗和甜菜中含蔗糖较多，日常生活中所用的蔗糖就是从甘蔗或甜菜中得到的。蔗糖水解后生成葡萄糖和果糖，称为转化糖。转化糖中由于有果糖，所以甜度比蔗糖高，蜂蜜的主要成分就是转化糖。

20.1.3 多糖

多糖是由许多单糖以糖苷键相结合的高分子化合物，这些化合物可以水解成一种或几种单糖，习惯上人们把由单糖的衍生物以糖苷键结合成的高分子化合物也称为多糖。多糖广泛存在于动植物体中，它们可以作为动植物体的骨架，如纤维素、甲壳质，也可以作储能物质，如淀粉和糖原等。多糖还可以与其他物质结合形成具有重要生理功能的物质，如动物体中的糖蛋白和糖脂等具有重要的生理功能。

多糖的性质与单糖不同，它们没有甜味，没有变旋现象，多糖都是非还原性糖。

（1）淀粉　淀粉广泛存在于植物的种子、茎和块根中，是植物繁殖的重要储能物质，也是人所需的三大营养物质之一。不同植物的种子淀粉含量不同，例如，玉米含淀粉 65%～72%，小麦含淀粉 57%～75%，大米含淀粉 62%～82%。

淀粉都是由葡萄糖通过糖苷键结合而成的高分子化合物，根据葡萄糖的结合方式不同，淀粉可分为直链淀粉和支链淀粉。直链淀粉能溶于热水中形成胶体溶液，支链淀粉不溶于水。直链淀粉中葡萄糖以 α-1,4-糖苷键形成长链（图 20-2）。

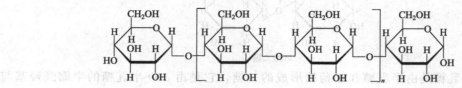

图 20-2　直链淀粉的结构

直链淀粉的分子量随来源不同而不同，一般含有 200～1000 个葡萄糖单位，分子量约为 $1.5 \times 10^5 \sim 6 \times 10^5$。直链淀粉糖链不是以直线形存在的，糖链形成螺旋状，螺旋的每一圈约含有 6 个葡萄糖单位，螺旋间靠氢键维持其空间结构。

直链淀粉遇碘呈蓝色，这一特性可用于淀粉或碘的鉴别。淀粉遇碘变蓝不是碘与淀粉发生了化学反应，而是碘分子被包围在淀粉的葡萄糖链螺旋中间，形成配合物，这种配合物呈蓝色。

直链淀粉可以在酸或酶的催化下水解，在酸的作用下水解是逐渐进行的，生成许多中间产物，这些中间产物总称为糊精。糊精遇碘的颜色逐渐变化，分别称为蓝色糊精、红色糊精、无色糊精。直链淀粉水解生成的二糖是麦芽糖，最后变成葡萄糖。因此，可以通过加碘以后颜色变化判断淀粉水解的程度。

在淀粉中支链淀粉含量约为 70%～90%，支链淀粉由 α-1,4-糖苷键形成直链，再由 α-1,6-糖苷键形成分支。支链淀粉中的糖苷键如图 20-3 所示。

支链淀粉的分子量比直链淀粉大，约为 $10^6 \sim 6 \times 10^6$。在支链淀粉中葡萄糖大部分以 α-1,4-糖苷键结合，只有分支点的葡萄糖间以 α-1,6-糖苷键结合，每个分支的长度约为 20～25 个葡萄糖单位。支链淀粉不溶于水，遇碘产生紫红色，在淀粉酶的催化下只部分水解生成麦芽糖。

淀粉作为营养物质大量地用于食品工业。此外淀粉还大量地用于制药、纺织、酿酒等。

（2）纤维素　纤维素是自然界存在最广的多糖，它是植物细胞壁的主要成分，在植物中起支撑作用。不同植物纤维素含量不同，棉花中纤维素含量为 98%，亚麻含纤维素 60%～70%，木材含纤维素 40%～50%，作物秸秆含纤维素 34%～36%。

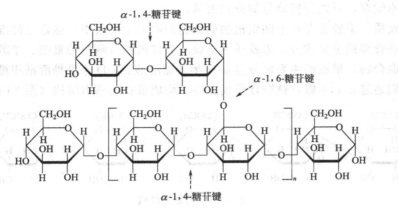

图 20-3　支链淀粉中的糖苷键

不同来源的纤维素分子量大小不同，但它们都是由葡萄糖组成的。纤维素是由 β-D-葡萄糖通过 β-1,4-糖苷键形成的直链（图 20-4）。

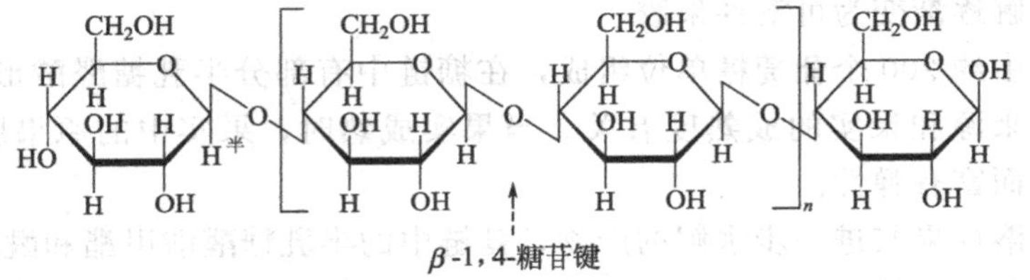

CH₂OH的图在这里

图 20-4　纤维素中的糖苷键

纤维素是由约 1 万个葡萄糖组成的没有分支的长链。与淀粉不同，纤维素糖链不形成螺旋状，许多糖链呈略带弯曲的线形，糖链间通过氢键形成束状结构，这种结构使纤维素有很高的机械强度。

纤维素是白色纤维状固体，既不溶于水也不溶于有机溶剂，能溶于硫酸铜的氨溶液（硫酸铜在 20% 的氨水溶液中）、氯化锌的盐酸溶液和二硫化碳的氢氧化钠水溶液中，形成黏稠的溶胶，利用这种溶胶可以制造人造纤维。

纤维素可在酸催化下加热水解，生成纤维二糖，最终生成葡萄糖。但在人体内没有水解 β-1,4-糖苷键的酶，因此，纤维素不能作为人的营养物质。某些食草动物可以使纤维素水解，并且可以在微生物的作用下使纤维素变为小分子的羧酸而被吸收，所以纤维素可以作为这些动物的营养物质。

纤维素是重要的工业原料，经过加工可以制成人造纤维、胶片、离子交换剂、纸张、无烟火药等。

（3）糖原　糖原也称动物淀粉，是存在于动物体内的多糖，它主要存在于动物的肌肉和肝脏内，存在于肝脏内的称为肝糖原，存在于肌肉中的称为肌糖原。糖原也是由葡萄糖组成的，它的结构与支链淀粉相似。但糖原的分子量比支链淀粉大，分支多，分支较短，每个分支大约为 12～18 个葡萄糖单位。

糖原为白色粉末，能溶于三氯乙酸，不溶于酒精等有机溶剂，利用这一性质可提取糖原。糖原遇碘呈紫红色，在酸存在下水解最终生成葡萄糖。糖原在动物体内在酶的催化下合成和分解，糖原的合成和分解对于血糖的稳定有重要意义。当血液中葡萄糖含量较高时，肝脏合成肝糖原储存，反之肝糖原分解补充血糖。

（4）果胶质　果胶质存在于陆生植物的细胞间隙或中胶层中，通常与纤维素一起形成植物细胞结构和骨架的主要成分。果胶质是果胶及其伴随物（阿拉伯聚糖、半乳聚糖、淀粉和蛋白质）的混合物。果胶的主要成分是 α-D-半乳糖醛酸、α-D-半乳糖醛酸甲酯、α-D-半乳糖醛酰胺，它们通过 α-1,4-糖苷键结合形成直链，构成果胶的基本结构（图 20-5）。

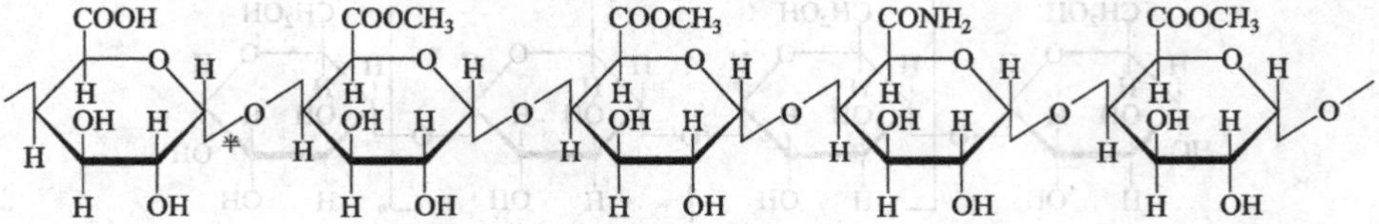

图 20-5　果胶的结构

在果胶的主链中每隔一定距离就有一个含有 α-L-鼠李糖的侧链。植物体内的果胶质一般有三种，即原果胶、可溶性果胶和果胶酸。在未成熟的果实内含有大量的原果胶，原果胶的结构复杂，它的成分中含有半纤维素，使未成熟的水果较为坚硬。随着果实成熟度的增加，原果胶可水解逐渐变为可溶性果胶。

可溶性果胶由约 200 个葡萄糖单位组成，在糖链中有部分半乳糖醛酸形成甲酯或酰胺，甲酯化的程度与来源和果实的成熟度有关。当果实成熟时，果实中的原果胶变为可溶性果胶，使果实变软而富有弹性。

果胶酸是可溶性果胶进一步水解的产物，糖链中的半乳糖醛酸甲酯和酰胺被水解，所以果胶酸可以看成是半乳糖醛酸通过 α-1,4-糖苷键结合形成的糖链。果胶酸可溶于水，果实中的可溶性果胶水解成果胶酸时，果实过度成熟。

果胶一般从水果中提取，在食品中主要作为果冻和果酱的胶凝剂，它还可用于食品的增稠剂和稳定剂。果胶可用于制造各种果酱和果味酸奶。

20.2 脂 类

20.2.1 油脂

油脂是动物体的三大营养物质之一，是动植物体中主要的储能物质。油脂广泛存在于动植物体中，在植物体中油脂主要存在于种子、果实，在动物体中油脂主要存在于脂肪组织。油脂是油和脂肪的统称，一般将常温下呈液态的称为油，呈固态的称为脂肪。油来源于植物，脂肪来源于动物。

20.2.1.1 油脂的组成和结构

油脂是由三分子高级脂肪酸与甘油组成的酯。它的结构可用通式表示为：

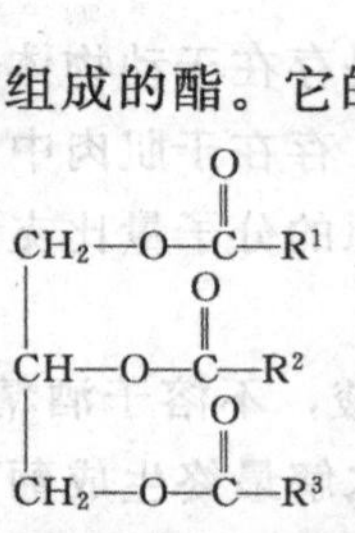

不同的油脂中高级脂肪酸不同，常为偶数碳原子的高级脂肪酸，其中十六碳、十八碳原

子的高级脂肪酸最多。油脂中常见的高级脂肪酸见表 20-1。

表 20-1 油脂中常见的高级脂肪酸

类别	俗名	系统名称	结构简式	来源
饱和脂肪酸	软脂酸	十六酸	$CH_3(CH_2)_{14}COOH$	动植物油脂
	硬脂酸	十八酸	$CH_3(CH_2)_{16}COOH$	动植物油脂
不饱和脂肪酸	油酸	9-十八碳烯酸	$CH_3(CH_2)_7CH\!=\!CH(CH_2)_7COOH$	橄榄油
	亚油酸	9,12-十八碳二烯酸	$CH_3(CH_2)_4CH\!=\!CHCH_2CH\!=\!$ $CH(CH_2)_7COOH$	大豆、亚麻子油
	α-亚麻酸	(全顺)-9,12,15-十八碳三烯酸	$CH_3CH_2CH\!=\!CHCH_2CH\!=\!CHCH_2CH\!=\!$ $CH(CH_2)_7COOH$	亚麻子油
	γ-亚麻酸	(全顺)-6,9,12-十八碳三烯酸	$CH_3(CH_2)_4(CH\!=\!CHCH_2)_3(CH_2)_3COOH$	月见草种子油、动物脂肪中有微量存在
	桐油酸	9,11,13-十八碳三烯酸	$CH_3(CH_2)_3(CH\!=\!CH)_3(CH_2)_7COOH$	桐油、苦瓜籽油
	蓖麻油酸	12-羟基-9-十八碳烯酸	$CH_3(CH_2)_5CH(OH)CH_2CH\!=\!$ $CH(CH_2)_7COOH$	蓖麻油
	花生四烯酸	5,8,11,14-二十碳四烯酸	$CH_3(CH_2)_4CH\!=\!CHCH_2CH\!=\!CH$ $CH_2CH\!=\!CH(CH_2)_3COOH$	脑磷脂、卵磷脂

人体能合成软脂酸、硬脂酸和油酸等高级脂肪酸，但不能合成亚油酸和亚麻酸，这两种脂肪酸对人体功能是必不可少的，必须由食物供给，称为必需脂肪酸。

20.2.1.2 油脂的性质

纯净的油脂是无色、无味的物质，难溶于水而易溶于乙醚、汽油、氯仿等有机溶剂。可以利用油脂易溶于有机溶剂的性质提取油脂，目前植物油的制取大多采用有机溶剂溶解法。油脂是混合物，没有固定的熔点和沸点。

(1) 水解反应 油脂是酯类化合物，在酸、碱作用下可发生水解，在酸催化下水解生成甘油和三分子高级脂肪酸，其反应为可逆反应。在碱性条件下水解生成甘油和高级脂肪酸的钠盐，可完全水解。高级脂肪酸的钠盐是肥皂的主要成分，因此，油脂的碱性水解称为皂化反应。

皂化 1g 油脂所需要氢氧化钠的毫克数称为皂化值。每种油脂都有一定的皂化值，根据油脂的皂化值可以计算油脂的平均分子量。油脂的分子量越小，皂化值越大。皂化值也是检验油脂质量的重要指标，油脂中如果有很多难皂化的杂质，皂化值就会较低。

$$
\begin{array}{l}
CH_2-O-\overset{\displaystyle O}{\overset{\|}{C}}-R^1 \\
CH-O-\overset{\displaystyle O}{\overset{\|}{C}}-R^2 \quad +NaOH \longrightarrow \quad
\begin{array}{l}
CH_2-OH \quad R^1-COONa \\
CH-OH + R^2-COONa \\
CH_2-OH \quad R^3-COONa
\end{array} \\
CH_2-O-\overset{\displaystyle O}{\overset{\|}{C}}-R^3
\end{array}
$$

(2) 加成反应 油脂中的不饱和高级脂肪酸有碳-碳双键，具有烯烃的性质，能发生加成反应，可以加氢、卤素等。油脂加氢也是在 Ni、Pt、Pd 等催化剂存在下进行的，油脂加氢后不饱和脂肪酸变为饱和脂肪酸，熔点升高，因此，油脂的加氢也称为油脂的硬化反应。

$$CH_2-O-\overset{\displaystyle O}{\overset{\|}{C}}-(CH_2)_7-CH=CH-(CH_2)_7-CH_3 \qquad\qquad CH_2-O-\overset{\displaystyle O}{\overset{\|}{C}}-(CH_2)_{16}CH_3$$
$$HC-O-\overset{\displaystyle O}{\overset{\|}{C}}-(CH_2)_7-CH=CH-(CH_2)_7-CH_3 \;+3H_2 \xrightarrow{\;Ni\;}\; HC-O-\overset{\displaystyle O}{\overset{\|}{C}}-(CH_2)_{16}CH_3$$
$$CH_2-O-\overset{\displaystyle O}{\overset{\|}{C}}-(CH_2)_7-CH=CH-(CH_2)_7-CH_3 \qquad\qquad CH_2-O-\overset{\displaystyle O}{\overset{\|}{C}}-(CH_2)_{16}CH_3$$

三油酸甘油酯   三硬脂酸甘油酯

油脂中的碳-碳双键也可以与碘发生加成反应,将100g油脂与碘发生加成反应所需碘的克数称为碘值。碘值是油脂的重要参数,代表油脂的不饱和程度,碘值大,油脂中的双键多,即油脂的不饱和程度高。

(3)油脂的酸败　油脂在物理、化学及生物因素的影响下,逐渐发生复杂的化学反应,产生难闻气味的现象称为油脂的酸败。使油脂酸败的因素主要有水、空气中的氧气、微生物、光、热等。油脂酸败的化学变化很复杂,主要是在水的作用下油脂发生水解,生成甘油和脂肪酸,不饱和脂肪酸在氧气、微生物等的作用下被氧化成小分子的羧酸、醛、酮等。因此,油脂酸败后有难闻的气味,不能食用。

油脂酸败后游离脂肪酸增加,因此油脂的品质与油脂中游离脂肪酸的含量有关,油脂中游离脂肪酸的含量常用酸值表示。酸值是指中和1g油脂中的游离脂肪酸所需氢氧化钾的毫克数。油脂酸败后酸值增加,一般酸值大于6的油脂就不宜食用。为了防止油脂酸败,可将油脂置于密闭容器中,并放于阴凉、干燥、避光的地方,也可在油脂中加一些维生素E等抗氧剂。

20.2.1.3　肥皂和表面活性剂

(1)肥皂的去污原理　肥皂的主要成分是高级脂肪酸的钠盐,特别是硬脂酸钠。高级脂肪酸钠盐由两部分组成:一部分是易溶于水的亲水基团(—COO$^-$);另一部分是难溶于水而易溶于非极性物质的亲油基团。当肥皂洗涤衣物遇到油污时,肥皂分子中的烃基就溶于油中,而亲水的羧基被留在油珠外面,这样每个油滴都被许多肥皂分子所包围,构成一个大离子团(图20-6),彼此相斥而悬浮于水中,形成稳定的乳浊液,这种现象称为乳化。

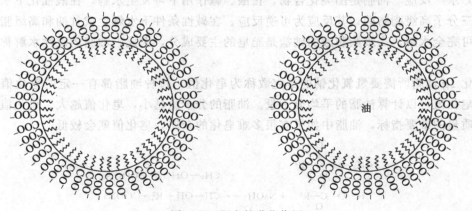

图20-6　肥皂的乳化作用

凡是具有乳化作用的物质称为乳化剂,乳化剂都有去污作用。肥皂有去污作用,但肥皂的主要成分高级脂肪酸的钠盐遇酸后便游离出高级脂肪酸而失去乳化剂的效能,因此,肥皂不能在酸性溶液中使用。高级脂肪酸钠盐还可以与硬水中的Ca^{2+}、Mg^{2+}结合生成不溶于水的高级脂肪酸的钙盐和镁盐，因此，肥皂也不能在硬水中使用。

　　（2）表面活性剂　表面活性剂是能降低液体表面张力的物质。从结构上看，表面活性剂分子中都含有亲水基团和亲油基团。根据用途，表面活性剂可分为乳化剂、润湿剂、起泡剂、洗涤剂、分散剂等。根据是否带有电荷，表面活性剂可分为非离子表面活性剂和离子表面活性剂。离子表面活性剂又分为阴离子表面活性剂和阳离子表面活性剂。

　　阴离子表面活性剂在水中离解成阴离子，肥皂就属于阴离子表面活性剂。日常生活中常见的阴离子表面活性剂还有十二烷基硫酸钠、对十二烷基苯磺酸钠等。这类表面活性剂可用作起泡剂、润湿剂、洗涤剂等。如十二烷基硫酸钠是牙膏中的起泡剂，对十二烷基苯磺酸钠是洗衣粉的主要成分。由于磺酸盐是强酸盐，在水中的溶解度大，钙盐、镁盐也溶于水，所以可以在硬水中使用。

　　阳离子表面活性剂在水中生成带有亲水基团的阳离子，这类表面活性剂主要为季铵盐。常见阳离子表面活性剂品种有十六烷基二甲基氯化铵（1631）、十八烷基三甲基氯化铵（1831）、十二烷基二甲基苄基溴化铵（新洁尔灭）等。阳离子表面活性剂不同于其他表面活性剂，去污力和起泡性差，往往有一定的刺激性，因此，阳离子表面活性剂不在洗涤剂中作主要的清洗去污成分。阳离子表面活性剂有消毒杀菌作用，主要用于洗发香波配方用量很少的调理剂组分。

　　非离子表面活性剂在水中不形成离子，它们的亲水部分含有多个羟基或醚键，使分子有足够的亲水性。非离子表面活性剂除去污力与起泡性外，其他性能优于阴离子表面活性剂，是目前各类液体洗涤剂中应用广泛的表面活性剂。

20.2.2　类脂化合物

　　（1）磷脂　磷脂广泛存在于植物种子、动物的脑、卵及微生物体中，磷脂是构成生物膜的主要成分。根据磷脂的组成和结构，可把常见的磷脂分为磷酸甘油酯和神经鞘磷脂两大类。磷酸甘油酯常见的有卵磷脂和脑磷脂。

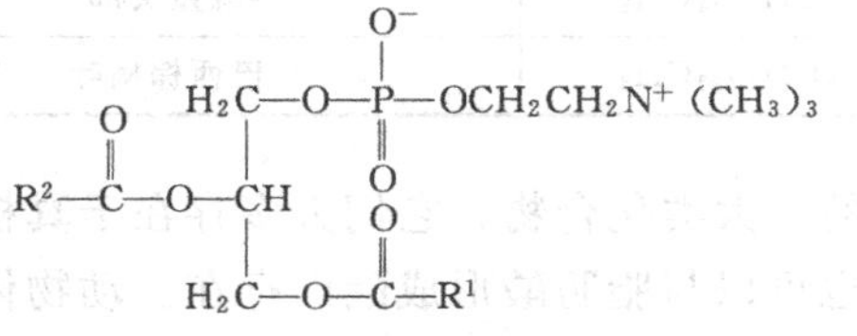

L-α-卵磷脂 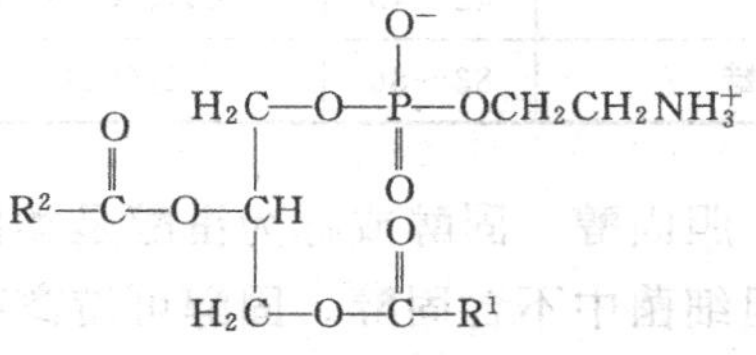　　　　　　　　　　　　　　　L-α-脑磷脂

　　卵磷脂由甘油、两分子高级脂肪酸、磷酸和胆碱组成，脑磷脂由甘油、两分子高级脂肪酸、磷酸和一分子胆胺组成。在脑磷脂和卵磷脂分子中，磷酸可电离出一个 H^+ 而带负电荷，胆胺和胆碱都是碱性基团，可接受 H^+ 而带正电荷，因此，它们都以内盐的形式存在。

　　另一类重要的磷脂是神经鞘磷脂，简称鞘磷脂。鞘磷脂是鞘脂中的一类，鞘脂的基本结构是神经酰胺，神经酰胺由鞘氨醇分子中 C2 上的氨基与一分子高级脂肪酸以酰胺键相连接。

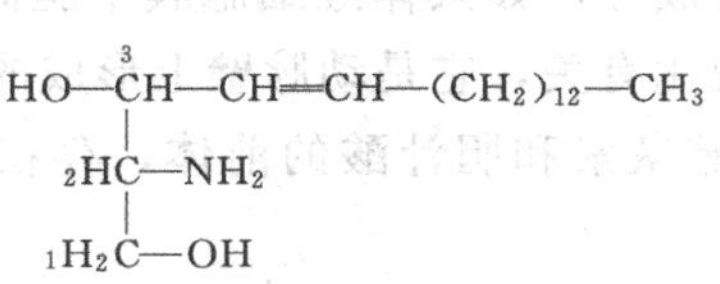

鞘氨醇 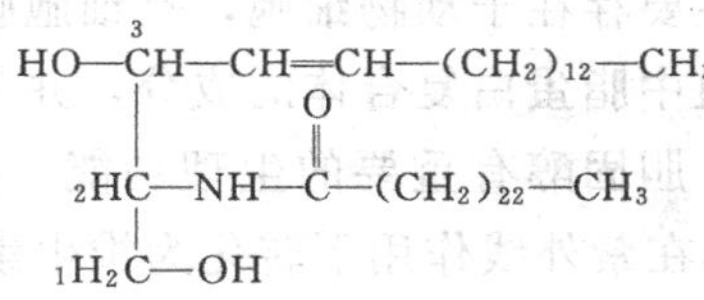　　　　　　　　　　　　　神经酰胺

　　鞘磷脂是神经酰胺中 C1 上的羟基与磷酸、胆碱相结合，形成磷脂酰胆碱，鞘磷脂的基

本特征和三维结构与甘油磷脂相似。

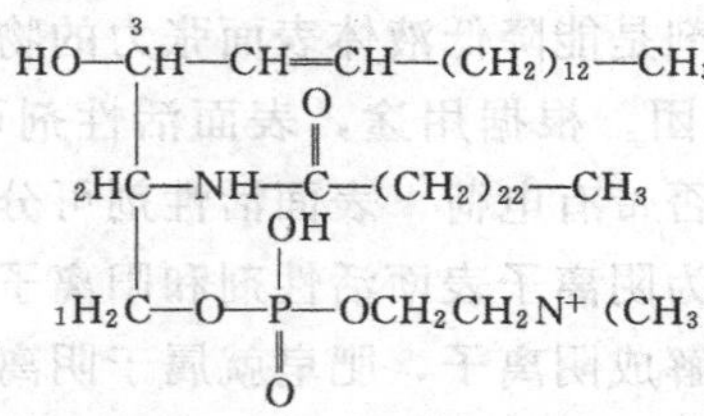

$$HO-CH-CH=CH-(CH_2)_{12}-CH_3$$
$$HC-NH-C-(CH_2)_{22}-CH_3$$
$$H_2C-O-P-OCH_2CH_2N^+(CH_3)_3$$

鞘磷脂

鞘磷脂存在于动物细胞的质膜中，在髓鞘质中尤其丰富。髓鞘质是一个膜状的鞘，包围在神经细胞的轴突周围将之隔离，是轴突的保护层。

在磷脂分子中同时存在亲水基团和疏水基团，因此，它们是良好的乳化剂。由于磷脂的特殊结构，在细胞中，以双层脂的形式构成生物膜。

(2) 蜡　蜡是长链脂肪酸与长链醇形成的酯，它广泛存在于动植物中。蜡按其来源可分为动物蜡和植物蜡两类。植物蜡存在于植物的叶、茎和果实的表面，可防止水分过度蒸发和细菌侵害。动物蜡存在于动物的分泌腺、皮肤、羽毛和昆虫外骨骼的表面，也具有保护作用。

蜡广泛应用于制药、化妆品及其他工业。如羊毛脂是脂肪酸和羊毛甾醇形成的酯，它是存在于羊毛上的油状物，易吸收水分并有乳化作用，常用于化妆品中。巴西棕榈蜡硬度大，不溶于水，被用作高级抛光剂，如汽车蜡、船蜡、地板蜡及鞋油等。常见的蜡的来源及成分列于表 20-2。

表 20-2　几种常见的蜡的来源及成分

名　称	熔点/℃	主　要　成　分	来　源
虫蜡	81.3~84	$CH_3(CH_2)_{24}COOCH_2(CH_2)_{24}CH_3$	白蜡虫
蜂蜡	62~65	$CH_3(CH_2)_{14}COOCH_2(CH_2)_{28}CH_3$	蜜蜂腹部
鲸蜡	42~45	$CH_3(CH_2)_{14}COOCH_2(CH_2)_{14}CH_3$	鲸鱼头部
巴西棕榈蜡	83~86	$CH_3(CH_2)_{24}COOCH_2(CH_2)_{28}CH_3$	巴西棕榈叶

(3) 胆固醇　固醇或称为甾醇是类固醇中的一大类化合物，它们大多存在于真核细胞的膜中，但细菌中不含固醇。固醇可游离存在，也可以与脂肪酸形成酯而存在。动物体中存在的固醇主要为胆固醇，它在脑、肝、肾和蛋黄中含量较高。

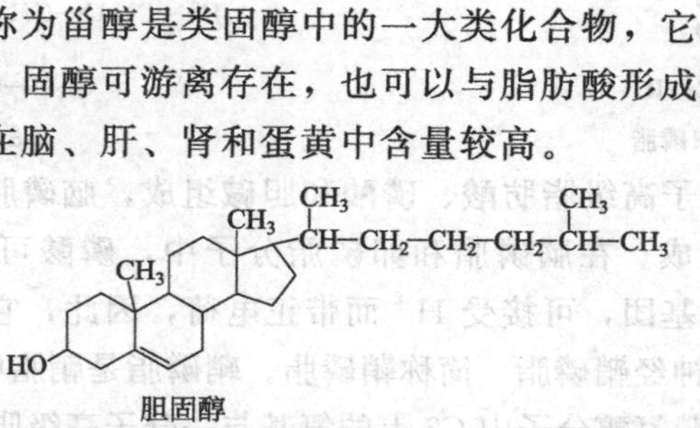

胆固醇

胆固醇主要存在于动物细胞，是细胞膜的主要成分，如人体红细胞膜中胆固醇占 25%。胆固醇也是血中脂蛋白复合体的成分，并与粥样硬化有关，它是动脉壁上形成的粥样硬化斑块成分之一。胆固醇有重要的生理功能，是类固醇激素和胆汁酸的前体，存在于皮肤中的 7-脱氢胆固醇在紫外线作用下转化为维生素 D_3。

胆固醇除人体自身合成外，可以从食物中获取。胆固醇是人体必需的，但过多时又会引起某些疾病。胆结石症的胆石是胆固醇的晶体，冠心病患者血清总胆固醇含量很高，超过正常值（3.30～6.20mmol/L）的上限，因此，必须控制膳食中胆固醇的量。

20.3　蛋白质

蛋白质是最丰富的生物大分子，在各种细胞及细胞的各个部分中存在。它是生命现象和生理活动的主要物质基础。生物体中的蛋白质非常复杂，在同一个细胞中可以找到数千种不同的蛋白质。但无论蛋白质的来源如何，所有的蛋白质都是由 20 种氨基酸合成的。

20.3.1　氨基酸

20.3.1.1　氨基酸的结构

生物体合成蛋白质的氨基酸只有 20 种，这些氨基酸都是 α-氨基酸。它们含有连接于同一个碳原子的一个羧基和一个氨基，以及结构、大小和带电性不同的侧链或称 R 基团，除脯氨酸外结构可用通式表示如下：

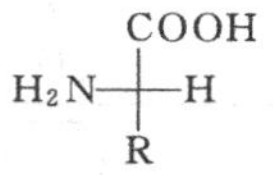

$$
\begin{array}{c}
COOH \\
| \\
H_2N - C - H \\
| \\
R
\end{array}
$$

L-α-氨基酸

组成蛋白质的 20 种氨基酸（表 20-3）常称为标准氨基酸，以区别于在蛋白质合成后经修饰而形成的不常见的氨基酸。组成蛋白质的氨基酸除甘氨酸外都有手性碳原子，手性碳原子（α-碳原子）的构型常用相对构型表示，都是 L 型。

表 20-3　组成蛋白质的氨基酸

分 类	氨基酸名称	缩写符号	单字母缩写符号	结　构　式	等 电 点
脂肪族氨基酸	甘氨酸	Gly	G	$CH_2 - COOH$ | NH_2	5.97
	丙氨酸	Ala	A	$CH_3 - CH - COOH$ | NH_2	6.02
	缬氨酸	Val	V	$CH_3 - CH - CH - COOH$ | |　 CH_3　NH_2	5.97
	亮氨酸	Leu	L	$CH_3 - CH - CH_2 - CH - COOH$ |　　　　　| CH_3　　　　NH_2	5.98
	异亮氨酸	Ile	I	$CH_3 - CH_2 - CH - CH - COOH$ |　 | CH_3　NH_2	6.02
	丝氨酸	Ser	S	$HO - CH_2 - CH - COOH$ | NH_2	5.68
	苏氨酸	Thr	T	$CH_3 - CH - CH - COOH$ |　 | OH　NH_2	6.53
	天门冬氨酸	Asp	D	$HOOC - CH_2 - CH - COOH$ | NH_2	2.97
	谷氨酸	Glu	E	$HOOC - CH_2 - CH_2 - CH - COOH$ | NH_2	3.22

分类	氨基酸名称	缩写符号	单字母缩写符号	结 构 式	等电点
脂肪族氨基酸	精氨酸	Arg	R	$H_2N-C-NH-CH_2-CH_2-CH_2-CH-COOH$ ($\parallel$ NH) ($\mid$ NH$_2$)	10.76
	赖氨酸	Lys	K	$H_2N-CH_2-CH_2-CH_2-CH_2-CH-COOH$ ($\mid$ NH$_2$)	9.74
	甲硫氨酸（蛋氨酸）	Met	M	$CH_3-S-CH_2-CH_2-CH-COOH$ ($\mid$ NH$_2$)	5.75
	半胱氨酸	Cys	C	$HS-CH_2-CH-COOH$ ($\mid$ NH$_2$)	5.02
	天冬酰胺	Asn	N	$H_2N-C-CH_2-CH-COOH$ ($\parallel$ O) ($\mid$ NH$_2$)	5.41
	谷胺酰胺	Gln	Q	$H_2N-C-CH_2-CH_2-CH-COOH$ ($\parallel$ O) ($\mid$ NH$_2$)	5.65
芳香族氨基酸	苯丙氨酸	Phe	F	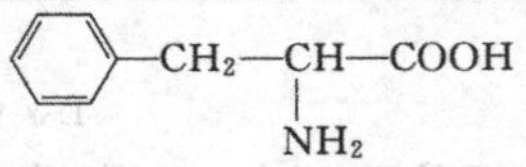 苯环$-CH_2-CH-COOH$ ($\mid$ NH$_2$)	5.48
	酪氨酸	Tyr	Y	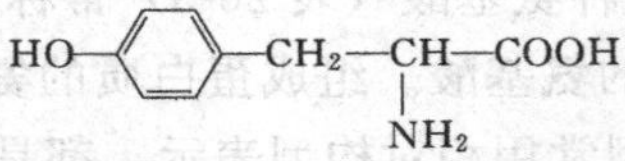 $HO-$苯环$-CH_2-CH-COOH$ ($\mid$ NH$_2$)	5.66
杂环氨基酸	组氨酸	His	H	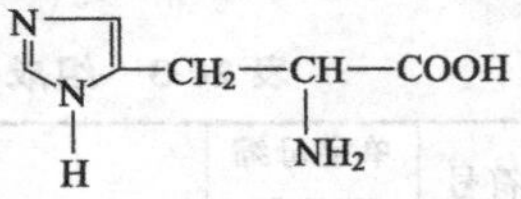 咪唑环$-CH_2-CH-COOH$ ($\mid$ NH$_2$)	7.59
	色氨酸	Trp	W	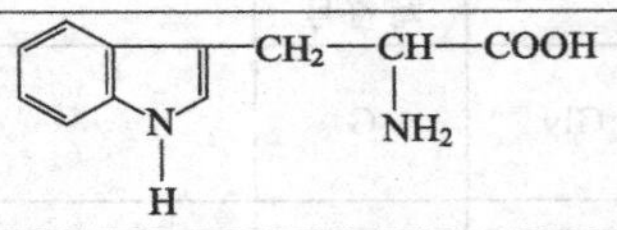 吲哚环$-CH_2-CH-COOH$ ($\mid$ NH$_2$)	5.89
	脯氨酸	Pro	P	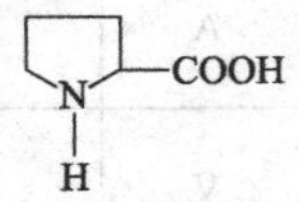 吡咯烷环$-COOH$	6.30

20.3.1.2 氨基酸的分类和命名

（1）**氨基酸的分类** 20种L-α-氨基酸可以根据R基团的结构不同进行分类。R基团为链状的称为脂肪族氨基酸，R基团含有苯环的称为芳香族氨基酸，R基团含有杂环化合物的称为杂环氨基酸；氨基酸还可以根据氨基和羧基的个数分为一氨基一羧基氨基酸（中性氨基酸），二氨基一羧基氨基酸（碱性氨基酸），二羧基一氨基氨基酸（酸性氨基酸）；还可以根据R基团是否有极性分为极性氨基酸和非极性氨基酸。

（2）**氨基酸的命名** 氨基酸可以用三种方式命名：系统命名法、俗名和英文缩写。系统命名法结构与名称一一对应，从名称可以知道结构，但由于名称较长，所以不常使用。每个氨基酸都有一个三字母英文缩写和单字母缩写符号，英文缩写常在科技文献中使用。氨基酸的俗名是根据最初发现氨基酸的来源和性质命名的，如天门冬氨酸最初是从天门冬幼苗中发现的，甘氨酸是由于有甜味而得名。

（3）非标准氨基酸　在蛋白质中除 20 种氨基酸外，还有少量的非标准氨基酸，这些氨基酸是多肽链合成后经修饰加工形成的。常见的非标准氨基酸有 4-羟基脯氨酸、5-羟基赖氨酸、γ-羧基谷氨酸和 6-氮甲基赖氨酸。

在少数已知的蛋白质中，还含有一种稀有氨基酸——硒代半胱氨酸。它是在蛋白质合成时引入的，而不是蛋白质合成后进行修饰加工产生的。硒代半胱氨酸是对结合在 tRNA 上的丝氨酸加以修饰形成的。

除蛋白质中的氨基酸外，目前在细胞中还发现 300 多种氨基酸，它们不是蛋白质的组成成分，但有特殊的功能。如鸟氨酸和瓜氨酸参与尿素的合成，γ-氨基丁酸是一种传递神经冲动的化学介质，称为神经递质。

$$H_2N-(CH_2)_3-\underset{\underset{NH_2}{|}}{CH}-COOH \qquad H_2N-\overset{\overset{O}{\|}}{C}-NH-(CH_2)_3-\underset{\underset{NH_2}{|}}{CH}-COOH$$

鸟氨酸　　　　　　　　　　　瓜氨酸

20.3.1.3　氨基酸的性质

氨基酸为无色晶体，熔点较高，一般在 200℃ 以上。除胱氨酸和酪氨酸外，一般氨基酸都易溶于水，难溶于有机溶剂。

（1）两性性质与等电点　氨基酸分子中既有氨基又有羧基，氨基可以接受质子呈碱性，而羧基可以给出质子呈酸性。所以氨基酸既有酸性又有碱性，这一性质称为氨基酸的两性性质。

$$\underset{\substack{阴离子\\ pH>pI}}{R-\underset{\underset{COO^-}{|}}{CH}-NH_2} \underset{OH^-}{\overset{H^+}{\rightleftharpoons}} \underset{\substack{两性离子\\ pH=pI}}{R-\underset{\underset{COO^-}{|}}{CH}-\overset{+}{NH_3}} \underset{OH^-}{\overset{H^+}{\rightleftharpoons}} \underset{\substack{阳离子\\ pH<pI}}{R-\underset{\underset{COOH}{|}}{CH}-\overset{+}{NH_3}}$$

氨基酸溶于水后，可以调节溶液的 pH 使氨基酸分子以两性离子存在。氨基酸分子所带正负电荷相等时溶液的 pH 称为氨基酸的等电点（pI）。当氨基酸溶液的 pH 大于等电点时，氨基酸分子带负电荷；溶液的 pH 小于等电点时，氨基酸分子带正电荷。等电点是氨基酸的物理常数。氨基酸在等电点时溶解度最小，利用这一性质可以分离氨基酸。

（2）成肽反应　一个氨基酸分子中的羧基与另一个氨基酸分子中的氨基脱去一分子水，使两个氨基酸分子以酰胺键结合起来，这个反应称为成肽反应。生成的产物称为肽，形成的酰胺键称为肽键。

$$H_2N-\underset{\underset{R^1}{|}}{CH}-\overset{\overset{O}{\|}}{C}-OH + H-NH-\underset{\underset{R^2}{|}}{CH}-\overset{\overset{O}{\|}}{C}-OH \longrightarrow H_2N-\underset{\underset{R^1}{|}}{CH}-\overset{\overset{O}{\|}}{C}-NH-\underset{\underset{R^2}{|}}{CH}-\overset{\overset{O}{\|}}{C}-OH$$

在多肽链中，有游离氨基的一端称为 N 端，有游离羧基的一端称为 C 端。多肽链书写时从 N 端到 C 端。多肽命名时从 N 端开始将组成多肽的氨基酸的俗名列出直到 C 端，最后加"肽"字。生物体中有一些多肽有重要的生理功能，一些激素也是多肽。

（3）呈色反应　氨基酸可以与其他物质生成有特征颜色的化合物，利用这些性质可以定性或定量测定氨基酸。

茚三酮在弱酸性溶液中与氨基酸共热生成紫色物质，称为茚三酮反应。具有游离氨基和羧基的氨基酸和多肽或蛋白质都能发生茚三酮反应，生成的紫色物质在 570nm 处对光有吸收，利用分光光度法可以定量测定氨基酸。脯氨酸没有氨基，它与茚三酮反应不呈紫色而呈亮黄色。

（4）与亚硝酸反应　氨基酸能与亚硝酸反应，生成羟基酸和水，并放出氮气。

$$\underset{\underset{NH_2}{|}}{R-CH-COOH} + HNO_2 \longrightarrow \underset{\underset{OH}{|}}{R-CH-COOH} + H_2O + N_2$$

反应定量完成，通过测定生成氮气的量，可计算氨基酸的含量，此方法称为范斯莱克（Van Slyke）氨基氮测定法。

（5）与甲醛反应　甲醛能与氨基酸中的氨基缩合脱水，生成 N-亚甲基氨基酸，使氨基酸的碱性消失，这样就可以用碱滴定羧基，测定氨基酸的含量。

$$\underset{\underset{NH_2}{|}}{R-CH-COOH} + HCHO \longrightarrow \underset{\underset{N=CH_2}{|}}{R-CH-COOH} + H_2O$$

（6）脱羧反应　将氨基酸小心加热或在高沸点溶剂中回流，可失去 CO_2 生成胺，如鸟氨酸、赖氨酸失羧分别生成腐胺和尸胺。

$$\underset{\underset{NH_2}{|}}{H_2N-CH_2-CH_2-CH_2-CH-COOH}$$
鸟氨酸

$$\underset{\underset{NH_2}{|}}{CH_2}-CH_2-CH_2-\underset{\underset{NH_2}{|}}{CH_2}$$
腐胺（1,4-丁二胺）

$$\underset{\underset{NH_2}{|}}{H_2N-CH_2-CH_2-CH_2-CH_2-CH-COOH}$$
赖氨酸

$$\underset{\underset{NH_2}{|}}{CH_2}-CH_2-CH_2-CH_2-\underset{\underset{NH_2}{|}}{CH_2}$$
尸胺（1,5-戊二胺）

动物体或鱼、肉等蛋白质食物在细菌或脱羧酶作用下，失羧后生成腐胺和尸胺而产生恶臭。

（7）氧化反应　氨基酸可被氧化，首先氨基被氧化成亚氨基，亚氨基水解成羰基，得到 α-酮酸。在生物体内，这种氧化水解作用是在酶催化下进行的，生成的酮酸是蛋白质代谢的产物。

$$\underset{\underset{NH_2}{|}}{R-CH-COOH} \xrightarrow{[O]} \underset{\underset{NH}{\|}}{R-CH-COOH} \xrightarrow{H_2O} \underset{\underset{O}{\|}}{R-C-COOH} + NH_3 \uparrow$$

20.3.1.4　氨基酸的营养价值

生物体中的蛋白质不断更新需要氨基酸。这些氨基酸可以来源于体内蛋白质分解生成的氨基酸的循环利用，也可以来自食物。在蛋白质的更新过程中，有部分氨基酸分解成其他物质，氨基酸从粪便和尿中排出体外。因此，要满足机体的需要必须从食物中补充蛋白质，以获得蛋白质更新所需的氨基酸。一个成年人在摄食无氮食物时，每日氮的损失量约为 $57mg/kg$，相当于每日排出 $0.36g/kg$ 蛋白质。若食物中的蛋白质被完全利用，成人每千克体重摄食 $0.36g$ 蛋白质可以补偿排出体外的氮量，达到氮平衡。

氨基酸在营养上可分为"必需氨基酸"和"非必需氨基酸"两类。必需氨基酸是指人体需要，但自己不能合成，或合成的速度不能满足机体需要必须由食物蛋白质供给的氨基酸。非必需氨基酸是指体内可以合成，或可由其他氨基酸转变而来，可以不必由食物供给的氨基酸。非必需氨基酸并不是机体不需要，它们与必需氨基酸一样，都是蛋白质的合成原料。

人体的必需氨基酸有 9 种，即亮氨酸、异亮氨酸、缬氨酸、赖氨酸、苏氨酸、蛋氨酸、苯丙氨酸、色氨酸和组氨酸。人在幼年时，体内合成氨基酸的能力相对不足，精氨酸也是必需氨基酸。半胱氨酸可部分代替蛋氨酸，酪氨酸可部分代替苯丙氨酸，有时也把半胱氨酸和酪氨酸称为半必需氨基酸。不同年龄人的必需氨基酸的需要量见表 20-4。

表 20-4　不同年龄人的必需氨基酸的需要量　　　　单位：mg/(kg·d)

氨基酸名称	婴儿(3～4 月)	儿童(2 岁)	学龄儿童(10～12 岁)		成　人
组氨酸	28				(8～12)
异亮氨酸	70	(31)	30	(28)	10
亮氨酸	161	(73)	45	(44)	14
赖氨酸	103	(64)	60	(44)	12
蛋氨酸＋胱氨酸	58	(27)	27	(22)	13
苯丙氨酸＋酪氨酸	125	(69)	27	(22)	14
苏氨酸	87	(37)	35	(28)	7
色氨酸	17	(12.5)	4	(3.3)	3.5
缬氨酸	93	(38)	33	(25)	10
总必需氨基酸	714	(352)	261	(216)	84

注：表中未加括号的数字来自 WHO technical report series，522，1973；括号内数字为后来文献值。

　　在食物蛋白质中按照人体的需要及其比例关系相对不足的氨基酸称为限制氨基酸。限制氨基酸影响蛋白质的利用。当任何一种必需氨基酸的含量相对不足时，人体就无法正常合成蛋白质，因此，无论其他氨基酸的含量多丰富也不能充分利用。食物中最主要的限制氨基酸为赖氨酸和蛋氨酸。在谷物和其他植物蛋白质中，赖氨酸含量很少；在大豆、花生、牛奶和肉类蛋白质中蛋氨酸相对较少。为了提高蛋白质的营养价值，在一些食品中添加限制氨基酸予以强化。常见食物蛋白质中的限制氨基酸见表 20-5。

表 20-5　常见食物蛋白质中的限制氨基酸

食物名称	小麦	大麦	燕麦	大米	玉米	花生	大豆	棉籽
第一限制氨基酸	赖氨酸	赖氨酸	赖氨酸	赖氨酸	赖氨酸	蛋氨酸	蛋氨酸	赖氨酸
第二限制氨基酸	苏氨酸	苏氨酸	苏氨酸	苏氨酸	色氨酸	—	—	—
第三限制氨基酸	缬氨酸	蛋氨酸	蛋氨酸	—	苏氨酸			

　　在食品工业中，氨基酸可用于食品强化剂、调味剂、甜味剂和增味剂。谷氨酸钠——味精，是世界上用量最大的调味品。天门冬氨酸与苯丙氨酸制成的二肽，甜度比蔗糖高200 倍。

　　氨基酸在医药上也有广泛的用途。由必需氨基酸混合复配的复合氨基酸作为高营养剂，可供病人注射。L-谷氨酸和 L-谷氨酰胺用于改善脑出血后遗症的记忆障碍；谷氨酰胺和组氨酸以氨基酸为原料还可生产多肽药物，如谷胱甘肽、催产素等。

20.3.1.5　氨基酸的分离

　　氨基酸的分离方法很多，主要的有色谱法（层析法）和电泳法。常用的色谱法有纸色谱法、薄层色谱法、高效液相色谱法等。

　　(1) 纸色谱法　纸色谱法也称纸层析，是分离、分析氨基酸最简单的方法，纸色谱法属于分配色谱法。纸色谱法的原理是将一种液体作为固定相，另一种液体作为流动相，由于氨基酸在两种液体中的溶解度不同，当流动相沿固定相流动时，氨基酸在两相中连续进行重新

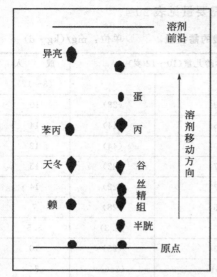

图 20-7　氨基酸纸色谱法图谱

分配因而将不同的氨基酸分离。氨基酸纸色谱法的固定相是吸附于滤纸上的水。流动相一般为水与有机溶剂的混合物，如正丁醇、乙酸和水的混合物。

在纸色谱法中，将氨基酸混合溶液点在滤纸一端距边缘约 3cm 处，称为原点。然后将滤纸点样端浸入正丁醇、乙酸和水的混合溶液中，溶剂不能超过点样点的位置。溶剂沿滤纸向上扩散，由于氨基酸的移动速度不同，各种氨基酸被分离。当溶剂到达一定位置后，将滤纸取出干燥，用茚三酮溶液显色，即可得到清晰的各种氨基酸分离的图谱（图 20-7）。

由于氨基酸的结构不同，它随流动相的迁移速度不同，迁移的距离也不同。氨基酸迁移的距离与溶剂前沿距离的比值称为迁移率，用 R_f 表示。R_f 值与氨基酸的种类及溶剂的种类有关。

（2）薄层色谱法　薄层色谱法是一种快速、微量、操作简单的分析方法。它根据氨基酸在某一吸附剂上的吸附能力的不同来分离氨基酸。薄层色谱法的优点是对混合物分离迅速，需要的样品量极少，$0.1\mu g$ 的样品就可以分离；此法的灵敏度大，一般比纸色谱法灵敏度高 $10\sim100$ 倍，$0.01\mu g$ 的样品也能被检测到。

薄层色谱法将纤维素、硅胶、氧化铝或聚酰胺等涂在玻璃板上制成色谱板，然后将样品加到色谱板的一端，再用适当的溶剂展开。当流动相的溶剂展开到色谱板另一端的某一位置时，用茚三酮显色，即可得到分离的氨基酸。

20.3.2　蛋白质的结构

20.3.2.1　蛋白质的组成和分类

（1）蛋白质的组成　蛋白质的来源和种类虽然不同，但它们的元素组成却很相似，都含有碳、氢、氧及少量的硫，此外，有些蛋白质还含有少量的磷、铁、铜、锌、碘、钼等；各元素的含量也比较恒定，例如，干燥蛋白质含碳约为 $50\%\sim55\%$，氢为 $6\%\sim7\%$，氧为 $19\%\sim24\%$，氮为 $13\%\sim19\%$，硫为 $0\sim3\%$，各种蛋白质的含氮量很接近，平均为 16%，即每克氮相当于 6.25g 蛋白质。由于蛋白质是体内的主要含氮物，因此，生物样品中蛋白质的含量可粗算：

$$1g \text{ 样品中蛋白质的含量} = 1g \text{ 样品的含氮量克数} \times 6.25$$

（2）蛋白质的分类　将蛋白质分类的依据很多，可根据蛋白质的组成、形状及溶解性、生物学功能等将蛋白质分类。

根据蛋白质的组成可将蛋白质分为单纯蛋白质和结合蛋白质，单纯蛋白质是仅由氨基酸组成不含其他成分的蛋白质，如清蛋白、球蛋白、谷蛋白等是单纯蛋白质。结合蛋白质是除氨基酸外还有其他成分，如糖蛋白、脂蛋白、核蛋白、金属蛋白、血红蛋白、黄素蛋白等都是结合蛋白质。

根据蛋白质的形状和溶解度可将蛋白质分为纤维状蛋白质、球状蛋白质和膜蛋白质。纤维状蛋白质具有比较简单、有规则的线性结构，形状呈细棒或纤维状。纤维状蛋白质如胶原蛋白、角蛋白、丝蛋白等不溶于水和稀盐溶液，但也有些纤维状蛋白质如血纤维蛋白原是可溶的。球状蛋白质形状接近于球形或椭球形，它们溶于水，细胞中的大多数可溶性蛋白质，如胞质酶类都属于球状蛋白质。

20.3.2.2　蛋白质的结构

蛋白质是由 α-氨基酸组成的复杂的生物高分子化合物，组成蛋白质的氨基酸通过肽键相结合形成多肽链，但多肽链不是伸展成线形存在的，而是形成复杂的空间结构。为了研究问题的方便，通常将蛋白质的结构分为四级结构。

（1）蛋白质的一级结构　蛋白质中 α-氨基酸通过肽键形成的多肽链就是蛋白质的一级结构，蛋白质的一级结构也称为初级结构。对于每种蛋白质来说，形成多肽长链的氨基酸都有固定的种类和数目，并且氨基酸之间有一定的连接顺序。

各种蛋白质的一级结构不仅决定它的空间结构，而且对它的生理功能也起着决定性的作用。如果一级结构中的任何一种氨基酸发生变化，就会导致整个蛋白质分子的空间结构和生理功能发生极大的改变，使机体出现病态甚至死亡。例如，镰刀型贫血病病人的病因就是他的血红蛋白的多肽链中从 N 端起的第六位上的谷氨酸被缬氨酸代替的结果。

蛋白质与多肽之间虽没有严格的界限，但又有所不同，这是因为蛋白质除初级结构外，还有空间结构，空间结构指多肽链主链进一步螺旋、折叠或卷曲形成的立体结构。包括二级结构、三级结构和四级结构。

（2）蛋白质的二级结构　二级结构是多肽链进一步螺旋、折叠形成的空间结构。蛋白质最常见的二级结构有 α-螺旋和 β-折叠结构两种。

α-螺旋是蛋白质中最常见、最典型的二级结构，在 α-螺旋结构中，多肽链围绕中心轴以螺旋方式上升（图 20-8）。在螺旋中多肽链中氨基酸残基的侧链基团（R）伸向外侧，每圈螺旋约 3.6 个氨基酸残基，沿中心轴方向上升 0.54nm，称为移动距离或螺距。如果侧链不计算在内，螺旋的直径约为 0.5nm。螺旋中相邻两圈多肽链间形成氢键，氢键的方向平行于中心轴，氢键是维持 α-螺旋结构的主要作用力。

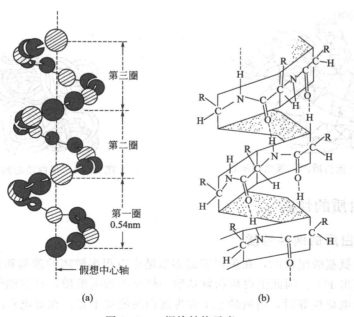

(a)　　　　　(b)

图 20-8　α-螺旋结构示意

蛋白质中另一种常见的二级结构是 β-折叠结构（图 20-9）。在 β-折叠结构中多肽链处于伸展状态，两条多肽链间通过平行或反平行方式排列，以氢键相结合，每一个肽键所在的平面有规则的折叠，形成片层结构。

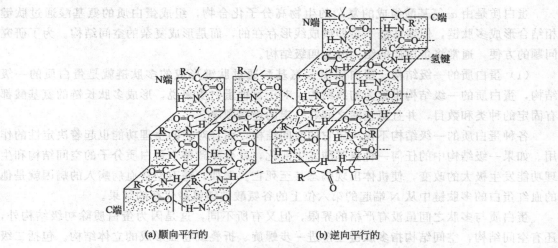

图 20-9　β-折叠结构示意

（3）蛋白质的三级结构　蛋白质的三级结构是指多肽链在形成二级结构的基础上，相隔较远的氨基酸残基通过氢键、二硫键、盐键和疏水交互作用（统称副键）等分子内相互作用形成的卷曲状、折叠状或盘绕状的较复杂的空间构象。蛋白质的三级结构有各种形状，肌红蛋白的三级结构为球形，如图 20-10 所示。

（4）蛋白质的四级结构　有些蛋白质是由多条多肽链组成的，这些多肽链在三级结构的基础上，以非共价键彼此缔合在一起，形成更复杂的空间结构，称为蛋白质的四级结构（图20-11）。参加缔合的最小单位称为亚基，亚基一般是一条多肽链。

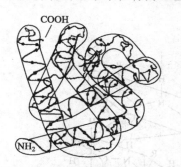

图 20-10　蛋白质的三级结构示意

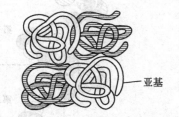

图 20-11　蛋白质的四级结构示意

20.3.3　蛋白质的性质

20.3.3.1　蛋白质的两性性质

蛋白质是由氨基酸组成的，在蛋白质的多肽链中有很多游离的羧基和氨基，蛋白质分子可以接受或电离出 H^+。因此蛋白质和氨基酸一样是两性电解质，具有两性性质。当蛋白质分子所带的正负电荷相等时，溶液的 pH 称为蛋白质的等电点。在等电点时蛋白质以两性离子存在，不带电荷。溶液的 pH 大于等电点时，蛋白质分子带负电荷，小于等电点时带正电荷。在不同的 pH 中蛋白质的存在形式为：

$$
H_2O+ \; Pr \overset{NH_2}{\underset{COO^-}{\Big|}} \underset{OH^-}{\overset{H^+}{\rightleftharpoons}} \; Pr \overset{\overset{+}{NH_3}}{\underset{COO^-}{\Big|}} \underset{OH^-}{\overset{H^+}{\rightleftharpoons}} \; Pr \overset{\overset{+}{NH_3}}{\underset{COOH}{\Big|}}
$$

$$
\begin{array}{ccc}
\text{阴离子} & \text{两性离子} & \text{阳离子}\\
\text{pH}>\text{pI} & \text{pH}=\text{pI} & \text{pH}<\text{pI}
\end{array}
$$

蛋白质在等电点时溶解度最小，利用此性质可以分离蛋白质。由于蛋白质具有两性性质，在生物体中可以对代谢产生的酸碱起缓冲作用，这种缓冲作用对保持生物体的适宜的酸碱性具有重要意义。

20.3.3.2　胶体性质

蛋白质是高分子化合物，分子大小在 $1\sim100\mathrm{nm}$ 之间。所以蛋白质溶液是胶体溶液，具有胶体溶液的性质，如不能透过半透膜、有丁达尔现象、有布朗运动等。

蛋白质分子有很多极性基团，位于蛋白质分子的外部。这些极性基团可以吸引水分子，在蛋白质分子外形成一层"水化膜"。当蛋白质溶液的 pH 不等于等电点时，蛋白质分子带有相同的电荷。由于这两个因素使蛋白质胶体溶液非常稳定，蛋白质溶液也称为亲水胶体。

向蛋白质溶液加入碱金属或碱土金属的中性盐或硫酸铵等，由于电解质离子的水化能力比蛋白质强，可以使蛋白质胶粒使去水化膜，同时电解质离子又可以中和蛋白质胶粒的电荷，从而使蛋白质胶粒失去了两个稳定因素而聚集沉淀。这种加入轻金属的中性盐使蛋白质沉淀的过程称为盐析。不同的蛋白质溶液盐析时，需要盐的浓度不同，因此，对于混合蛋白质溶液可以控制不同的盐的浓度分段盐析，从而达到分离蛋白质的目的。

20.3.3.3　蛋白质的变性

蛋白质在一些物理化学因素的影响下，空间结构受到破坏，理化性质改变，生物活性丧失的现象称为蛋白质的变性。使蛋白质变性的物理因素有高温、紫外线、微波等，化学因素有强酸、强碱、重金属盐、有机溶剂及生物碱试剂等。

蛋白质变性后只有空间结构受到破坏，一级结构不变。变性后的蛋白质溶解度下降，黏度升高，失去原有的生物活性。医学上的消毒就是利用使病毒或细菌蛋白质变性的原理。

20.3.3.4　蛋白质的颜色反应

蛋白质中的某些结构或基团可以与一些试剂发生颜色反应，利用这些颜色反应可以定性或定量测定蛋白质。

(1) 茚三酮反应　在弱酸性溶液中，蛋白质与茚三酮的丙酮溶液加热产生蓝紫色物质。茚三酮反应的灵敏度为 $1\mu\mathrm{g}$。氨基酸、多肽和蛋白质都能发生茚三酮反应。

(2) 双缩脲反应　两个尿素分子脱去一分子氨相结合的产物称为双缩脲。双缩脲有两个酰胺键，在碱性条件下与硫酸铜溶液反应生成紫红色化合物，这一反应称为双缩脲反应。蛋白质分子中有两个以上酰胺键，所以能与硫酸铜溶液反应呈紫红色，发生双缩脲反应。多肽也能发生双缩脲反应。

(3) 酚试剂反应　在碱性条件下，蛋白质分子中的酪氨酸、色氨酸可与酚试剂（含磷钨酸-磷钼酸）生成蓝色化合物。此法是测定蛋白质浓度的常用方法，灵敏度较高。

习　题

1. 概念题

糖、非还原性糖、油脂、皂化值、碘值、油脂的酸败、必需氨基酸、氨基酸的等电点、蛋白质的变性、盐析、肽键。

2. 选择题

(1) 下列化合物不是糖的有 (　　)

A. 甘油醛　　　　　B. 二羟丙酮　　　　　C. 葡萄糖　　　　　D. $CH_3CH(OH)COOH$

(2) 下列物质属于还原性糖的有 (　　)

A. 葡萄糖　　　　　B. 蔗糖　　　　　C. 淀粉　　　　　D. 纤维素

(3) 淀粉水解的产物是 (　　)

A. 葡萄糖　　　　　B. 葡萄糖和果糖　　　　　C. 二氧化碳和水　　　　　D. 麦芽糖和葡萄糖

(4) 直链淀粉水解生成的二糖是 (　　)

A. 乳糖　　　　　B. 麦芽糖　　　　　C. 纤维二糖　　　　　D. 蔗糖

(5) 下列糖不能发生银镜反应的有 (　　)

A. 果糖　　　　　B. 麦芽糖　　　　　C. 蔗糖　　　　　D. 葡萄糖

(6) 对于淀粉下列叙述正确的是 (　　)

A. 淀粉是由葡萄糖组成的

B. 淀粉中的葡萄糖都以 α-1,4-糖苷键相结合

C. 淀粉中的葡萄糖都以 β-1,4-糖苷键相结合

D. 淀粉水解可以生成葡萄糖

(7) 对于糖原下列叙述不正确的是 (　　)

A. 糖原是由葡萄糖组成的

B. 糖原存在于动植物体中

C. 糖原中的葡萄糖以 α-1,4-糖苷键形成直链，α-1,6-糖苷键形成分支

D. 糖原与支链淀粉的结构相似

(8) 下列脂肪酸是人体的必需脂肪酸的有 (　　)

A. 软脂酸　　　　　B. 硬脂酸　　　　　C. 油酸　　　　　D. 亚油酸

(9) 组成蛋白质的氨基酸是 (　　)

A. L-α-氨基酸　　　B. D-α-氨基酸　　　C. L-β-氨基酸　　　D. D-β-氨基酸

(10) 合成蛋白质的氨基酸有 (　　)

A. 20 种　　　　　B. 20 多种　　　　　C. 300 多种　　　　　D. 目前还无法确定

(11) 丙氨酸的等电点为 6.02，在 pH 为 7 的溶液中丙氨酸 (　　)

A. 带正电荷　　　　　B. 带负电荷　　　　　C. 不带电荷　　　　　D. 无法确定

(12) 甘丙亮谷肽的 N 端和 C 端分别为 (　　)

A. 甘氨酸和丙氨酸　　　　　　　　　　B. 甘氨酸和谷氨酸

C. 谷氨酸和甘氨酸　　　　　　　　　　D. 亮氨酸和谷氨酸

(13) 氨基酸与茚三酮在弱酸性溶液中共热溶液呈 (　　)

A. 紫色　　　　　B. 红色　　　　　C. 绿色　　　　　D. 黄色

(14) 蛋白质变性后 (　　)

A. 一级结构被破坏　　　　　　　B. 空间结构被破坏

C. 结构不变　　　　　　　　　　D. 无法确定

(15) 使蛋白质盐析可加入的物质为（　　　）

A. 硫酸铵　　　　　B. 氯化钙　　　　　C. 氯化钡　　　　　D. 氢氧化钠

3. 写出下列糖的透视式

α-D-葡萄糖、β-D-果糖、麦芽糖、纤维二糖、β-D-核糖。

4. 写出下列物质的结构式

(1) 三硬脂酸甘油酯　　　　　　(2) 1-软脂酸-2-硬脂酸-3-油酸甘油酯

5. 用化学方法区别下列各组化合物

(1) 葡萄糖和蔗糖　　　　　　　(2) 果糖和淀粉

(3) 葡萄糖和果糖　　　　　　　(4) 葡萄糖、蔗糖和淀粉

6. 植物油脂和动物脂肪在储存时，哪一种易酸败？如何防止油脂酸败？

7. 蛋白质二级结构 α-螺旋结构有何特点？

附　录

附表1　酸、碱的离解常数

一、弱酸的离解常数

弱　　酸	离解常数 $K_a^{\ominus}$
H_3AlO_3	$K_1^{\ominus}=6.3\times10^{-12}$
H_3AsO_4	$K_1^{\ominus}=6.0\times10^{-3}, K_2^{\ominus}=1.0\times10^{-7}, K_3^{\ominus}=3.2\times10^{-2}$
H_3AsO_3	$K_1^{\ominus}=6.6\times10^{-10}$
H_3BO_3	$K_1^{\ominus}=5.8\times10^{-10}$
$H_2B_4O_7$	$K_1^{\ominus}=1.0\times10^{-4}, K_2^{\ominus}=1.0\times10^{-9}$
$HBrO$	$K_1^{\ominus}=2.2\times10^{-9}$
H_2CO_3	$K_1^{\ominus}=4.4\times10^{-7}, K_2^{\ominus}=4.7\times10^{-11}$
HCN	$K_1^{\ominus}=6.2\times10^{-10}$
H_2CrO_4	$K_1^{\ominus}=4.1, K_2^{\ominus}=1.3\times10^{-6}$
$HClO$	$K_1^{\ominus}=2.8\times10^{-8}$
HF	$K_1^{\ominus}=6.6\times10^{-4}$
HIO	$K_1^{\ominus}=2.3\times10^{-11}$
HIO_3	$K_1^{\ominus}=0.16$
H_5IO_6	$K_1^{\ominus}=2.8\times10^{-2}, K_2^{\ominus}=5.0\times10^{-9}$
H_2MnO_4	$K_2^{\ominus}=7.1\times10^{-11}$
HNO_2	$K_1^{\ominus}=7.2\times10^{-4}$
NH_3	$K_1^{\ominus}=1.9\times10^{-5}$
H_2O_2	$K_1^{\ominus}=2.2\times10^{-12}$
H_2O	$K_1^{\ominus}=1.8\times10^{-16}$
H_3PO_4	$K_1^{\ominus}=7.1\times10^{-3}, K_2^{\ominus}=6.3\times10^{-8}, K_3^{\ominus}=4.2\times10^{-13}$
$H_4P_2O_7$	$K_1^{\ominus}=3.0\times10^{-2}, K_2^{\ominus}=4.4\times10^{-3}, K_3^{\ominus}=2.5\times10^{-7}, K_4^{\ominus}=5.6\times10^{-10}$
$H_5P_3O_{10}$	$K_3^{\ominus}=1.6\times10^{-3}, K_4^{\ominus}=3.4\times10^{-7}, K_5^{\ominus}=5.8\times10^{-10}$
H_3PO_3	$K_1^{\ominus}=6.3\times10^{-2}, K_2^{\ominus}=2.0\times10^{-7}$
H_2SO_4	$K_2^{\ominus}=1.0\times10^{-2}$
H_2SO_3	$K_1^{\ominus}=1.3\times10^{-2}, K_2^{\ominus}=6.1\times10^{-3}$
$H_2S_2O_3$	$K_1^{\ominus}=0.25, K_2^{\ominus}=2.0\times10^{-2}\sim3.2\times10^{-2}$
$H_2S_2O_4$	$K_1^{\ominus}=0.45, K_2^{\ominus}=3.5\times10^{-3}$
H_2Se	$K_1^{\ominus}=1.3\times10^{-4}, K_2^{\ominus}=1.0\times10^{-11}$
H_2S	$K_1^{\ominus}=1.32\times10^{-7}, K_2^{\ominus}=7.1\times10^{-15}$
H_2SeO_4	$K_2^{\ominus}=2.2\times10^{-2}$
H_2SeO_3	$K_1^{\ominus}=2.3\times10^{-3}, K_2^{\ominus}=5.0\times10^{-9}$
$HSCN$	$K_1^{\ominus}=1.41\times10^{-1}$
H_2SiO_3	$K_1^{\ominus}=1.7\times10^{-10}, K_2^{\ominus}=1.6\times10^{-12}$
$H[Sb(OH)_6]$	$K_1^{\ominus}=2.8\times10^{-3}$
H_2TeO_3	$K_1^{\ominus}=3.5\times10^{-3}, K_2^{\ominus}=1.9\times10^{-8}$
H_2Te	$K_1^{\ominus}=2.3\times10^{-3}, K_2^{\ominus}=1.0\times10^{-12}\sim1.0\times10^{-11}$
H_2WO_4	$K_1^{\ominus}=3.2\times10^{-4}, K_2^{\ominus}=2.5\times10^{-5}$
$H_2C_2O_4$（草酸）	$K_1^{\ominus}=5.4\times10^{-2}, K_2^{\ominus}=5.4\times10^{-5}$

弱　　酸	离　解　常　数　$K_a^\ominus$
HCOOH(甲酸)	$K_1^\ominus=1.77\times10^{-4}$
CH$_3$COOH(乙酸)	$K_1^\ominus=1.75\times10^{-5}$
ClCH$_3$COOH(氯乙酸)	$K_1^\ominus=1.4\times10^{-3}$
CH$_2$CHCOOH(丙烯酸)	$K_1^\ominus=5.5\times10^{-5}$
CH$_3$COCH$_2$COOH(乙酰乙酸)	$K_1^\ominus=2.6\times10^{-4}(316.15K)$
H$_3$C$_6$H$_5$O$_7$(柠檬酸)	$K_1^\ominus=7.4\times10^{-14}$,$K_2^\ominus=1.73\times10^{-5}$,$K_3^\ominus=4.0\times10^{-7}$
H$_4$Y(乙二胺四乙酸)	$K_1^\ominus=1.0\times10^{-2}$,$K_2^\ominus=2.1\times10^{-7}$,$K_3^\ominus=5.9\times10^{-11}$

二、弱碱的离解常数（298.15K）

弱　　碱	离　解　常　数　$K_b^\ominus$
NH$_3$·H$_2$O	1.8×10^{-5}
NH$_2$—NH$_2$(联苯)	9.8×10^{-7}
NH$_2$OH(羟胺)	9.1×10^{-9}
C$_6$H$_5$NH$_2$(苯胺)	4.0×10^{-10}
C$_6$H$_5$N(吡啶)	1.5×10^{-9}
(CH$_2$)$_6$N$_4$(六亚甲基四胺)	1.4×10^{-9}

附表 2　溶度积常数（298.15K）

化　合　物	$K_{sp}^\ominus$	化　合　物	$K_{sp}^\ominus$
AgAc	4.4×10^{-3}	AuI$_3$	1.0×10^{-46}
Ag$_3$AsO$_4$	1.0×10^{-22}	BaCO$_3$	5.1×10^{-9}
AgBr	5.0×10^{-13}	BaC$_2$O$_4$	1.6×10^{-7}
AgCl	1.8×10^{-10}	BaCrO$_4$	1.2×10^{-10}
Ag$_2$CO$_3$	8.1×10^{-12}	Ba[Fe(CN)$_6$]·6H$_2$O	3.2×10^{-8}
Ag$_2$CrO$_4$	1.1×10^{-12}	BaF$_2$	1.0×10^{-6}
AgCN	1.2×10^{-16}	Ba(OH)$_2$	5.0×10^{-3}
Ag$_2$Cr$_2$O$_7$	2.0×10^{-7}	Ba(NO$_3$)$_2$	4.5×10^{-3}
Ag$_2$C$_2$O$_4$	3.4×10^{-11}	BaHPO$_4$	3.2×10^{-7}
Ag$_4$[Fe(CN)$_6$]	1.6×10^{-41}	Ba$_3$(PO$_4$)$_2$	3.4×10^{-23}
AgOH	2.0×10^{-8}	Ba$_2$P$_2$O$_7$	3.2×10^{-11}
AgIO$_3$	3.0×10^{-8}	BaSO$_4$	1.1×10^{-10}
AgI	8.3×10^{-17}	BaSO$_3$	8.0×10^{-7}
Ag$_2$MoO$_4$	2.8×10^{-12}	BaS$_2$O$_3$	1.6×10^{-5}
AgNO$_2$	6.0×10^{-4}	BaCO$_3$·4H$_2$O	1.0×10^{-3}
Ag$_3$PO$_4$	6.0×10^{-4}	Be(OH)$_2$(无定形)	1.6×10^{-22}
Ag$_2$SO$_4$	1.4×10^{-16}	Bi(OH)$_3$	4.0×10^{-31}
Ag$_2$SO$_3$	1.5×10^{-14}	BiI$_3$	8.1×10^{-19}
Ag$_2$S	6.3×10^{-50}	Bi$_2$S$_3$	1.0×10^{-97}
AgSCN	1.0×10^{-12}	BiOBr	3.0×10^{-7}
AlAsO$_4$	1.6×10^{-16}	BiOCl	1.8×10^{-31}
Al(OH)$_3$(无定形)	1.3×10^{-33}	BiONO$_3$	2.82×10^{-3}
AlPO$_4$	6.3×10^{-19}	CaCO$_3$	2.8×10^{-9}
Al$_2$S$_3$	2.0×10^{-7}	CaC$_2$O$_4$·H$_2$O	4.0×10^{-9}
AuCl	2.0×10^{-13}	CaCrO$_4$	7.1×10^{-4}
AuCl$_3$	3.2×10^{-25}	CaF$_2$	5.3×10^{-9}
AuI	1.6×10^{-23}	Ca(OH)$_2$	5.5×10^{-6}

化　合　物	$K_{sp}^{\ominus}$	化　合　物	$K_{sp}^{\ominus}$
$CaHPO_4$	1.0×10^{-7}	$K_2Na[Co(NO_2)_6] \cdot 6H_2O$	2.2×10^{-11}
$Ca_3(PO_4)_2$	2.0×10^{-29}	$K_2[PtCl_6]$	1.1×10^{-5}
$CaSiO_3$	2.5×10^{-8}	K_2SiF_6	8.7×10^{-7}
$CaSO_4$	9.1×10^{-6}	Li_2CO_3	2.5×10^{-2}
$CdCO_3$	5.2×10^{-12}	LiF	3.8×10^{-3}
$Cd(OH)_2$(新鲜)	2.5×10^{-14}	Li_3PO_4	3.2×10^{-19}
CdS	8.0×10^{-27}	$MgCO_3$	3.5×10^{-8}
CeF_3	8.0×10^{-16}	MgF_2	6.5×10^{-9}
$Ce(OH)_3$	1.6×10^{-20}	$Mg(OH)_2$	1.8×10^{-11}
$Ce(OH)_4$	2.0×10^{-28}	$Mg_3(PO_4)_2$	$1.0 \times 10^{-28} \sim 1.0 \times 10^{-27}$
Ce_2S_3	6.0×10^{-11}	$MnCO_3$	1.8×10^{-11}
$Co(OH)_2$(新鲜)	1.6×10^{-15}	$Mn(OH)_2$	1.9×10^{-13}
$Co(OH)_3$	1.6×10^{-24}	MnS(无定形)	2.5×10^{-10}
$\alpha\text{-}CoS$	4.0×10^{-21}	MnS(晶体)	2.5×10^{-13}
$\beta\text{-}CoS$	2.0×10^{-25}	Na_3AlF_6	4.0×10^{-10}
$Cr(OH)_3$	6.3×10^{-31}	$NiCO_3$	6.6×10^{-9}
$CuBr$	5.3×10^{-9}	$Ni(OH)_2$(新鲜)	2.0×10^{-15}
$CuCl$	1.2×10^{-6}	$\alpha\text{-}NiS$	3.2×10^{-19}
$CuCN$	3.2×10^{-20}	$\beta\text{-}NiS$	1.0×10^{-24}
CuI	1.1×10^{-12}	$\gamma\text{-}NiS$	2.0×10^{-26}
$CuOH$	1.0×10^{-14}	$PbCO_3$	7.4×10^{-14}
Cu_2S	2.5×10^{-48}	$PbCl_2$	1.6×10^{-5}
$CuSCN$	4.8×10^{-15}	$PbCrO_4$	2.8×10^{-13}
$CuCO_3$	1.4×10^{-10}	PbC_2O_4	4.8×10^{-10}
$CuCrO_4$	3.6×10^{-6}	PbI_2	7.1×10^{-9}
$Cu_2[Fe(CN)_6]$	1.3×10^{-6}	$Pb(N_3)_2$	2.5×10^{-9}
$Cu(OH)_2$	2.2×10^{-20}	$Pb(OH)_2$	1.2×10^{-15}
CuC_2O_4	2.3×10^{-8}	$Pb(OH)_4$	3.2×10^{-66}
$Cu_3(PO_4)_2$	1.3×10^{-37}	$Pb_3(PO_4)_2$	8.0×10^{-43}
$Cu_2P_2O_7$	8.3×10^{-16}	$PbSO_4$	1.6×10^{-8}
CuS	6.3×10^{-36}	PbS	8.0×10^{-28}
$FeCO_3$	3.2×10^{-11}	$Pt(OH)_2$	1.0×10^{-35}
$Fe(OH)_2$	8.0×10^{-16}	$Sn(OH)_2$	1.4×10^{-28}
$FeC_2O_4 \cdot 2H_2O$	3.2×10^{-7}	$Sn(OH)_4$	1.0×10^{-56}
$Fe_4[Fe(CN)_6]_3$	3.3×10^{-41}	SnS	1.0×10^{-25}
$Fe(OH)_3$	4.0×10^{-38}	$SrCO_3$	1.1×10^{-10}
FeS	6.3×10^{-18}	$SrC_2O_4 \cdot H_2O$	1.6×10^{-7}
Hg_2CO_3	8.9×10^{-17}	$SrCrO_4$	2.2×10^{-5}
$Hg_2(CN)_2$	5.0×10^{-40}	$SrSO_4$	3.2×10^{-7}
Hg_2Cl_2	1.3×10^{-18}	$TiCl_4$	1.7×10^{-4}
Hg_2CrO_4	2.0×10^{-9}	TiI	6.5×10^{-8}
Hg_2I_2	4.5×10^{-29}	$Ti(OH)_3$	6.3×10^{-46}
$Hg_2(OH)_2$	2.0×10^{-24}	Ti_2S	5.0×10^{-21}
$Hg(OH)_2$	3.0×10^{-26}	$ZnCO_3$	1.4×10^{-11}
Hg_2SO_4	7.4×10^{-7}	$Zn(OH)_2$	1.2×10^{-17}
Hg_2S	1.0×10^{-47}	$\alpha\text{-}ZnS$	1.6×10^{-24}
HgS(红)	4.0×10^{-53}	$\beta\text{-}ZnS$	2.5×10^{-22}
HgS(黑)	1.6×10^{-52}		

附表3　标准电极电势（298.15K）

一、酸性溶液

电　极　反　应	$E^{\ominus}/V$	电　极　反　应	$E^{\ominus}/V$
$2H^+ + 2e^- \longrightarrow H_2$	0.00	$PbO_2 + 4H^+ + 2e^- \longrightarrow Pb^{2+} + 2H_2O$	1.455
$Li^+ + e^- \longrightarrow Li$	-3.045	$Ti^{2+} + 2e^- \longrightarrow Ti$	1.63
$Na^+ + e^- \longrightarrow Na$	-2.714	$Ti^{3+} + e^- \longrightarrow Ti^{2+}$	-0.37
$K^+ + e^- \longrightarrow K$	-2.925	$HNO_2 + H^+ + e^- \longrightarrow NO + H_2O$	0.98
$Rb^+ + e^- \longrightarrow Rb$	-2.925	$NO_2 + 2H^+ + 2e^- \longrightarrow NO + H_2O$	1.03
$Cs^+ + e^- \longrightarrow Cs$	-2.923	$NO_2 + H^+ + e^- \longrightarrow HNO_2$	1.07
$Cu^+ + e^- \longrightarrow Cu$	0.52	$NO_3^- + 4H^+ + 3e^- \longrightarrow NO + 2H_2O$	0.96
$CuI + e^- \longrightarrow Cu + I^-$	-0.1852	$NO_3^- + 2H^+ + e^- \longrightarrow NO_2 + H_2O$	0.80
$Cu^{2+} + 2e^- \longrightarrow Cu$	0.337	$H_3PO_3 + 2H^+ + 2e^- \longrightarrow H_3PO_2 + H_2O$	-0.50
$Cu^{2+} + e^- \longrightarrow Cu^+$	0.153	$H_3PO_4 + 2H^+ + 2e^- \longrightarrow H_3PO_3 + H_2O$	-0.28
$Ag^+ + e^- \longrightarrow Ag$	0.7999	$HAsO_2 + 3H^+ + 3e^- \longrightarrow As + 2H_2O$	0.248
$AgI + e^- \longrightarrow Ag + I^-$	-0.152	$H_3AsO_4 + 2H^+ + 2e^- \longrightarrow HAsO_2 + 2H_2O$	0.56
$AgBr + e^- \longrightarrow Ag + Br^-$	0.071	$Sb_2O_3 + 6H^+ + 6e^- \longrightarrow 2Sb + 3H_2O$	0.15
$AgCl + e^- \longrightarrow Ag + Cl^-$	0.2223	$Sb_2O_5 + 6H^+ + 4e^- \longrightarrow 2SbO^+ + 3H_2O$	$+0.58$
$Au^+ + e^- \longrightarrow Au$	1.691	$Bi^{3+} + 3e^- \longrightarrow Bi$	$+0.293$
$Au^{3+} + 3e^- \longrightarrow Au$	1.50	$BiO^+ + 3e^- + 2H^+ \longrightarrow Bi + H_2O$	$+0.32$
$Au^{3+} + 2e^- \longrightarrow Au^+$	1.41	$V^{2+} + 2e^- \longrightarrow V$	(-0.22)
$AuCl_4^- + 4e^- \longrightarrow Au + 4Cl^-$	1.00	$V^{3+} + e^- \longrightarrow V^{2+}$	-0.255
$Be^{2+} + 2e^- \longrightarrow Be$	-1.85	$H_2O_2 + 2H^+ + 2e^- \longrightarrow 2H_2O$	1.77
$Mg^{2+} + 2e^- \longrightarrow Mg$	-2.37	$O_3 + 2H^+ + 2e^- \longrightarrow O_2 + H_2O$	2.07
$Ca^{2+} + 2e^- \longrightarrow Ca$	-2.87	$O_2 + 2H^+ + 2e^- \longrightarrow H_2O_2$	0.69
$Sr^{2+} + 2e^- \longrightarrow Sr$	-2.89	$O_2 + 4H^+ + 4e^- \longrightarrow 2H_2O$	1.229
$Ba^{2+} + 2e^- \longrightarrow Ba$	-2.91	$\frac{1}{2}O_2 + 2H^+ (10^{-7} mol/L) + 2e^- \longrightarrow H_2O$	0.815
$Zn^{2+} + 2e^- \longrightarrow Zn$	-0.7628	$Se^{3+} + 3e^- \longrightarrow Se$	-2.10
$Cd^{2+} + 2e^- \longrightarrow Cd$	-0.403	$S + 2H^+ + 2e^- \longrightarrow H_2S(液)$	0.142
$2Hg^+ + 2e^- \longrightarrow 2Hg$	0.792	$H_2SO_3 + 4H^+ + 4e^- \longrightarrow S + 3H_2O$	0.45
$Hg_2Cl_2 + 2e^- \longrightarrow 2Hg + 2Cl^-$	0.268	$SO_4^{2-} + 4H^+ + 2e^- \longrightarrow H_2SO_3 + H_2O$	0.17
$Hg^{2+} + 2e^- \longrightarrow Hg$	0.854	$Se + 2H^+ + 2e^- \longrightarrow H_2Se(液)$	-0.40
$2Hg^{2+} + 2e^- \longrightarrow 2Hg^+$	0.907	$H_2SeO_3 + 4H^+ + 4e^- \longrightarrow Se + 3H_2O$	0.74
$HgCl_4^{2-} + 2e^- \longrightarrow Hg + 4Cl^-$	0.48	$SeO_4^{2-} + 4H^+ + 2e^- \longrightarrow H_2SeO_3 + H_2O$	1.15
$H_3BO_3 + 3H^+ + 3e^- \longrightarrow B + 3H_2O$	-0.87	$TeO_2 + 4H^+ + 4e^- \longrightarrow Te + 2H_2O$	0.59
$Al^{3+} + 3e^- \longrightarrow Al$	-1.66	$H_6TeO_6 + 2H^+ + 2e^- \longrightarrow TeO_2 + 4H_2O$	1.02
$Ga^{3+} + 3e^- \longrightarrow Ga$	-0.56	$Cr^{2+} + 2e^- \longrightarrow Cr$	-0.86
$In^{3+} + 3e^- \longrightarrow In$	-0.34	$Cr^{3+} + 3e^- \longrightarrow Cr$	-0.74
$Ti^+ + e^- \longrightarrow Ti$	-0.05	$Cr^{3+} + e^- \longrightarrow Cr^{2+}$	-0.41
$La^{3+} + 3e^- \longrightarrow La$	-2.52	$Cr_2O_7^{2-} + 14H^+ + 6e^- \longrightarrow 2Cr^{3+} + 7H_2O$	1.33
$U^{3+} + 3e^- \longrightarrow U$	-1.80	$F_2 + 2e^- \longrightarrow 2F^-$	2.87
$CO_2 + 2H^+ + 2e^- \longrightarrow CO + H_2O$	-0.12	$F_2 + 2H^+ + 2e^- \longrightarrow 2HF$	3.06
$2CO_2 + 2H^+ + 2e^- \longrightarrow H_2C_2O_4$	-0.49	$Cl_2 + 2e^- \longrightarrow 2Cl^-$	1.36
$SiO_2 + 4H^+ + 4e^- \longrightarrow Si + 2H_2O$	-0.86	$HClO + H^+ + e^- \longrightarrow \frac{1}{2}Cl_2 + H_2O$	1.63
$Sn^{2+} + 2e^- \longrightarrow Sn$	-0.14	$HClO + H^+ + 2e^- \longrightarrow Cl^- + H_2O$	1.49
$Sn^{4+} + 2e^- \longrightarrow Sn^{2+}$	0.154	$HClO_2 + 2H^+ + 2e^- \longrightarrow HClO + H_2O$	1.64
$Pb^{2+} + 2e^- \longrightarrow Pb$	-0.126	$ClO_3^- + 6H^+ + 6e^- \longrightarrow Cl^- + 3H_2O$	1.45
$Pb^{4+} + 2e^- \longrightarrow Pb^{2+}$	$(+1.65)$	$ClO_3^- + 6H^+ + 5e^- \longrightarrow \frac{1}{2}Cl_2 + 3H_2O$	1.47
$Pb^{2+} + 2e^- \longrightarrow Pb$	-0.356		
$PbCl_2 + 2e^- \longrightarrow Pb + 2Cl^-$	-0.266		

电 极 反 应	$E^{\ominus}/V$	电 极 反 应	$E^{\ominus}/V$
$ClO_4^- + 8H^+ + 7e^- \longrightarrow \frac{1}{2}Cl_2 + 4H_2O$	1.34	$MnO_2 + 4H^+ + 2e^- \longrightarrow Mn^{2+} + 2H_2O$	1.23
$Br_2(l) + 2e^- \longrightarrow 2Br^-$	1.065	$MnO_4^- + 8H^+ + 5e^- \longrightarrow Mn^{2+} + 4H_2O$	1.51
$S + 2e^- \longrightarrow S^{2-}$	−0.48	$MnO_4^- + 4H^+ + 3e^- \longrightarrow MnO_2 + 2H_2O$	1.68
$Br_2(液) + 2e^- \longrightarrow 2Br^-$	1.08	$MnO_4^{2-} + 4H^+ + 2e^- \longrightarrow MnO_2 + 2H_2O$	2.26
$HBrO + H^+ + e^- \longrightarrow \frac{1}{2}Br_2 + H_2O$	1.60	$Fe^{2+} + 2e^- \longrightarrow Fe$	−0.44
$BrO_3^- + 6H^+ + 5e^- \longrightarrow \frac{1}{2}Br_2 + 3H_2O$	1.50	$Fe^{3+} + e^- \longrightarrow Fe^{2+}$	0.771
		$Co^{2+} + 2e^- \longrightarrow Co$	−0.29
$I_2 + 2e^- \longrightarrow 2I^-$	0.535	$Co^{3+} + e^- \longrightarrow Co^{2+}$	(1.80)
$HIO + H^+ + 2e^- \longrightarrow I^- + H_2O$	1.06	$Ni^{2+} + 2e^- \longrightarrow Ni$	−0.25
$IO_3^- + 6H^+ + 5e^- \longrightarrow \frac{1}{2}I_2 + 3H_2O$	1.19	$Ni(OH)_3 + 3H^+ + e^- \longrightarrow Ni^{2+} + 3H_2O$	2.08
$H_5IO_6 + H^+ + 2e^- \longrightarrow IO_3^- + 3H_2O$	约 1.60	$Pt^{2+} + 2e^- \longrightarrow Pt$	约 1.20
$Mn^{2+} + 2e^- \longrightarrow Mn$	−1.17	$PtCl_4^{2-} + 2e^- \longrightarrow Pt + 4Cl^-$	0.73
		$PtCl_6^{2-} + 2e^- \longrightarrow PtCl_4^{2-} + 2Cl^-$	0.73

二、碱性溶液

电 极 反 应	$E^{\ominus}/V$	电 极 反 应	$E^{\ominus}/V$
$2H_2O + 2e^- \longrightarrow H_2 + 2OH^-$	−0.828	$SbO_2^- + 2H_2O + 3e^- \longrightarrow Sb + 4OH^-$	(−0.67)
$Cu(NH_3)_4^{2+} + 2e^- \longrightarrow Cu + 4NH_3$	−0.12	$Bi_2O_3 + 3H_2O + 6e^- \longrightarrow 2Bi + 6OH^-$	−0.46
$Cu(CN)_2^- + 2e^- \longrightarrow Cu + 2CN^-$	−0.43	$O_2 + 2H_2O + 4e^- \longrightarrow 4OH^-$	0.401
$Ag(NH_3)_2^+ + e^- \longrightarrow Ag + 2NH_3$	0.373	$2SO_3^{2-} + 3H_2O + 4e^- \longrightarrow S_2O_3^{2-} + 6OH^-$	−0.58
$Ag(CN)_2^- + e^- \longrightarrow Ag + 2CN^-$	−0.31	$S_4O_6^{2-} + 2e^- \longrightarrow 2S_2O_3^{2-}$	0.09
$Ag_2S + 2e^- \longrightarrow 2Ag + S^{2-}$	−0.70	$SO_4^{2-} + H_2O + 2e^- \longrightarrow SO_3^{2-} + 2OH^-$	−0.93
$Be_2O_3^{2-} + 3H_2O + 4e^- \longrightarrow 2Be + 6OH^-$	−2.62	$S + 2e^- \longrightarrow S^{2-}$	−0.48
$Mg(OH)_2 + 2e^- \longrightarrow Mg + 2OH^-$	−2.69	$SeO_3^{2-} + 3H_2O + 4e^- \longrightarrow Se + 6OH^-$	−0.3366
$Ca(OH)_2 + 2e^- \longrightarrow Ca + 2OH^-$	−3.02	$SeO_4^{2-} + H_2O + 2e^- \longrightarrow SeO_3^{2-} + 2OH^-$	0.05
$Zn(NH_3)_4^{2+} + 2e^- \longrightarrow Zn + 4NH_3$	−1.04	$Se + 2e^- \longrightarrow Se^{2-}$	−0.92
$ZnO_2^{2-} + 2H_2O + 2e^- \longrightarrow Zn + 4OH^-$	−1.216	$CrO_4^{2-} + 4H_2O + 3e^- \longrightarrow Cr(OH)_3 + 5OH^-$	−0.12
$Zn(CN)_4^{2-} + 2e^- \longrightarrow Zn + 4CN^-$	−1.26	$CrO_2^- + 2H_2O + 3e^- \longrightarrow Cr + 4OH^-$	−1.20
$Cd(OH)_2 + 2e^- \longrightarrow Cd + 2OH^-$	−0.809	$ClO^- + H_2O + 2e^- \longrightarrow Cl^- + 2OH^-$	0.89
$H_2BO_3^- + H_2O + 3e^- \longrightarrow B + 4OH^-$	−1.79	$AsO_4^{3-} + 2H_2O + 2e^- \longrightarrow AsO_2^- + 4OH^-$	−0.67
$H_2AlO_3^- + H_2O + 3e^- \longrightarrow Al + 4OH^-$	−2.35	$ClO_2^- + 2H_2O + 4e^- \longrightarrow Cl^- + 4OH^-$	0.76
$La(OH)_3 + 3e^- \longrightarrow La + 3OH^-$	−2.76	$ClO_3^- + 3H_2O + 5e^- \longrightarrow Cl^- + 6OH^-$	0.62
$SiO_3^{2-} + 3H_2O + 4e^- \longrightarrow Si + 6OH^-$	−1.679	$ClO_4^- + H_2O + 2e^- \longrightarrow ClO_3^- + 2OH^-$	0.17
$HGeO_3^- + 2H_2O + 4e^- \longrightarrow Ge + 5OH^-$	−1.00	$BrO^- + H_2O + 2e^- \longrightarrow Br^- + 2OH^-$	0.76
$HSnO_2^- + H_2O + 2e^- \longrightarrow Sn + 3OH^-$	−0.91	$BrO_3^- + 3H_2O + 6e^- \longrightarrow Br^- + 6OH^-$	0.61
$Sn(OH)_6^{2-} + 2e^- \longrightarrow HSnO_2^- + H_2O + 3OH^-$	−0.93	$2IO^- + 2H_2O + 2e^- \longrightarrow I_2 + 4OH^-$	0.49
$HPbO_2^- + H_2O + 2e^- \longrightarrow Pb + 3OH^-$	−0.45	$IO_3^- + 3H_2O + 6e^- \longrightarrow I^- + 6OH^-$	0.26
$NO_2^- + H_2O + e^- \longrightarrow NO + 2OH^-$	−0.46	$MnO_4^- + 2H_2O + 3e^- \longrightarrow MnO_2 + 4OH^-$	0.588
$2NO_2^- + 3H_2O + 4e^- \longrightarrow N_2O + 6OH^-$	0.15	$MnO_4^{2-} + 2H_2O + 2e^- \longrightarrow MnO_2 + 4OH^-$	约 0.50
$NO_3^- + H_2O + 2e^- \longrightarrow NO_2^- + 2OH^-$	0.01	$Mn(OH)_2 + 2e^- \longrightarrow Mn + 2OH^-$	−1.55
$2NO_3^- + 2H_2O + 2e^- \longrightarrow N_2O_4 + 4OH^-$	−0.85	$Fe(OH)_3 + e^- \longrightarrow Fe(OH)_2 + OH^-$	−0.56
$PO_4^{3-} + 2H_2O + 2e^- \longrightarrow HPO_3^{2-} + 3OH^-$	−1.05	$Co(NH_3)_6^{3+} + e^- \longrightarrow Co(NH_3)_6^{2+}$	0.10
$AsO_2^- + 2H_2O + 3e^- \longrightarrow As + 4OH^-$	(−0.66)	$Co(OH)_3 + e^- \longrightarrow Co(OH)_2 + OH^-$	0.17
$HgO + H_2O + 2e^- \longrightarrow Hg + 2OH^-$	0.098	$Ni(OH)_3 + e^- \longrightarrow Ni(OH)_2 + OH^-$	0.48

附表4　配离子的稳定常数（298.15K）

化　学　式	稳定常数 β	$\lg\beta$	化　学　式	稳定常数 β	$\lg\beta$
$[AgCl_2]^-$	1.1×10^5	5.04	$[Cu(en)_2]^{2+}$	1.0×10^{20}	20.00
$[AgI_2]^-$	5.5×10^{11}	11.74	$[Cu(NH_3)_2]^+$	7.4×10^{10}	10.87
$[Ag(CN)_2]^-$	5.6×10^{18}	18.74	$[Cu(NH_3)_4]^{2+}$	4.3×10^{13}	13.63
$[Ag(NH_3)_2]^+$	1.7×10^7	7.23	$[Fe(C_2O_4)_3]^{3-}$	1.0×10^{20}	20.00
$[Ag(S_2O_3)_2]^{3-}$	1.7×10^{13}	13.22	$[FeF_6]^{3-}$	约 2.0×10^{15}	约 15.30
$[AlF_6]^{3-}$	6.9×10^{19}	19.84	$[Fe(CN)_6]^{4-}$	1.0×10^{35}	35.00
$[AuCl_4]^-$	2.0×10^{21}	21.30	$[Fe(CN)_6]^{3-}$	1.0×10^{42}	42.00
$[Au(CN)_2]^-$	2.0×10^{38}	38.30	$[Fe(SCN)_6]^{3-}$	1.3×10^9	9.10
$[CdI_4]^{2-}$	2.0×10^6	6.30	$[HgCl_4]^{2-}$	9.1×10^{15}	15.96
$[Cd(CN)_4]^{2-}$	7.1×10^{18}	18.85	$[HgI_4]^{2-}$	1.9×10^{30}	30.28
$[Cd(NH_3)_4]^{2+}$	1.3×10^7	7.12	$[Hg(CN)_4]^{2-}$	2.5×10^{41}	41.40
$[Co(SCN)_4]^{2-}$	1.0×10^3	3.00	$[Hg(NH_3)_4]^{2+}$	1.9×10^{19}	19.28
$[Co(NH_3)_6]^{2+}$	8.0×10^4	4.90	$[Hg(SCN)_4]^{2-}$	2.0×10^{19}	19.30
$[Co(NH_3)_6]^{3+}$	4.6×10^{35}	33.66	$[Ni(CN)_4]^{2-}$	1.0×10^{22}	22.00
$[CuCl_2]^-$	3.2×10^5	5.50	$[Ni(en)_3]^{2+}$	2.1×10^{18}	18.33
$[CuBr_2]^-$	7.8×10^5	5.89	$[Ni(NH_3)_6]^{2+}$	5.6×10^8	8.74
$[CuI_2]^-$	7.1×10^8	8.85	$[Zn(CN)_4]^{2-}$	7.8×10^{16}	16.89
$[Cu(CN)_2]^-$	1.0×10^{16}	16.00	$[Zn(en)_2]^{2+}$	6.8×10^{10}	10.83
$[Cu(CN)_2]^{3-}$	1.0×10^{30}	30.00	$[Zn(NH_3)_4]^{2+}$	2.9×10^9	9.47

参 考 文 献

[1] 华东化工学院，成都科学技术大学分析化学教研组．分析化学．北京：高等教育出版社，1982.

[2] 高职高专化学编写组．无机化学．第2版．北京：高等教育出版社，2002.

[3] 牛彦辉主编．化学．北京：人民卫生出版社，2004.

[4] 谢庆娟主编．无机化学．北京：人民卫生出版社，2003.

[5] 潘亚芬主编．基础化学．北京：清华大学出版社，2005.

[6] 朱景申主编．药物分析．北京：中国医药科技出版社，2000.

[7] 北京师范大学，华中师范大学，南京师范大学教研室．无机化学．第2版．北京：高等教育出版社，1988.

[8] 张正竑．基础化学．北京：化学工业出版社．2007.

[9] 俞斌．无机与分析化学．第2版．北京：化学工业出版社．2007.

[10] 张意静主编．食品分析．北京：中国轻工业出版社，1999.

[11] 叶芬霞主编．无机与分析化学．北京：高等教育出版社，2004.

[12] 张济新主编．分析化学．北京：高等教育出版社，2000.

[13] 戴大模主编．分析化学．上海：华东师范大学出版社，2006.

[14] 徐英岚主编．无机与分析化学．第2版．北京：中国农业出版社，2006.

[15] 张作省主编．有机化学．北京：中国农业出版社，2001.

元素周期表

IUPAC 2013

氧化态单质的氧化态为0，未列入；常见的为红色）

以 ¹²C=12 为基准的原子量
（注◆的是半衰期最长同位素的原子量）

图例：

95 — 原子序数
Am — 元素符号（红色的为放射性元素）
镅 — 元素名称（注◆的为人造元素）
5f⁷7s² — 价电子构型
+2 +3 +4 +6
243.06138(2)◆ — 素的原子量

s区元素　p区元素　ds区元素　d区元素　f区元素　稀有气体

电子层：K L M N O P Q

周期	1 IA	2 IIA	3 IIIB	4 IVB	5 VB	6 VIB	7 VIIB	8 VIIIB(Ⅷ)	9	10	11 IB	12 IIB	13 IIIA	14 IVA	15 VA	16 VIA	17 VIIA	18 VIIIA(0)
1	1 H 氢 1s¹ 1.008																	2 He 氦 1s² 4.002602(2)
2	3 Li 锂 2s¹ 6.94	4 Be 铍 2s² 9.0121831(5)											5 B 硼 2s²2p¹ 10.81	6 C 碳 2s²2p² 12.011	7 N 氮 2s²2p³ 14.007	8 O 氧 2s²2p⁴ 15.999	9 F 氟 2s²2p⁵ 18.998403163(6)	10 Ne 氖 2s²2p⁶ 20.1797(6)
3	11 Na 钠 3s¹ 22.98976928(2)	12 Mg 镁 3s² 24.305											13 Al 铝 3s²3p¹ 26.9815385(7)	14 Si 硅 3s²3p² 28.085	15 P 磷 3s²3p³ 30.973761998(5)	16 S 硫 3s²3p⁴ 32.06	17 Cl 氯 3s²3p⁵ 35.45	18 Ar 氩 3s²3p⁶ 39.948(1)
4	19 K 钾 4s¹ 39.0983(1)	20 Ca 钙 4s² 40.078(4)	21 Sc 钪 3d¹4s² 44.955908(5)	22 Ti 钛 3d²4s² 47.867(1)	23 V 钒 3d³4s² 50.9415(1)	24 Cr 铬 3d⁵4s¹ 51.9961(6)	25 Mn 锰 3d⁵4s² 54.938044(3)	26 Fe 铁 3d⁶4s² 55.845(2)	27 Co 钴 3d⁷4s² 58.933194(4)	28 Ni 镍 3d⁸4s² 58.6934(4)	29 Cu 铜 3d¹⁰4s¹ 63.546(3)	30 Zn 锌 3d¹⁰4s² 65.38(2)	31 Ga 镓 4s²4p¹ 69.723(1)	32 Ge 锗 4s²4p² 72.630(8)	33 As 砷 4s²4p³ 74.921595(6)	34 Se 硒 4s²4p⁴ 78.971(8)	35 Br 溴 4s²4p⁵ 79.904	36 Kr 氪 4s²4p⁶ 83.798(2)
5	37 Rb 铷 5s¹ 85.4678(3)	38 Sr 锶 5s² 87.62(1)	39 Y 钇 4d¹5s² 88.90584(2)	40 Zr 锆 4d²5s² 91.224(2)	41 Nb 铌 4d⁴5s¹ 92.90637(2)	42 Mo 钼 4d⁵5s¹ 95.95(1)	43 Tc 锝 4d⁵5s² 97.90721(3)◆	44 Ru 钌 4d⁷5s¹ 101.07(2)	45 Rh 铑 4d⁸5s¹ 102.90550(2)	46 Pd 钯 4d¹⁰ 106.42(1)	47 Ag 银 4d¹⁰5s¹ 107.8682(2)	48 Cd 镉 4d¹⁰5s² 112.414(4)	49 In 铟 5s²5p¹ 114.818(1)	50 Sn 锡 5s²5p² 118.710(7)	51 Sb 锑 5s²5p³ 121.760(1)	52 Te 碲 5s²5p⁴ 127.60(3)	53 I 碘 5s²5p⁵ 126.90447(3)	54 Xe 氙 5s²5p⁶ 131.293(6)
6	55 Cs 铯 6s¹ 132.90545196(6)	56 Ba 钡 6s² 137.327(7)	57~71 La~Lu 镧系	72 Hf 铪 5d²6s² 178.49(2)	73 Ta 钽 5d³6s² 180.94788(2)	74 W 钨 5d⁴6s² 183.84(1)	75 Re 铼 5d⁵6s² 186.207(1)	76 Os 锇 5d⁶6s² 190.23(3)	77 Ir 铱 5d⁷6s² 192.217(3)	78 Pt 铂 5d⁹6s¹ 195.084(9)	79 Au 金 5d¹⁰6s¹ 196.966569(5)	80 Hg 汞 5d¹⁰6s² 200.592(3)	81 Tl 铊 6s²6p¹ 204.38	82 Pb 铅 6s²6p² 207.2(1)	83 Bi 铋 6s²6p³ 208.98040(1)	84 Po 钋 6s²6p⁴ 208.98243(2)◆	85 At 砹 6s²6p⁵ 209.98715(5)◆	86 Rn 氡 6s²6p⁶ 222.01758(2)◆
7	87 Fr 钫 7s¹ 223.01974(2)◆	88 Ra 镭 7s² 226.02541(2)◆	89~103 Ac~Lr 锕系	104 Rf 鑪 6d²7s² 267.122(4)◆	105 Db 𫓸 6d³7s² 270.131(4)◆	106 Sg 𬭳 6d⁴7s² 269.129(3)◆	107 Bh 𬭛 6d⁵7s² 270.133(2)◆	108 Hs 𬭶 6d⁶7s² 270.134(2)◆	109 Mt 䥑 6d⁷7s² 278.156(5)◆	110 Ds 𫟼 281.165(4)◆	111 Rg 𬬭 281.166(6)◆	112 Cn 鿔 285.177(4)◆	113 Nh 鿭 286.182(5)◆	114 Fl 𫓧 289.190(4)◆	115 Mc 镆 289.194(6)◆	116 Lv 𫟷 293.204(4)◆	117 Ts 石田 293.208(6)◆	118 Og 鿫 294.214(5)◆

★ 镧系

57 La 镧 5d¹6s² 138.90547(7)	58 Ce 铈 4f¹5d¹6s² 140.116(1)	59 Pr 镨 4f³6s² 140.90766(2)	60 Nd 钕 4f⁴6s² 144.242(3)	61 Pm 钷 4f⁵6s² 144.91276(2)◆	62 Sm 钐 4f⁶6s² 150.36(2)	63 Eu 铕 4f⁷6s² 151.964(1)	64 Gd 钆 4f⁷5d¹6s² 157.25(3)	65 Tb 铽 4f⁹6s² 158.92535(2)	66 Dy 镝 4f¹⁰6s² 162.500(1)	67 Ho 钬 4f¹¹6s² 164.93033(2)	68 Er 铒 4f¹²6s² 167.259(3)	69 Tm 铥 4f¹³6s² 168.93422(2)	70 Yb 镱 4f¹⁴6s² 173.045(10)	71 Lu 镥 4f¹⁴5d¹6s² 174.9668(1)

★ 锕系

89 Ac 锕 6d¹7s² 227.02775(2)◆	90 Th 钍 6d²7s² 232.0377(4)	91 Pa 镤 5f²6d¹7s² 231.03588(2)	92 U 铀 5f³6d¹7s² 238.02891(3)	93 Np 镎 5f⁴6d¹7s² 237.04817(2)◆	94 Pu 钚 5f⁶7s² 244.06421(4)◆	95 Am 镅 5f⁷7s² 243.06138(2)◆	96 Cm 锔 5f⁷6d¹7s² 247.07035(3)◆	97 Bk 锫 5f⁹7s² 247.07031(4)◆	98 Cf 锎 5f¹⁰7s² 251.07959(3)◆	99 Es 锿 5f¹¹7s² 252.0830(3)◆	100 Fm 镄 5f¹²7s² 257.09511(5)◆	101 Md 钔 5f¹³7s² 258.09843(3)◆	102 No 锘 5f¹⁴7s² 259.1010(7)◆	103 Lr 铹 5f¹⁴6d¹7s² 262.110(2)◆